库车坳陷露头区致密砂岩裂缝发育特征研究

周兆华　张永忠　钱品淑　冯建伟　杜　赫　姜艳东　等著

石油工业出版社

内容提要

本书以库车坳陷克深气田为例，针对克深气田超深裂缝—孔隙型致密储层基质低孔特低渗、以裂缝为主要渗流通道、高效开发部署难的特点，结合岩心CT扫描、成像测井裂缝统计、热液充填模拟实验以及岩石力学实验等手段，建立了库车坳陷不同背斜区的多期裂缝发育地质模型和定量数字模型。本书通过应力场数值模拟的方式，采用与油藏数值模拟相同的网格单元划分方案，为油藏模拟等开发方案设计提供了可直接应用的裂缝参数场，对裂缝—孔隙型储层的开发评价具有指导作用。

本书可供从事气田开发的工程技术人员、科研人员及高等院校师生参考阅读。

图书在版编目（CIP）数据

库车坳陷露头区致密砂岩裂缝发育特征研究 / 周兆华等著 .—北京：石油工业出版社，2021.1

ISBN 978-7-5183-4606-6

Ⅰ . ① 库… Ⅱ . ① 周… Ⅲ . ① 致密砂岩 – 裂缝（岩石）– 研究 – 库车县 Ⅳ . ① P588.21

中国版本图书馆 CIP 数据核字（2021）第 157066 号

出版发行：石油工业出版社

（北京安定门外安华里 2 区 1 号　100011）

网　址：www.petropub.com

编辑部：（010）64253017　　图书营销中心：（010）64523633

经　　销：全国新华书店

印　　刷：北京中石油彩色印刷有限责任公司

2021 年 1 月第 1 版　2021 年 1 月第 1 次印刷

787×1092 毫米　开本：1/16　印张：16

字数：400 千字

定价：120.00 元

《库车坳陷露头区致密砂岩裂缝发育特征研究》

撰写人员

周兆华　张永忠　钱品淑　冯建伟　杜　赫

姜艳东　郑国强　初广震　徐艳梅　钟世敏

郭　辉　庚　勐　常宝华　郭振华　孟德伟

刘兆龙　苏云河　王亚丽　周　拓　王建一

王艳丽　赵　丹　路琳琳　钱爱华　巴合达尔

前言 /PREFACE

随着库车坳陷克拉苏构造带多个千亿立方米大型气藏的不断发现，克深超深层气田成为塔里木油田增储上产的主力区。该气田目的层为典型的超深裂缝—孔隙型致密储层，基质低孔特低渗、气藏产能平面分布差异大、高效开发布署难，裂缝是最主要的渗流通道，其空间分布的强烈非均质性和多期叠加的复杂性是制约该气田高效开发的关键所在。本书在野外露头、岩心裂缝、应力场和岩石力学实验等研究的基础上，结合热液充填模拟实验，建立考虑裂缝差异充填的破裂准则，并建立多期裂缝的定量数字模型；实现了低渗透砂岩油藏裂缝参数的全局性定量描述，且体现了矢量性裂缝参数的方向性差异，为油藏模拟等开发方案设计提供可直接应用的裂缝参数场，用于指导裂缝性油气藏的井网部署与优化等研究工作，对裂缝—孔隙型储层的开发评价具有一定的实用价值和现实意义。

一、国内外裂缝研究现状

（一）裂缝参数预测的研究

裂缝预测主要涉及三个方面的内容：地下裂缝识别、裂缝的空间分布与预测以及裂缝参数的定量表征（曾联波等，2010）。和其他裂缝相比，构造裂缝在各种储层中通常占主要地位。构造裂缝发育规律、形态和空间分布特征以及渗流规律主要受控于构造应力场和储层岩石物理性质，因此国内外学者多采用构造应力场的方法预测构造裂缝，然后用该方法得到的裂缝参数进行含裂缝储层渗流规律的研究。

由于天然裂缝（包括构造裂缝在内）的存在，进行储层渗流规律研究时，经典单孔孔隙弹性理论出现了致命的弊端：流体在孔隙体和裂隙体中的渗流具有截然不同的特征。于是 Barenblatt 等（1960）以唯象学为基础提出了孔隙裂隙双重介质模型。Warren 和 Root（1963）将该模型作了适当简化，因而激发了油藏工程师对具有天然裂隙油层模拟的极大兴趣。

孔隙裂隙双重介质模型需要对裂缝参数进行定量表征，从而能为油藏数值模拟输出裂缝渗透率、裂缝孔隙度和裂缝密度的三维空间分布。但是由于裂缝储层本身的复杂性，目前国内外尚缺乏一个能全面解决裂缝定量预测的方法。自 20 世纪 60 年代在美国西部白垩系储层和中东油气产层中发现天然裂缝后，在 40 多年的发展过程中，国内外学者曾尝试过多种解决途径，概括起来主要有：（1）从构造特征入手，进行天然地下储层裂缝研究，并探讨构造主曲率与裂缝发育的关系；（2）建立裂缝岩体的力学模型，应用构造应力场分析技术，根据岩石破裂准则和应变能密度进行裂缝方位和裂缝定量化表征；（3）根据一个区块的现有岩心裂缝实测数据，应用多元统计方法建立裂缝参数（主要是裂缝密度）空间分布规律的预测；（4）应用地球物理资料进行裂缝识别和预测技术；（5）用分形分维方法定量预测储层裂缝空间分布；（6）利用岩石声发射实验研究裂缝形成期次和裂缝形成时的主应力大小、方位。

由于致密性储层中以构造裂缝为主，所以采用地质力学原理和方法，通过构造应力场数值模拟来定量表征裂缝是裂缝预测的必然趋势。构造裂缝定量表征要解决的问题主要有：（1）裂缝的生成问题，即在什么样的应力作用下才能产生裂缝；（2）裂缝的方向和位置问题，即如何来确定构造裂缝的方向和位置；（3）裂缝量化的参数，即如何确定裂缝的开度、密度等反映裂缝生成数量的参数。

裂缝定量表征的这三个问题在井孔附近解决得较好一些（岩心描述、测井解释），而井间裂缝的预测则相对难度较大。所以各种裂缝模型均以所有能够获得的井孔附近裂缝定量参数为背景，对井间裂缝预测进行约束。

裂缝是岩石破裂的结果，其生成问题长久以来就是一个难题，国内外学者根据实际观察和试验测试的情况，提出了众多基于岩石强度假说的破裂准则，概括起来有五大系列：单剪强度准则、双剪强度准则、三剪强度准则、应变能密度准则和最大张应力强度准则。这其中尤以描述岩石宏观破裂的库仑—摩尔（Koulomb–Mohr）广义单剪准则和从微观机理出发的格里菲斯（Griffith）广义最大张应力准则使用得最广泛。后人对格里菲斯准则修正而提出了考虑中间主应力的三维格里菲斯准则，不过修正的格里菲斯准则在压应力时才有实际意义，很接近于库仑—摩尔准则，且只有当压缩拉伸强度比近于 8 或 12 时，理论与实验结果吻合较好。

岩石破裂准则不但解释了岩石受力破裂产生裂缝的机理，而且能对裂缝的方位作出判断，可以解决裂缝定量表征的前两个问题。对于裂缝定量表征的第三个问题，国内外学者结合岩石破裂准则、能量法以及多元统计法对裂缝开度和密度进行量化，取得了许多可喜的成果和借鉴经验。Price（1966）最早将岩石中裂缝数量与最初储存于岩石中的应变能联系起来，他指出，具有相对高值应变能的岩石要比相同厚度且具有低值应变能的岩石具有更多的裂缝。国内文世鹏等（1996）、丁中一等（1998）、谭成轩等、宋惠珍（1999）、陈艳华等阐述了用有限元方法进行古应力数值模拟，使用库仑—摩尔破裂准则和格里菲斯破裂准则对应力计算结果进行判别，依据岩石破裂率和应变能密度对裂缝发育程度进行预测。不过他们给出的计算模型和计算方法还不足以将裂缝参数定量化，特别是使用岩石破裂率的方法最多也只能做到裂缝预测的半定量化。虽然丁中一等（1998）、宋惠珍（1999）使用拟合的方法探讨了应变能密度和裂缝密度的定量化关系，但是由于缺乏理论依据，作拟合需要大量岩心统计数据，其方法还有待进一步研究。

由此可见，学者普遍意识到构造应力场数值模拟的方法是实现油藏构造裂缝定量化描述的最有效途径，并作了许多探索。前人所做工作多集中于岩心裂缝的描述，由于没有建立合理的力学模型，因而对油藏范围内裂缝的预测只能做到定性到半定量。此外，在构造应力场模拟时没有考虑与油藏模拟网格单元的一致性，因而裂缝定量描述结果也不能直接用于油藏模拟等油田开发方案设计中。

（二）关于现今应力场与裂缝参数及裂缝渗流关系的研究

虽然现代应力场不会导致新的构造裂缝，但它对存在的古裂缝会有改造和演化变迁的作用。在现今应力状态下，裂缝壁面上承受的压应力和剪应力改变着裂缝的开度，进而改变裂缝渗流能力。

国内外学者还通过实验测试的方法，主要考虑单裂隙岩体法向应力对裂缝开度的影响，建立了反映法向应力与裂缝渗透率耦合的经验公式。随着对 HDR（Hot Dry Reservoir）油藏的深入研究，Barton 等除考虑裂缝面正应力的影响外，还考虑了剪应力效应。Willis-Richards 等（1996）、Jing 等以及 Hicks 等发展了 Barton 的理论，从而将现今应力场对裂缝参数的影响这一问题从一维扩展到三维。赵阳升等通过对长方体石灰岩样人工造缝的方法模拟天然粗糙单裂隙，进行三维压力作用下渗流规律的研究，经过推导得到一个三维应力作用下粗糙单裂缝渗流特性与应力耦合公式，不过实验中对受力方向做了限制，因而不具有通用性。

二、裂缝表征与预测研究的技术路线与技术难点

（一）技术路线

从构造裂缝的成因机制考虑，叠加了构造古应力场后形成的古地应力场是形成裂缝的主要动力。因此拟从应力场和裂缝主要参数开度、密度入手，以裂缝开度、密度为桥梁，最终建立应力—应变和裂缝孔隙度、渗透率的量化公式。

首先，在地质背景和构造特征研究的基础上，开展裂缝的识别，包括岩心识别和测井识别两种，主要识别出裂缝的产状、开度、充填、密度、组系关系、力学性质、深度、岩性、电性特征等。在裂缝参数测量统计的基础上，确定裂缝的类型，分析裂缝的成因、影响因素和形成时期，为岩石力学实验设计提供依据，为古应力场模拟提供参数。

其次，建立岩石破裂应力—应变和裂缝开度、密度的力学模型，并开展岩石力学实验和理论模型的推导，从而建立古应力场和裂缝开度、密度的定量化关系；同时推导裂缝参数之间的关系，根据岩石力学模型建立裂缝开度、裂缝密度和裂缝孔隙度、裂缝渗透率的定量化公式；根据裂缝开度、密度与应力—应变的关系，以及其与裂缝孔隙度、渗透率的关系进行推导，得到应力—应变和裂缝孔隙度、渗透率的直接公式。

再次，分析油气藏中已存在裂缝受现今地应力场的影响，建立现今地应力场和已存在裂缝的关系，对古地应力场下形成的裂缝渗透率、孔隙度和密度进行修正。

最后，进行构造应力场数值模拟。在建立地质模型的基础上，用有限元法对克深地区

储层裂缝发育时期的古构造应力和现今地应力进行数值模拟，并将应力—应变计算结果代入前面得到的古、今地应力场与裂缝参数的定量化公式，计算该区块裂缝孔隙度和渗透率的空间分布。为使计算结果能够直接应用于油藏数值模拟，采用了与油藏数值模拟相同的网格单元划分方案。

（二）技术难点

由于裂缝表征与预测是一项探索性课题，前人提供的借鉴经验不是很多，因而异常艰难。主要表现在：（1）岩心样品难以取得，用相对不多的岩心样品设计出合理的岩石力学试验，是一大难题；（2）岩石力学模型的建立难度大，几乎所有的研究工作都以此为基础，包括岩石力学参数测试，应力—应变和裂缝参数间的关系推导，以及数值模拟结果后处理等，岩石力学的复杂性造成建立该类模型异常困难，各种不同的影响因素包括围压、温度、孔隙流体应力等均会对模型产生影响；（3）虽然现今地应力场与裂缝的产生无关，但是它对早期形成的裂缝系统有强烈的影响，因而用古应力场计算出的裂缝孔隙度和裂缝渗透率不等于当前的情况，如何将现今地应力场和古应力场耦合，最终得到现今应力场状态下的裂缝参数难度很大；（4）由于三维模型有限元网格单元数量多，需要的计算机储存容量大，计算工作量大；（5）由于计算和实际地质情况的限制，三维有限元模型边界与受力方向不能垂直，如何进行转化是一技术难题；（6）为使 Ansys 有限元应力场模拟的结果直接应用于油藏数值模拟，二者之间网格单元要一一对应，但是由于有限元模拟软件 Ansys 和油藏模值软件 Eclipse 采用的坐标系统不一样，网格剖分方法也存在差别，从而造成了网格单元对应的难度；（7）涉及岩石力学、断裂力学、地质力学和油藏工程及有限元分析等多门学科，各学科交叉融合，因而也增加了目标的研究难度。

三、本书主要内容及撰写分工

本研究工作历时 5 年，涉及多个单位的 20 余名技术工作者，在“十三五”时期国家重大科技项目部分研究工作基础上撰写本书。

本书共分为九章，第一章介绍了库车坳陷地层格架、沉积体系、构造特征和气藏开发情况，相关内容由周兆华、杜赫、姜艳东撰写。第二章论述了裂缝在露头、岩心、测井等不同资料下的识别与描述方法，相关内容由周兆华、钱品淑、冯建伟、张永忠、刘兆龙等撰写。第三章阐明了储层裂缝的成因机制及演化模式，相关内容由苏云河、王亚丽、常宝华、钟世敏、郑国强等撰写。第四章介绍了通过水岩沉淀溶蚀实验模拟研究储层复杂缝网充填规律，相关内容由冯建伟、郭辉、庚勐、孟德伟、徐艳梅等撰写。第五章讨论了基于 CT 实验的裂缝发育演化过程，构建了单期裂缝参数定量计算模型，相关内容由杜赫、初广震、周拓、王建一等撰写。第六章阐述了差异充填下多期裂缝叠加力学模型，相关内容由周兆华、王艳丽、赵丹、巴合达尔等撰写。第七章论述了古今应力场模拟流程，以克深 2 气田为例对其古今应力特征进行深入剖析，相关内容由冯建伟、钱品淑、姜艳东、钱爱华等撰写。第八章阐述了克深 2 气田裂缝参数预测及其在油田开发中的应用，相关内容由冯建伟、杜赫、张永忠、郭振华、路琳琳等撰写。第九章阐明了储层裂缝发育的影响因素，剖析了克深气田储层裂缝的发育规律，相关内容由钱品淑、张永忠、刘兆龙等撰写。最后，全书由周兆华、张永忠、钱品淑汇总、统稿并最终定稿。

由于笔者水平有限，书中难免存在不妥之处，敬请各位专家和同行批评指正。

目录 /CONTENTS

第一章　区域地质概况

第一节　地理位置及构造位置

库车坳陷位于南天山山前，整体可划分为五带三凹一凸起，总体上表现出强变形带分隔弱变形域的构造格局（图 1–1）。坳陷自北向南依次可划分为北部单斜带、克拉苏—依奇克里克构造带、拜城—阳霞凹陷、秋里塔格构造带及南部斜坡带，坳陷西部分布乌什凹陷及温宿凸起（图 1–1）。其中克拉苏构造带位于库车坳陷中部，整体呈北东东—近东西走向，东西长 180km，南北宽 30km²（图 1–1）。克拉苏构造带为强构造变形带，是南天山斜向挤压区与分层水平收缩区的重要过渡带（图 1–2）。

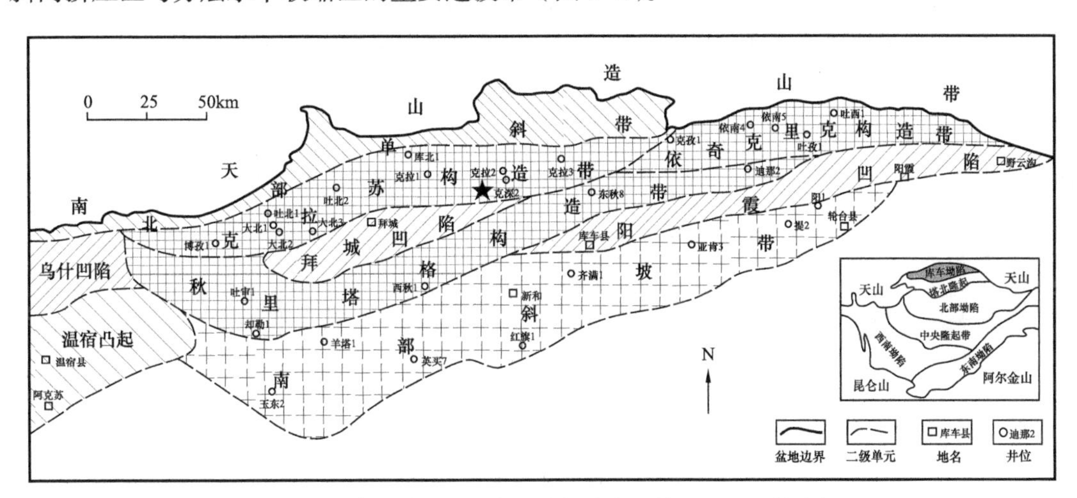

图 1–1　库车坳陷构造位置（据张惠良等，2013，修改）

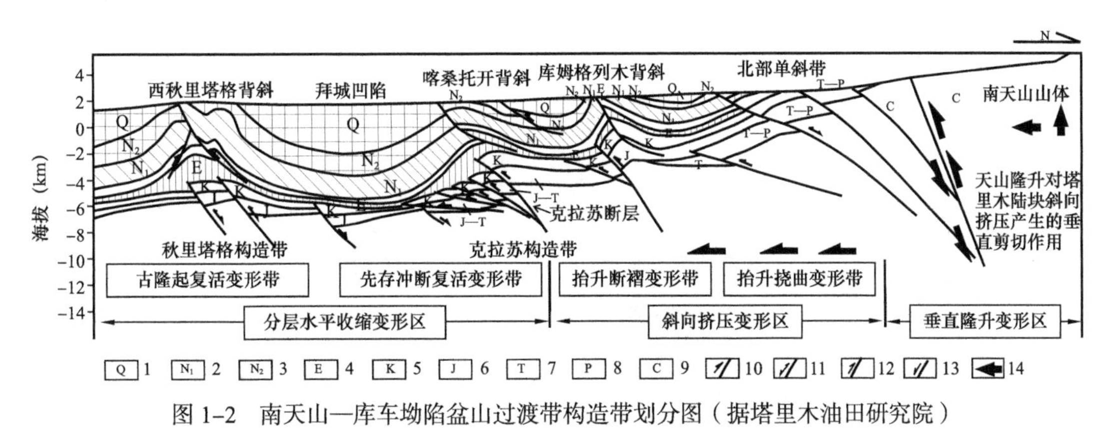

图 1–2　南天山—库车坳陷盆山过渡带构造带划分图（据塔里木油田研究院）

1—第四系；2—新近系库车组；3—新近系吉迪克组—康村组；4—古近系；5—白垩系；6—侏罗系；7—三叠系；8—二叠系；9—石炭系；10—南天山垂向剪切带；11—正反转断层；12—逆冲断层；13—正断层；14—挤压应力方向

本书以库车坳陷克深气田为例，克深气田地理上位于新疆维吾尔自治区阿克苏地区拜城县境内，构造上位于塔里木盆地的北缘、库车坳陷克拉苏—依奇克里克构造带的中部，属于克拉苏断裂南部克深区带（北部为克拉区带）5段（自西向东依次为阿瓦特段、博孜段、大北段、克深段、克拉3段）中的克深段，西邻大北气田，北接克拉2气田，向东为迪那气田，南部为拜城凹陷（图1-1），是克拉苏构造带继克拉2气田及大北气田之后的又一重点开发领域，我国“西气东输”工程的新气源区，同时也是塔里木盆地“十二五”期间的重点勘探目标区块之一。克深气田东西长约57km，南北宽约5km，总勘探面积约285km^2。

第二节 地层特征

库车坳陷钻遇地层自上而下依次为第四系（Q）、新近系库车组（N_2k）、康村组（$N_{1-2}k$）、吉迪克组（N_1j）、古近系苏维依组（E_2s）、库姆格列木群（$E_{1-2}km$）和白垩系巴什基奇克组（K_1bs）。其中勘探目的层系为白垩系巴什基奇克组（K_1bs），与上覆地层为角度不整合接触，下伏地层为白垩系卡普沙良群的巴西改组（K_1bx），二者为平行不整合接触（表1-1）。

表1-1 克深地区中—新生界地层表（据张荣虎，2013）

<table>
<tr><th colspan="5">地层系统</th><th rowspan="2">厚度（m）</th><th rowspan="2">原型盆地类型</th></tr>
<tr><th>界</th><th>系</th><th>统</th><th colspan="2">群组</th></tr>
<tr><td rowspan="10">新生界</td><td rowspan="4">第四系</td><td>全新统</td><td colspan="2">（Q_4）</td><td rowspan="4">283～364</td><td rowspan="7">挤压背景下的前陆再生盆地</td></tr>
<tr><td rowspan="3">更新统</td><td colspan="2">新疆群（Q_3）</td></tr>
<tr><td colspan="2">乌苏群（Q_2）</td></tr>
<tr><td colspan="2">西域组（Q_1x）</td></tr>
<tr><td rowspan="3">新近系</td><td rowspan="2">上新统</td><td colspan="2">库车组（N_2k）</td><td>155～1230</td></tr>
<tr><td colspan="2">康村组（$N_{1-2}k$）</td><td>102～1506</td></tr>
<tr><td>中新统</td><td colspan="2">吉迪克组（N_1j）</td><td>195～1234</td></tr>
<tr><td rowspan="3">古近系</td><td>渐新统</td><td colspan="2" rowspan="2">苏维依组（$E_{2-3}s$）</td><td rowspan="2">125～578</td><td rowspan="3">伸展背景下的海相—滨海断陷盆地</td></tr>
<tr><td>始新统</td></tr>
<tr><td>古新统</td><td colspan="2">库姆格列木群（$E_{1-2}km$）</td><td>177～592</td></tr>
<tr><td rowspan="4">中生界</td><td rowspan="4">白垩系</td><td rowspan="4">下统</td><td colspan="2">巴什基奇克组（K_1bs）</td><td>0～400</td><td rowspan="4">弱挤压背景下缓慢沉降的坳陷盆地</td></tr>
<tr><td rowspan="3">卡普沙良群</td><td>巴西改组（K_1bx）</td><td>100～250</td></tr>
<tr><td>舒善河组（K_1s）</td><td>600～700</td></tr>
<tr><td>亚格列木组（K_1y）</td><td>79～133</td></tr>
</table>

续表

<table>
<tr><th colspan="5">地层系统</th><th rowspan="2">厚度（m）</th><th rowspan="2">原型盆地类型</th></tr>
<tr><th>界</th><th>系</th><th>统</th><th colspan="2">群组</th></tr>
<tr><td rowspan="11">中生界</td><td rowspan="6">侏罗系</td><td rowspan="2">上统</td><td colspan="2">喀拉扎组（J_3k）</td><td>65～120</td><td rowspan="4">弱伸展隆升背景下的断陷盆地</td></tr>
<tr><td colspan="2">齐古组（J_3q）</td><td>208～260</td></tr>
<tr><td rowspan="2">中统</td><td colspan="2">恰克马克组（J_2q）</td><td>83～125</td></tr>
<tr><td colspan="2">克孜勒努尔组（J_2k）</td><td>600～880</td></tr>
<tr><td rowspan="2">下统</td><td colspan="2">阳霞组（J_1y）</td><td>300～480</td><td rowspan="2"></td></tr>
<tr><td colspan="2">阿合组（J_1a）</td><td>420～480</td></tr>
<tr><td rowspan="5">三叠系</td><td rowspan="3">上统</td><td colspan="2">塔里奇克组（T_3t）</td><td>100～486</td><td rowspan="6">前陆盆地</td></tr>
<tr><td colspan="2">黄山街组（T_3h）</td><td>170～467</td></tr>
<tr><td rowspan="2">克拉玛依群</td><td>上组（$T_{2-3}kl_2$）</td><td rowspan="2">70～772</td></tr>
<tr><td>中统</td><td>下组（$T_{2-3}kl_1$）</td></tr>
<tr><td>下统</td><td colspan="2">俄霍布拉克组（T_1eh）</td><td>144～592</td></tr>
<tr><td colspan="3">下伏地层</td><td colspan="2">比尤勒包谷孜群（P_2by）</td><td>60～250</td></tr>
</table>

一、第四系（Q）

库车坳陷广泛发育第四系，更新统新疆群（Q_3）、乌苏群（Q_2）、西域组（Q_1x）及全新统（Q_4）在露头区均有发育，但钻井中多发育西域组和新疆群—全新统。局部见乌苏群。

西域组分布极其广泛，几乎所有背斜的两翼和向斜的核部（多被覆盖）均有分布，常形成垅岗状丘陵。西域组主要岩性为灰色、浅褐色厚层状砾岩，砾岩中砾石成分以变质岩、火成岩、石英及变质灰岩为主，砾径为3～5cm，最大可达20～30cm，甚至1m以上。砾石磨圆度较好，分选性差，泥钙质胶结，较坚硬，偶见粉砂岩透镜体。西域组与下伏地层普遍为超覆角度不整合，局部与上新统为连续沉积。

根据井上对比显示，第四系受古地貌影响很大，分布局限性强，厚度差异大，电性上多为高阻，高达几百甚至上千欧姆米，而且电阻率曲线幅差明显，幅差消失处即为与下伏库车组的界限。第四系在克深地区表现为杂色细砾岩夹黄色或褐色泥岩，但在研究区以北地区则表现为连续的杂色砾岩沉积。

二、库车组（N_2k）

库车组分布广泛，岩性变化大，总体呈由北至南岩性逐渐变细的变化趋势。研究区以北地区为黄灰色砾岩沉积，往南至克深地区为灰—黄色细砂岩、粉砂质泥岩与杂色砾岩、砂砾岩互层。

库车组下部发育正旋回，上部发育反旋回，整体上表现为弓形旋回，典型特征为钟形或指状低伽马、低幅电位、指状平直的低电阻曲线。由于沉积与剥蚀的差异性，库车组在平面上变化较大。研究区西部的大北地区，库车组保存较多，厚度大，而克深地区库车组厚度小，且受到不同程度的剥蚀，主要为褐色、灰褐色、褐黄色泥岩与砂岩、杂色砾岩互层，向东和向南逐渐变化为黄灰色、浅灰色、褐灰色、灰褐色泥岩、粉砂质泥岩与灰色砂岩、含砾不等粒砂岩、砾岩不等厚互层。

库车组较下伏康村组粒度进一步变粗，砂岩和砾岩更发育，颜色以灰、灰黄色为主，容易与康村组的褐红色砂岩区分。库车组顶部与第四系之间为不整合接触关系，岩性明显变粗，颜色变化也较大，为灰白色或杂色，进入第四系后见一大套厚层连续的砾石层或者夹砾石层。

三、康村组（$N_{1-2}k$）

康村组在建组剖面（库车县吉迪克背斜南翼剖面）上，下部是灰色砂岩与褐色泥岩互层，夹灰绿色粉砂岩、砂质泥岩条带，上部为灰褐色粉砂岩，厚 322m。康村组与上覆库车组和下伏吉迪克组均为整合接触关系。

康村组的岩性变化相对库车组而言更大，在库车坳陷岩性由北向南逐渐变细。在北部的露头区为红色砂砾岩，化石贫乏，厚度为 400～640m；向南变为褐红色砂岩和同色泥岩互层，其下部局部夹灰绿色粉砂岩、砂质泥岩条带，克孜勒努尔沟以东岩性变细，最大厚度可达 1500m。康村组的旋回较为复杂，在近源区（坳陷西部和北部）以反旋回或正—反旋回为主，而在远源区（坳陷南部和东部）发育 2 个正旋回，在中等物源区（大北地区和克深地区）旋回性不明显。

井上钻遇的康村组与露头特征相似，研究区以北地区（克拉 2 井区）发育红褐色砾岩夹砂岩，克深地区多以滨浅湖相褐色泥岩和灰色砂岩、粉砂岩互层为主，与下伏地层相比颜色略浅，粒度略粗。康村组电性特征为微齿化较平直的中低伽马曲线，微齿状中高电阻率，小幅差。康村组粒度较下伏吉迪克组进一步变粗，底界以出现厚层粗砂岩为标志；颜色变为褐红色，地层在北部粗，以红色砂砾岩为主，南部细，发育砂泥岩互层；南部发育较厚，北部发育较薄。康村组粒度西粗东细（这一点与吉迪克组相反），整体上自北向南、自西向东粒度变细，说明康村组沉积时期物源来自西部和北部，与吉迪克组相反，且盆地范围变小，平面上岩性岩相变化快。

康村组与下伏吉迪克组为连续沉积，界线不十分明显，只能以出现厚层砂岩和颜色变化为标志，而康村组旋回结束即进入库车组，地层颜色发生了较大改变，主要由康村组的褐红色向上过渡为库车组的黄色、灰色，而且粒度上库车组比康村组粗，砾石发育，库车组底部发育一套含砾砂岩，不过这两套地层在钻井上靠岩性较难区分，必须结合地震资料才容易对比。

四、吉迪克组（N_1j）

吉迪克组在建组剖面（库车县吉迪克背斜南翼）厚达 744m，下部以浅棕红、褐红色泥岩、粉砂质泥岩为主，夹砂岩、砾岩及石膏；上部为棕红色与灰绿色粉砂质泥岩、泥岩夹粉砂岩、砂岩组或杂色条带，含盐及石膏脉。吉迪克组与上覆康村组为整合接触关系，和下伏苏维依组为平行不整合接触。

在露头区，吉迪克组自上而下发育细—粗—细的旋回，自西向东粒度逐渐变粗，厚度逐渐变薄。井上钻遇的吉迪克组底部发育薄层底砂岩，向上为棕红—褐红色泥岩夹粉砂质泥岩夹砂岩，再向上为灰绿色粉砂质泥岩、泥岩夹粉砂岩，为粗—细—粗—细的沉积旋回。底部的底砂岩在研究区发育，向东变粗，至吐格尔明剖面过渡为底砾岩，向南发育石膏层，向西至大北地区底砂岩逐渐变细消失。吉迪克组电性特征为锯齿状漏斗形中高伽马，高幅电位，锯齿状高电阻率，中等幅差。

吉迪克组与苏维依组的界线容易识别。吉迪克组中下部电性特征总的表现为上部高阻，下部明显下降一台阶，形成高阻—台阶的电性特征，下伏苏维依组电阻率曲线与之相比又下降一台阶，吉迪克组底界即划在第二台阶处。

吉迪克组与上覆康村组多为连续沉积，但在露头区发现，吉迪克组细—粗—细旋回结束后进入康村组就出现了一套厚而粗的砂岩或者砾岩，之后变细。在井上，电阻率出现增高，伽马曲线从锯齿状向上变成微齿化平直曲线，电阻率曲线幅度也随之变小。这种岩性、电性和旋回性特征在全区都可以进行追踪对比，吉迪克组的顶底非常清楚，电阻率曲线总体特征与旋回特征相似，全区可以很好地对比。

五、苏维依组（$E_{2-3}s$）

苏维依组建组剖面为巴什基奇克背斜南翼苏维依村南露头，为褐红色砂岩、粉砂岩、泥岩互层，偶夹褐红色、紫红色砾岩，最底层有一层 0.5m 的砾岩，苏维依组厚 316m。这套地层在钻井中容易识别，发育下粗上细的正旋回，岩性偏细，主要为棕褐、棕色、紫红色泥岩、膏质泥岩、石膏夹粉砂岩，局部地区见岩盐；电性上高伽马特征明显，电阻率多表现为低阻。苏维依组与上覆吉迪克组和下伏库姆格列木群均为整合接触关系。但是苏维依组的岩性和电性均与上覆吉迪克组存在明显差异，因此分层界线的识别较为容易。

六、库姆格列木群（$E_{1-2}km$）

库姆格列木群下部的底砂岩段为地层划分对比的标准层，其岩性特殊、分布广、厚度稳定，与上覆膏泥岩段界限明显，与下伏巴什基奇克组呈不整合接触。钻录井资料较完整的是底砂岩段与巴什基奇克组相邻的部分层段，研究区井钻遇的该段地层代表性较好，电性曲线特征明显，自上而下可分为 3 个岩性段。

白云岩段（$E_{1-2}km_3$）：深度范围为 6632.0～6638.5m，厚 6.5m。以灰色泥晶云岩、生屑云岩、亮晶砂屑云岩为主，见腹足类、棘皮类等生物化石。电性曲线上表现出低电阻率、低自然伽马的特征。

膏泥岩段（$E_{1-2}km_4$）：深度范围为 6638.5～6695.5m，厚 57.0m。膏泥岩段又可分为上下 2 个亚段，上亚段主要为膏盐岩，厚约 11.5m，自然伽马为 10～50API，电阻率变化较大，范围从 0.2Ω·m 至大于2000Ω·m；下亚段以泥岩、泥质粉砂岩和含膏泥岩为主，厚 45.5m，自然伽马在 100 API 左右，电阻率变化很小，几乎为一条直线。总体来看，膏泥岩段自然伽马自上而下有变大的趋势，而电阻率逐渐减小，且由不稳定逐渐过渡到稳定。

砂砾岩段（$E_{1-2}km_5$）：深度范围为6695.5～6699.0m，厚3.5m。岩性以砂砾岩为主，夹少量泥岩，自然伽马与膏泥岩段大致相当，电阻率有所增加。

七、巴什基奇克组（K_1bs）

巴什基奇克组主要分布于库车坳陷中部及西部的露头区和覆盖区，在库车坳陷东部山前缺失。下部岩性以紫灰色厚层砾岩为主，上部主要发育棕红色厚层状—块状中细砂岩夹含砾砂岩、泥质粉砂岩和泥岩。根据岩性和电性特征，巴什基奇克组自上而下又可细分为3个岩性段，以该组发育较好的井201为例。

第1岩性段（K_1bs_1）：深度范围为6699.0～6748.5m，厚49.5m。第1岩性段在全区厚度变化较大，从37.5m到60.0m不等。岩性以褐色、棕褐色中厚层—巨厚层状的细砂岩、粉砂岩、泥质粉砂岩为主，局部含有少量薄层或中厚层的泥质夹层。自然伽马在75API左右，整体呈锯齿状特征，在泥质夹层段出现高值，呈尖峰特征，可达140API，电阻率值较稳定，第1岩性段试油结果（6705.0～6735.0m）显示较高的孔渗性和含油气饱和度。

第2岩性段（K_1bs_2）：深度范围为6748.5～6925.0m，厚176.5m。第2岩性段全区分布稳定，平均厚度约为160.0m。岩性以棕褐色厚—巨厚层状细砂岩、粉砂岩夹薄层—中厚层泥岩、泥质粉砂岩和粉砂质泥岩为主。第2岩性段可分为上下2个亚段，上亚段单砂层厚度较小，泥岩夹层较多，自然伽马曲线出现多个尖峰状突起，下亚段单砂层厚度变大，泥质夹层明显减少，自然伽马曲线比较稳定。整体上第2岩性段的电阻率变化不大，但在泥质夹层处出现尖峰。第2岩性段试油层段为6760.0～6805.0m和6842.0～6885.0m，结果显示孔渗性能和含油气饱和度均较高。

第3岩性段（K_1bs_3）：深度范围为6925.0～6990.0m，厚65.0m。全区多数井未钻穿第3岩性段，预测第3岩性段底深可能达到7190.0m左右。第3岩性段岩性以中—厚层状细砂岩、砂砾岩夹薄层泥岩和粉砂质泥岩为主，单砂层厚度较大。第3岩性段也可分为2个亚段，上亚段以中层状细砂岩、粉砂岩为主，见较为频繁发育的薄层泥岩，下亚段以厚层—块状细砂岩夹粉砂质泥岩、泥岩为主，泥质夹层层数少，但单层厚度较大。自然伽马曲线稳定，电阻率较第2岩性段略有增加，试油结果（6937.0～6969.0m）显示含油气饱和度仍然较高，但孔渗性能有所降低。

第三节　沉积特征

一、区域构造演化

库车坳陷发育在天山褶皱带与塔里木板块北缘的接合部。前人通过分析盆地的沉积、构造样式，并盆地邻近的造山带的形成与演化联系起来，恢复和重建了地质历史时期盆地原型和叠加过程（张良臣和吴乃元，1985；贾承造，1999；田作基等，1999；刘志宏等，1999；刘和甫等，2000；汪新等，2002；汤良杰等，2004；何登发等，2009），本书在其基础上将库车坳陷的形成过程划分为两期及六个演化阶段：

（一）成盆前地质背景

1. 震旦纪库车坳陷基底形成阶段

震旦纪时，西域古板块发生裂解，在塔里木地块、中天山—哈萨克斯坦地块、准噶尔地块之间发育陆内裂谷及陆间裂谷。库鲁克塔格地区辉长岩、玄武岩以及重力流沉积等特征，反映了裂解的初始阶段。在此阶段塔里木地台逐渐形成，构成了盆地基底构造层。

2. 寒武纪—早奥陶世被动大陆边缘阶段

随着裂谷进一步离散，塔里木地块、中天山—哈萨克斯坦地块和准噶尔地块相互分离，最终形成南、北天山洋盆。研究区处于被动大陆边缘，发育碳酸盐岩、泥质岩及硅质岩。

3. 中奥陶世—石炭纪活动大陆边缘及造山阶段

中奥陶世至泥盆纪，古特提斯洋南、北天山洋盆开始俯冲于中天山—哈萨克斯坦板块之下，洋盆逐渐消减直至碰撞，而形成横亘于塔里木板块、中天山—哈萨克斯坦板块及准噶尔板块之间的造山带，南天山北缘从长阿吾子至库米什一线分布一系列基性、超基性岩带。这表明早古生代末—晚古生代初南天山洋盆开始消失，发生碰撞造山。石炭系厚层砾岩、砂砾岩及粗砂岩，代表了碰撞造山带形成时期的磨拉石前陆盆地的充填。

晚石炭世在天山广泛发育造山后伸展型碱性花岗岩，表明晚石炭世天山及邻区进入后造山伸展阶段。

（二）成盆期演化特征

1. 二叠纪—三叠纪伸展—挤压阶段

二叠纪塔里木盆地及邻区广泛发育溢流玄武岩，为板内伸展的裂谷环境。二叠纪末塔里木盆地北部存在一期挤压活动，三叠纪研究区自北向南发育冲积扇相、河流相、三角洲及湖相带，纵向上为湖进到湖退的沉积旋回。

2. 侏罗纪—古近纪湖盆发育阶段

此阶段盆地沉积过程在纵向上经历了三阶段连续沉积及三次沉积间断，在横向上表现为湖盆扩大—萎缩—再扩大—再萎缩—海侵，反映此阶段构造上为宁静—活动交替及南天山山系逐渐夷平的特点。

本阶段研究区沉积相的展布总体上仍平行南天山山系走向分布，盆地沉积中心及沉降中心紧邻山前。在剖面上为一个北厚南薄、向盆地方向不断超覆的不对称楔体。从砂岩骨架成分分析及物源区构造背景判别，反映物质供给主要来自天山造山带。

3. 新近纪—第四纪陆内挠曲盆地发育阶段

自新近纪以来，由于印度板块与欧亚大陆碰撞的远程挤压效应而导致上新世天山山系急剧隆升，发生陆内造山运动。库车—塔北地区受天山陆内造山活动及向盆地方向的冲断推覆负荷的影响，形成以拜城、阿瓦提西北缘为沉降中心，塔北隆起为前隆的陆内挠曲盆地。

该新近纪盆地沿山前发育冲积扇群，自北向南冲积扇相—辫状河相—滨浅湖相有规律展布，山前新近系厚达6000～7000m，向南减至1000m左右，剖面上为不对称的楔体。第四系主要为山麓冲、洪积扇堆积，厚达2000m左右。下更新统西域组砾岩普遍变形，与中更新统乌苏群为角度不整合接触。乌恰地区西域组砾岩被抬升到海拔3000m以上山坡上，表明研究区自喜马拉雅晚期以来构造活动是极为强烈的。

二、沉积相特征

从岩心上看，库车坳陷克深气田目的层岩性以细砂岩、泥质细砂岩为主，其次为中砂岩、泥质中砂岩、泥质粉砂岩、粉砂质泥岩和泥岩等，单砂层厚度一般为0.5～11.0m，最厚达23.0m，砂层之间发育泥质夹层，厚度一般在0.2～3.6m之间，形成典型的砂泥岩间互结构。在研究区以北克深6号构造上的A4–1井中，岩性过渡为以浅色的中砂岩为主，且在岩心上观察到大量的白云母以及板状交错层理和槽状交错层理，这是辫状河三角洲前缘亚相的典型相标志。微量元素和碳氧同位素分析则表明，研究区在巴什基奇克组沉积时期以炎热干旱气候为主，沉积古水介质为陆相湖盆淡水—半咸水环境。根据以上沉积特征，结合区域上的沉积相展布，认为研究区主要为辫状河三角洲前缘亚相及扇三角洲前缘亚相（图1–3），前者主要对应目的层巴什基奇克组的第1岩性段的中部、底部及第2岩性段，后者主要对应巴什基奇克组第1岩性段顶部的砂砾岩层以及第3岩性段。

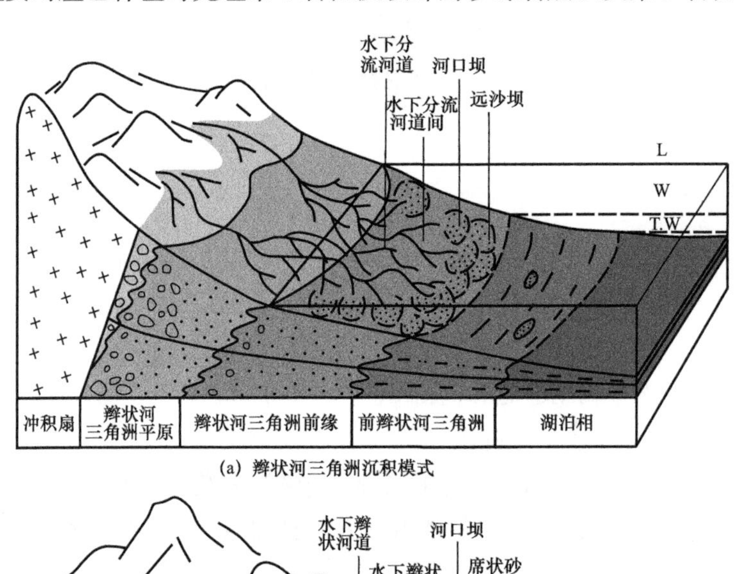

(a) 辫状河三角洲沉积模式

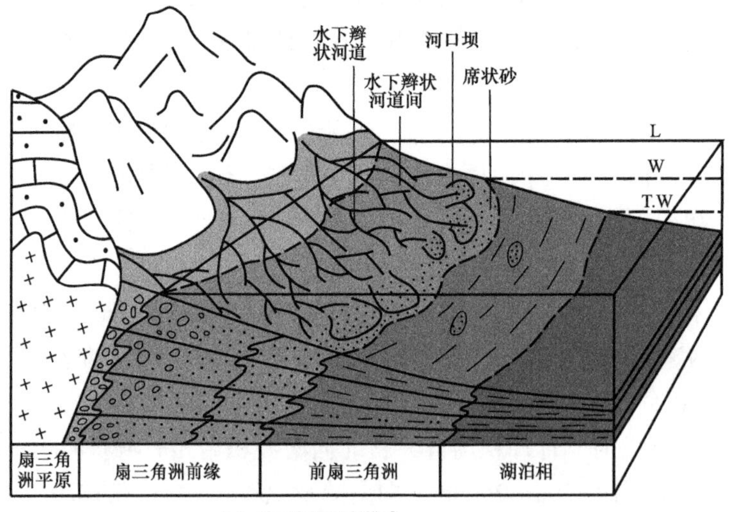

(b) 扇三角洲沉积模式

图1–3 克深地区沉积相展布模式（据杭州地质研究院，2012）

第四节　构造特征

克深气田是克深前陆冲断叠瓦构造带中的一个断块，夹持在克深北断裂和克深断裂两条区域性大断裂之间（图 1–4），构造形态较简单，自西向东依次发育有克深 1 号构造、克深 3 号构造和克深 2 号构造 3 个长轴背斜，目前的勘探开发工作主要围绕克深 2 号构造展开。受地震资料品质的影响，研究区内仅解释出 3 条主要的次级断层（图 1–5）。在垂向上，可划分为 4 套构造层：盐上构造层（Q_1x—$E_{2-3}s$）、盐构造层（$E_{1-2}km$）、盐下构造层（K—T）及基底构造层（PreT）。受钻井深度所限，研究区白垩系尚未钻穿，盐下构造层厚度主要根据地震反射特征并结合邻区对比进行推测得出。

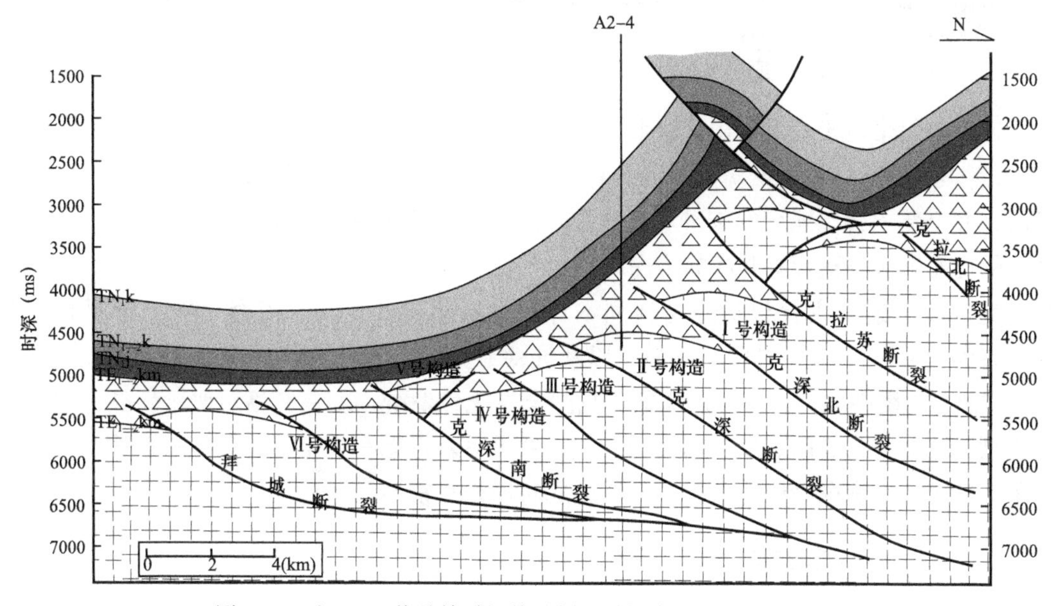

图 1–4　过 A2–4 井叠前时间偏移剖面（据塔里木油田，2012）

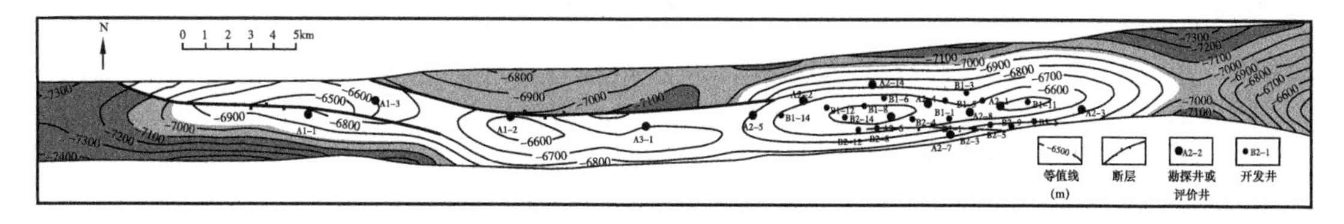

图 1–5　克深气田巴什基奇克组顶面构造图

一、研究区大地构造背景及单元划分

塔里木盆地的一级构造单元为隆起和坳陷，二级构造单元为凸起、凹陷、斜坡、冲断带和低凸起（王步清等，2009）。根据此划分标准，研究区所在的库车坳陷为塔里木盆地的一级构造单元。

库车坳陷依其褶皱形式及隆凹成带展布特点，自北向南进一步细分为北部单斜带、克拉苏—依奇克里克构造带（简称克—依构造带）、拜城凹陷、秋里塔格背斜带和阳霞凹陷等五个二级构造单元（能源等，2013）。

研究区整体位于库车坳陷，研究区中西部的塔拉克剖面和阿瓦特河剖面主体属于北部单斜带；而研究区中部的大宛齐煤矿剖面和克拉苏河剖面以及东部的库车河剖面、克孜勒努尔沟剖面、依奇克里克剖面和阳霞河剖面属于克—依构造带，是一个逆冲主体构造带（图 1–6）。

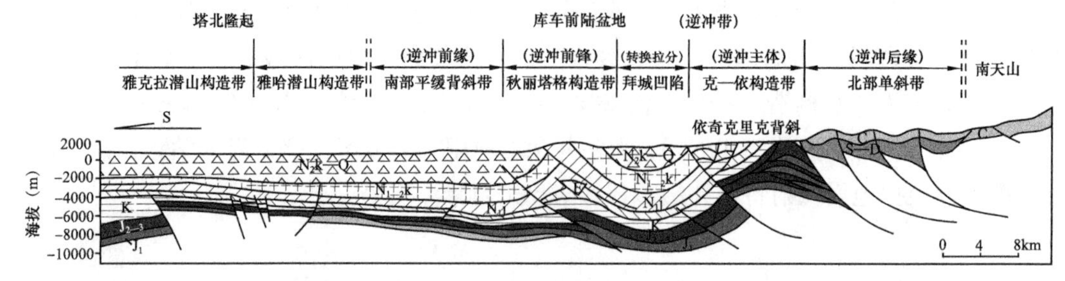

图 1–6　南天山—库车坳陷带—塔北隆起带新生代构造模式图（据塔里木油田修改）

北部单斜带位于南天山山前，北布古鲁大断裂北侧，延伸于克孜勒努尔沟以西至塔拉克一带，东西长达 300 km 宽 5～15 km，西窄东宽，为一不规则的条带状。主要由中生界组成，并全部出露于地表。该带发育一系列由三叠系组成的平缓背斜、向斜构造，如研究区内的比尤勒包谷孜背斜和库如力向斜等。

克—依构造带主要包括库姆格列木背斜、喀桑托开背斜、依奇克里克背斜和吐格尔明背斜。它们均属断层相关褶皱，以断展褶皱为主。这些背斜的两翼不对称，倾角为 50°～70°，北缓南陡，轴部一般出露下白垩统及上侏罗统，但在吐格尔明背斜核部出露了前震旦系花岗岩，其两翼反转为南缓北陡，并可见新近系—中生界、白垩系—侏罗系间的交角不整合，表明东段构造隆起高，其形成时期相对较早。

二、研究区构造样式

研究区构造样式丰富，总体以褶皱、断裂发育的薄皮构造型式为特征，具有成排成带分布的特点，总体构成向南突出的弧形构造带，具体构造样式见表 1–2。

表 1–2　研究区主要构造样式一览表

一级类型	次级类型	实例	地区
单斜带内的褶皱	向斜	库如力向斜	库车河
	背斜	博孜敦北平卧褶皱群	阿瓦特河
		比尤勒包谷孜背斜	库车河
断层相关褶皱	断层转折褶皱	克孜勒努尔沟反冲背斜	克孜勒努尔沟
	断层传播褶皱	库姆格列木背斜	克拉苏河
		喀桑托开背斜	克拉苏河
		吐格尔明背斜东端	阳霞煤矿

续表

一级类型	次级类型	实例	地区
断层相关褶皱	断层牵引褶皱	克孜勒努尔沟石灰厂牵引构造	克孜勒努尔沟
冲断构造	叠瓦状逆冲构造	依奇克里克深部叠瓦构造、吐格尔明深部叠瓦构造、克深—大北深部叠瓦构造	克—依构造带
	反冲构造	吐格尔明、依奇克里克褶皱北翼、克孜勒努尔反冲背斜	克—依构造带
基底卷入构造	基底卷入断裂和褶皱构造	吐格尔明背斜核部	阳霞煤矿
走滑构造	左旋走滑	塔拉克走滑断层	塔拉克河
	右旋走滑	阿合断裂	库车河
		俄矿断裂	

（一）冲断带相关褶皱

1. 博孜敦北平卧褶皱群

博孜敦北平卧褶皱群包括温泉大型平卧褶皱、巴依里平卧大型褶皱和巴依里小型平卧褶皱（图 1–7）。在该构造上可以测量两翼地层的产状，作为古应力场恢复的依据，另外可以用于分析裂缝发育与褶皱不同构造部位以及地层曲率的关系。

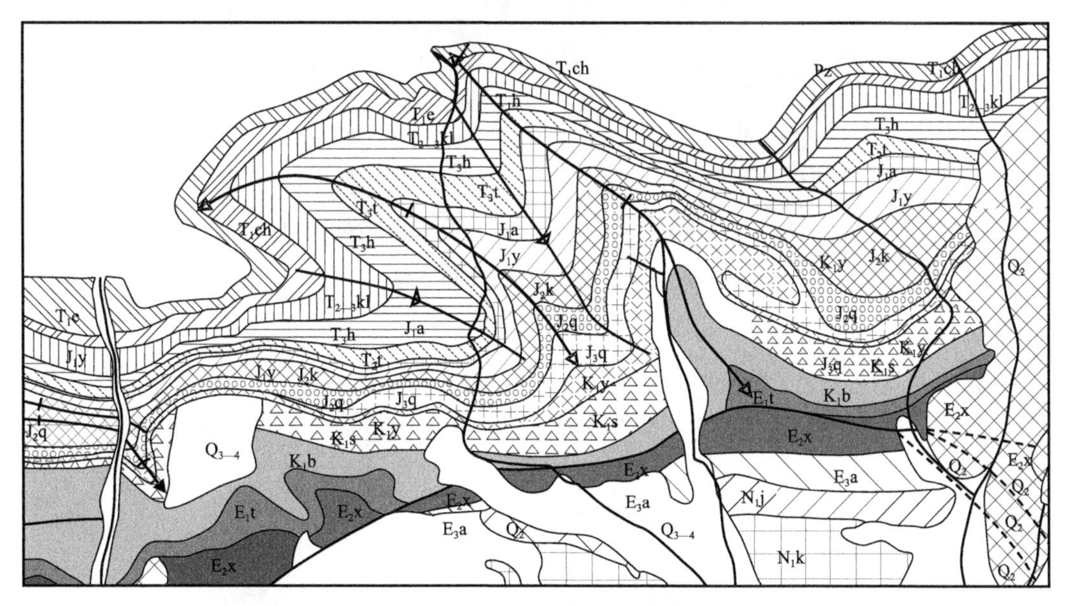

图 1–7　博孜敦北平卧褶皱群

2. 巴依里平卧大型褶皱

巴依里平卧大型褶皱位于北部单斜带，地层为下侏罗统阳霞组，其轴面近于水平，南翼被剥蚀缺失，为一条紧闭平卧褶皱（图 1–8）。

图 1-8　巴依里平卧大型褶皱

3. 巴依里小型平卧褶皱

位于北部单斜带，地层为中侏罗统克孜勒努尔组。其轴面近于水平，翼间角较小，为一条闭合平卧褶皱（图 1-9）。

图 1-9　巴依里小型平卧褶皱

4. 库如力向斜

库如力向斜位于 217 国道两侧。该向斜构造位置属于北部单斜带，核部地层为下侏罗统阿合组，两翼地层为上三叠统塔里奇克组及黄山街组黑色页岩。两侧产状平缓，为一条宽缓的向斜（图 1-10）。

图 1-10　库如力向斜

在该构造上可以测量地层产状，按地层倾角连接形成一个弧，以分析裂缝发育与地层曲率的关系。

5. 比尤勒包谷孜背斜

比尤勒包谷孜背斜位于北部单斜带的最东端，核部是上三叠统黄山街组，两翼为上三叠统塔里奇克组，南翼出露侏罗系。

该背斜南翼比较平缓，北翼陡倾，为一不对称褶皱（图 1–11）。通过测量地层产状，按地层走向连接形成一个弧，可以分析裂缝发育与地层曲率的关系，并重点研究背斜不同构造部位对裂缝发育的控制。

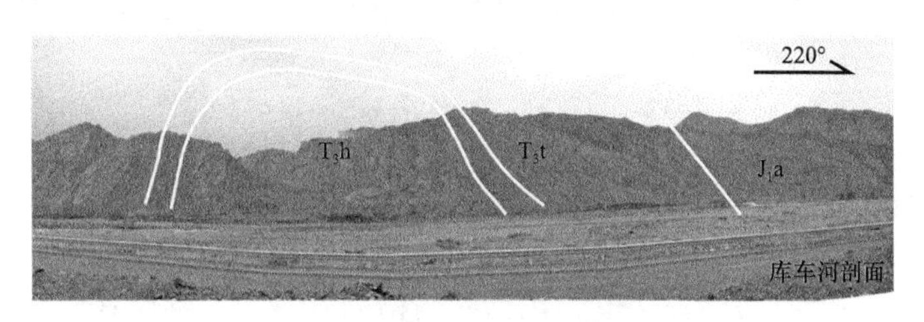

图 1–11　比尤勒包谷孜背斜

6. 克孜勒努尔沟东秋里塔格箱式背斜

东秋里塔格背斜的规模巨大，是构成库车坳陷东部逆冲前锋带内仅有的一个大型背斜，背斜的核部出露吉迪克组，呈平顶的箱状褶皱（图 1–12）。

图 1–12　东秋里塔格箱式背斜

该构造自上而下构造高点明显向北偏移。由于逆冲断层向南推覆，在断层上、下盘形成了完全不同的构造类型，表现为深层的断层转折褶皱与浅层的断展褶皱叠加形成复合型背斜。背斜南翼短而陡立，北翼长而缓倾，背斜顶部岩层近于水平，在地表呈现为一个非常完整的箱状背斜（图 1–12）。箱状背斜下伏发育两条主要的逆冲断层，上部的一条逆冲断层在背斜南翼出露地表；下部的逆冲断层为隐伏断层，该隐伏断层的断面弯曲导致了下部具有垛状构造特点的断层转折背斜。

7. 克孜勒努尔沟石灰厂含煤小背斜

石灰厂背斜位于克孜勒努尔沟，GPS 点位：N 42°7′31.9″；E 83°24′37.8″。核部地层根据煤层上部碳质页岩中的植物化石，确定为三叠系塔里奇克组。两翼地层为侏罗系阿合组。

该背斜为斜歪倾伏背斜，内部轴面劈理发育；能干的砂岩层发育正扇形劈理，非能干的煤层发育反扇形劈理；岩性相似地层厚度越小，劈理密度越大（图 1–13）。对该背斜的测量，可以有效研究背斜中岩性与层厚分别对于裂缝发育的控制因素。

图 1–13　克孜勒努尔沟石灰厂含煤小背斜

（二）断层相关褶皱

研究区中发育多个断层相关构造，包括库姆格列木背斜、喀桑托开背斜、克孜勒努尔沟反冲断层及断层转折背斜、吐格尔明背斜、克孜勒努尔断层牵引褶皱。

1. 库姆格列木背斜

库姆格列木背斜位处克拉苏河剖面，属于克—依构造带，地层为下白垩统巴西盖组，两翼地层倾角较小，为一条直立开阔褶皱。南翼发育逆冲断层和挠曲，为断层相关褶皱（图 1–14），在褶皱不同部位可以测量裂缝发育情况，并进一步研究褶皱不同部位对裂缝发育的控制作用。

图 1–14　库姆格列木背斜

2. 喀桑托开背斜

喀桑托开背斜位处克拉苏河剖面，属于克—依构造带，位于库姆格列木背斜南部，地层为古近系苏维依组，两翼地层倾角较小，为一条直立开阔褶皱。南翼发育逆冲断层，为断层相关褶皱。在褶皱不同部位测量裂缝发育情况后，可以进一步得出核部裂缝明显比翼部发育的结论，而南翼裂缝明显多于北翼，这与南翼发育逆冲断层有关。在喀桑托开背斜南翼受逆冲断层影响，还发育牵引褶皱（图 1–15、图 1–16）。

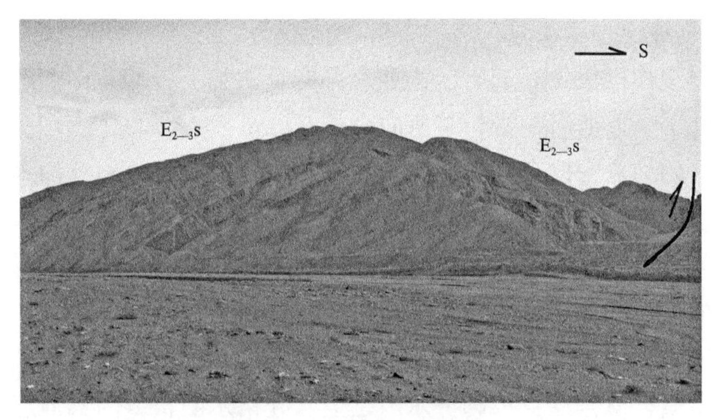

图 1-15　喀桑托开背斜

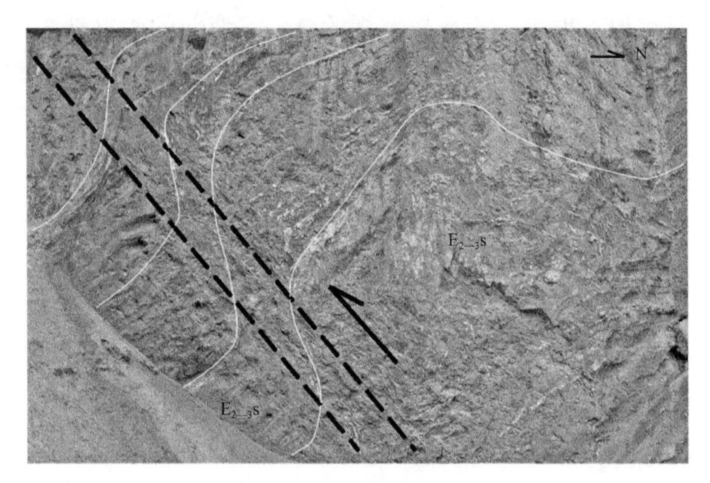

图 1-16　喀桑托开背斜南翼逆断层及牵引褶皱

3. 克孜勒努尔沟反冲断层及断层转折背斜

该反冲断层及断层转折背斜位于克孜勒努尔沟石灰厂南约 300m 处。剖面上受一条自南向北的反冲断层控制，该断层呈明显断坪—断坡式发育，下盘为阳霞组、克孜勒努尔组连续地层，在下盘断坡处与上覆阳霞组呈大角度断层接触；下盘断坪处与上覆克孜勒努尔组呈平行断层接触（图 1-17）。在下盘断坡处上盘地层发生弯曲形成断层转折背斜，即断层转折背斜。

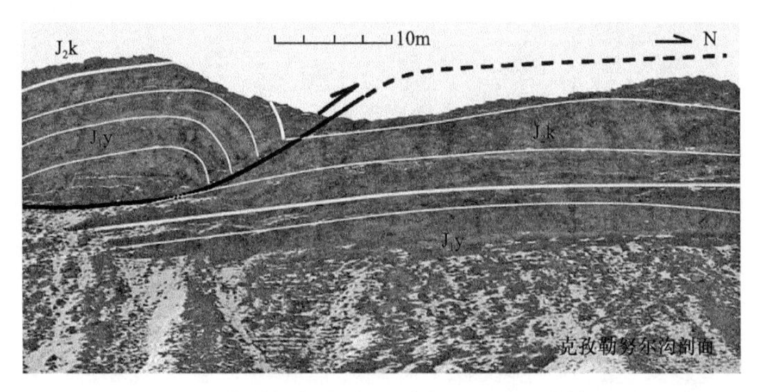

图 1-17　克孜勒努尔沟反冲断层及断层转折背斜

4. 吐格尔明背斜

吐格尔明背斜规模巨大，东起野云沟西北部的莫洛克艾肯沟，向西经阳霞煤矿、三十团煤矿（塔克麻扎）至迪那河一带，东西向全长 90 km 左右，总体表现为高陡紧闭的线性背斜。其走向在吐尔力克河以东为近东西向，吐尔力克河至吐孜洛克沟为北西向，吐孜洛克沟以西又变为近东西向，平面上总体呈“Z”形展布。

吐格尔明背斜两翼在地表出露的地层不能完全对应，在背斜南翼出露的阿合组在背斜北翼由于正断层的作用未出露，在背斜北翼出露的齐古组、喀拉扎组、亚格列木组和舒善河组在背斜南翼未出露，北翼出露的苏维依组在背斜的东南侧也未出露，明南 1 井揭示吉迪克组直接角度不整合覆盖在克孜勒努尔组之上。吐格尔明背斜两翼地层不能完全对应的现象有些是由于沉积原因造成的，有些则是因为后期剥蚀造成的。

吐格尔明背斜在地下也表现为比较宽缓的背斜，背斜的南翼被 2～3 条从北向南的逆冲断层错断，断层的垂直断距与水平断距都不是很大，接近地表时断层位移量为零（图 1–18）。

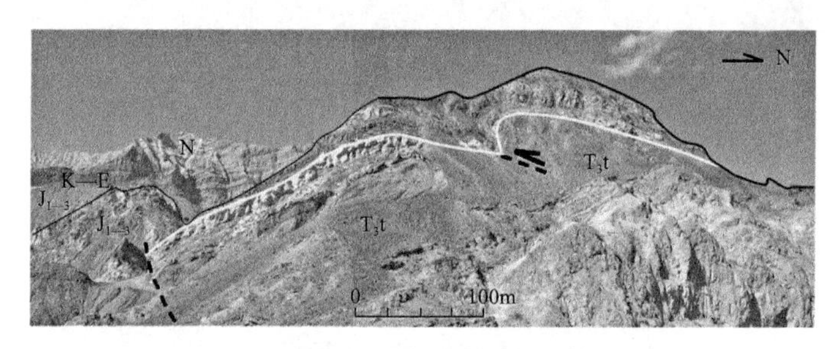

图 1–18 吐格尔明背斜南翼断层传播背斜

吐格尔明背斜是受到两期断层活动影响而产生的构造现象，早期是正断层，晚期为逆断层，野外观察到逆断层与正断层相邻共存的现象。

吐格尔明背斜中段表现为正断层，近东西走向，正断层上盘为克孜勒努尔组，下盘为塔里奇克组，断层产状为 350°∠50°（图 1–19）。

图 1–19 吐格尔明背斜中发育的正断层

吐格尔明背斜东段为逆断层，近东西走向，逆断层两盘地层均为吉迪克组和克孜勒努尔组的不整合，断层产状为 342°∠45°（图 1–20）。

图 1–20　吐格尔明背斜中发育的逆断层

逆断层的产生是由于晚期的逆冲作用，而中段正断层的存在是由于该处逆断层的断距小于早期正断层的断距，反转未能消除正断层效应，保存了正断层样式。褶皱枢纽的转向可能也与早期先存正断层有关（图 1–21）。

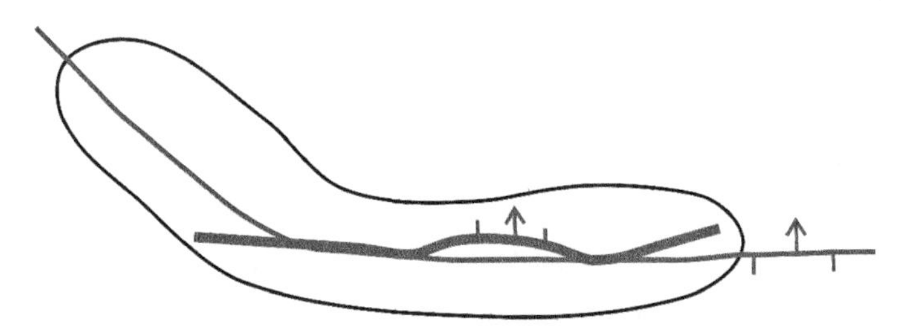

图 1–21　吐格尔明背斜的正断层和逆断层的叠加模式图

5. 克孜勒努尔断层牵引褶皱

该断层牵引褶皱位于克孜勒努尔沟剖面，GPS 点位：N 42°7′29.9″；E 83°24′29.8″。

该构造受一条近东西向的左旋走滑断裂控制（此断裂可能是吐—依断裂系的一部分），使得断层两侧的地层被牵引，形成褶皱；并在地形因素影响下，断层北侧形成牵引背斜，南侧形成牵引向斜（图 1–22）。

图 1-22　克孜勒努尔断层牵引褶皱

6. 吐格尔明断层牵引构造

该构造位于吐格尔明背斜核部，发育于塔里奇克组含煤地层中，受一条小型断层控制，使靠近断层的地层发生褶皱弯曲（图 1-23）。研究此构造，有助于分析断层牵引构造对裂缝发育控制的分带性。

图 1-23　吐格尔明断层牵引构造

（三）冲断构造

1. 塔拉克逆断层

塔拉克逆断层位于北部单斜带，GPS 点位：N 41°43′16.60″，E 80°19′58.80″。近东西走向，断层向北倾，产状为 350°∠70°，上盘为阳霞组，下盘为舒善河组。上盘向南逆冲，将阳霞组上推至舒善河组层位。距离断层的不同距离进行测量可以发现，距断层近，裂缝发育程度高，距断层远，裂缝发育程度低（图 1-24）。

2. 博孜敦逆断层

博孜敦逆断层位于北部单斜带，GPS 点位：N 41°45′42.3″，E 80°40′45.6″。断层走向为 75°～80°，倾向北东东，倾角为 70°，地层为古近系，断层面附近的地层存在牵引作用，地层发生弯曲（图 1-25）。

3. 大宛齐煤矿反冲断层

大宛齐煤矿反冲断层位于克—依构造带内，层位为下白垩统舒善河组。GPS 点位：N

41°59′00.27″，E 81°50′12.05″。该断层近东西走向，南倾，产状为 170°∠75°，断层规模及断距均较小，断层面两侧地层可见牵引构造（图 1–26）。

图 1–24　塔拉克逆断层

图 1–25　博孜敦逆断层

图 1–26　大宛齐煤矿反冲断层

4. 依奇克里克背斜核部的逆冲构造

依奇克里克背斜地表西端起自克孜勒努尔沟，东端延伸到迪那河附近。以吉迪克组顶面为准，该背斜地表长约 40km，宽 4～5km。背斜东段近东西走向，西段为北北东走向，总体略呈“S”形展布。

依奇克里克褶皱在地表呈现为宽缓的背斜（图 1–27），其枢纽向东缓倾伏，倾伏角一般为 7°～10°，南北两翼的地层基本对称。

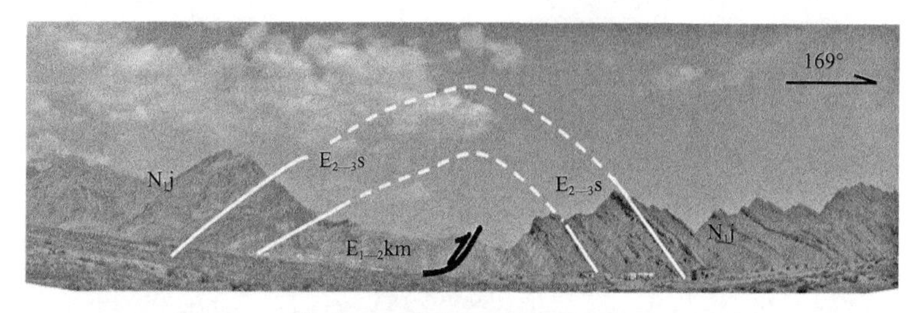

图 1–27 依奇克里克断层传播背斜和逆冲断层

依奇克里克背斜的核部背斜核部被一条从北向南的逆冲断层切割，逆冲断层的断距较小（图 1–28）。

图 1–28 依奇克里克背斜核部的逆冲断层

5. 吐格尔明背斜北翼的反冲构造

吐格尔明背斜北翼发育反冲断层，断层方向为南倾，将塔里奇克组和黄山街组往上推覆，甚至在上盘出露了前震旦系花岗岩基底，在断层两侧发育牵引构造（图 1–29）。

图 1–29 吐格尔明背斜北翼的反冲构造

（四）走滑构造

1. 塔拉克走滑断层

该断层位于塔拉克剖面，属于北部单斜带内构造，为一条近东西走向的压扭性走滑断裂（图 1–30）。断层滑距为 1070m，为左旋走滑断层，断层面上有擦痕分布，擦痕产状 250°∠60°，右侧伏 35°。

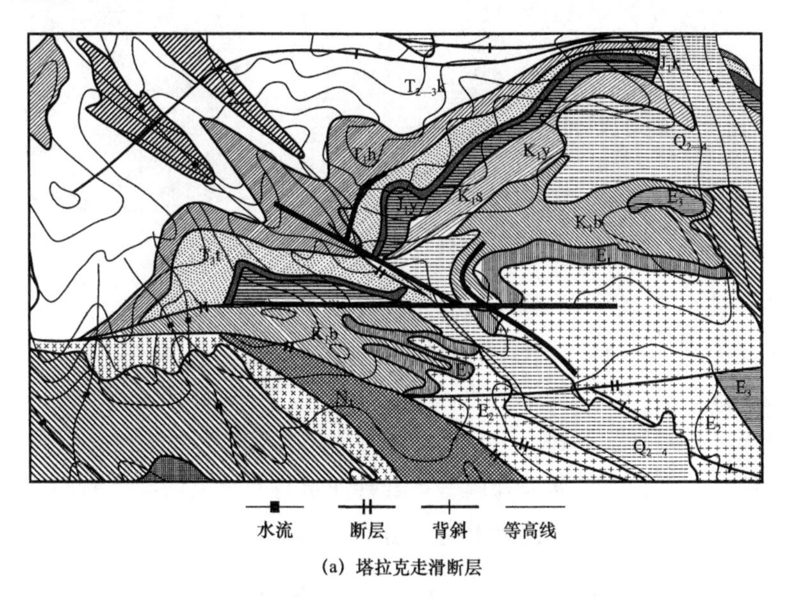

(a) 塔拉克走滑断层

(b) 擦痕

图 1–30　塔拉克左旋走滑断层及擦痕

2. 阿合右旋走滑断裂

该走滑断裂位于库车河剖面，GPS 点位: N 42.1581°，E 83.11049°。为一条近东西走向的压扭性走滑断裂，北盘为侏罗系阿合组；南盘为三叠系塔里奇克组。断面产状为 170°∠79°，中间发育一条宽约 70m 的破碎带（图 1–31）。研究此剖面，有助于建立走滑断裂控制裂缝发育的规律。

图 1–31　阿合走滑断裂

3. 俄矿右旋走滑断裂

俄矿右旋走滑断裂剖面位于库车河俄矿煤矿，GPS 点位：N 42.14113°，E 83.06695°。该断裂在区域上成“Z”形，呈现断坪—断坡式展布，近东西向延伸，为一条右旋走滑断裂。对于南盘而言，西侧断坪处，白垩系亚格列木组与北盘上侏罗统断层接触，向西被新生界覆盖断层性质不明；中部断坡处白垩系舒善河组与北盘上侏罗统断层接触；东侧断层与另一条断层交会，向西延伸至提克里克（图 1–32）。

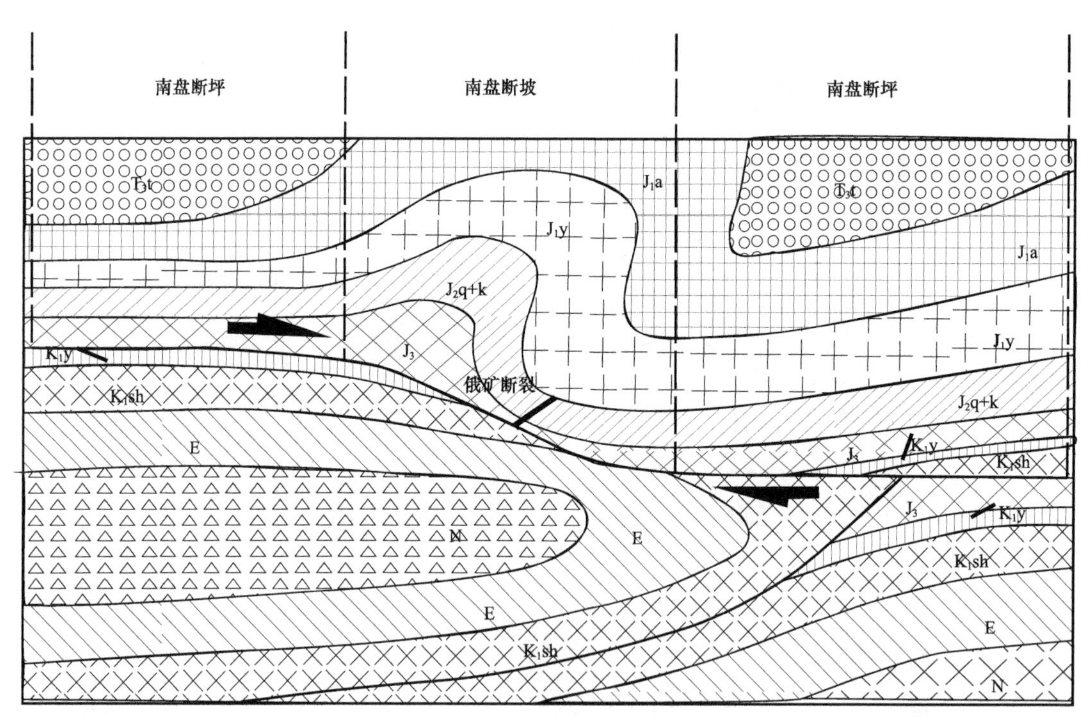

图 1–32　俄矿右旋走滑断裂断坪—断坡示意图

该构造沿着下白垩统亚格列木组“城墙砾岩”横切库车河发育破碎带，断层面上可见擦痕（图 1–33），断层走向 97°，倾角 75°，断层破碎带宽约为 7.8m。

图 1–33　俄矿走滑断裂的破碎带

第五节　气藏特征及开发概况

克深气田目的层埋深在 6500m（海拔为 –5100m）以深，总厚度为 270～300m，气水界面 –7000m（海拔为 –5600m），如图 1–34 所示。储层岩石成分成熟度和结构成熟度较低，岩性以中—细砂岩为主，表生溶蚀孔隙较发育，以粒间孔为主。据试井资料表明，克深气田巴什基奇克组的基质孔隙度普遍低于 8%，一般在 2%～7% 之间，平均约 4%，基质渗透率在 0.05～0.50mD 之间，平均约 0.08mD，并且孔隙度与渗透率的相关性较差，属于特低孔特低渗砂岩储层。从岩心及成像测井资料来看，研究区目的层大量发育储层裂缝，特别是构造裂缝，属于典型的裂缝性砂岩储层，岩心实测裂缝渗透率在 1.0～10.0mD 之间，平均约 5.0mD。将单井储层裂缝参数与实际产能进行对比，并结合钻井液漏失量等数据分析后发现，储层裂缝是改善储层物性、影响天然气产能的重要因素。

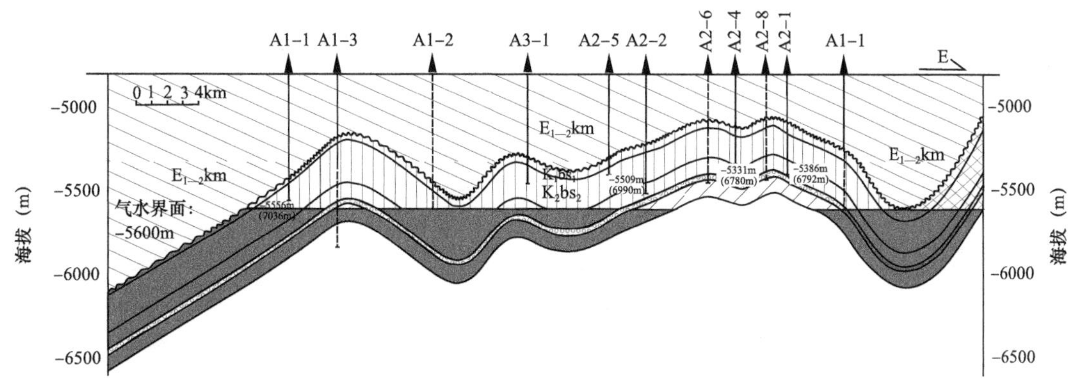

图 1–34　克深气田过井气藏剖面

自 2009 年、2010 年 A2–4 井和 A1–1 井相继获得突破后，分别上交克深 2 号构造和克深 1 号构造天然气控制地质储量 $1290.49\times10^8m^3$ 及 $429.06\times10^8m^3$。2010—2012 年先后部署了 A2–1、A2–2、A2–3、A2–14、A2–5、A2–6、A2–7、A2–8、A1–3、A1–2 和 A3–1 共 11 口探井，截至 2012 年 11 月，其中的 6 口井（A2–1、A2–2、A2–3、A2–14、A2–8

和A1–3）经测试后已经获得高产工业气流，正在完井待试油的4口井（A2–5、A2–6、A2–7和A3–1）的测井解释结果显示含气层较厚，A1–2井以及后续的开发井正在钻进中。

克深气田的总天然气储量约$2000 \times 10^8 m^3$，2012年6月，克深气田由试采阶段转入产能建设阶段，主要产气井的部分开发参数见表1–3。

表1–3　克深气田主要产气井部分开发参数

井名	深度段（m）	类型	油嘴（mm）	油压（MPa）	日产气量（$10^4 m^3$）
A1–1	6870～7036	中途测试	4	56.940	12.39
A1–3	6945～7160	完井测试	5	52.971	20.00
A2–1	6505～6700	完井酸化	10	81.000	100.18
	6735～6755	完井测试	6	75.280	3.94
A2–2	6705～6969	完井酸压	11	44.642	74.66
A2–4	6573～6697	完井酸化	8	45.543	46.64

第二章　裂缝识别与描述

第一节　野外露头裂缝特征

库车河野外露头区位于天山冲断带与塔里木盆地的接合部，发育一系列由北向南逆冲的叠瓦状冲断裂和近东西向展布的断层相关褶皱。依其褶皱形式及隆凹成带展布特点，自北向南进一步细分为北部单斜带（褶皱带）、克拉苏—依奇克里克构造带（简称克—依构造带）、拜城凹陷、秋里塔格背斜带和阳霞凹陷五个二级构造单元（图 2-1）。

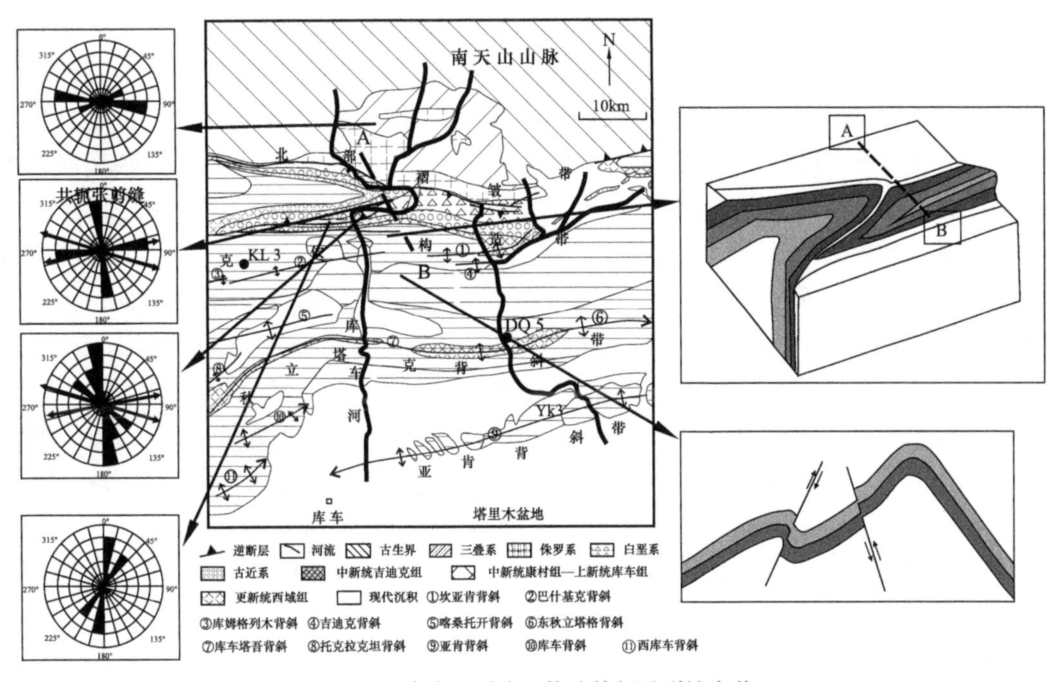

图 2-1　库车河露头区构造特征及裂缝产状

克—依构造带平面上具东西分段、南北分带的特征，垂向上划分为浅部地面构造带和深层构造带两个次级构造单元，整体上，库车河由北向南延伸，途径北部单斜带、巴什基奇克背斜、喀桑托开背斜、库车塔吾背斜和亚肯背斜带。其中，巴什基奇克背斜是一典型的断展褶皱，南翼地层近于直立，北翼地层向北缓倾，背斜轴部发育的逆冲断层是控制该背斜形成发育的前缘突破断层（图 2-1）。坎亚肯背斜总体上作为一典型的滑脱褶皱，但到西段逐渐过渡为断展—滑脱混生褶皱，实际上是巴什基奇克背斜的东段的延伸部分。喀桑托开背斜也是一典型的断展—滑脱混生褶皱，西段和中段表现为断展褶皱，而东段则表现为断弯褶皱，控制褶皱的断层滑脱距离大。

作为克—依构造带的南部深层未出露地表部分，主要包括两个大型的被动顶板双重构造和由相互叠置的断弯褶皱组成的复合构造，即克拉苏背斜和巴深背斜。其克拉苏背斜的东段即位于喀桑托开背斜、吉迪克背斜之下，而克拉2气藏正好位于克拉苏背斜的中段。同时，巴深背斜构造是位于巴什基奇克背斜和坎亚肯背斜之下的深部构造，主要受控于克拉苏断层的影响，而且克深和大北气田正好位于克拉苏断裂以南的下盘、拜城断裂以北，东至克拉2构造，西至博孜构造，整体呈现为东西走向的长轴背斜，构造幅度均小于500m。秋里塔格构造带整体为一向南凸出的弧形带，分为西秋里塔格和东秋里塔格两个构造带。东秋里塔格带包括东秋里塔格背斜和东秋深背斜，其中，东秋里塔格背斜为出露地表的反冲型断褶构造，迪那气田便位于东秋构造带的深部，为一长轴断背斜，构造幅度超过700m。西秋里塔格构造带的北部断裂带在库车地区主要发育一系列大型逆冲推覆构造、断层传播褶皱、盐冰川和盐枕，向东段则逐渐过渡为断层转折褶皱，与迪那背斜十分相近。

一、基于无人机技术的数字露头模型

为了拓宽野外考察视野、减少地质风险、加强研究经济性，优选并形成了融合无人机航拍、三维激光扫描、倾斜摄影测量多源数据的裂缝露头一体化数字建模技术，局部数据精度达2mm，开发了基于深度学习算法（FCN、DeepLab等）的断缝参数定量提取算法（图2-2）。经调研、筛选，确定了天山南缘库车河野外露头为研究工区，由于库车河的冲刷作用，地层出露全、保存质量好、地质现象丰富，尤其采用航拍手段可以从三维空间角度获取宏观大尺度裂缝的平面展布情况。

由于人工测量露头的范围有限（0～2m高度），而且测量尺度标准存在差异，测量精度也有限，尤其对断层、地层或裂缝等地质体的产状存在很大误差，三维测量技术能够在统一坐标系统下，避免了视倾角造成的误差（图2-2）。而且通过编写可视化算法，能在三维数字模型中直接测量断层、裂缝的倾向、倾角、走向等参数，而且可以通过人工识别地层界面的方式，进行数据转换，直接提取出地层界面、厚度等参数，同时可提取出空间尺度上的宏观裂缝网络参数。进一步，结合构造形迹学，辨识出裂缝之间的切割、限制和终止关系。巴什基奇克背斜的北翼露头为典型的致密砂岩特征，白垩系巴什基奇克组和巴

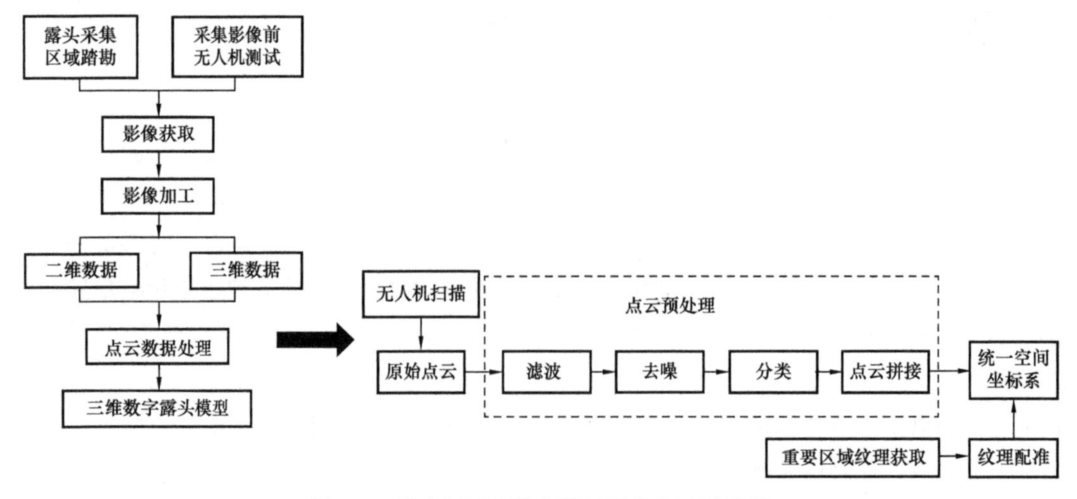

图2-2　库车河露头数字数据采集方法及流程

西改组内砂岩厚度大，但泥质含量高，裂缝主要以大尺度的层面剪切缝和高角度或近似直立的张剪缝、剪裂缝为主，而且，高角度缝切割了层面剪切缝或受到层面缝的限制。由此，推测出层面剪裂缝形成时间早，为地层沉积之后，埋深尚浅，古应力状态为Ⅱ型（重力应力为中间主应力，位于平面内），倾向于形成低角度共轭剪切缝；中、晚期随着上覆地层压力的变大，同时水平挤压力也突然增大，古应力状态转变为Ⅲ型（重力应力为中间主应力，位于垂向上），倾向于形成高角度共轭剪裂缝和张剪缝，这里的高角度是相对于地层的原始产状来说，后期的背斜翼部抬升导致裂缝倾角大大降低（图 2-3）。开度大、规模大的剪切缝更容易同时切穿数条层面缝，而产状不稳定的张剪缝则常被层面剪切缝限制或终止。

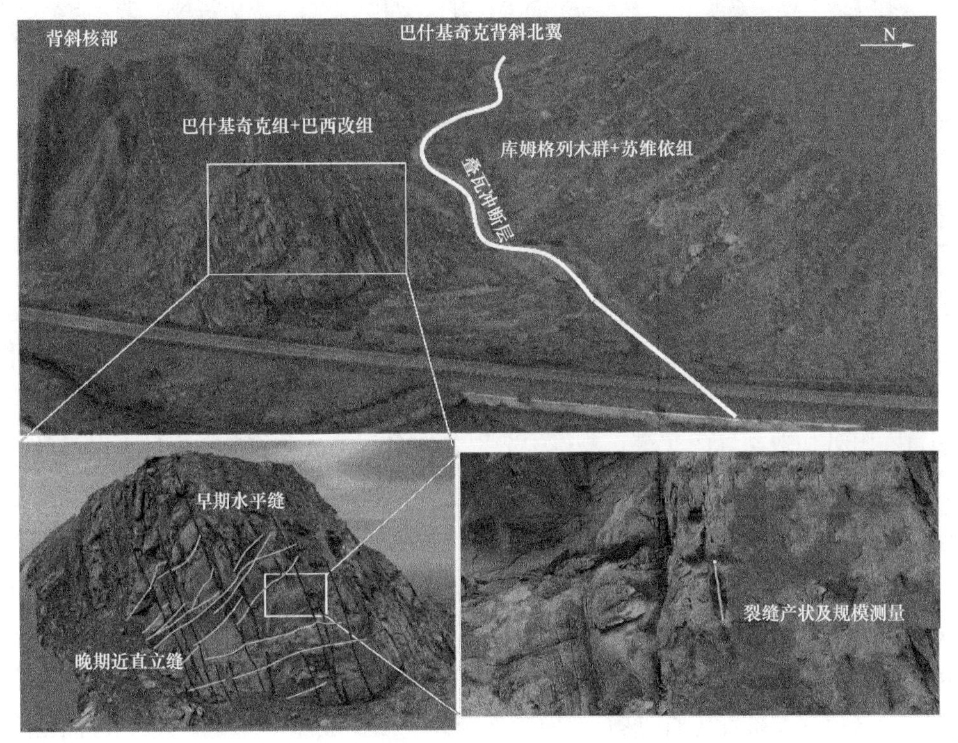

图 2-3　库车河典型三维露头数字模型及裂缝测量方法

（大范围模型精度 20～50cm，小范围模型精度 5～20cm，裂缝密集处精度达 2mm）

根据大量野外统计发现，共轭裂缝的主要走向为北西—南东和近南北、近南北和北东—南西两组，主要发育在单斜和背斜的翼部地区，背斜核部也有发育；有趣的是，在背斜的核部发现了一系列近南北向的共轭剪裂缝，而在翼部也发现了一系列近东西向的共轭张剪缝或张裂缝。结合断层相关褶皱理论及裂缝成因机制分析，认为这种裂缝分布现象是物质迁移（颗粒流理论）的结果，即在尚无主控断层形成的前提下，褶皱的翼部仍受区域应力场控制，主要发育锐夹角平分线平行于最大主应力方向的近直立共轭剪裂缝，核部则主要发育高角度的平行于枢纽的张裂缝和张剪缝，随着挤压应力的持续，褶皱继续隆升，固定轴面逐渐成为活动轴面，而岩石颗粒发生流动，经过活动轴面后不仅位移方向发生了改变，其位置也发生了改变。如图 2-4 所示，这样早期褶皱的核部会逐渐转换成翼部，而翼部也会逐渐转换成核部，直到大断层形成为止。作为结果，褶皱核部上可以出现近南北向的共轭剪裂缝，翼部也会出现近东西向的张裂缝或共轭张剪缝，但是这种类型的裂缝相对于后期形成的裂缝数量少、密度低、充填程度高，而且常常被晚期裂缝切割、追踪的非常复杂；因此，野外露头或岩心观察中遇到多期叠加裂缝时，需要结合构造演化史及褶皱物质迁移理论进行仔细辨识。

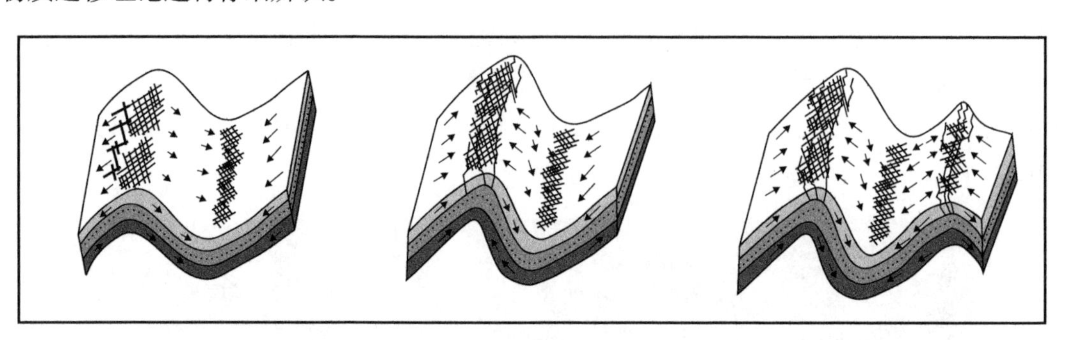

图 2–4　基于物质迁移理论的褶皱核部—翼部裂缝发育模式

二、野外裂缝的识别和统计

为了研究各类构造控制裂缝发育的规律，建立不同类型构造控制裂缝发育的地质模型，在库车致密砂岩地区针对不同类型的构造（断层、褶皱）进行野外详细调查，并对不同类型构造设计实测剖面，进行构造裂缝的测量和统计。

通过在野外构造裂缝的实测，获得构造裂缝的多种参数和信息。通过不同的数学统计方法，对这些大量的裂缝数据进行数据处理和统计，从而寻找不同类型构造控制构造裂缝的规律，是建立构造裂缝地质模型的重要内容。

一般对褶皱的构造裂缝测量，分别在褶皱的两翼和转折端设计测量面；对断层而言，在断层的某盘距断层由近至远布置构造裂缝的测量面。

构造裂缝数据的主要统计内容和方法包括：裂缝走向统计（走向玫瑰图）、开度统计（直方图）、充填程度统计（直方图）、面密度统计、强度统计（直方图）、裂缝面密度（或强度）与距断层距离关系的统计与回归分析、裂缝面密度（或强度）与距轴面距离之间的回归分析、裂缝面密度（或强度）与地层曲率关系的统计与回归分析。

（一）裂缝走向

根据库车坳陷冲断带山前的野外构造裂缝走向玫瑰图分析，本区构造裂缝走向优势方位主要分为北北东向、北东向和北西向三组，其中，北北东向裂缝最发育（图 2–5）。

构造裂缝走向玫瑰图的组分包括区域构造控制的裂缝和局部构造控制的裂缝两部分。区域构造控制的裂缝走向总体上以北北东向为主，与新生代近南北向的最大主压应力方向呈小锐角，而局部构造控制的裂缝因受局部构造走向的控制而比较杂乱，因此在这两种作用的共同控制下，构造裂缝的走向比较杂乱，具有多个优势方位（图 2–5）。

构造裂缝类型多样，包括剪节理、张节理、褶皱有关的劈理等，所以单纯根据构造裂缝的走向不能直接用来判断区域最大主压应力的方向，而应该根据共轭节理、褶皱轴面分析和断层擦痕等应力感数据才能恢复区域构造应力场。

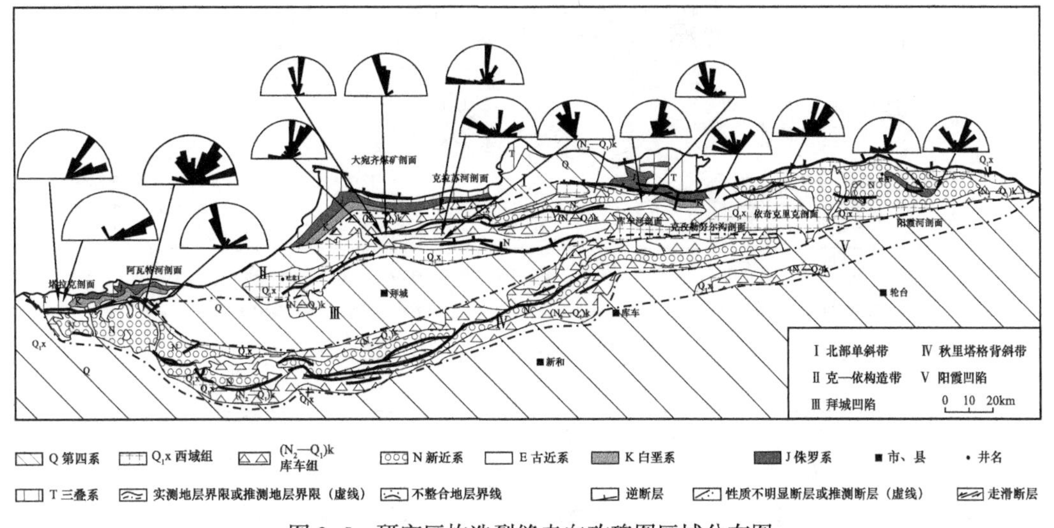

图 2-5　研究区构造裂缝走向玫瑰图区域分布图

库车坳陷的张裂缝具有东西分段南北分带性。中西部明显比东部更发育张裂缝。克依背斜带的张裂缝走向近于平行背斜枢纽（东西向—北东东或北西西），属于同褶皱期形成的纵张裂缝；而北部单斜带的张裂缝走向近南北向，与近南北向的区域挤压方向平行（图 2-6）。

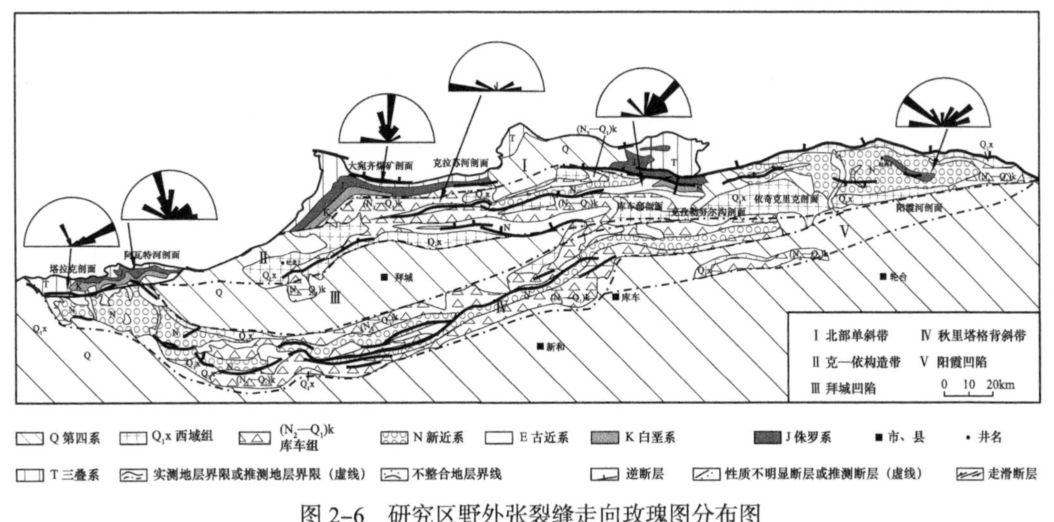

图 2-6　研究区野外张裂缝走向玫瑰图分布图

库车坳陷的纯剪裂缝具有东西分段的特点，东部明显比中西部更发育纯剪裂缝。纯剪裂缝通常呈共轭节理形式，共轭角平分线近南北向，与区域主压应力方向一致（图 2-7）。

区域上最常见的裂缝是介于张裂缝和剪裂缝的过渡类型——张剪裂缝。整体上以近南北向为主（北北东—北北西之间），与区域最大主压应力方向基本吻合（图 2-8）。

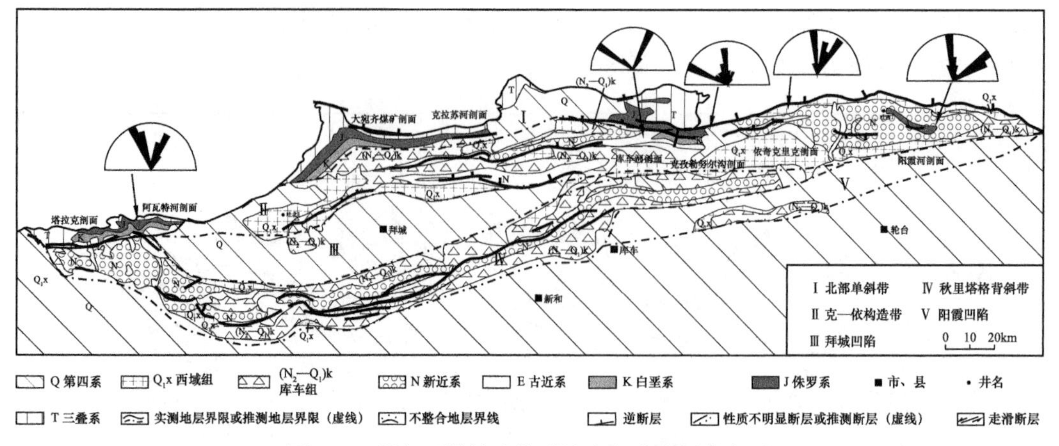

图 2-7 研究区野外纯剪裂缝走向玫瑰图分布图

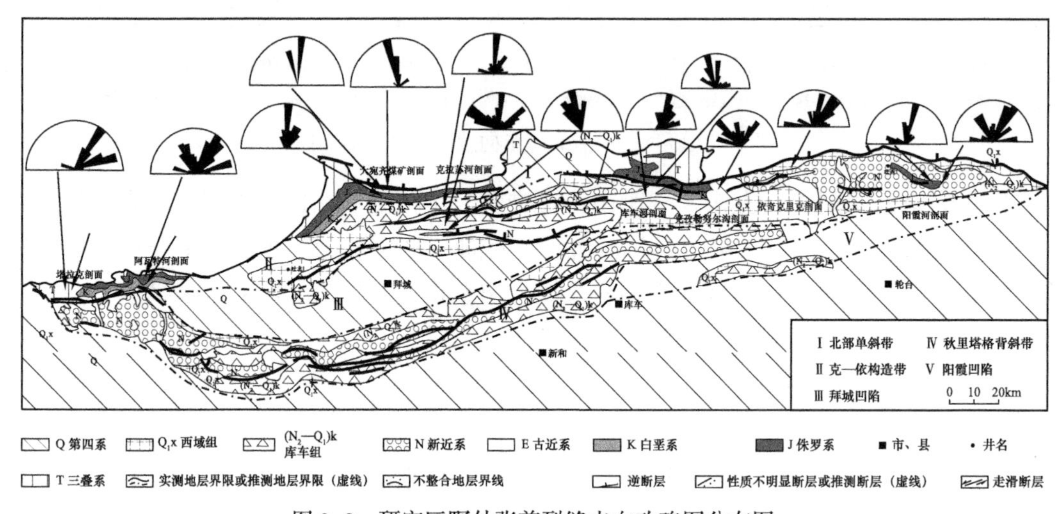

图 2-8 研究区野外张剪裂缝走向玫瑰图分布图

根据第一章区域构造演化、构造应力场恢复、裂缝的走向玫瑰图统计结果分析，这些构造裂缝走向的优势方位与区域构造应力场的最大主压应力方位相基本一致，但在个别地区构造裂缝还受到局部构造应力场的影响，尤其是靠近大地构造单元交会处时尤为明显（图 2-5）。

在库车坳陷的克深地区，井下天然裂缝的走向主要有两个方向：近北北西走向和近东西走向，这与野外观测的结果接近。根据斯伦贝谢公司提供的资料，天然裂缝走向与最大水平主应力之间的夹角较小的井均为高产井，这种裂缝开启性较好；而天然裂缝走向与最大水平主应力之间的夹角较大的井产量较低，这种裂缝开启性较差。可见，天然气产量同天然裂缝走向与最大水平主应力之间的夹角有密切联系。

（二）裂缝倾角

库车坳陷北部的野外构造裂缝倾角以中高角度为主（图 2-9）。其中，阳霞河剖面和大宛齐剖面的裂缝倾角整体较高。将地层恢复到水平状态之后，裂缝倾角整体以高角度为主（图 2-10）。

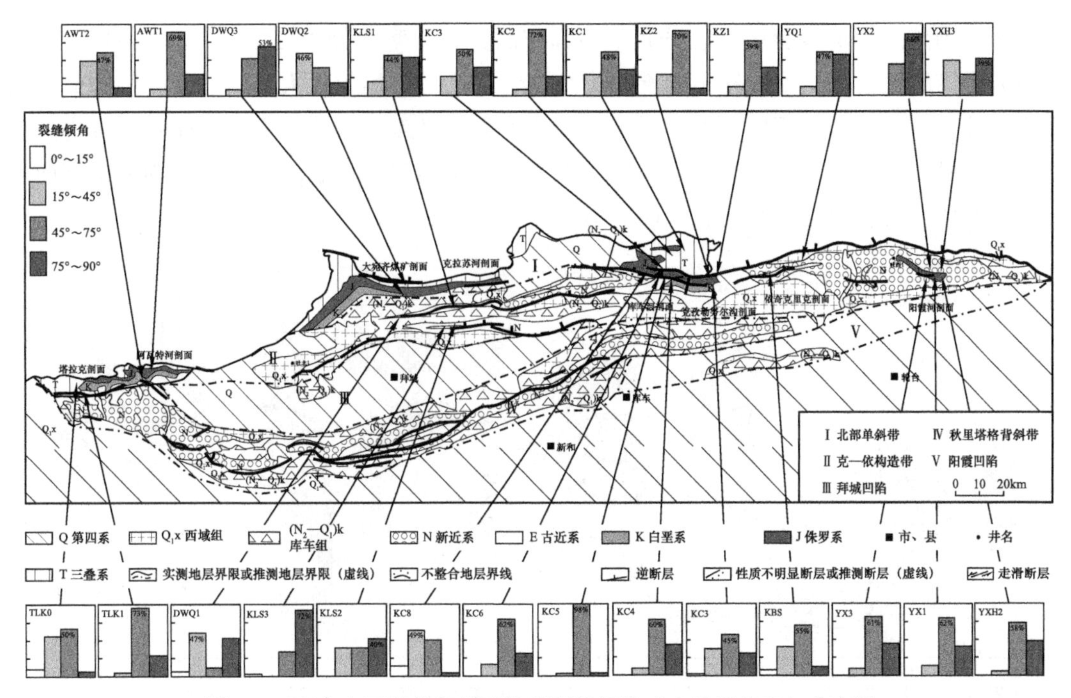

图 2-9　库车全区野外各剖面构造裂缝倾角（未地层校正）分布图

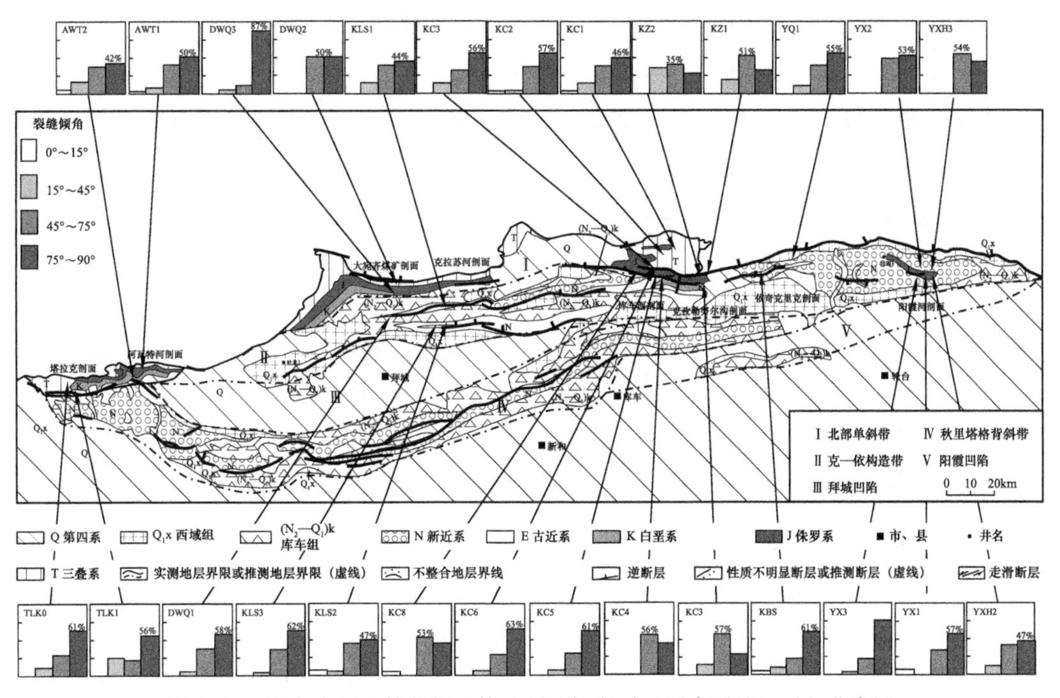

图 2-10　库车全区野外各剖面构造裂缝倾角（地层水平校正后）分布图

（三）裂缝密度

在构造裂缝的表征参数中，裂缝的面密度和强度对裂缝型储层的评价最重要，可以提高裂缝对油气储集和运移的能力。

库车坳陷的构造裂缝面密度分布呈现出东西分段、南北分带的特点（图 2-11）。东部的构造裂缝面密度平均值要比中西部的构造裂缝面密度平均值要大。南部克—依构造带的构造裂缝面密度平均值要比北部单斜带的构造裂缝面密度平均值要大。整体受区域构造分带控制，局部受具体构造控制。同一构造带内，东部的阳霞煤矿剖面—克孜勒努尔剖面要比中西部的大宛齐和克拉苏剖面的构造裂缝面密度平均值要大。

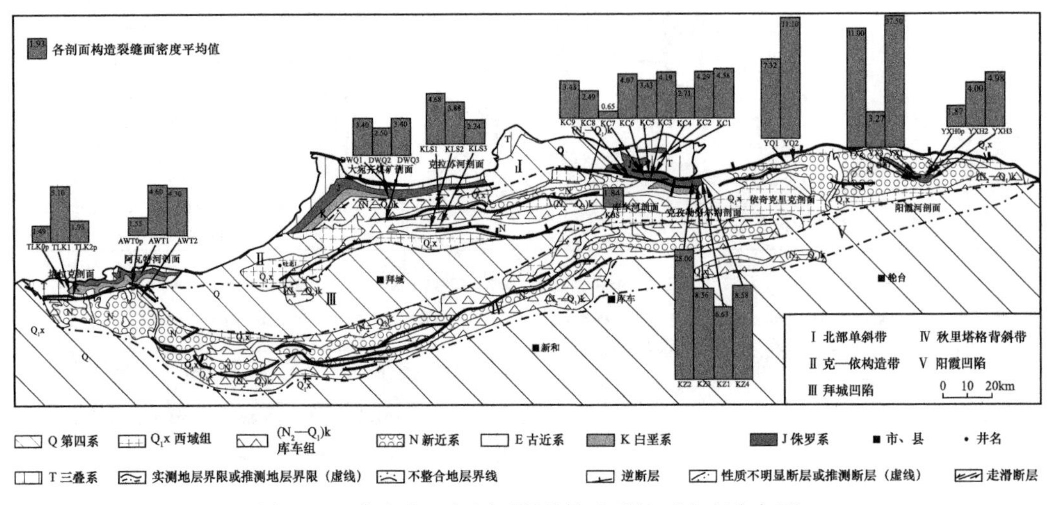

图 2-11 库车全区各剖面野外构造裂缝面密度分布图

将各剖面按照地层来统计裂缝密度后发现，库车坳陷东部的三叠系塔里奇克组和侏罗系的阿合组裂缝更为发育。中西部的白垩系和古近系裂缝相对比其他地层更发育一些（图 2-12）。

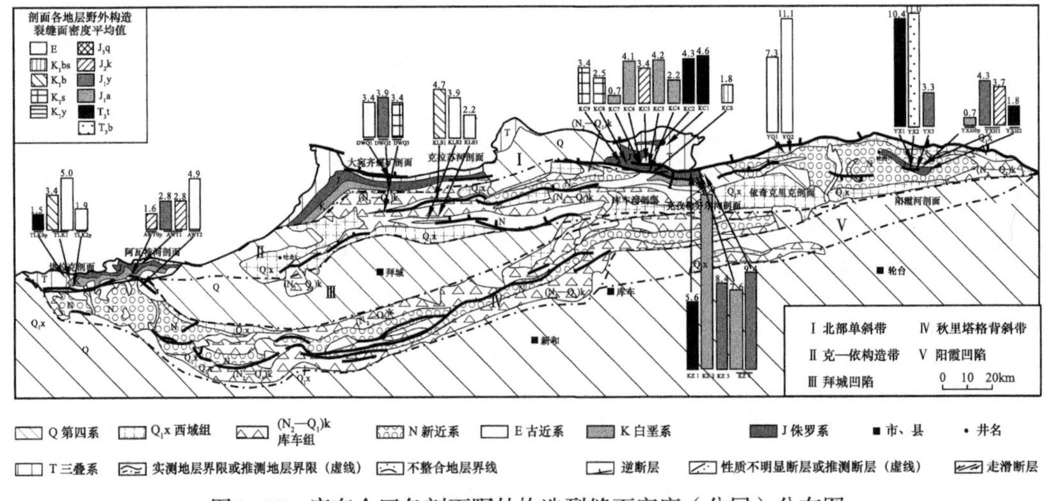

图 2-12 库车全区各剖面野外构造裂缝面密度（分层）分布图

（四）裂缝开度

研究区野外构造裂缝统计中，采取 0～0.5mm、0.5～1.0mm、1.0～2.0mm、2.0～5.0mm 和大于 5.0mm 这 5 个区间进行统计分析。

由于研究区内绝大多数裂缝为剪性裂缝，表现平直，延伸性好；少数为张性裂缝，呈雁列状或锯齿状，因此野外构造裂缝的开度，往往较小，多集中在0～5mm范围内，仅在少部分张裂缝较为发育地区存在大于5mm的开度值。

中西部地区野外构造裂缝以AWT1和KLS2剖面为例。

AWT1剖面上的构造裂缝以剪裂缝为主，裂缝表现平直，延伸性好。裂缝长度由数十厘米至数米长度不等，产状发育稳定。经观测测量，该剖面内构造裂缝开度多集中在0～2.0mm范围内，开度值在5mm以上的构造裂缝较为少见（图2-13a）。

图2-13　研究区野外构造裂缝开度发育情况

（a）AWT1剖面构造裂缝，开度值0～2.0mm；（b）KLS2剖面构造裂缝，开度值0～1.0mm；（c）KC1剖面构造裂缝，开度值1.0～5.0mm；（d）KC6剖面构造裂缝，开度值2.0～5.0mm

KLS2剖面上的构造裂缝同样以剪裂缝为主，裂缝表现平直，延伸性较好。相比较AWT1剖面处构造裂缝而言，该剖面内裂缝延伸性相对较小，且开度值也相对较小，裂缝开度多集中在0～1.0mm范围内。二者的开度值的差异同岩性有较为密切关系（AWT1剖面处细砂岩发育，KLS2剖面处粉砂岩发育）（图2-13b）。

中西部野外构造裂缝开度值多集中在0～1.0mm范围内，相对较小。

东部地区野外构造裂缝以KC1和KC6剖面为例。

KC1剖面上的构造裂缝剪裂缝发育，裂缝多发育于较为致密的细砂岩中，延伸性较好。经测量，裂缝开度多集中在2.0mm以上，0～1.0mm开度范围内裂缝相对较少，同样

5.0mm 以上构造裂缝也相对较少（图 2-13c）。

KC6 剖面上的构造裂缝多发育于砂体粒径较粗的岩石中，裂缝开度较大，且此处裂缝多被充填物所充填。经观测统计，该剖面上的构造裂缝开度值多集中在 2.0～5.0mm 范围内，0～2.0mm 以及大于 5mm 开度值的构造裂缝较为少见（图 2-13d）。

东部野外构造裂缝开度值多集中在 2.0～5.0mm 范围内，相对较大。

根据研究区整体以及东、中西部的野外构造裂缝开度统计结果（图 2-14），具有以下规律。

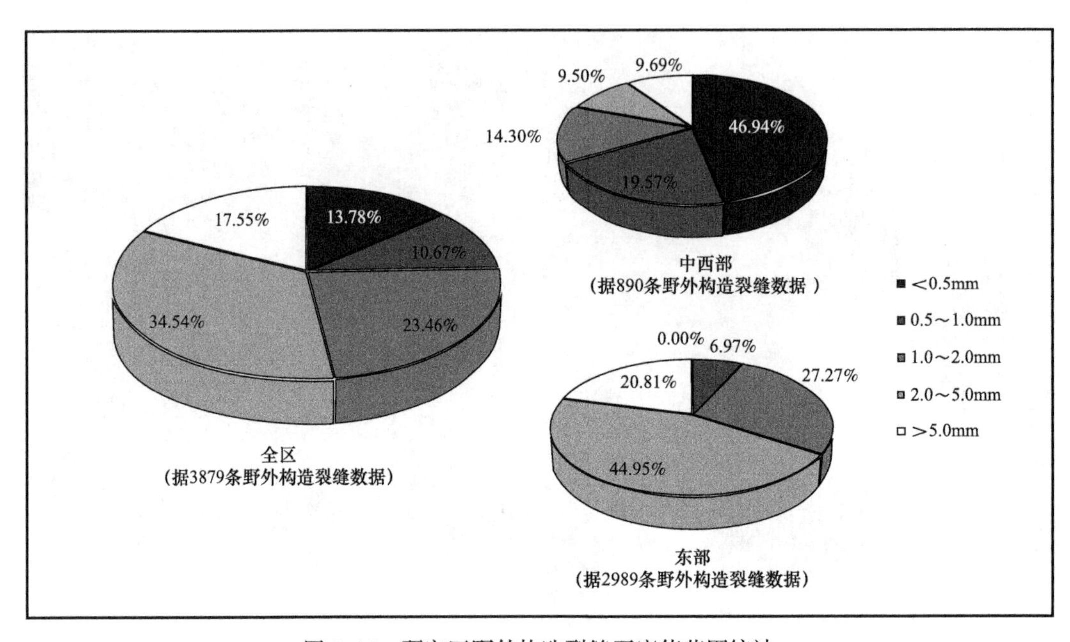

图 2-14　研究区野外构造裂缝开度值范围统计

全区构造裂缝开度介于 2.0～5.0mm 区间内最为发育，比例可达 35%；1.0～2.0mm 区间内的占 23%，二者共占全区的 58%，是本区构造裂缝开度最为集中的范围，即 1.0～5.0mm。中西部构造裂缝的开度介于 0～0.5mm 区间内最为发育，占 47%；0.5～1.0mm 区间内的占 20%；0～1.0mm 区间内的共占 67%，为中西部裂缝开度的主要区间。东部构造裂缝开度介于 2.0～5.0mm 区间内最为发育，占 45%；开度≥1.0mm 的构造裂缝可达 93%，代表东部裂缝开度的主要区间。东、中西部裂缝开度对比分析，中西部裂缝开度集中在 0～1.0mm 范围内；东部裂缝开度集中在≥1.0mm 范围内，显然东部裂缝的开度要远大于中西部，这有助于东部致密砂岩裂缝油气储集和运移。

根据研究区野外构造裂缝开度的区域分布图分析（图 2-15），东部裂缝开度值明显大于中西部，其范围集中在 1.0～5.0mm，高于中西部的 0～1.0mm 范围，与饼图统计结果相吻合，这与东部发育裂缝的地层主要为下侏罗统致密砂岩脆性高有利于裂缝发育有关，也可能与东部构造作用强度较大有关。

（五）裂缝充填度

裂缝充填性的不同，直接反映裂缝的储集有效性的好坏。根据构造裂缝充填状况的差异性，可将其依充填程度不同划分为三类：未充填构造裂缝、半充填构造裂缝以及充填构造裂缝。其中，未充填和半充填的裂缝为有效裂缝。

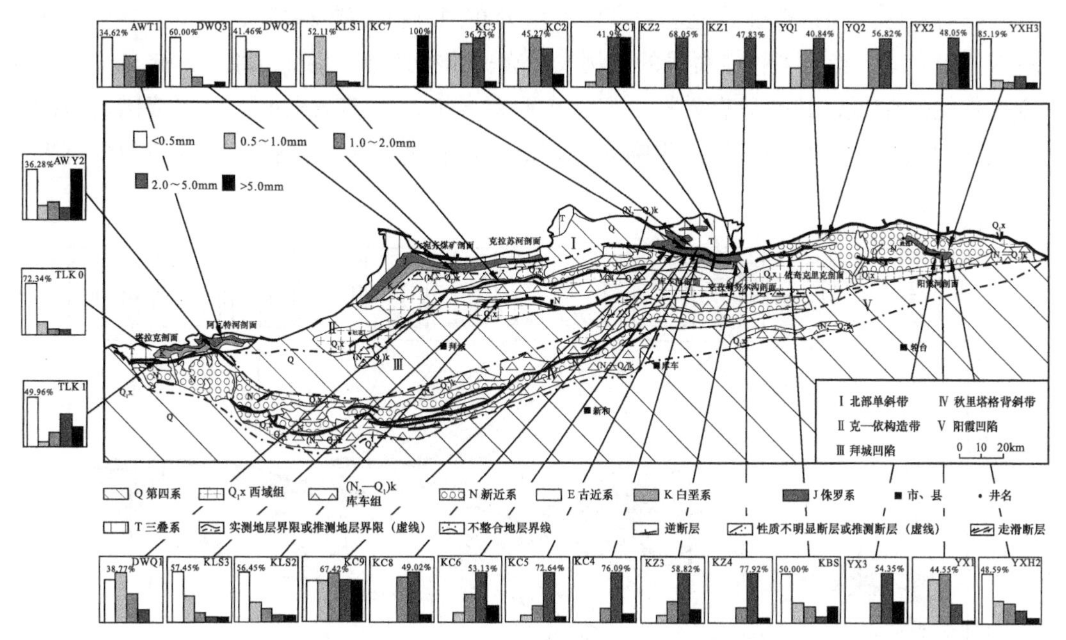

图 2-15　研究区野外构造裂缝开度分布图

根据研究区整体以及东、中西部野外构造裂缝充填程度统计结果分析（图 2-16），具有以下规律。

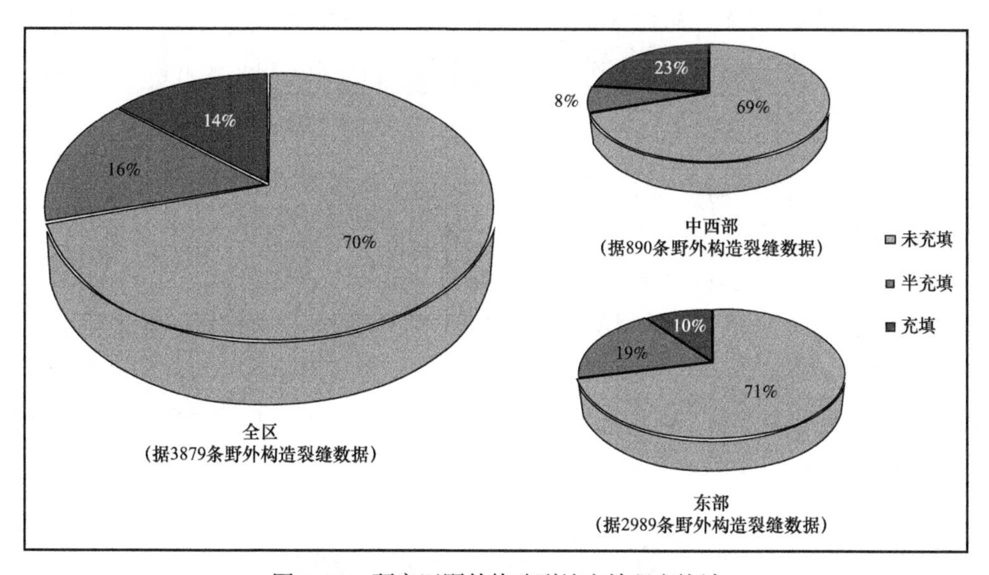

图 2-16　研究区野外构造裂缝充填程度统计

全区野外构造裂缝中未充填的构造裂缝占 70%，半充填的占 16%，充填的占 14%，有效裂缝占 86%，说明本区砂岩构造裂缝的储集有效性较好。中西部野外构造裂缝中未充填的构造裂缝占 69%，半充填的占 8%，充填的占 23%；中西部有效裂缝占 77%。东部野外构造裂缝中未充填的构造裂缝占 71%，半充填的占 19%，充填的占 10%；东部有效裂缝占 90%。对比分析东中西部裂缝有效性，东部裂缝的有效程度大于中西部（90%>70%），因而东部比中西部裂缝储集有效性更好。

根据研究区野外构造裂缝充填程度的区域分布图分析（图 2–17），南北差异上，北部单斜带内未充填、半充填构造裂缝的比例大于克—依构造带，因而北部单斜带的充填程度比克—依构造带低，其裂缝有效性更好；东西差异上，东部未充填、半充填构造裂缝的比例大于中西部，与饼图统计结果吻合，东部充填程度比中西部低，东部的裂缝有效性更好。

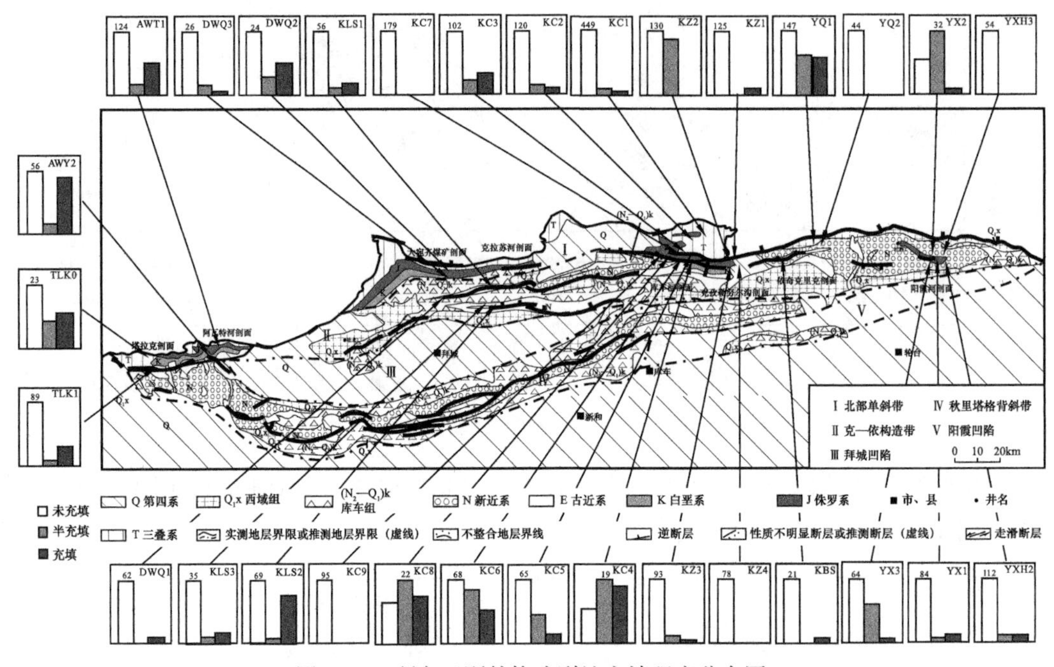

图 2–17　研究区野外构造裂缝充填程度分布图

岩性差异上，北部单斜带以中生界致密砂岩为主，以钙质、铁质充填为主；克—依构造带以新生界为主，而新生界多含泥岩和膏盐，泥质含量多数大于 50%，易被充填；因此北部单斜带内构造裂缝充填程度比克—依构造带低，裂缝有效性更好。

研究区的野外构造裂缝充填程度往往同裂缝发育地区的岩性地层、流体活动性质等有着密切的联系。在中西部第四纪沉积物发育的地区，构造裂缝往往被泥质充填，如克拉苏剖面，充填程度相对较高。而东部中生界致密砂岩发育区域，构造裂缝充填程度相对较低，且多为铁质、钙质充填，如库车河剖面。

第二节　岩心裂缝识别与描述

一、天然裂缝的识别

岩心裂缝的识别与描述是认识地下储层裂缝分布规律最直接，也是最可靠的方法。通过岩心裂缝的观察描述，可以对裂缝的力学类型、产状、开度、长度、密度、组系以及充填情况等有一个初步的认识。但同时，岩心裂缝观测也有不足之处：由于岩心自井筒中取至地面后发生应力释放，裂缝开度往往发生变化，不能准确反映裂缝的原始状态；在岩心收获率较低的井段，岩心裂缝的信息较少，难以完整地反映该段地层的裂缝发育情况；另外由于岩心裂缝观测是靠人工肉眼观测，因而不可避免地产生主观因素的误差。

在岩心出筒的过程中，由于机械作用（岩心筒扭动）及其他一些因素的影响，不可避免地会在岩心上产生人工裂缝，在进行裂缝识别时需要剔除，因此岩心裂缝的识别要注意区分天然成因裂缝和人工成因裂缝，前者是指在早期的成岩压实作用以及后期的构造作用等地质作用下形成的裂缝，一般以构造裂缝居多，其一般识别特征为：（1）充填有胶结物、矿物晶体及矿物薄膜；（2）多形成裂缝组系，与区域构造应力作用的规律相符；（3）产状较稳定，没有走向或倾向的突然改变；（4）裂缝面发育擦痕或阶步等微构造，其位移错动方向和区域构造应力方向一致；（5）裂缝表面发育羽痕等特殊表面构造。

人工成因裂缝通常在钻井过程中形成，分布在岩心和井壁周围，常见的有机械诱导缝、卸载诱导缝和钻具冲击及钻井液压裂的水动力缝，其一般识别特征是：

（1）裂缝面很不规则或呈贝壳状，尤其是在粉砂岩或细砂岩等细粒岩石中更加明显；（2）与岩心上的定向刻槽或抓痕相互平行；（3）无论地层倾角如何改变，裂缝始终与岩心轴线平行；（4）呈螺旋形，由于岩心在岩心筒内扭动而产生。

二、岩心裂缝观察与统计

岩心裂缝的定量描述参数主要包括裂缝的力学类型、走向、倾角、开度、长度、密度、组系特征以及充填情况。裂缝的力学类型、走向及倾角往往反映了裂缝形成时期的构造应力环境，裂缝的开度、长度和密度则可以反映裂缝的储集及渗流性能，裂缝的组系特征反映了裂缝的发育形式，而裂缝的充填情况则可以辅助确定裂缝的形成时期。

（一）裂缝力学类型

按照地质成因，低渗透率储层裂缝可分为构造裂缝和非构造裂缝。通过岩心观察发现，非构造裂缝在克深气田不太发育，绝大多数裂缝为构造成因。按照形成裂缝的力学条件，构造成因裂缝又可分为剪裂缝、张裂缝、张剪裂缝和压剪裂缝，其中张裂缝又可分为拉张（Tensile）裂缝和扩张（Extensile）裂缝两种类型。

剪裂缝和拉张裂缝在岩心上的特征见表2-1。扩张裂缝的裂缝面不平整，一般延伸较短，但主应力差较大时可变得平直，并且在纵向上有较大的延伸距离，通常呈直立产出，走向与最大主应力平行，两壁没有明显的相对位移，且裂缝开度较大；另外从成因上分析，扩张裂缝很少发育擦痕等微构造，通常也不会形成共轭裂缝系，由此可在岩心上将扩张裂缝和剪裂缝或拉张裂缝区分开来。

克深气田岩心裂缝的各类力学类型占比如图2-18所示。构造解析表明，克深地区在中生代侏罗纪至现今的地质历史时期中既有早期的伸展应力环境，又有后期的挤压应力环境，因此在克深地区发育的张性裂缝包括早期的拉张裂缝及后期的扩张裂缝；张剪裂缝的特征介于剪裂缝和张裂缝，例如拉张型张剪裂缝，在岩心上表现为裂缝面局部有弯曲，但整体上仍平直展布。

表 2–1　剪裂缝与拉张裂缝特征对比

裂缝类型	剪裂缝	拉张裂缝
产状特征	产状十分稳定，走向、倾角相对固定，在横向和纵向上均延伸较远，但在穿过岩性有显著差异的岩层时，裂缝产状可发生改变	产状不稳定，延伸距离很短，裂缝面不平直，呈弯曲状或锯齿状
裂缝面特征	裂缝面较平直光滑，两壁之间的距离较小，并且形态吻合，裂缝面上常见两壁相对运动产生的擦痕、摩擦镜面或阶步等微构造	裂缝面粗糙，两壁呈凹凸相间状，两壁之间的距离也较大，垂直裂缝方向上往往有轻微的裂开，但裂缝面上一般不发育擦痕等微构造
与岩石颗粒的关系	常常切穿岩石颗粒，裂缝产状基本不变	常常绕过岩石颗粒，少数可切穿，但破裂面不规则，裂缝产状往往发生改变
发育密集程度	一般密集发育，裂缝之间的距离较小，且呈等间距分布，在裂缝发育区域较大时通常呈疏密相间分布	一般发育稀疏，裂缝间距较大，即便大量发育也是疏密不均，少见密集成带发育
组系特征	通常成组发育，形成“X”形共轭裂缝系，可使岩石发育良好的裂缝网络	发育不规则，一般不呈组系产出，在一定条件下也可出现规则形态
尾端变化	有折尾、菱形结环和节理叉三种形式	有树枝状分叉和杏仁状结环两种形式
特殊现象	可出现羽裂，即主裂缝面由大量产状相近且与主裂缝面有一定夹角的羽状微裂缝面组成	常常追踪共轭剪切裂缝，呈规则的锯齿状，称为追踪张裂缝

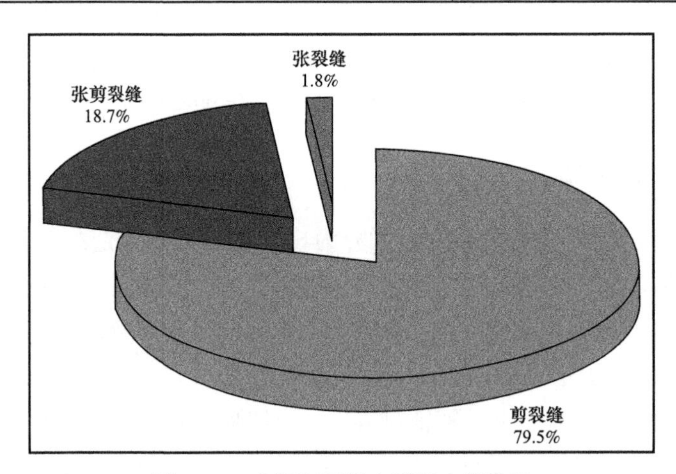

图 2–18　克深气田岩心裂缝力学类型

（二）裂缝走向

裂缝走向是裂缝性油气田开发方案部署的主要地质依据，它直接关系到定向井、多底井和水平井的钻井方向以及注水开发井排方向的确定。由于岩心出筒后的方位通常与在地下的原始方位不同，因此在描述岩心裂缝走向时应首先对岩心进行定向。常用的岩心定向方法包括定向取心、古地磁定向及微层面定向。定向取心技术是在钻井过程中岩心断根之前利用划有标记线的钩爪在岩心上刻上方向标记，从而确定岩心在地下的原始方位，这种方法是岩心定向最准确的方法，但在实际操作中并不方便，特别是深井取心，因而并未在克深气田应用；古地磁定向是通过热退磁或交变退磁方法，获得天然剩磁、原生剩磁和次生剩磁的矢量，然后再通过坐标系的转换来实现岩心定向；微层面定向是指通过地层倾角等资料获取岩心上沉积微层面的产状，根据岩心裂缝与微层面的空间几何关系对岩心及岩心裂缝定向，该方法是克深地区岩心定向的主要方法。

采用微层面定向法完成岩心定向后，对克深地区的岩心裂缝走向进行了统计。本书选取较为典型且裂缝较为发育的 A1-1、A2-1、A2-2、A2-5 和 A2-7 共 5 口井进行单井裂缝分析，其中 A1-1 井和 A2-1 井位于背斜高点，A2-2 井和 A2-5 井位于背斜西端，A2-7 井位于背斜南翼近断层部位。单井及全区的岩心裂缝走向玫瑰花图如图 2-19 所示。

由图 2-19 可以看出，无论在单井还是全区规模上，岩心裂缝的优势走向都集中在北北西—南南东和北西—南东方向，由此结合区域构造环境，判断裂缝主要形成时期的水平最大古构造应力应为近南北向。而根据构造演化史以及断层和褶皱走向的统计分析，裂缝主要形成时期的水平最大古构造应力也应为近南北向，两者大致吻合。另外根据成像测井的裂缝解释结果，该区裂缝走向主要为北北西—南南东向，其次为北北东—南南西向，少部分为北西—南东向，与岩心裂缝走向也基本对应，这表明利用微层面定向法进行岩心定向是较为准确的。另外在部分井（A2-2 井）中还发育近东西走向的裂缝，可能与白垩纪和古近纪的区域伸展作用、后期的背斜弯曲拱张及地层异常高压作用有关。

（三）裂缝倾角

根据裂缝倾角的大小，可将天然裂缝分为水平缝（0°～15°）、低角度缝（15°～45°）、高角度缝（45°～75°）及直立缝（75°～90°）4 种类型。裂缝的倾角往往影响着裂缝在垂直方向上的渗透率大小，一般来讲，裂缝的倾角越大，垂直方向上的裂缝渗透率值就越大，有利于不同层位的油气连通，从而提高开发效率，但同时也可能造成钻井液的大量漏失。例如 A2-4 井（位于背斜北翼，未取心），成像测井资料揭示其发育有大量的近南北向直劈裂缝，造成钻井液漏失量达 151.4m^3，仅次于靠近断层的 B2-3 井（漏失量 183.3m^3），而与其相邻的 A2-6 井漏失量仅 54.5m^3。

按照裂缝倾角的分类方案，统计了克深气田 5 口典型井及全区的岩心裂缝倾角，如图 2-20 所示。A1-1 井位于背斜南翼，主要发育直立缝和高角度缝，且二者数量大致相当；A2-1 井位于背斜高点，主要发育高角度缝，其次为直立缝和低角度缝；A2-2 井位于背斜西端，主要发育直立缝，其次为高角度缝；A2-5 井位于背斜西端，以直立缝为主，其他类型的裂缝发育程度较低，比例普遍低于 10%；A2-7 井位于背斜南翼且靠近边界断层，以高角度缝和直立缝为主，且各种角度的裂缝比例相差较小，是网状裂缝较为发育的标志；从整个克深气田的裂缝倾角分布来看，以直立缝为主要裂缝类型，其次为高角度裂缝，水平缝和低角度缝相对发育较少。

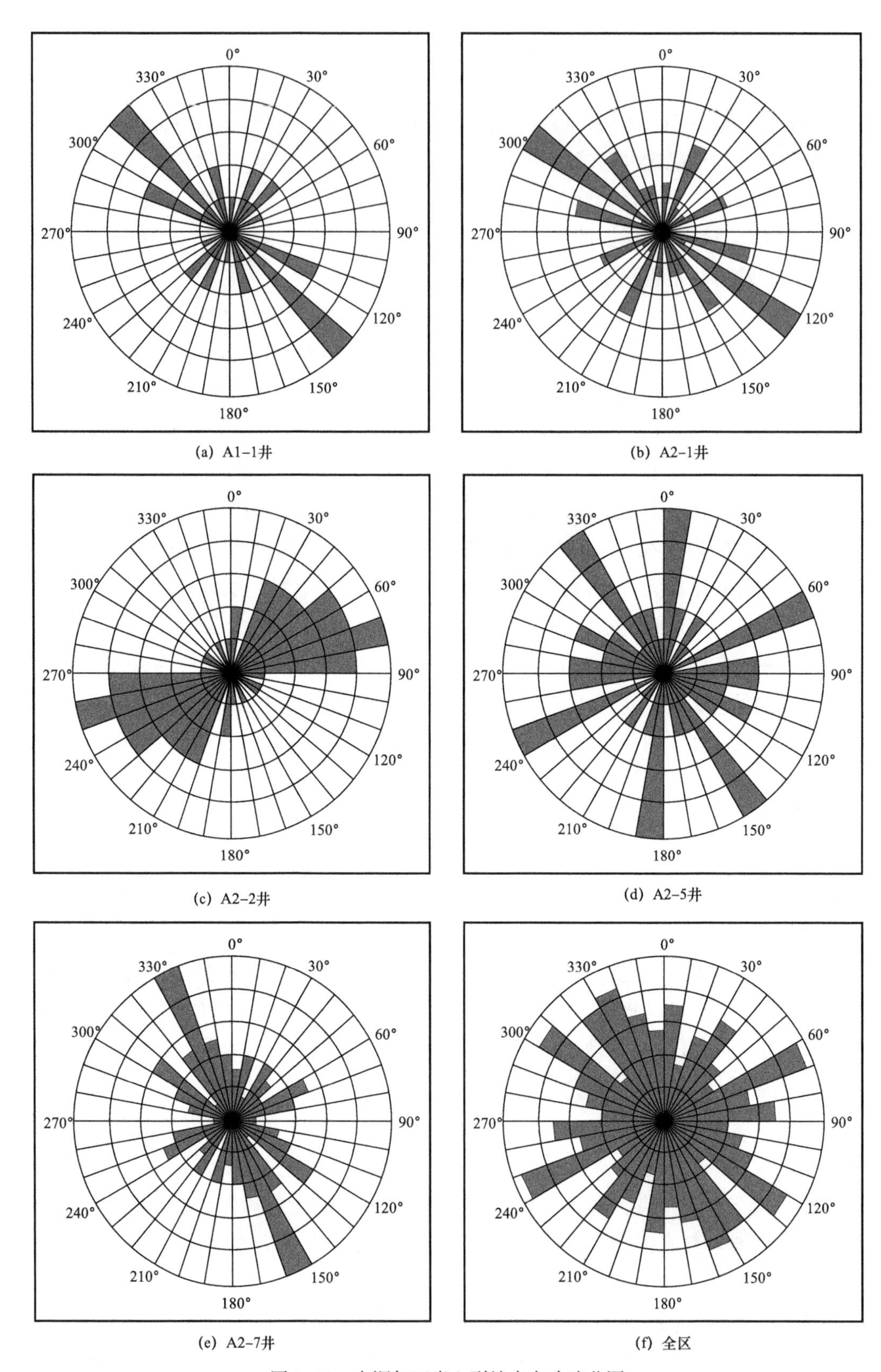

图 2-19 克深气田岩心裂缝走向玫瑰花图

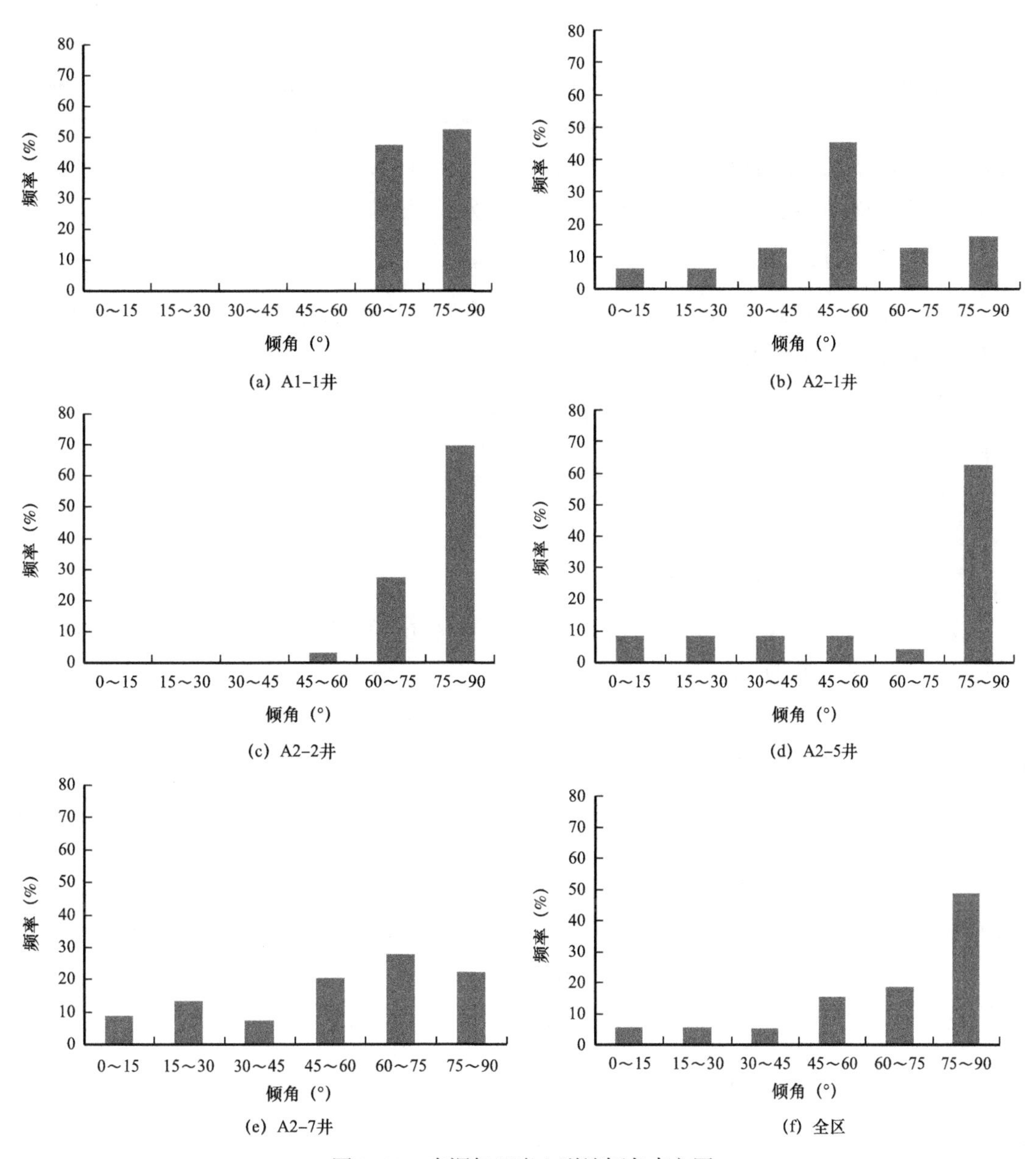

图 2-20　克深气田岩心裂缝倾角直方图

（四）裂缝开度

裂缝两壁之间的法向距离称为裂缝开度，它反映了裂缝的发育规模，表征着储层裂缝的储集能力及渗流能力，是计算储层裂缝定量参数的重要数据。在其他参数相同的条件下，裂缝开度越大，其孔隙度和渗透率就越大。特别是裂缝渗透率，它与开度的 3 次方成正比关系，因此裂缝开度极大地影响着裂缝渗透率的大小。考虑到实际应用中的实用性，根据裂缝的开度大小可以笼统地将裂缝分为 2 种，即开度≥0.1mm 的宏观裂缝和开度＜0.1mm 的微观裂缝，前者往往反映了其形成时期的构造作用相对较强，而后者则反映了其形成时的构造应力相对较弱。

1. 宏观裂缝的开度

储层裂缝在地层条件下的开度一直是储层裂缝研究的难点。通常认为，在岩心上观察到的裂缝开度大于裂缝在地层条件下的开度，因此要想正确认识地下裂缝的开度分布，必须首先将岩心上统计的裂缝开度恢复到地层条件下。首先，需要将在岩心上测量的裂缝视开度 b_S 进行换算，从而得到裂缝真开度 b，计算公式为：

$$b=b_S\cos\theta \tag{2-1}$$

然后，进行经验修正，将由式（2-1）计算得到的裂缝开度乘以 2/π 作为地层条件下裂缝的真开度，计算公式为：

$$b_u=2b_S\cos\theta/\pi \tag{2-2}$$

式中 b——岩心裂缝的真实开度，m；

b_u——地层条件下的裂缝真实开度，m；

b_S——岩心裂缝的视开度，m；

θ——裂缝面与测量面之间的夹角，(°)。

按照以上计算公式，对克深气田 5 口典型取心井的单井岩心宏观裂缝开度进行了统计，如表 2-2 和图 2-21 所示。

表 2-2 克深气田岩心宏观裂缝统计表

井号	井段（m）	岩性	开度（mm）	
			岩心	地下
A1-1	6740.82～6941.07	细砂岩	0.2～2.0	0.13～1.27
	6941.22～6941.70	细砂岩	0.2～1.0	0.13～0.64
	6942.40～6943.21	细砂岩	0.2～1.0	0.13～0.64
A2-1	6509.84～6511.92	细砂岩、含泥砾细砂岩	0.2～1.0	0.13～0.64
	6511.93～6512.08	泥质细砂岩、细砂岩	1.0～2.0	0.64～1.27
	6512.34～6512.51	细砂岩、砂泥接触面	0.2～0.8	0.13～0.51
	6512.56～6512.58	泥质细砂岩	1.5	0.95
	6705.20～6705.82	泥质细砂岩、砂泥接触面	0.2～0.4	0.13～0.25
	6705.94～6705.98	粉砂质泥岩	0.3～0.6	0.19～0.38
	6706.05～6707.14	泥质粉细砂岩	0.2～0.6	0.13～0.38
	6707.29～6707.42	泥质细砂岩	0.1～0.4	0.06～0.25
A2-2	6765.02～6765.42	细砂岩	0.8～1.5	0.51～0.95
	6765.75～6766.44	泥质细砂岩	0.1～0.7	0.06～0.45
	6766.54～6766.74	泥质细砂岩	0.2～2.0	0.13～1.27

续表

井号	井段（m）	岩性	开度（mm）	
			岩心	地下
A2-2	6767.59～6768.14	泥岩、泥质粉砂岩	0.1～0.2	0.06～0.13
	6768.24～6768.34	细砂岩	1.0～2.0	0.64～1.27
	6798.20～6798.30	细砂岩	0.2	0.13
	6798.55～6798.73	细砂岩	1.0～2.0	0.64～1.27
	6798.83～6798.98	细砂岩	0.5～1.0	0.32～0.64
A2-5	6931.10～6931.47	泥质细砂岩	0.5～2.0	0.32～1.27
	6932.00～6932.06	泥质粉砂岩	0.5～0.8	0.32～0.51
	6932.31～6933.00	泥质细砂岩	0.1～0.3	0.06～0.19
	6933.44～6934.04	泥岩、粉砂质泥岩	0.1～0.2	0.06～0.13
	7085.22～7085.99	泥质细砂岩	0.1	0.06
	7087.00～7089.27	泥质细砂岩	0.5	0.32
	7091.09～7091.53	细砂岩	0.1～0.5	0.06～0.32
	7091.85～7092.46	泥质细砂岩	0.1～0.2	0.06～0.13
	7092.60～7093.00	细砂岩	0.1	0.06
A2-7	6795.36～6796.96	中砂岩	1.0	0.64
	6798.79～6799.96	中砂岩	0.2～0.3	0.13～0.19
	6800.66～6800.99	细砂岩	1.5	0.95
	6801.14～6802.41	中砂岩	0.1～0.2	0.06～0.13
	6803.69～6804.07	泥岩	0.1	0.06
	6804.99～6806.09	中砂岩	0.2～0.5	0.13～0.32
	6866.13～6866.41	中—细砂岩	0.3～0.5	0.19～0.32
	6875.02～6875.74	中—细砂岩	1.0～1.5	0.64～0.95
	6876.33～6877.50	细砂岩	0.2～1.0	0.13～0.64
	6878.15～6878.20	泥质细砂岩	0.2～2.0	0.13～1.27
	6878.21～6880.31	细砂岩	0.1～0.2	0.06～0.13

由克深气田的裂缝开度分布图可见（图 2-21），0～0.2mm 是裂缝开度的主要分布范围，约占 50% 左右，0.2～0.8mm 次之，大于 0.8mm 的裂缝相对较少。在单井规模上，裂缝开度往往表现出 2～3 个峰值，在全区范围上看，除 0～0.2mm 区间外，其余区间的裂缝比例呈近似正态分布（图 2-21f）。其中最小裂缝开度约为 0.1mm，校正为地下裂缝开度后约为 0.06mm，最大裂缝开度约为 2.0mm，校正为地下裂缝开度后约为 1.27mm。

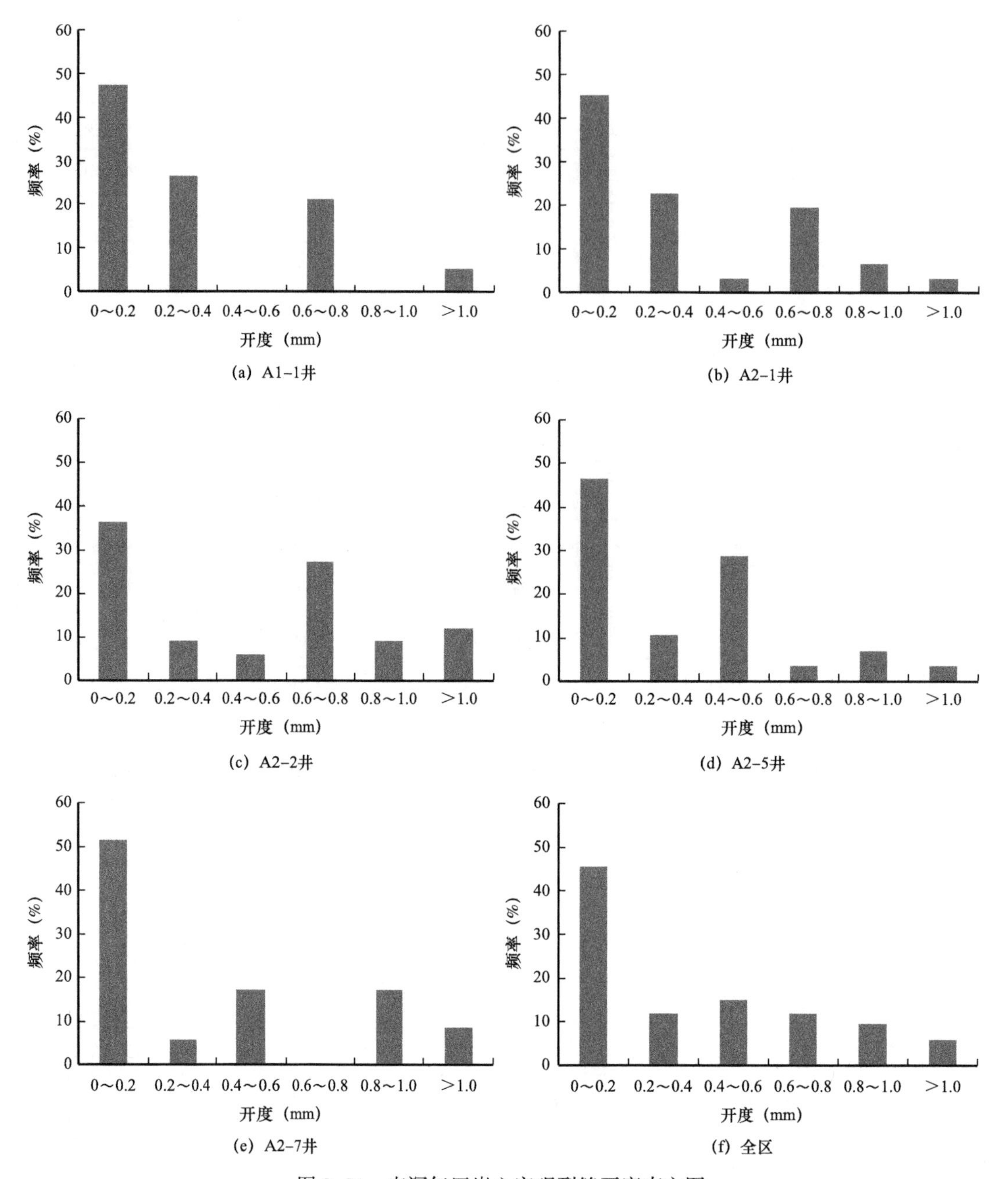

图 2-21　克深气田岩心宏观裂缝开度直方图

2. 微观裂缝的开度

由于微观裂缝的开度很小，通常在 50μm 以下，肉眼难以直接观察，因此需要利用岩石薄片在镜下进行统计分析，其计算公式为：

$$e=\frac{1}{n}\sum_{i=1}^{n}e_i\times\cos\beta \tag{2-3}$$

式中　e——微观裂缝在地层条件下的开度，μm；

e_i——微观裂缝在镜下的视开度，μm；

n——微观裂缝的条数；

β——微观裂缝面与薄片法线方向之间的夹角，(°)。

由于 β 不易确定，因此通常将式中的 $\cos\beta$ 用经验修正值 2/π 代替，即：

$$e=\frac{1}{n}\times\frac{2}{\pi}\sum_{i=1}^{n}e_i \tag{2-4}$$

依据上述计算公式，对克深气田的薄片微观裂缝进行了观察统计，相关参数的统计见表 2-3。

表 2-3　克深气田微观裂缝参数统计

井号	深度（m）	开度（mm）		裂缝长度（mm）	裂缝面密度（mm/mm²）	裂缝孔隙度（%）
		镜下	地下			
A1-1	6930.0	0.04	0.0255	2.5	0.3125	0.0080
	6970.0	0.01	0.0064	2.8	0.3511	0.0022
	7012.0	0.10	0.0637	3.0	0.7521	0.0478
	7026.0	0.02	0.0127	4.0	0.5106	0.0064
A2-4	6640.0	0.06	0.0382	5.5	0.3492	0.0382
	6669.0	0.05～0.10	0.0318～0.0637	6.5	0.4127	0.0131～0.0263
	6727.0	0.03	0.0191	4.2	0.2667	0.0051
	6759.0	0.06	0.0382	4.5	0.2857	0.0109
A2-1	6705.0	0.01	0.0064	1.3	0.3869	0.0025
	6707.9	0.01	0.0064	0.6	0.7353	0.0047
A2-2	6767.0	0.05	0.0318	4.3	0.2372	0.0076
	6797.5	0.10	0.0637	5.0	0.2758	0.0035
	6797.5	0.03	0.0191	3.0	0.3846	0.0073

从表 2-3 可以看出，镜下微观裂缝开度多分布在 0.01～0.06mm 之间，少数可达到 0.1mm，修正到地下开度后，多分布在 0.006～0.04mm 之间，少数可达 0.06mm 以上。

（五）裂缝长度

裂缝长度是指裂缝在岩石中的延伸距离。对于岩心裂缝，其长度又可分为走向长度和倾向长度，一般所说的岩心裂缝长度通常是指倾向长度。对克深气田岩心裂缝长度进行统计发现（图 2-22），单条裂缝长度多分布在 0～10cm，其次为 10～20cm，大于 20cm 的十分少见。由于岩心尺寸有限，因此统计的裂缝长度有很大局限性，只能作为参考。

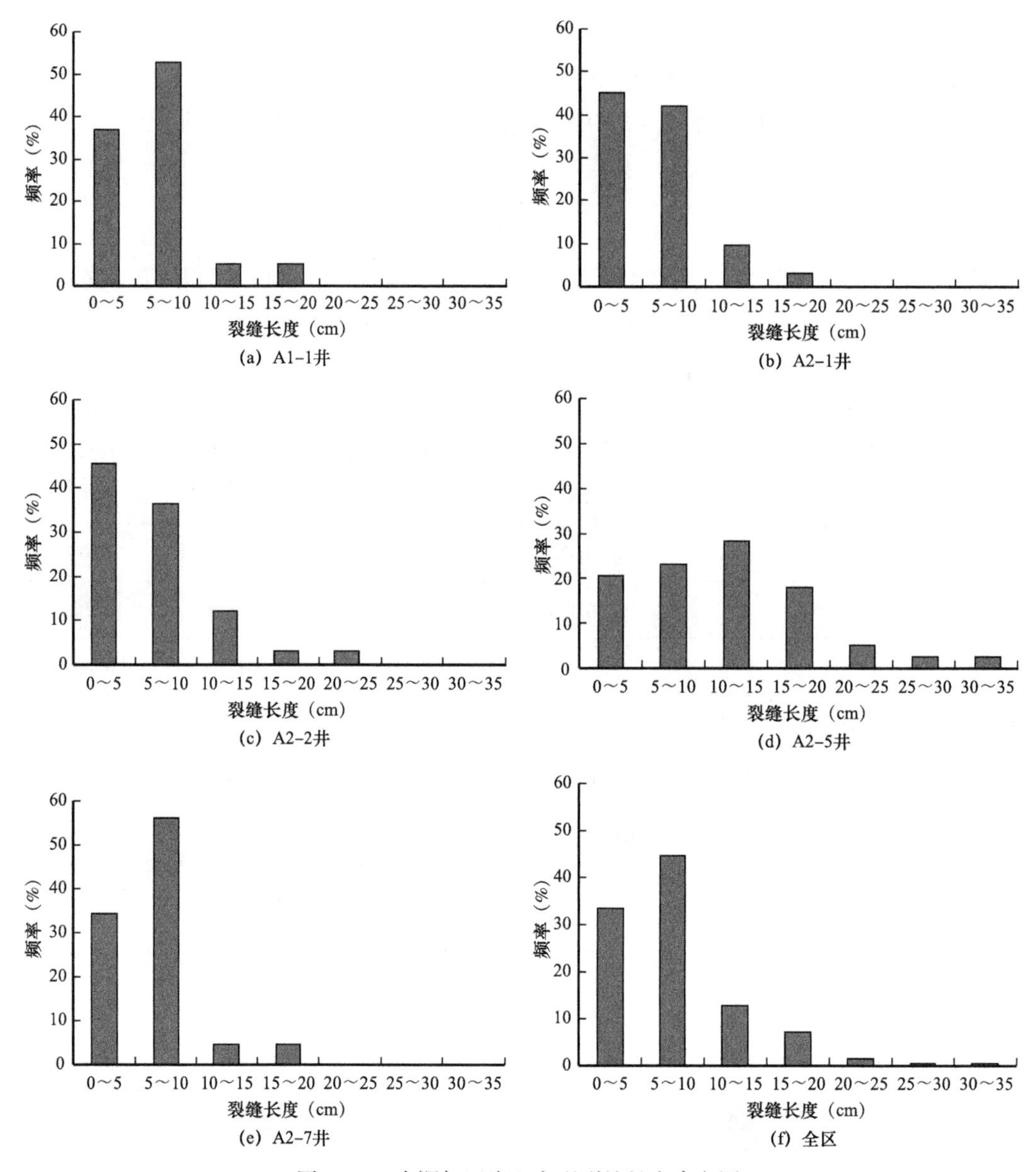

图 2-22　克深气田岩心宏观裂缝长度直方图

（六）裂缝密度

裂缝密度是反映裂缝发育程度的重要参数，包括线密度、面密度和体密度。裂缝线密度是指单位长度岩心内发育的裂缝条数，裂缝面密度是指流体流动横截面上单位基质面积内的裂缝累计长度，而裂缝体密度则是指单位基质体积内的裂缝总表面积。其中裂缝线密度比较充分地反映了裂缝的发育程度，是实际中最常用的参数。在对克深气田岩心裂缝进行描述时，引入“绝对线密度”和“相对线密度”两个参数对裂缝线密度进行表征。裂缝的绝对线密度是指裂缝集中发育层段的裂缝线密度，而相对线密度是指整段地层中的裂缝平均线密度，前者反映了裂缝的集中发育程度，而后者反映了裂缝的整体分布情况，其计算公式如下：

$$D_{\mathrm{alf}} = \left(\sum_{i=1}^{n} N_i / L_i \right) / n \tag{2-5}$$

$$D_{\mathrm{rlf}} = D_{\mathrm{alf}} \times \sum_{i=1}^{n} L_i / L_{\mathrm{C}} \tag{2-6}$$

式中 D_{alf}，D_{rlf}——裂缝的绝对线密度和相对线密度，条 /m；

N_i——单个裂缝段的裂缝条数；

L_i——单个裂缝段的贯穿长度，m；

L_{C}——取心总长度，m；

n——裂缝段数量。

利用上述计算方法，对克深气田的单井岩心裂缝线密度进行了统计，见表 2–4。

表 2–4　克深气田单井岩心裂缝线密度统计数据

井号	裂缝段（个）	裂缝条数	绝对线密度（条 /m）	裂缝贯穿长度（m）	总心长（m）	相对线密度（条 /m）	构造位置	绝对线密度级别	相对线密度级别
A1–1	4	19	15.70	1.21	3.7	5.13	背斜南翼断层处	Ⅰ	Ⅱ
A2–1	6	31	7.81	1.42	8.1	1.37	背斜高点	Ⅱ	Ⅲ
A2–2	3	13	6.28	2.22	7.2	1.94	背斜西端	Ⅱ	Ⅲ
A2–5	5	20	7.59	3.65	12.4	2.23	背斜西端	Ⅱ	Ⅲ
A2–6	3	7	6.04	1.73	7.5	1.39	背斜高点	Ⅱ	Ⅲ
A2–7	15	229	18.23	18.08	35.2	9.36	背斜南翼主断层上盘	Ⅰ	Ⅰ
A2–8	7	22	13.00	2.81	19.6	1.86	鞍部	Ⅰ	Ⅲ
B1–5	12	35	8.68	5.31	34.0	1.36	背斜北翼	Ⅱ	Ⅲ
B2–3	3	9	13.41	0.92	3.2	3.90	背斜南翼断层处	Ⅰ	Ⅱ
B2–4	15	27	3.80	14.24	30.0	1.80	背斜南翼断层上盘	Ⅲ	Ⅲ
B2–5	6	16	7.68	2.19	13.3	1.27	背斜南翼断层上盘	Ⅱ	Ⅲ
B2–8	14	33	8.27	6.10	9.0	5.62	背斜南翼断层处	Ⅱ	Ⅱ
B2–9	8	45	15.91	3.35	10.0	5.33	背斜南翼断层端部	Ⅰ	Ⅱ

为了更直观地分析不同构造位置裂缝线密度的分布情况，按构造位置的不同作出了单井岩心裂缝线密度的分布直方图（图 2–23）。由图 2–23 可以看出，裂缝的绝对线密度和相对线密度都可分为 3 个级别，其中绝对线密度可分为Ⅰ级（＞13.0）、Ⅱ级（6.0～10.0）和Ⅲ级（＜4.0），相对线密度可分为Ⅰ级（＞9.0）、Ⅱ级（3.0～6.0）和Ⅲ级（＜3.0），单位为条 /m，各井岩心的裂缝线密度级别列于表 3–5 中。根据绝对线密度和相对线密度级别的匹配关系，可将克深气田单井岩心裂缝线密度分为Ⅰ—Ⅰ、Ⅰ—Ⅱ、Ⅰ—Ⅲ、Ⅱ—Ⅱ、Ⅱ—Ⅲ和Ⅲ—Ⅲ共 6 种类型。

由图 2–23 可知，位于主断层上盘的 A2–7 井具有最高的绝对线密度和相对线密度，属于Ⅰ—Ⅰ型；B2–9 井位于背斜南翼次级断层端部与主断层的交会处，绝对线密度较高而相对线密度较低，属于Ⅰ—Ⅱ型；A1–1 井、B2–8 井和 B2–3 井都大致位于次级断层处，不同的是 A1–1 井位于背斜翼部，属于Ⅰ—Ⅱ型，B2–8 井更接近背斜高点，属于Ⅱ—Ⅱ型，而 B2–3 井更接近次级断层与主断层的交会处，与 B2–9 井较为相似，同属于Ⅰ—Ⅱ型；B2–5 井和 B2–4 井位于次级断层的上盘，前者较接近次级断层与主断层的交会处，后者更接近背斜高点，分别属于Ⅱ—Ⅲ型和Ⅲ—Ⅲ型。上述 7 口井均靠近断层，经分析可以得出，位于主断层上盘的井往往具有较高的线密度，并且由主断层上盘→主断层与次级断层交会处→次级断层处→次级断层上盘呈逐渐下降的趋势。同时，在断层控制区内除 A2–7 井外，离断层较近的井（B2–5 井和 B2–9 井）裂缝相对线密度要比绝对线密度低一个级别，反映裂缝发育相对集中，而离断层相对较远、靠近背斜高点的井（B2–4 井和 B2–8 井）其裂缝绝对线密度和相对线密度同属一个级别，反映裂缝发育相对均匀。

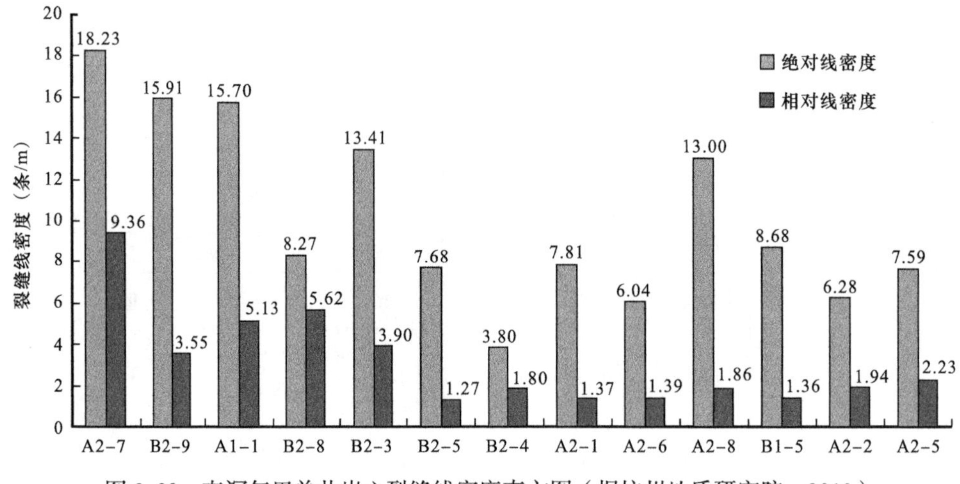

图 2–23　克深气田单井岩心裂缝线密度直方图（据杭州地质研究院，2013）

A2–1 井和 A2–6 井位于背斜高点，绝对线密度高但相对线密度偏低，属于Ⅱ—Ⅲ型；A2–8 井位于鞍部，绝对线密度高而相对线密度低，属于Ⅰ—Ⅲ型；B1–5 井、A2–2 井和 A2–5 井均位于背斜翼部，同属于Ⅱ—Ⅲ型。从整体上来看，越靠近断层的井，裂缝的线密度越高，其次为背斜翼部，背斜高点略低于背斜翼部。

裂缝面密度和裂缝体密度也是描述裂缝特征的定量参数，特别是裂缝体密度，常常作为表征裂缝整体发育程度的定量参数。裂缝面密度是指单位岩心横截面上发育的裂缝总长度，在数值上等于流动横截面上裂缝累计贯穿长度与横截面积的比值：

$$D_{sf}=\sum_{i=1}^{n}L_i/S \tag{2-7}$$

裂缝体密度是指单位岩石体积内的裂缝表面积，在数值上等于裂缝总表面积与岩石总体积的比值：

$$D_{vf}=\sum_{i=1}^{n}S_i/V \tag{2-8}$$

式中 D_{sf}——裂缝面密度，m/m^2；

D_{vf}——裂缝体密度，m^2/m^3；

L_i——单条裂缝的贯穿长度，m；

S_i——单条裂缝表面积，m^2；

S——流动横截面的面积，m^2；

V——岩石总体积，m^3；

n——裂缝条数。

裂缝的表面积 S_i 是计算岩心宏观裂缝体密度的关键参数。根据黄辅琼等（1997）的研究结论，可采用下列方法计算岩心裂缝的表面积。

（1）当裂缝与岩心呈规则切错时：

$$S_i=\begin{cases}\dfrac{D^2}{4}\left\{\dfrac{1}{\cos\alpha_i}\arccos(1-A)-\dfrac{1}{2\cos\alpha_i}\sin\left[2\arccos(1-A)\right]\right\},0°\leqslant\alpha_i<90°\\ L_iC_i,\alpha_i=90°\end{cases} \tag{2-9}$$

（2）当裂缝与岩心呈不规则切错时：

$$S_i=\frac{D^2}{4}\left[\frac{M}{D}-\frac{1}{\cos\alpha_i}\sin\left(\frac{M}{D}\cos\alpha_i\right)\cos\left(\frac{M}{D}\cos\alpha_i\right)\right],0°\leqslant\alpha_i<90° \tag{2-10}$$

式中 $A=\dfrac{2L_i\cos\alpha_i}{D}$；

D——岩心直径，m；

M——裂缝切错岩心的弧长，m；

α_i——第 i 条裂缝的倾角，（°）；

L_i——第 i 条裂缝的倾向长度，m；

C_i——第 i 条裂缝的走向长度，m。

然而实际上，并不是所有裂缝的裂缝面都很规则，有相当一部分的裂缝弯曲程度较大，有时还会出现走向、倾角、开度的改变，在裂缝倾角较大时甚至还会出现倾向的改变，特别是密集发育的网状缝，裂缝各项参数的确定难度很大，这就造成在计算面密度和体密度时可能会出现较大的误差，而且这两个参数在克深气田，包括临近的克拉 2、迪那、大北等地区并不常用，因此本书仅选取 A2–1、A2–2、A2–5 和 A2–6 等 4 口井对裂缝的面密度和体密度进行了计算，见表 2–5。

表 2-5　克深气田单井岩心裂缝密度统计表

井号	绝对线密度（条/m）	相对线密度（条/m）	面密度（m/m^2）	表面积（m^2）	体密度（m^2/m^3）
A2-1	7.81	1.37	1.124	0.106	3.373
A2-2	6.28	1.94	1.469	0.077	2.798
A2-5	7.59	2.23	2.044	0.234	4.932
A2-6	6.04	1.39	1.179	0.063	2.236

根据岩性组合等特征，克深气田目的层巴什基奇克组的第 1 岩性段和第 2 岩性段又可分为 6 个砂层组，其中第 1 岩性段包含 Ⅰ、Ⅱ 两个砂层组，第 2 岩性段包含Ⅲ—Ⅵ四个砂层组。为了明确不同砂层组裂缝的发育情况，对克深气田巴什基奇克组 6 个砂层组的岩心裂缝发育段个数、裂缝贯穿长度和裂缝线密度进行了统计（表 2-6），并作出了砂层组裂缝线密度的分布直方图（图 2-24）。

表 2-6　克深气田砂层组岩心裂缝线密度统计数据（据杭州地质研究院，2013）

岩性段	砂层组号	平均厚度（m）	砂层组裂缝发育段（个）	裂缝贯穿长度（m）	砂层组裂缝绝对线密度（条/m）	砂层组裂缝相对线密度（条/m）	岩性段裂缝发育段（个）	岩性段裂缝绝对线密度（条/m）	岩性段裂缝相对线密度（条/m）
1	Ⅰ	16.3	16	2.41	19.82	2.93	34	15.31	2.83
	Ⅱ	37.1	18	7.45	10.80	2.17			
2	Ⅲ	45.1	9	3.96	14.04	1.23	63	9.72	3.16
	Ⅳ	43.4	14	6.66	8.68	1.33			
	Ⅴ	44.1	31	21.69	5.96	2.93			
	Ⅵ	27.9	9	19.85	10.21	7.27			

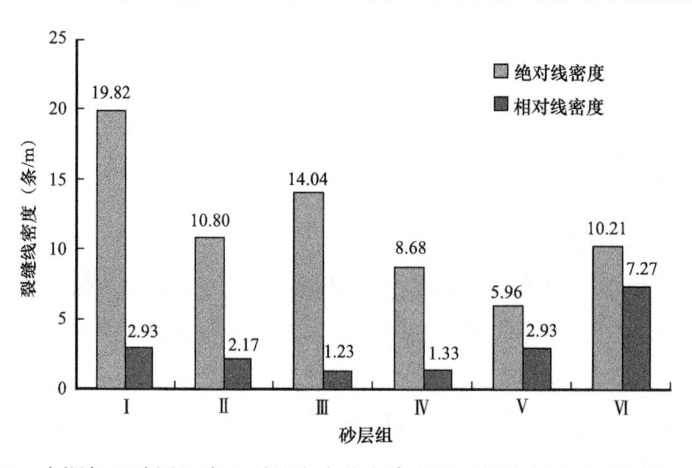

图 2-24　克深气田砂层组岩心裂缝密度分布直方图（据杭州地质研究院，2013）

如图 2–24 所示，随着深度的增加（砂层组编号的增大），裂缝绝对线密度整体上呈逐渐下降趋势，而裂缝相对线密度则整体上有所上升，反映了浅埋深条件下裂缝发育较集中，而埋深较大条件下裂缝发育较分散。

（七）裂缝组系特征

在不同的构造部位，裂缝的产状以及排列方式都有所差异，明确这种差异对于把握储层裂缝的宏观分布特征，以及预测无井点控制区域的裂缝发育情况无疑具有十分重要的理论意义。在岩心裂缝特征描述统计的基础上，对克深气田各取心井岩心裂缝的角度、排列方式和构造位置等信息进行了统计（表 2–7），并以此为依据对克深气田不同构造部位的储层裂缝组系特征进行了分析（图 2–25）。

表 2–7　克深气田单井岩心裂缝组系特征

井号	裂缝角度	排列方式	构造位置
A1–1	直立和高角度缝	雁列式排列	背斜南翼断层处
A2–1	高角度缝	斜交式排列	背斜高点
A2–2	直立缝	雁列式排列	背斜西端
A2–5	直立缝	斜交式排列	背斜西端
A2–6	直立缝	斜交式排列	背斜高点
A2–7	网状缝	以网状式排列为主 其次为斜交式排列	背斜南翼主断层上盘
A2–8	直立缝	以雁列式排列为主 其次为斜交式排列	鞍部
B1–5	直立缝	雁列式排列与 斜交式排列各半	背斜北翼
B2–3	直立缝	雁列式排列	背斜南翼断层处
B2–4	直立缝	雁列式排列	背斜南翼断层上盘
B2–5	高角度缝	斜交式排列	背斜南翼断层上盘
B2–8	直立缝	斜交式排列	背斜南翼断层处
B2–9	网状缝	以网状式排列为主 其次为斜交式排列	背斜南翼断层端部

如图 2–25 所示，克深气田不同构造部位的岩心裂缝组系特征如下。

（1）A 区：位于背斜西端，包括 A2–2 和 A2–5 两口取心井，岩心裂缝主要为直立缝，排列方式为雁列式和斜交式；

（2）B 区：位于背斜北翼，井点较少，仅 B1–5 井位于其区带边界，岩心裂缝主要为直立缝，排列方式为雁列式和斜交式；

（3）C 区：位于背斜高点（包括鞍部），包括 A2–1、A2–6、A2–8 和 B2–4 等 4 口取心井，岩心裂缝主要为直立缝和高角度缝，呈雁列式和斜交式排列；

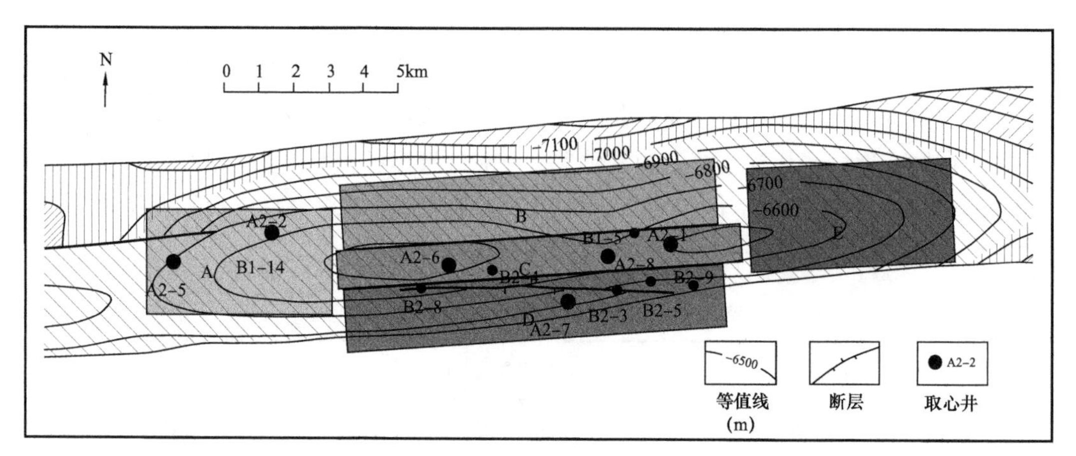

图 2–25　克深气田不同构造部位的岩心裂缝组系特征

A—直立缝，雁列式、斜交式排列；B—直立缝，雁列式、斜交式排列；C—直立缝、高角度缝，雁列式、斜交式排列；D—直立缝、高角度缝、网状缝，网状式、斜交式和雁列式排列；E—直立缝，雁列式、斜交式排列（推测）

（4）D 区：位于背斜南翼，包括克深 1 号构造上的 A1–1 井和克深 2 号构造上的 B2–3、B2–5、A2–7、B2–8 和 B2–9 等 5 口取心井，均靠近断层，岩心裂缝有直立缝、高角度缝和网状缝，呈网状式、斜交式和雁列式排列；

（5）E 区：位于背斜东端，暂无井点控制，根据构造特征相近的背斜西端裂缝特征推测，该部位岩心裂缝特征应与 A 区相近，即以直立缝为主，呈雁列式和斜交式排列。

（八）裂缝充填程度

地下储层中的天然裂缝一般都会有不同程度的充填。早期的同沉积裂缝可能会被泥质或有机质充填，在克深地区还可能会被上覆沉积的膏质充填。对于成岩作用以后形成的裂缝，富含钙镁等离子的高矿化度流体在其中流动时，会在裂缝表面发生沉淀，形成一层矿化物薄膜，并随时间推移而逐渐加厚，这种过程可能持续或以脉冲式进行，使裂缝有效开度被方解石、白云石或其他矿化物沉淀全部充填，也可能在某一阶段终止，形成半充填裂缝或半—全充填缝，而对于形成较晚的裂缝，矿物沉淀可能持续时间尚短，仅在裂缝壁上形成矿化物薄膜或还没有形成矿化物沉淀，这类裂缝一般称为未充填缝或未—半充填缝。半充填缝和未充填缝往往被后期的石油或沥青等物质充注，但克深地区的烃类主要为天然气，因此石油或沥青充填的裂缝十分少见。

裂缝的充填特征不仅可以反映裂缝的形成时期，而且在一定程度上决定了裂缝能否作为油气的运移通道和储集空间。原苏联学者 Смехов 曾根据裂缝中的充填物来对裂缝的形成时期进行分析，认为被泥质或泥质—有机质充填的裂缝为早期形成的裂缝，完全或者局部被矿物或含矿物的沥青充填的裂缝形成稍晚，被褐色沥青充填的裂缝形成更晚，被浅褐色或黄色石油充填的裂缝及未充填缝形成最晚。全充填缝对油气储集和运移的影响非常小，只有在部分充填物溶解形成有效裂缝时，才能起到加强储层渗流性能的作用，未充填缝是油气的最佳储集空间和运移通道，半充填缝的作用处于未充填缝和全充填缝之间。裂缝中的钙质充填物（特别是方解石）在合适的条件下较易溶解，可使裂缝的有效开度增大，而泥质和有机质充填物则通常不易溶解。

从岩心裂缝充填情况的统计分析来看，克深气田裂缝的充填物中大多数为方解石，约占 88.6%；少量为白云石，约占 9.1%，主要分布于 A2–7 井第 1 岩性段的中—细砂岩中；其余为膏质、泥质和碳质充填，仅占全部充填物的 2.3%，其中膏质充填主要见于背斜南翼断层附近的 B2–3 井和 B2–9 井，泥质和碳质充填主要见于背斜高点的 A2–1 井和背斜西端的 A2–2 井。从充填程度上看，克深气田的岩心裂缝可分为未充填缝、未—半充填缝、半充填缝、半—全充填缝及全充填缝 5 种类型，根据岩心裂缝的描述结果，作出了克深气田岩心裂缝充填程度的直方图，如图 2–26 所示。

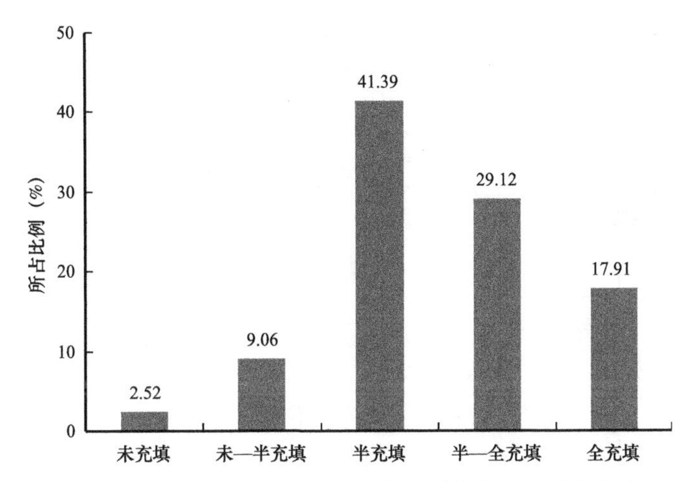

图 2–26　克深气田岩心裂缝充填程度直方图（据杭州地质研究院，2013）

根据岩心裂缝的充填程度分布（图 2–26），可按加权系数法计算出裂缝的充填系数，以评价裂缝的有效性，同时可以作为定量预测裂缝参数时的修正系数。将未充填缝、未—半充填缝、半充填缝、半—全充填缝和全充填缝的充填系数权值分别取 0、0.25、0.5、0.75、1，经计算可得裂缝的平均充填系数为 0.63，即裂缝平均开度中约 63% 被充填，有效开度约占总开度的 37%。

同时，不同构造部位的裂缝充填程度也有所不同。一般在背斜高点的裂缝充填程度较低，在这些部位的气井多为高产井，如 A2–1 井；背斜翼部、鞍部以及鞍部南侧边界断层附近的裂缝充填程度通常较高，气井产能因此受到限制，例如鞍部的 A2–8 井和断层附近的 A2–7 井，储层裂缝十分发育，但天然气产能极低。

综合以上岩心构造裂缝的要素统计，编制了 13 口取心井的岩心构造裂缝精细描述图版，来直观地显示单井岩心构造裂缝在垂向上的分布特征（图 2–27—图 2–39），主要要素包括裂缝的条数、线密度、贯穿长度、开度、充填性、充填物、排列方式、构造位置及典型岩心照片。

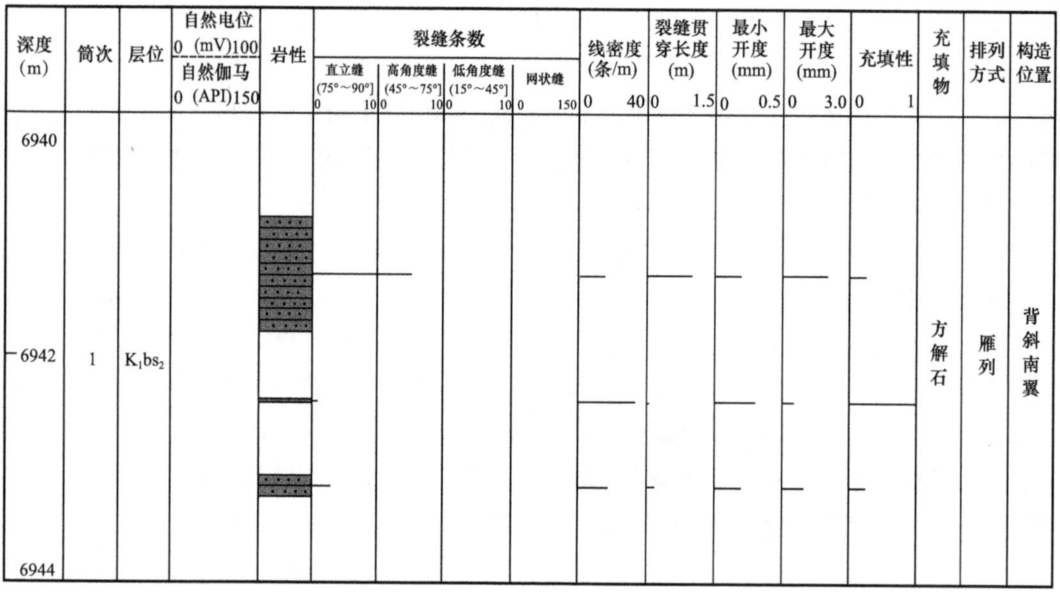

深度(m)	筒次	层位	自然电位 0 (mV)100 / 自然伽马 0 (API)150	岩性	裂缝条数：直立缝[75°～90°] 0 10	高角度缝[45°～75°] 0 10	低角度缝[15°～45°] 0 10	网状缝 0 150	线密度(条/m) 0 40	裂缝贯穿长度(m) 0 1.5	最小开度(mm) 0 0.5	最大开度(mm) 0 3.0	充填性 0 1	充填物	排列方式	构造位置
6940 6942 6944	1	K_1bs_2												方解石	雁列	背斜南翼

图 2–27　克深气田 A1–1 井岩心构造裂缝精细描述图版

深度(m)	筒次	层位	自然电位 –100 (mV) 100 / 自然伽马 0 (API)150	岩性	裂缝条数：直立缝[75°～90°] 0 10	高角度缝[45°～75°] 0 10	低角度缝[15°～45°] 0 10	网状缝 0 150	线密度(条/m) 0 30	裂缝贯穿长度(m) 0 1.0	最小开度(mm) 0 1.0	最大开度(mm) 0 3.0	充填性 0 1	充填物	排列方式	构造位置
6510 6512	1	K_1bs_1												方解石 泥质 方解石	斜交 雁列 斜交	背斜高点
6706 6708	2	K_1bs_2												方解石	斜交 雁列	背斜高点

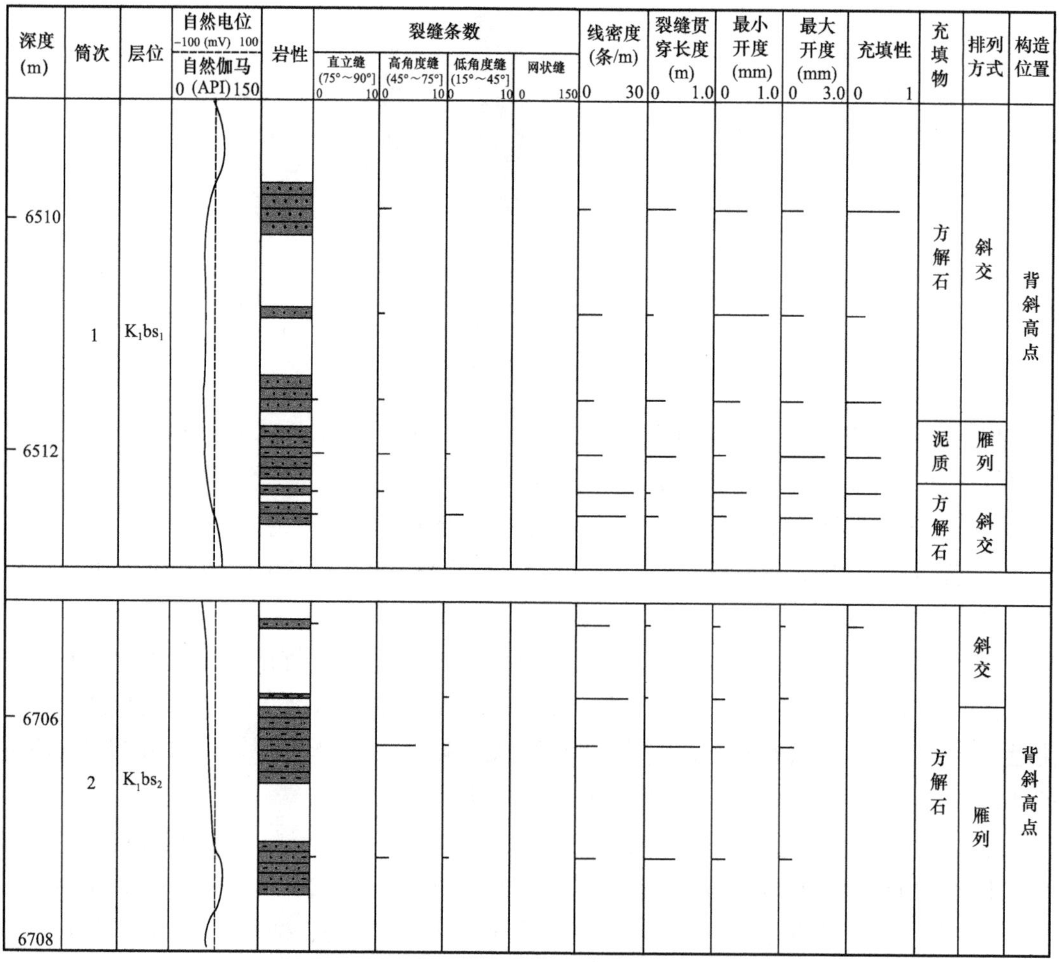

图 2–28　克深气田 A2–1 井岩心构造裂缝精细描述图版

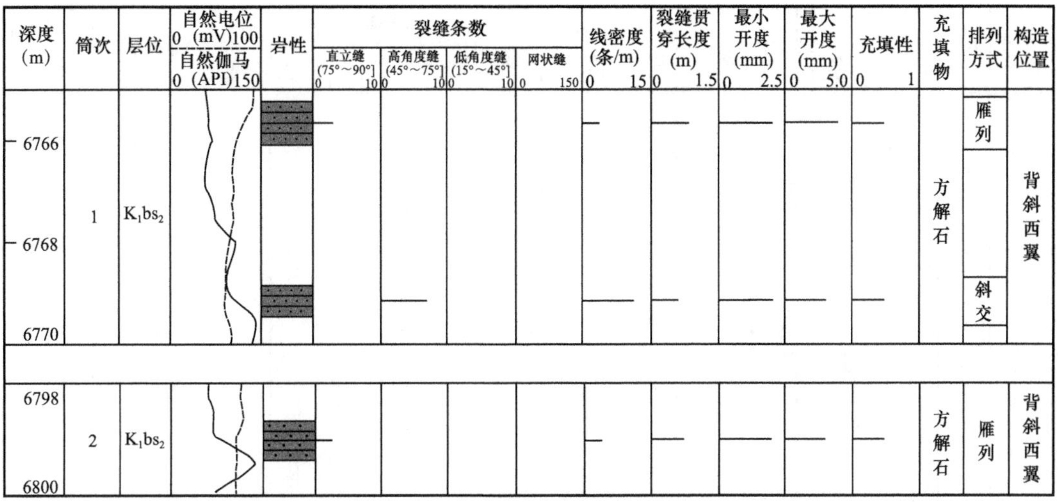

深度(m)	筒次	层位	自然电位 0 (mV)100 自然伽马 0 (API)150	岩性	裂缝条数 直立缝 [75°~90°] 0 10	高角度缝 [45°~75°] 0 10	低角度缝 [15°~45°] 0 10	网状缝 0 150	线密度(条/m) 0 15	裂缝贯穿长度(m) 0 1.5	最小开度(mm) 0 2.5	最大开度(mm) 0 5.0	充填性 0 1	充填物	排列方式	构造位置
6766 6768 6770	1	K_1bs_2												方解石	雁列 斜交	背斜西翼
6798 6800	2	K_1bs_2												方解石	雁列	背斜西翼

图 2-29　克深气田 A2-2 井岩心构造裂缝精细描述图版

深度(m)	筒次	层位	自然电位 400(mV) 500 自然伽马 0 (API)150	岩性	裂缝条数 直立缝 [75°~90°] 0 10	高角度缝 [45°~75°] 0 10	低角度缝 [15°~45°] 0 10	网状缝 0 150	线密度(条/m) 0 15	裂缝贯穿长度(m) 0 2.0	最小开度(mm) 0 1.0	最大开度(mm) 0 5.0	充填性 0 1	充填物	排列方式	构造位置
6731 6732	1	K_1bs_1												方解石	雁列	背斜西翼
6934	2	K_1bs_2												方解石	平行	背斜西翼
7086 7088 7090 7092	3	K_1bs_2												方解石	斜交	背斜西翼

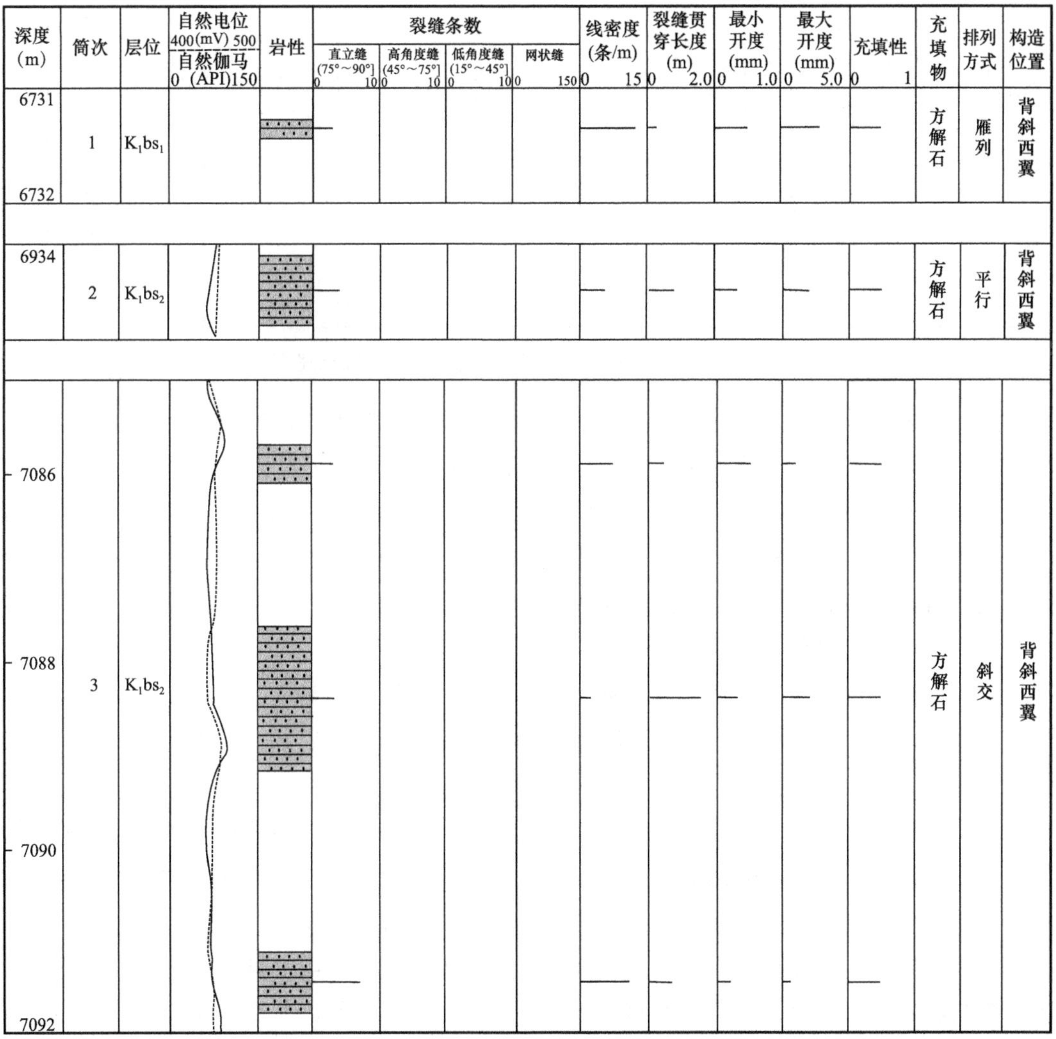

图 2-30　克深气田 A2-5 井岩心构造裂缝精细描述图版

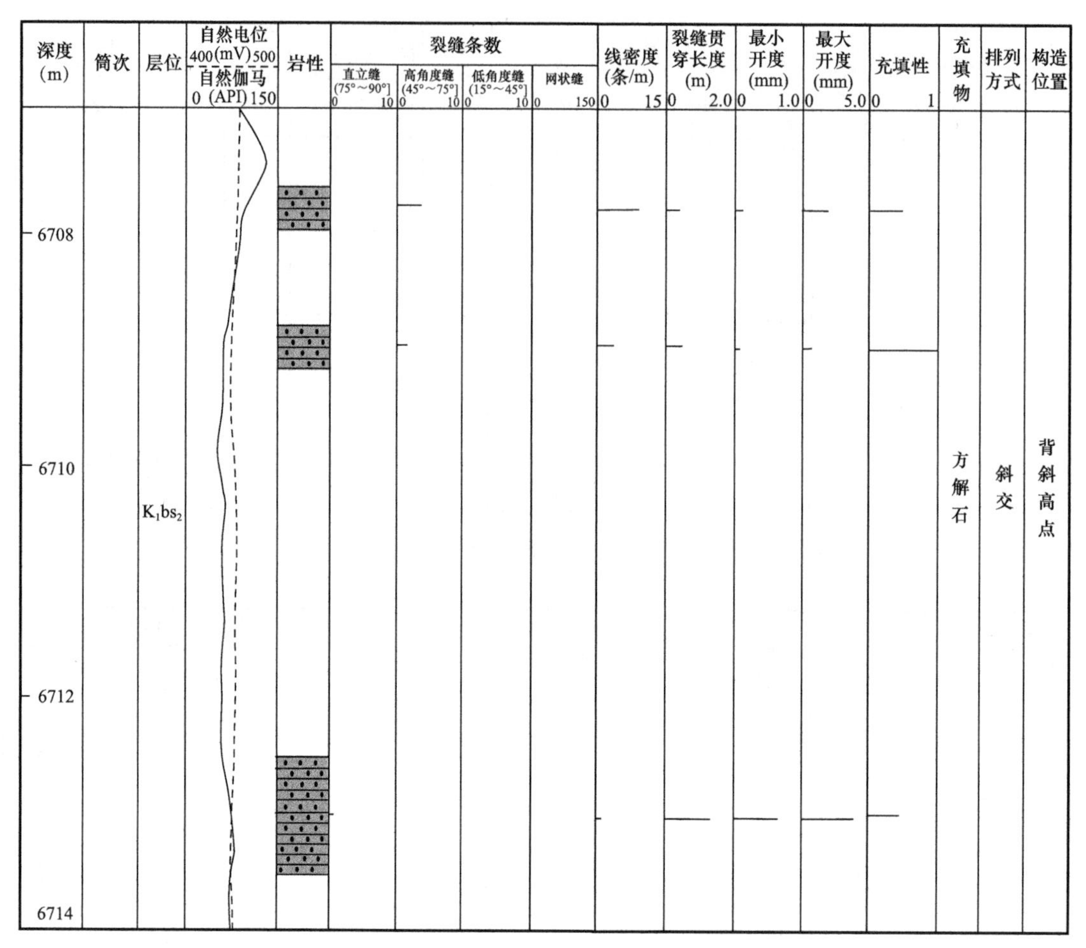

图 2-31　克深气田 A2-6 井岩心构造裂缝精细描述图版

通过上述分析，可以总结出克深气田岩心构造裂缝的基本特征如下。

（1）岩心构造裂缝以剪切性质为主，其次为张剪裂缝，张裂缝发育较少，既有早期伸展作用下形成的拉张裂缝，又有后期挤压作用下形成的扩张裂缝。裂缝走向集中在北北西—南南东和北西—南东方向，反映裂缝主要形成时期的古构造应力为北北西—南南东或近南北方向，与构造解析以及成像测井解释结论大致吻合；裂缝以直立缝为主，其次为高角度缝，低角度缝和水平缝发育程度较低。

（2）距断层越近的井，裂缝的线密度越高，且由主断层上盘→主断层与次级断层交会处→次级断层处→次级断层上盘呈逐渐下降趋势，其次为背斜翼部，背斜高点裂缝密度略低于背斜翼部。

（3）不同构造部位的岩心裂缝组系特征表明，岩心裂缝在背斜西端、东端和北翼主要为直立缝，背斜高点（包括鞍部）主要为直立缝和高角度缝，排列方式均为雁列式和斜交式；背斜南翼发育直立缝、高角度缝和网状缝，排列方式为网状式、斜交式和雁列式。岩心裂缝充填物主要为方解石，其次为白云石，少数为膏质、泥质或碳质，加权系数法计算的裂缝充填系数为 0.63；背斜高点的裂缝充填程度较低，翼部、鞍部以及鞍部南侧边界断层附近的裂缝充填程度较高。

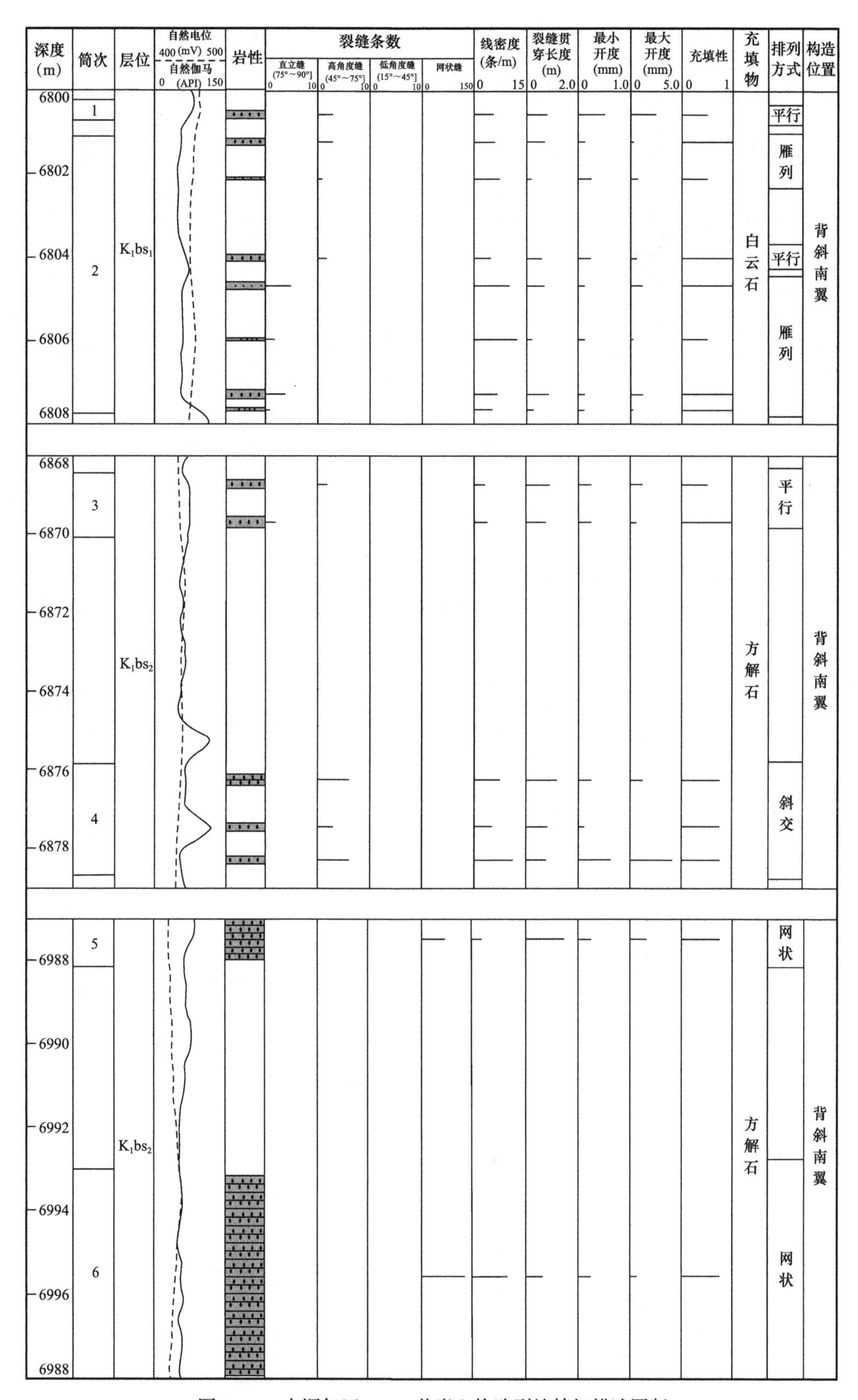

图 2-32　克深气田 A2-7 井岩心构造裂缝精细描述图版

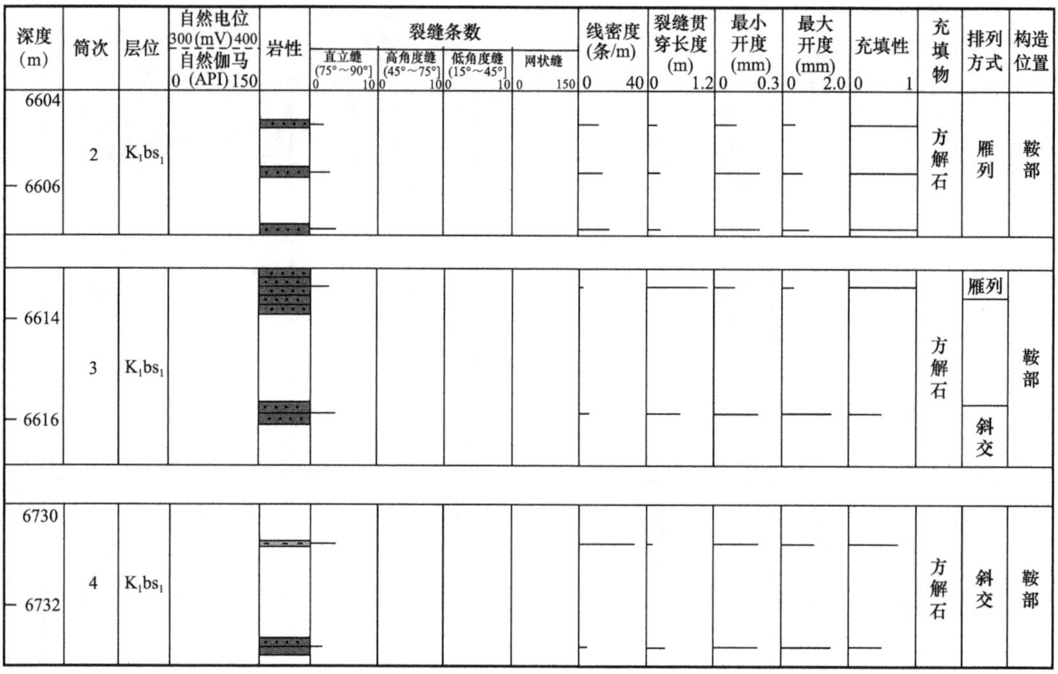

图 2-33　克深气田 A2-8 井岩心构造裂缝精细描述图版

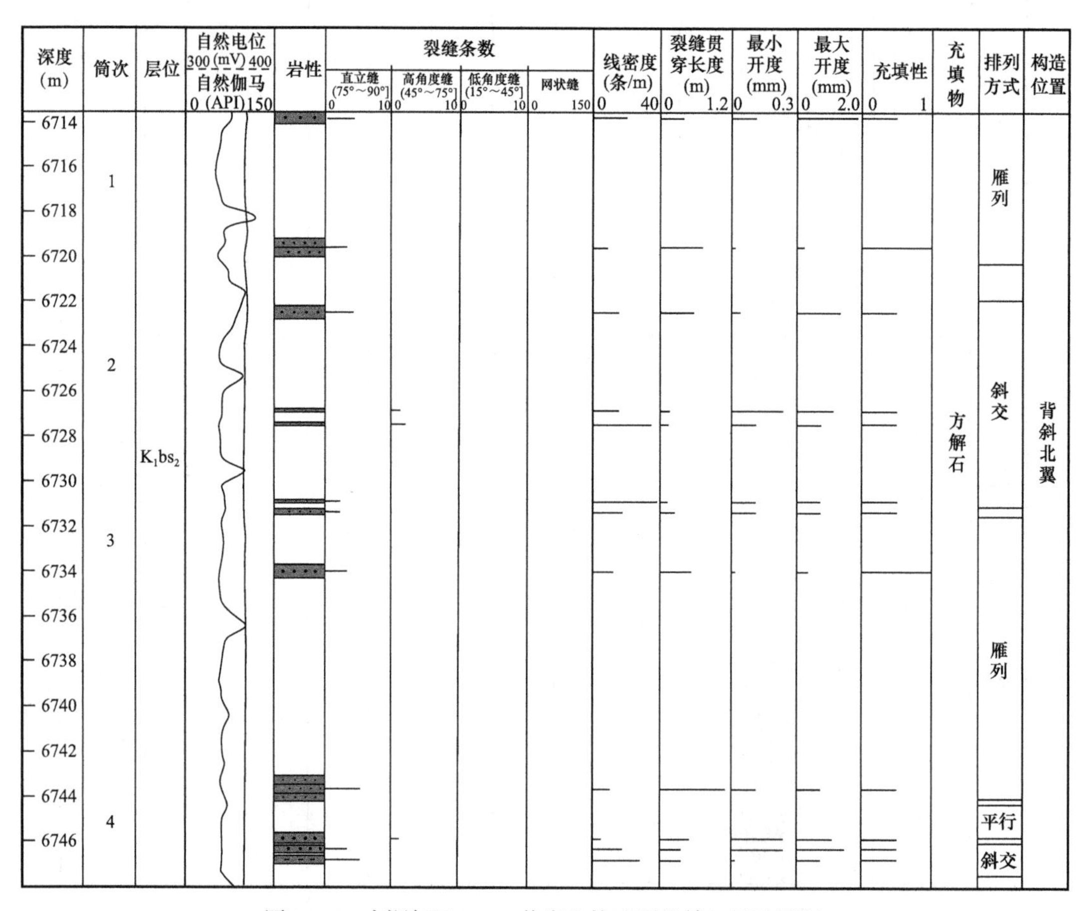

图 2-34　克深气田 B1-5 井岩心构造裂缝精细描述图版

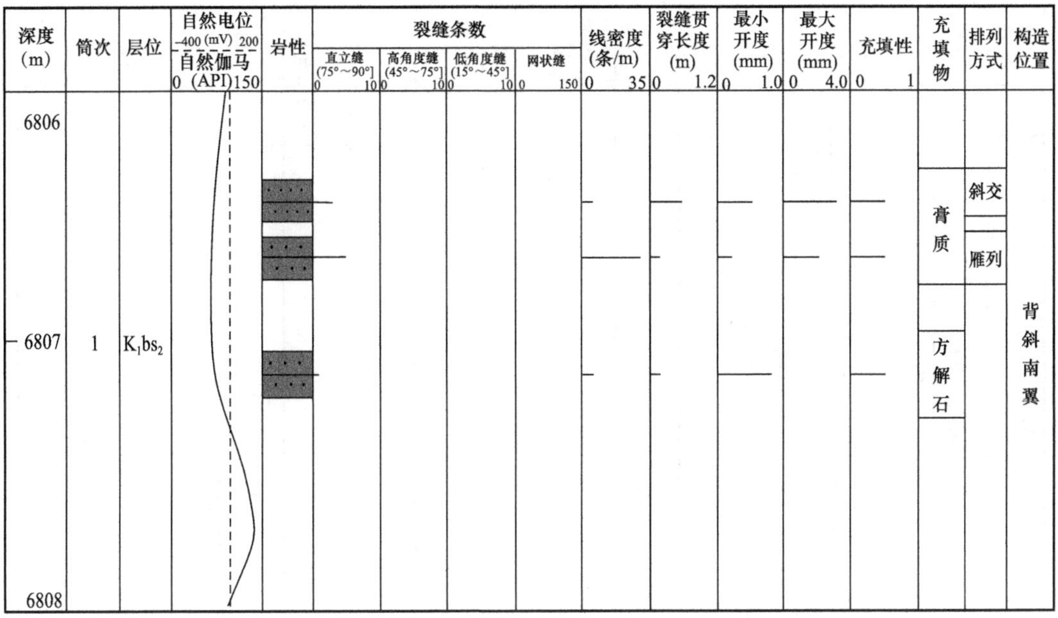

深度(m)
筒次
层位
自然电位
-400 (mV) 200
自然伽马
0 (API) 150
岩性
裂缝条数
直立缝 [75°～90°] 0 10
高角度缝 [45°～75°] 0 10
低角度缝 [15°～45°] 0 10
网状缝 0 150
线密度 (条/m) 0 35
裂缝贯穿长度 (m) 0 1.2
最小开度 (mm) 0 1.0
最大开度 (mm) 0 4.0
充填性 0 1
充填物
排列方式
构造位置
6806
6807
6808
1
K_1bs_2
膏质
方解石
斜交
雁列
背斜南翼

图 2-35　克深气田 B2-3 井岩心构造裂缝精细描述图版

深度(m)
筒次
层位
自然电位
-100 (mV) 200
自然伽马
0 (API) 150
岩性
裂缝条数
直立缝 [75°～90°] 0 10
高角度缝 [45°～75°] 0 10
低角度缝 [15°～45°] 0 10
网状缝 0 150
线密度 (条/m) 0 12
裂缝贯穿长度 (m) 0 3.5
最小开度 (mm) 0 1.0
最大开度 (mm) 0 4.0
充填性 0 1
充填物
排列方式
构造位置
6678
6680
6682
6684
6686
6688
6690
6692
6694
6696
6698
6700
6702
6704
1
2
3
4
K_1bs_2
方解石
雁列
雁列
平行
破碎
背斜南翼

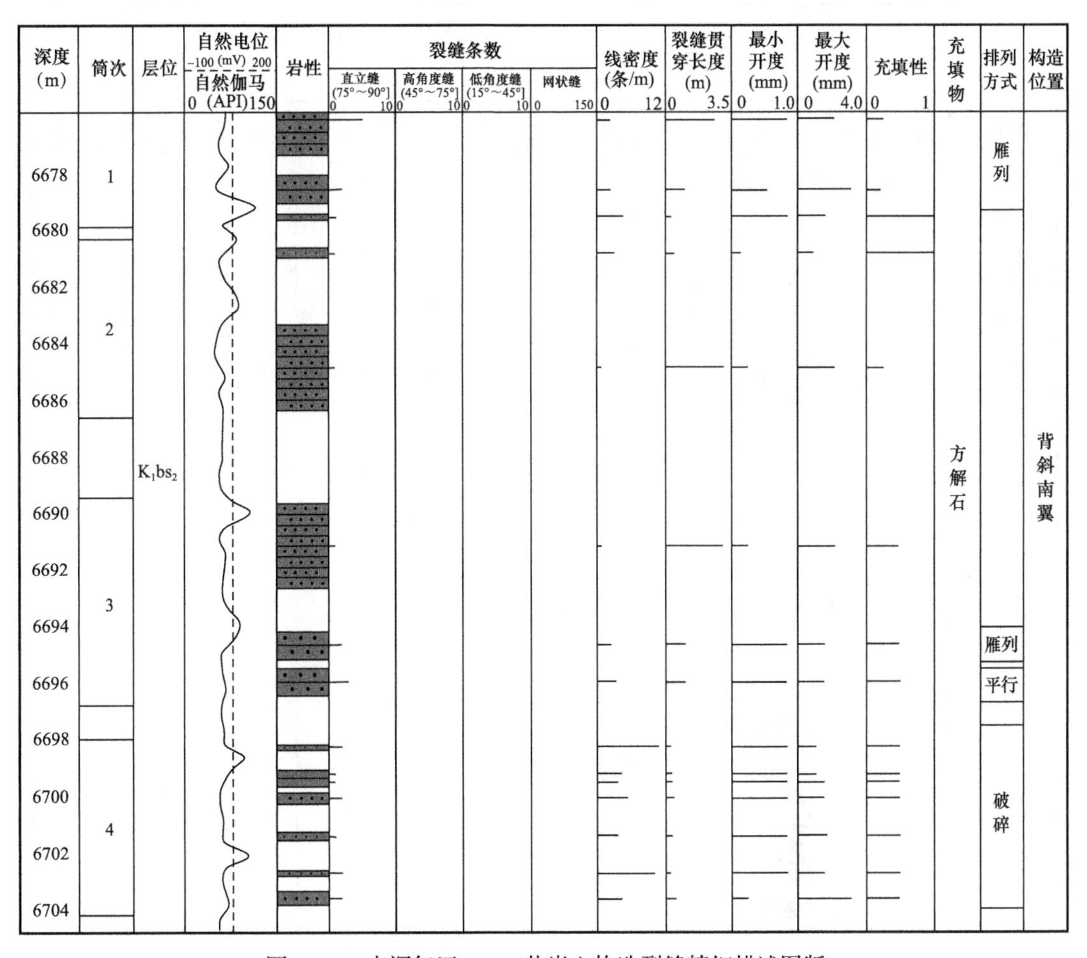

图 2-36　克深气田 B2-4 井岩心构造裂缝精细描述图版

深度(m)	筒次	层位	自然电位 200 (mV) 300 自然伽马 0 (API) 150	岩性	裂缝条数 直立缝 (75°～90°) 0 10	高角度缝 (45°～75°) 0 10	低角度缝 (15°～45°) 0 10	网状缝 0 150	线密度(条/m) 0 20	裂缝贯穿长度(m) 0 0.6	最小开度(mm) 0 1.2	最大开度(mm) 0 3.0	充填性 0 1	充填物	排列方式	构造位置
6768 6770 6772 6774 6776 6778	1	K_1bs_1						0						方解石	平行 斜交 破碎	背斜南翼

图 2–37　克深气田 B2–5 井岩心构造裂缝精细描述图版

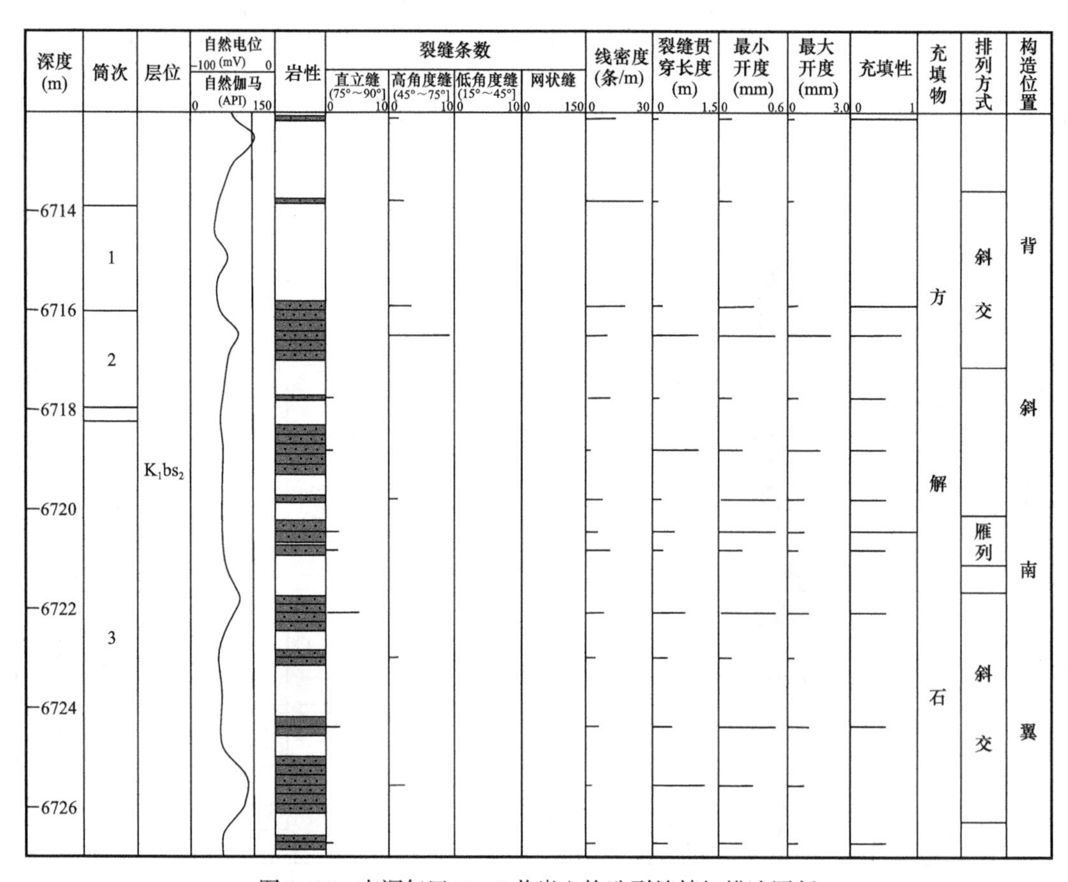

图 2–38　克深气田 B2–8 井岩心构造裂缝精细描述图版

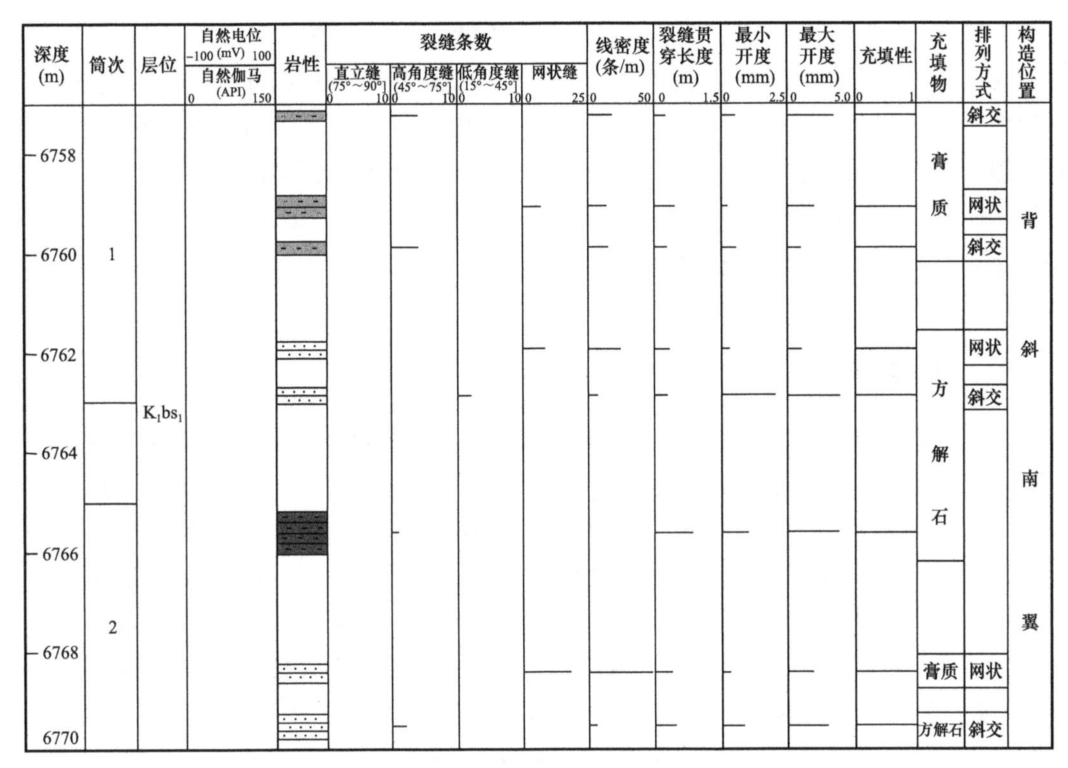

图 2-39　克深气田 B2-9 井岩心构造裂缝精细描述图版

岩心裂缝的观察与描述是认识地下裂缝分布规律的直接方法，但肉眼观察不可避免地产生主观因素的误差，而且只能观察到岩心表面的裂缝，对于裂缝在岩心内的延伸情况以及岩心内部的裂缝则无能为力。近年来，随着计算机层析成像（ICT）扫描技术在岩心分析中的发展，这一问题已经逐步得以解决。现场岩心的 ICT 扫描可以在不破坏岩心的情况下得到裂缝在岩心内部的延伸情况，不仅可以得到岩心的分层切片图像，还可通过三维处理进行岩心的三维重构，并定量测算裂缝的走向、倾角、开度、密度、延伸长度、充填程度及充填物等信息，从而最大限度地提高岩心的利用率，为油藏流体渗流规律和油气井产能的研究提供有力的技术保证，结合常用的分析手段和方法，能有效地对裂缝性油气藏的开发进行指导。目前此技术已在与克深气田毗邻的大北气田得到了初步应用，效果显著，然而由于试验费用高昂、试验周期长、评价方法尚需完善等原因，该技术的普遍推广尚需时日，但可以肯定的是，计算机层析成像扫描技术是岩心裂缝分析的必然发展趋势。

第三节　成像测井裂缝识别及描述

成像测井包括井壁成像测井、径向成像测井和针对各向异性介质的特殊测井，其中井壁成像测井（包括井壁电成像测井和井壁声成像测井）和各向异性测井（包括多极子声波测井和多分量感应测井）是专门为识别与评价裂缝而发展起来的测井系列。

目前的井壁电成像测井主要是微电阻率测井，主要有 Schlumberger（斯伦贝谢）公司的 FMI、Halliburton（哈里伯顿）公司的 EMI 和 Atlas（阿特拉斯）公司的 STAR-Ⅱ三种测井系列，其原理基本相同，但电极数量不等，因此对井眼的覆盖率有所不同。

在克深气田主要应用的是 Schlumberger 公司的 FMI 测井系列。FMI 仪器由四臂八极板组成，共计 192 个电极，在测量过程中，192 个电极同时测量，获得相应的微电阻率数据，然后用这 192 个点的微电阻率数据调节色标，即可获得微电阻率扫描图像。微电阻率成像测井得到的原始信息是二维数据，要得到清晰可靠的图像，必须经过数据预处理（包括坏电极剔除、深度对齐、电压校正、加速度校正、规范化处理、方位校正、LLS/SFL 电阻率标定）和图像处理，从而进一步对裂缝定量参数进行计算。

一、裂缝的识别

成像测井识别裂缝的主要依据是裂缝发育处电阻率与围岩的差异。钻井时，地下处于开启状态的有效裂缝被钻井液侵入，由于除泥岩外的其他岩石电阻率都远大于钻井液的电阻率，因此在有效裂缝发育部位的电阻率就相对较低，从而可以清晰地在电阻率井壁图像上反映出来。井壁岩石电阻率和钻井液电阻率之间的差异越大，裂缝就越容易识别。在工程中实际输出的电阻率图像是沿着井壁正北方向向右的展开图，完整、平直的有效裂缝在电阻率图像上表现为一个波长的正弦曲线（图 2-40）。根据正弦曲线的特征和分布，可以确定有效裂缝的方位和倾角。

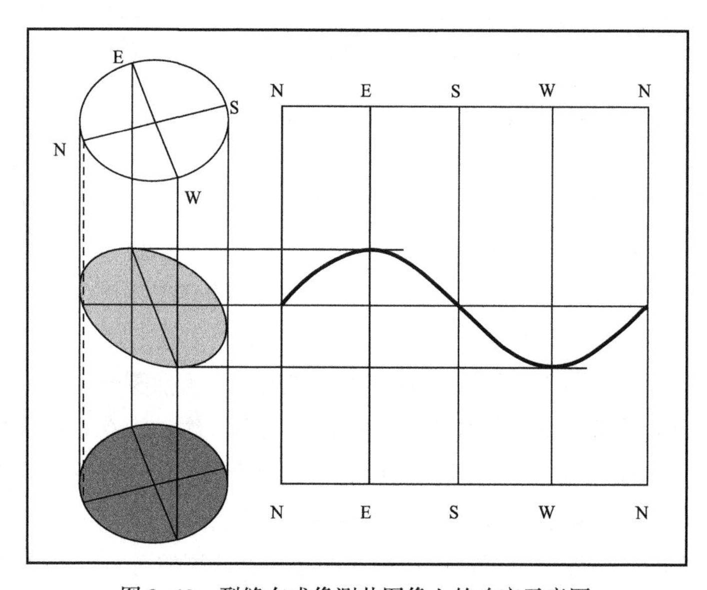

图 2-40　裂缝在成像测井图像上的响应示意图

在微电阻率图像上，对天然缝和诱导缝的识别以及被导性矿物（泥质、黄铁矿等）充填的裂缝与天然缝的判别都很困难或无法直接识别。因此，在无法确定裂缝类型的前提下，不能轻易下结论，应尽可能地利用岩心资料进行标定（图 2-41）或利用声、电成像测井资料相结合的手段进行综合分析。

根据裂缝的产状、分布特征、充填性以及裂缝成因，在 FMI 成像测井图像上可较好地识别以下类型的有效裂缝（图 2-42）：（1）低角度缝，表现为低幅度的暗色正弦曲线；（2）高角度缝，表现为高幅度的暗色正弦曲线；（3）斜交缝，表现为多条形态相似但幅度不同的暗色正弦曲线组合；（4）网状缝，表现为大量不同形态、不同幅度的暗色正弦曲线组合，多发育在近断层部位。另外还可识别出直劈缝，通常显示为近似垂直的暗色线条，不能形成正弦曲线，裂缝面局部破碎，通常呈不规则状（表 2-8）。对于充填裂缝（无效缝），通常表现为张开裂缝的形态，但由于裂缝壁之间的空隙被方解石或白云石等高阻固体介质充填，在 FMI 图像上显示为亮色曲线。

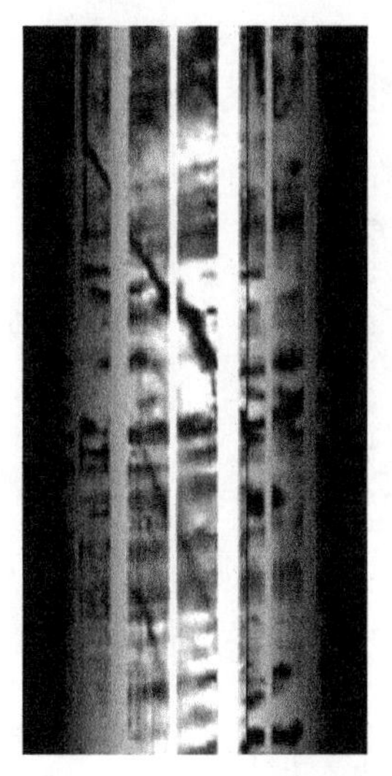

图 2-41　成像测井裂缝的岩心标定（据塔里木油田，2012）

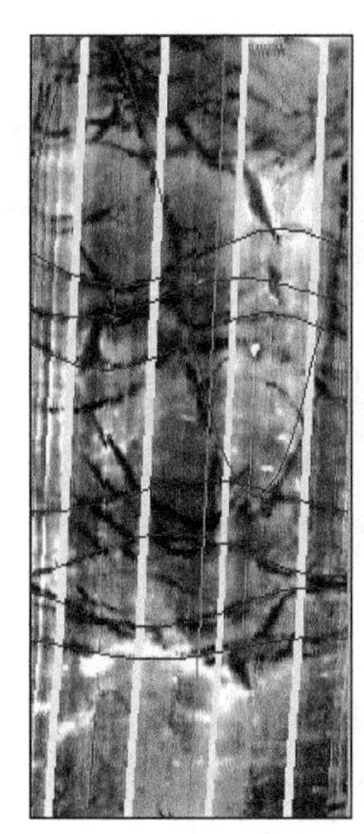
(a) 低角度缝

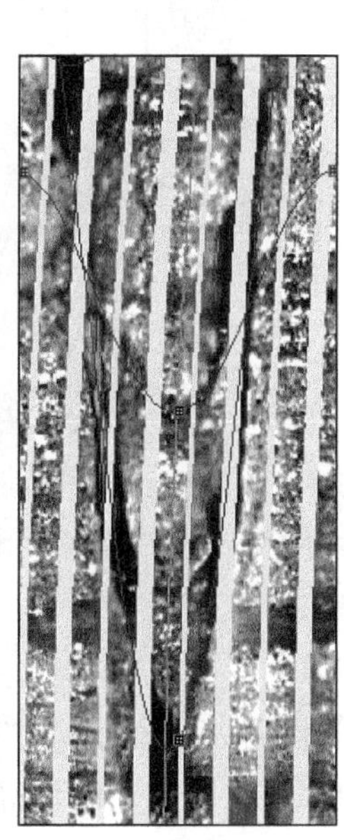
(b) 高角度缝

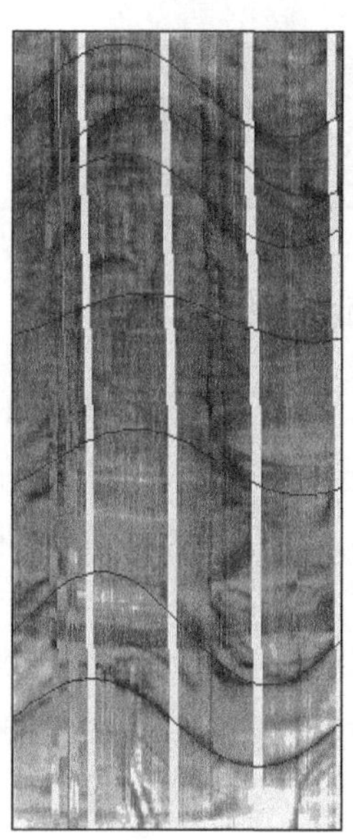
(c) 斜交缝

(d) 网状缝

图 2-42　不同类型裂缝的成像测井图像特征（据王贵文，2012）

经验表明，尽管天然缝和诱导缝在电阻率成像图中难以直接区分，但与天然缝相比，诱导缝仍然有一定的规律性，使其在 FMI 测井上的图像特征有别于天然缝：（1）与井筒平行，并且裂缝的方位与最大水平主应力的方位相同；（2）延伸距离一般较小，呈“Λ”状分布；（3）在软岩层界面处消失；（4）裂缝两侧没有岩性的错动；（5）电阻率一般较低，没有矿物充填的痕迹；（6）没有切穿井筒横截面，不能形成完整的正弦曲线。根据诱导缝的这些特征，可以在成像测井图像上将其识别出来（表 2–8）。

表 2-8　A2-5 井成像测井直劈缝及诱导缝识别图版（据王贵文，2012）

井壁成像测井图像		井眼特征模式	地质解释
深度（m）	0°　180°　360°		
6933 6934		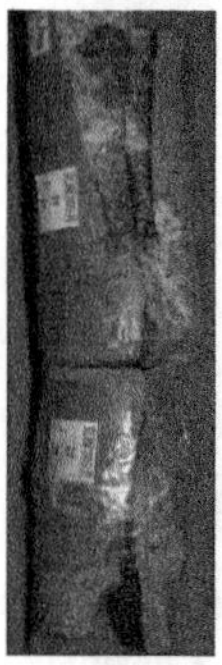	直劈缝，在 FMI 图像上呈单一暗线模式，近乎垂直（A2–5 井）
7147 7148	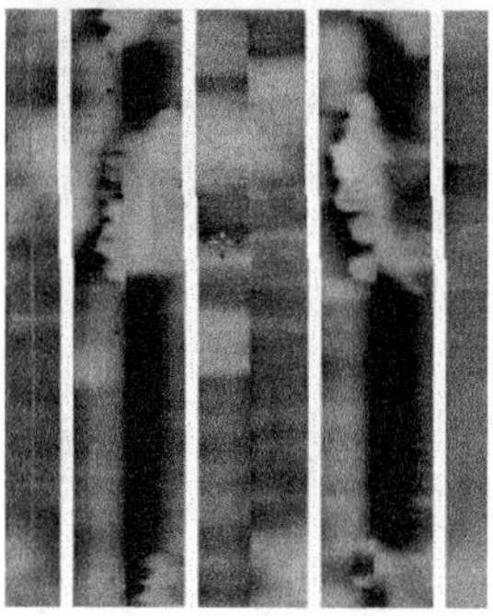	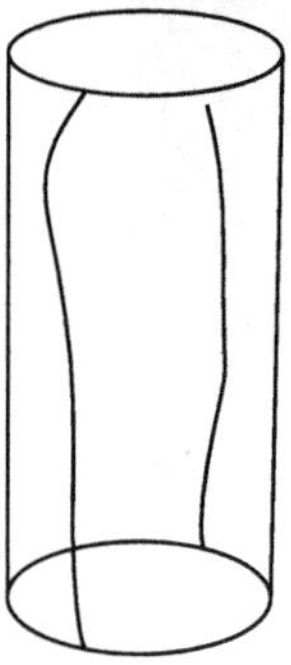	高角度诱导缝，是取心后压力释放形成的两组对称高角度缝，在 FMI 图像上呈单一暗线模式，近乎垂直（A2–5 井）

二、裂缝参数定量计算

裂缝参数包括产状、密度、长度、开度和孔隙度等。首先，在 FMI 图像上将裂缝识别出来，而后在其迹线上选择 3 个或 3 个以上的点，按照正弦函数进行拟合，进而对裂缝的走向和倾角进行定量计算，最后定量计算出裂缝的密度、长度、开度、孔隙度等其他参数。

（一）裂缝产状

裂缝的产状主要包括裂缝的走向和裂缝的倾角，解释依据主要是成像测井图像上裂缝正弦曲线的形态，其振幅反映了裂缝的倾角，振幅越大表明裂缝倾角越大，相位则反映了裂缝的走向信息。克深气田成像测井解释出的裂缝走向平面分布如图 2–43 所示，裂缝倾角如图 2–44 所示。如图 2–43 和图 2–44 所示，裂缝以北北西—南南东走向为主，其次为北北东—南南西和北西—南东走向，此外在背斜顶部和翼部的部分井中发育近东西向裂缝；从倾角上看，裂缝以高角度缝为主，低角度缝发育程度相对较低，与岩心观察结果相比，成像测井解释出的直立缝相对较少，这可能是由于直立缝在成像测井图像上表现为近似平行的两条直线，而在实际解释中不易分辨造成的。

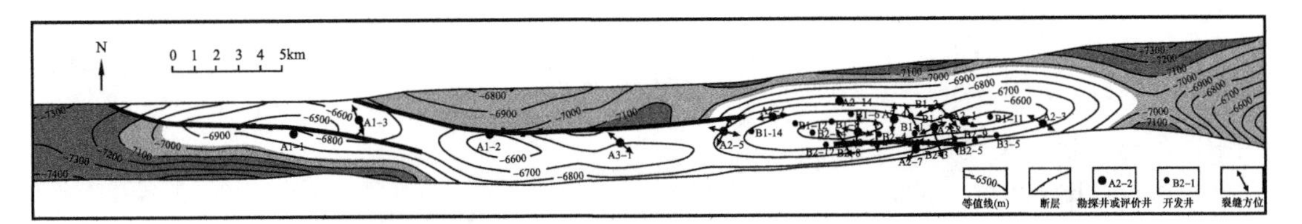

图 2-43　克深气田成像测井解释裂缝走向平面分布

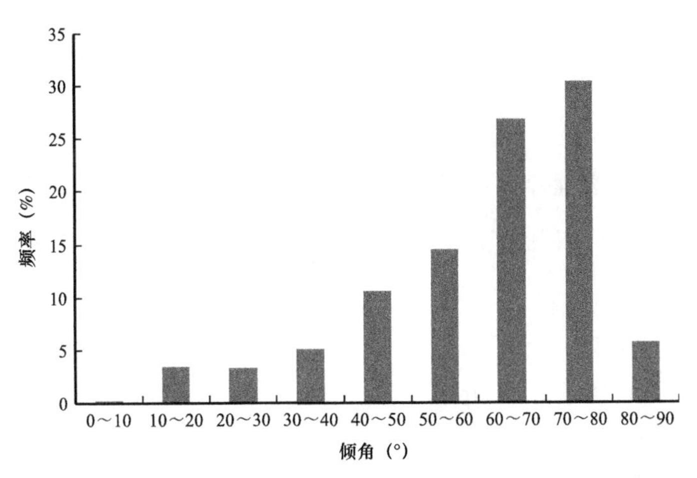

图 2-44　克深气田裂缝倾角成像测井解释结果

（二）裂缝密度

裂缝密度的表示方法有线密度、面密度和体密度，鉴于成像测井裂缝解释的固有特点，裂缝密度通常采用线密度：

$$F_{\mathrm{d}}=\frac{1}{H}\sum_{i=1}^{n}L_i \tag{2-11}$$

式中　F_{d}——裂缝线密度，条 /m；

H——井段长度，m；

L_i——评价井段裂缝的条数。

有时还常用裂缝发育的平均间隔来描述裂缝的发育程度，其数值为 F_{d} 的倒数。

另外，裂缝的线密度在井斜较大时需要进行井斜校正：

$$F_{\mathrm{d}}=\sum_{i=1}^{n}\frac{1}{H\left|\cos\theta_i\right|+2R\left|\sin\theta_i\right|} \tag{2-12}$$

式中　θ_i——第 i 条裂缝的视倾角，（°）；

R——井眼半径，m。

（三）裂缝长度

描述某井段内每单位面积的累计裂缝长度（实际上为裂缝在纵向上的高度）的公式为：

$$F_e = \frac{1}{2\pi RHC}\sum_{i=1}^{n} L_i \tag{2-13}$$

式中 F_e——累计裂缝长度，m；

R——井眼半径，m；

H——评价井段长度，m；

C——井眼覆盖率；

L_i——第 i 条裂缝的长度，m。

（四）裂缝开度

Luthi 等（1990）对裂缝开度与电阻率之间的相关性进行了分析（图 2-45），其结果为：

$$W = CAR_m^b R_{XO}^{1-b} \tag{2-14}$$

式中 W——裂缝开度，m；

C，b——仪器常数；

R_m——钻井液电阻率，Ω · m；

R_{XO}——地层电阻率，Ω · m；

A——由裂缝引起的电流值增量。

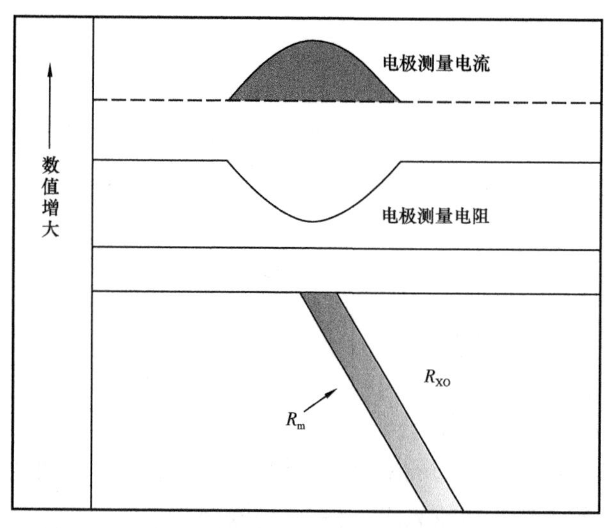

图 2-45　裂缝开度计算示意图（据黄继新等，2006）

实际上一条裂缝的开度在井壁不同的位置上是不相同的，因而在井壁电成像测井裂缝解释中，通常使用加权算术平均和加权水动力平均两种方法对裂缝的开度进行评价。

（1）加权算术平均裂缝开度：

$$W_a = \frac{\sum_{i=1}^{n} L_i W_i}{\sum_{i=1}^{n} L_i} \tag{2-15}$$

（2）加权水动力平均裂缝开度：

$$W_{\mathrm{ah}}=\sqrt[3]{\sum_{i=1}^{n}L_iW_i^3/\sum_{i=1}^{n}L_i} \tag{2-16}$$

式中 W_i——一条裂缝第 i 段的开度，mm；

L_i——一条裂缝第 i 段的长度，mm。

算术平均裂缝开度仅仅是裂缝物理尺寸的简单平均值，而水动力平均开度则将裂缝规模对渗流性能的影响考虑在内，是一个有指示渗流意义的指标。

（五）裂缝孔隙度

裂缝孔隙度的计算公式为：

$$\phi_{\mathrm{f}}=\frac{\sum_{i=1}^{n}L_iW_i}{2\pi RCH} \tag{2-17}$$

式中 ϕ_{f}——裂缝的孔隙度，%；

L_i——第 i 条裂缝的长度，m；

W_i——井壁电成像测井图像上第 i 条裂缝的开度，mm；

R——井眼半径，m；

C——井壁电成像测井井眼覆盖率；

H——评价井段长度，m。

依据上述计算方法，对克深气田单井的储层裂缝参数进行了成像测井定量计算（表 2-9）。除表中所列井点外，其余井为油基泥浆钻井，可以解释出裂缝的主要走向，但其他定量参数的计算误差较大，因此未予列出。

表 2-9　克深气田水基泥浆钻井裂缝参数解释结果（据塔里木油田，2012）

井号	岩性段	裂缝条数	裂缝平均密度（条 /m）	裂缝平均长度（m）	裂缝平均开度（mm）	裂缝平均孔隙度（%）
A2-1	K_1bs_1	39	5.6	5.2	0.090	0.030
	K_1bs_2	356	6.2	4.3	0.092	0.026
	K_1bs_3	149	6.3	3.7	0.108	0.023
	全井段	544	6.1	4.3	0.095	0.026
A2-2	K_1bs_1	40	5.4	4.7	0.072	0.015
	K_1bs_2	35	4.1	3.6	0.050	0.015
	全井段	75	4.9	4.3	0.063	0.015
A2-4	K_1bs_1	29	4.0	3.1	0.250	0.045
	K_1bs_2	73	3.7	2.9	0.190	0.031
	全井段	102	3.8	3.1	0.214	0.037

续表

井号	岩性段	裂缝条数	裂缝平均密度（条/m）	裂缝平均长度（m）	裂缝平均开度（mm）	裂缝平均孔隙度（%）
A2–7	K_1bs_1	8	2.6	2.4	0.022	0.080
	K_1bs_2	88	3.6	3.9	0.073	0.032
	全井段	96	3.4	3.6	0.063	0.041

由表 2–9 可见，成像测井解释的裂缝线密度在 2.6～6.3 条/m 不等，平均约 4.6 条/m，整体上要低于岩心裂缝线密度，主要原因是受成像测井分辨率的影响，部分小规模裂缝未能识别；裂缝平均长度为 2.4～5.2m，平均在 3.8m 左右，大于岩心上观察到的裂缝长度，但这 2 种方法对裂缝长度的测量均局限在井筒范围内，因此都有一定的局限性；裂缝平均开度在 0.022～0.250mm 之间，平均约 0.106mm，整体上小于岩心裂缝开度，主要与岩心裂缝的观测精度有关；裂缝平均孔隙度分布在 0.015%～0.080% 之间，平均约 0.032%。

第四节　基于 X—CT 扫描的岩心裂缝参数精细识别

基于工业微米 CT 扫描刻度的“岩心—成像（FMI）—测井”裂缝参数精细表征技术是目前识别致密砂岩裂缝、孔隙结构的前缘先进手段，但由于价格昂贵，只能在优选不同岩性、不同构造位置、不同发育程度的前提下才能起到以点带面、提纲挈领的作用。与人工观察、FMI 成像相比，工业 CT 扫描成像技术具有两个优点：能够观察岩心内部的裂缝发育情况，比如裂缝在岩心内的延伸、充填、组合关系等；能够保证岩心的完整性，不需要破碎岩石即可得到精细的裂缝参数。本次研究完成了 B2–3 井、B2–4 井、B2–5 井、B2–8 井、B2–14 井、A2–5 井、A2–7 井及 A2–8 井共计 21.26m 长的岩心观察和 CT 扫描，统计了裂缝产状、开度、密度、充填程度及力学性质，绘制了直方图，对扫描结果进行了数字化，重建了 B2–14 井、A2–5 井、A2–7 井及 A2–8 井等 4 口井的裂缝发育分布模型，模型中包括裂缝产状、开度、充填度等主要信息，并采用地面伽马曲线对岩心进行了归位。

一、全直径岩心计算机层析成像扫描技术原理及指标

本次实验所用扫描设备为重庆大学自主研制的 CD 系列工业 CT 系统的系列化产品，能在一台设备上完成Ⅲ代 CT 扫描成像、Ⅱ代 CT 扫描成像、DR 成像及三维重构成像。系统具有成像精度高、速度快、图像处理与分析功能丰富、操作方便、运行稳定可靠等特点，其技术指标如下。

（1）被检测工件参数。

① 最大工件直径：ϕ1000mm；

② 最大工件长度：3000mm；

③ 最大工件重量：600kg。

（2）最大穿透钢厚度：240mm。

（3）空间分辨率：2.5lp/mm。

（4）密度分辨率：优于 0.3%。

（5）缺陷检出能力。

① 最小裂纹：0.02mm（W）×5mm（L）×2.0mm（H）；

② 最小孔直径：ϕ0.2mm。

（6）DR 成像灵敏度：优于 1.0%。

（7）断层扫描时间（成像像素为 1024×1024，正常情况下）。

① Ⅲ代 CT：2～10min/ 层；

② Ⅱ代 CT：10～25min/ 层。

（8）图像尺寸。

① DR 图像：（256、512、1024、2048）×L（L 由试件高度决定）；

② CT 图像：512×512、1024×1024、2048×2048、4096×4096。

（9）断层厚度：0.5～5mm。

二、裂缝特征参数测算及发育特征

（一）裂缝倾角

假设岩心中一条裂缝形成的裂缝面与岩心水平面的夹角为 θ，则 θ 角即为该裂缝的倾角，如图 2–46a 所示。当对岩心进行 CT 扫描时，得到多个穿过该裂缝面的 CT 断层图像，裂缝在 CT 断层图像上的分布如图 2–46b 所示。

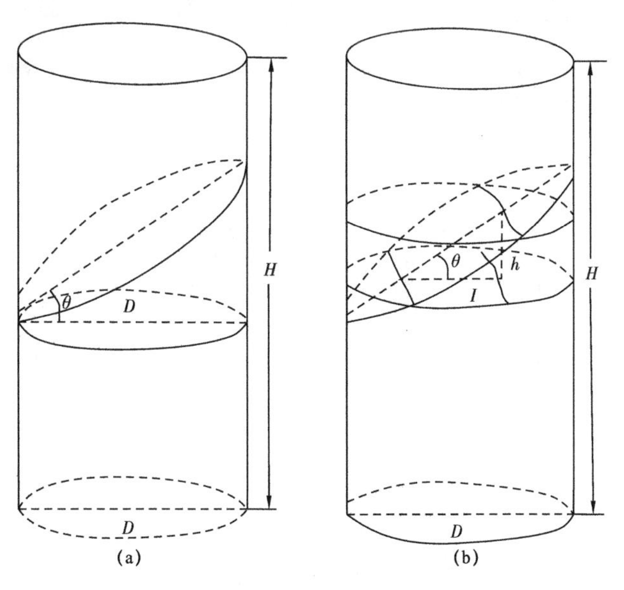

图 2–46　裂缝倾角测算示意图

选取在岩心轴向间距较大的两个 CT 断层图像来测算该裂缝的倾角，将选取的其中一个 CT 断层图像中裂缝投影到另一个 CT 断层图像上，测量得到裂缝的水平位移，则可计算得到裂缝的倾角 θ 为：

$$\theta=\arctan\frac{h}{l} \tag{2-18}$$

式中 l——裂缝在两个选取的 CT 断层图像之间的水平位移，可在 CT 软件中直接测得；

h——选取的两个 CT 断层之间的垂直间距，该值在 CT 扫描断层选择时已确定，为已知。

基于以上测算公式，对扫描到的 226 条裂缝倾角按井分别进行了测算，并按照 10° 间隔为区间对倾角进行统计。根据 8 口井裂缝的倾角数据，按照 10° 为间隔对各井发育裂缝的倾角进行了统计，并绘制倾角分布直方图如图 2-47 所示。在分井的基础上，对克深区块此次扫描岩样得到的 226 条裂缝倾角做了总体统计，得到克深区块裂缝倾角总体分布图，如图 2-48 所示。

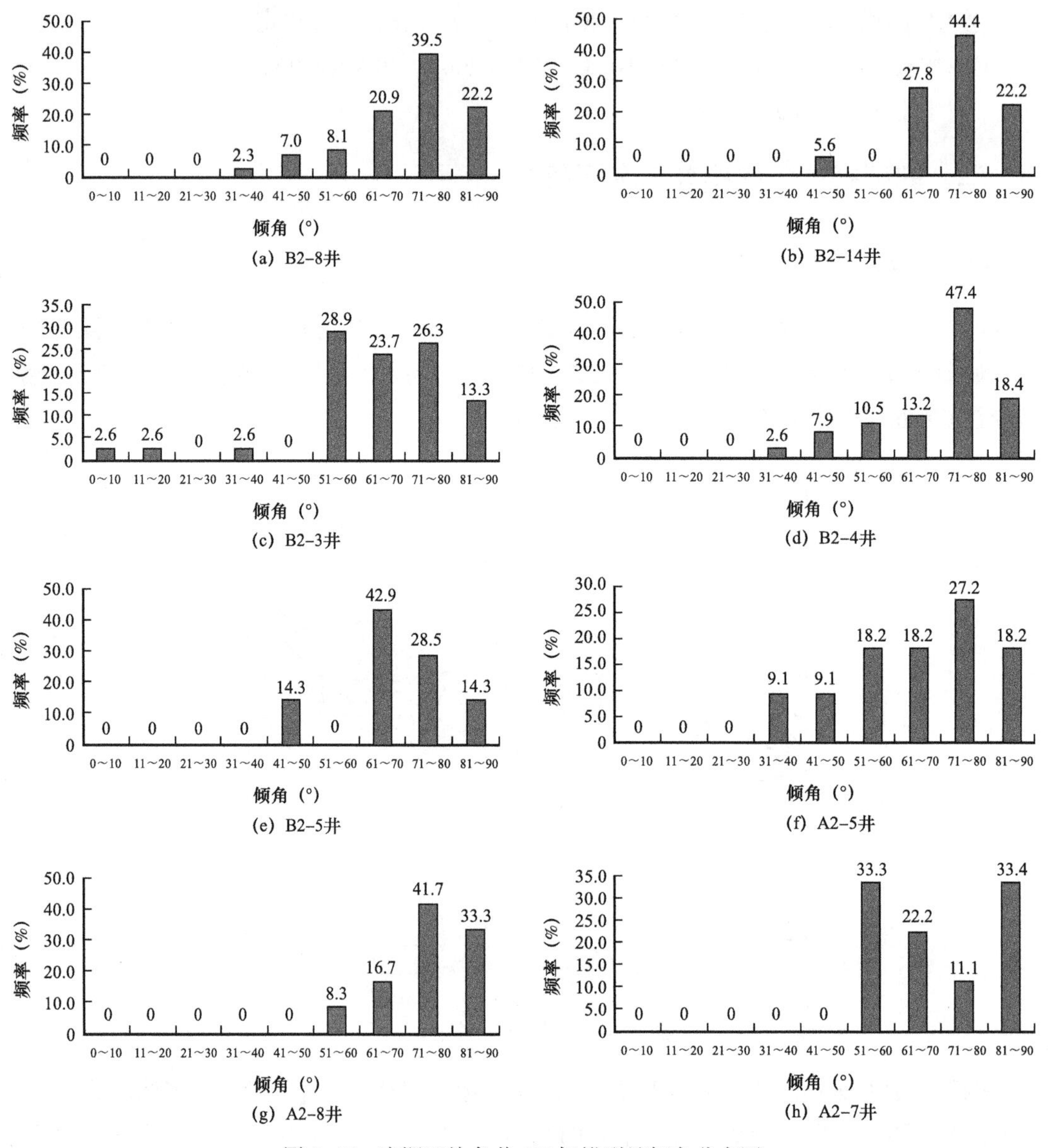

(a) B2-8井 (b) B2-14井

(c) B2-3井 (d) B2-4井

(e) B2-5井 (f) A2-5井

(g) A2-8井 (h) A2-7井

图 2-47 克深区块各井 CT 扫描裂缝倾角分布图

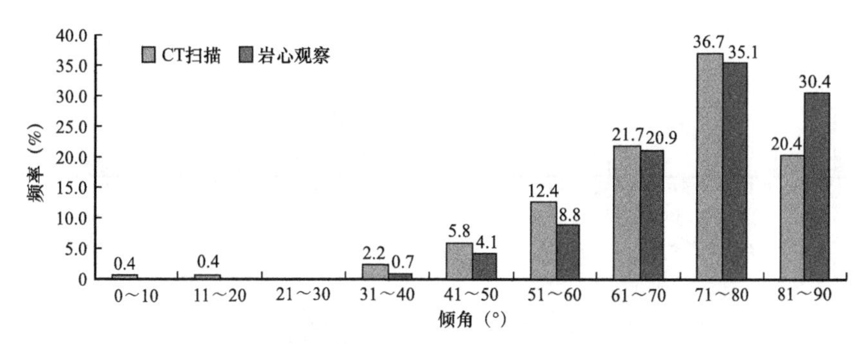

图 2-48　克深区块 CT 扫描与岩心观察裂缝倾角对比

从单井及总的倾角分布图来看，克深区块主要发育高角度缝，水平缝和低角度缝不发育，其中 57.1% 的裂缝倾角超过 70°，且 CT 扫描测算到的裂缝倾角与岩心观察测量到的裂缝倾角在趋势上一致。

（二）裂缝开度

裂缝的开度一般为连续变化的值，该值可通过测量 CT 断层图像中裂缝的宽度计算得到，但是用这一系列的数值来表征裂缝的开度比较繁复。因此用裂缝的最大开度和均开度这两个参数来表征裂缝的开度信息，既给出了该裂缝的最大开度，又说明了裂缝总体的开度情况。

裂缝最大开度可通过在各个 CT 断层图像上直接测量裂缝的宽度，找出其中最大的宽度值，然后计算得到裂缝的最大开度：

$$K_{max}=W_{max}\times\sin\theta \tag{2-19}$$

式中　K_{max}——裂缝的最大开度，mm；

θ——裂缝的倾角，(°)；

W_{max}——裂缝在所有 CT 断层图像上宽度的最大值，mm。

裂缝均开度则表征了裂缝的整体开启情况，计算式为：

$$\overline{K}=\frac{\sum_{i=1}^{N}\sum_{j=1}^{J_i}W_{ij}}{\sum_{i=1}^{N}J_i}\times\sin\theta \tag{2-20}$$

式中　$\overline{K}$——裂缝的均开度，mm；

θ——裂缝的倾角，(°)；

N——裂缝面与扫描 CT 断层相交的数量；

J_i——裂缝在第 i 个 CT 断层上的测量点数；

W_{ij}——裂缝在第 i 个 CT 断层上第 j 个测量点的宽度值，mm。

按照式（2-19）和式（2-20），测算出 226 条裂缝开度分布。根据以上 8 口井裂缝的开度数据，按照 0.2mm 为间隔对各井发育裂缝的开度进行了统计，并绘制开度分布直方图（图 2-49）。在分井的基础上，对克深区块此次扫描岩样得到的 226 条裂缝开度做了总体统计，得到克深区块裂缝开度总体分布图，如图 2-50 所示。

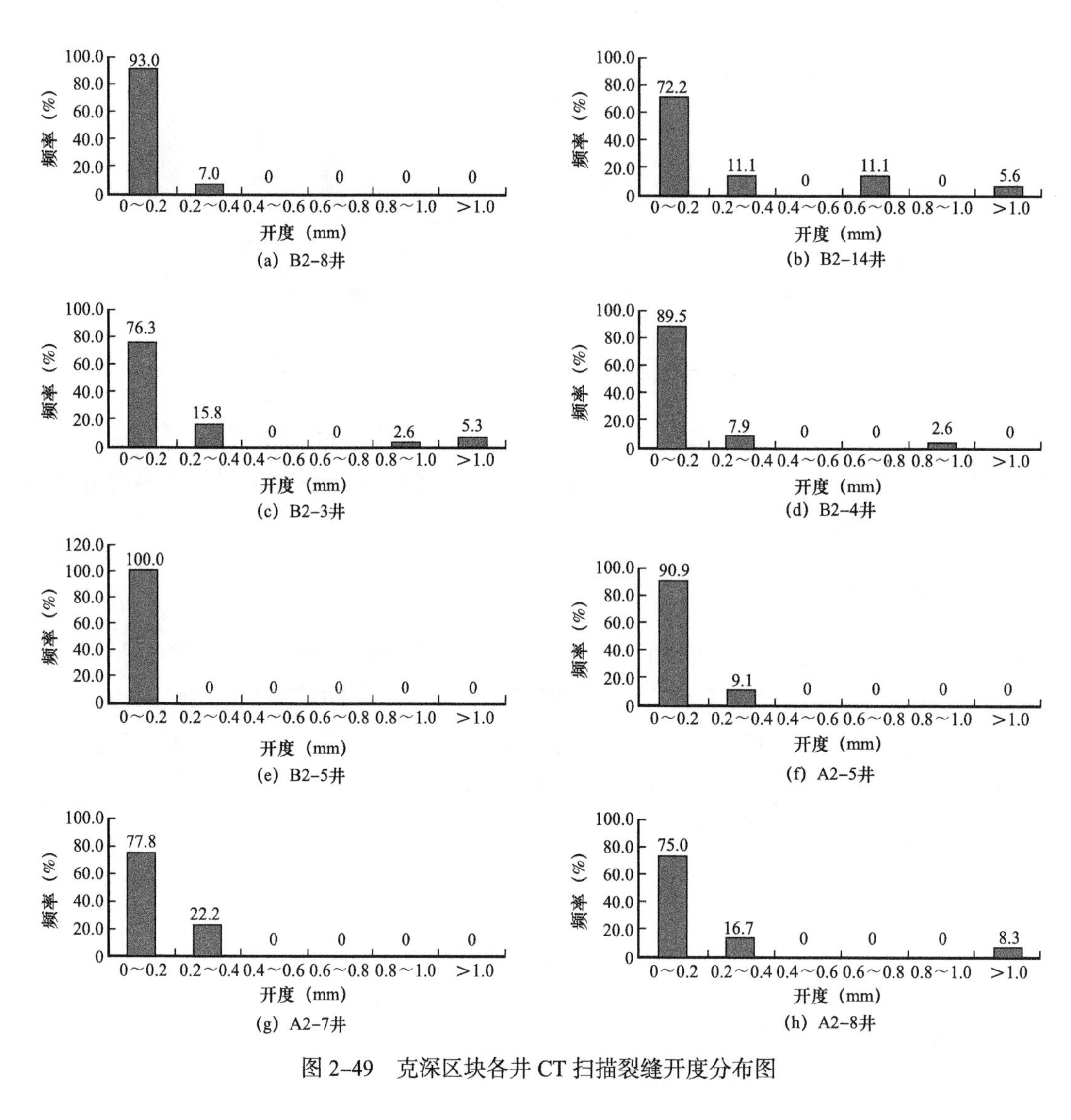

图 2-49　克深区块各井 CT 扫描裂缝开度分布图

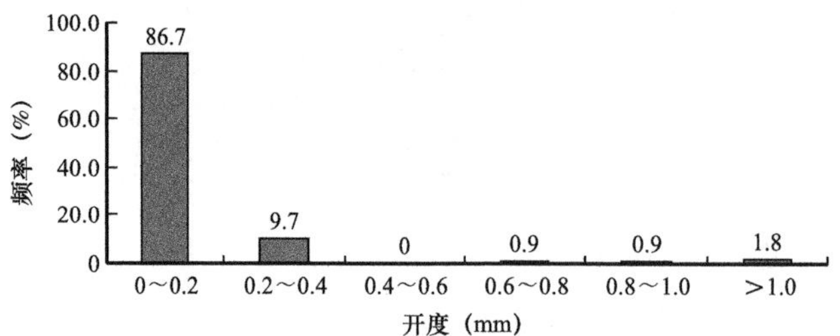

图 2-50　克深区块总体 CT 扫描裂缝开度分布图

从以上开度分布直方图中，可以看到克深区块发育裂缝的开度绝大部分都小于 0.2mm，在扫描到的 226 条裂缝中，仅 4 条裂缝开度超过 1.0mm。为了进一步厘清≤0.2mm 裂缝的开度分布情况，按照 0.02mm 为间隔，对分布在 0.2mm 区间的裂缝开度进一步细化统计，如图 2-51 所示。从统计结果来看，克深区块开度小于 0.2mm 的裂缝主要分布在 0.12mm 以下。

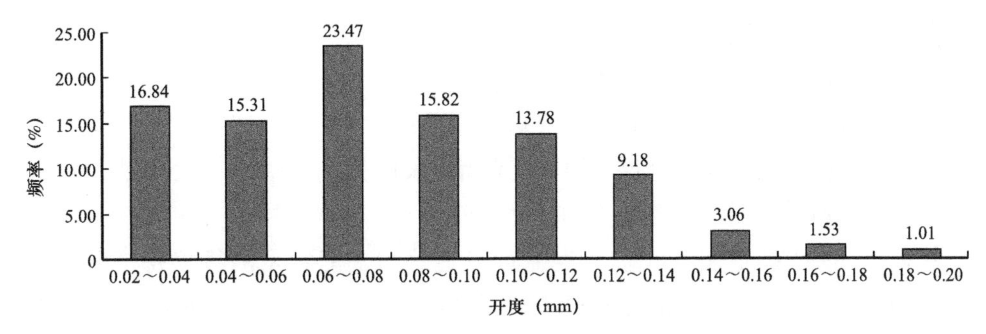

图 2-51　克深区块开度≤0.2mm 裂缝分布图

（三）裂缝充填

裂缝的充填主要包括充填物质和充填程度两个方面。通过 CT 扫描，能测量出裂缝内部充填物质的绝对密度，依据先验知识可初步判断裂缝内部充填物质的种类；相比传统的岩心观察等方法定性确定裂缝的充填程度，CT 扫描能更准确地定量确定裂缝的充填程度（图 2-52）。

1. *充填物质*

通过 CT 扫描对克深区块裂缝内部充填物质的密度进行测量，发现克深区块裂缝内部充填物质密度主要分布在 2.679～2.721g/cm^3 和 2.893～2.976g/cm^3 两个范围。根据先验知识，可初步判断克深区块裂缝内部的充填物质为方解石和白云石，方解石含量相对更低。由于确定充填物质的方法是根据密度值反推得到，可能多种混合充填物表征出与单一物质一样的密度，因此更有效确定充填物质的方法是通过取样分析化验，本结论仅供参考。

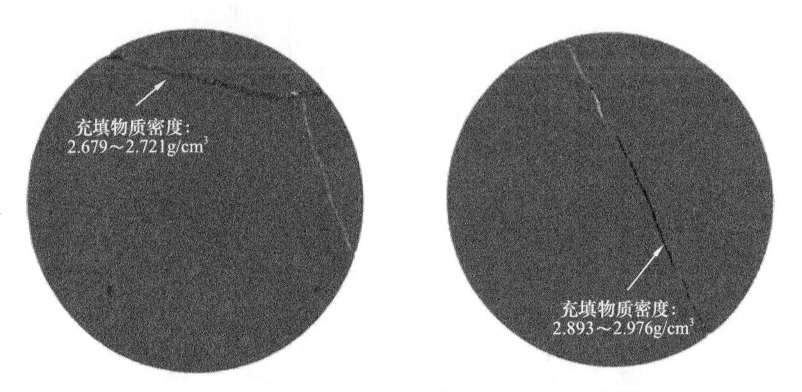

图 2-52　克深区块裂缝内部充填物质密度测量

2. *充填程度*

裂缝充填程度反映裂缝发育环境与裂缝发育期次，以及裂缝的有效储集空间，精确测算出裂缝的充填程度对储量测算及开采具有指导意义。在 CT 扫描中，可通过下式测算出裂缝充填程度：

$$\overline{F} = \frac{\sum_{i=1}^{N}\sum_{r=1}^{R_i} l_{ir}}{\sum_{i=1}^{N} L_i} \tag{2-21}$$

式中　$\overline{F}$——裂缝的充填程度，%；

N——裂缝面与扫描 CT 断层相交的数量；

R_i——裂缝在第 i 个 CT 断层上被充填的段数；

l_{ir}——裂缝在第 i 个 CT 断层上第 r 段充填的长度，m；

L_i——裂缝在第 i 个 CT 断层上的长度，m。

工业 CT 扫描在确定裂缝充填程度方面具有优势，能定量测算出每一条裂缝的充填数值。根据以上 8 口井裂缝的充填程度数据，按照［0，5%］，(5%，40%］，(40%，60%)，［60%，95%)，［95%，100%］进行了统计，以上区间的划分主要参照了传统岩心观察未充填、局部充填、半充填、大部充填和全充填的划分，并绘制开度分布直方图（图 2–53）。在分井的基础上，对克深区块此次扫描岩样得到的 226 条裂缝的充填程度做了总体统计，得到克深区块裂缝充填的总体分布图（图 2–54）。

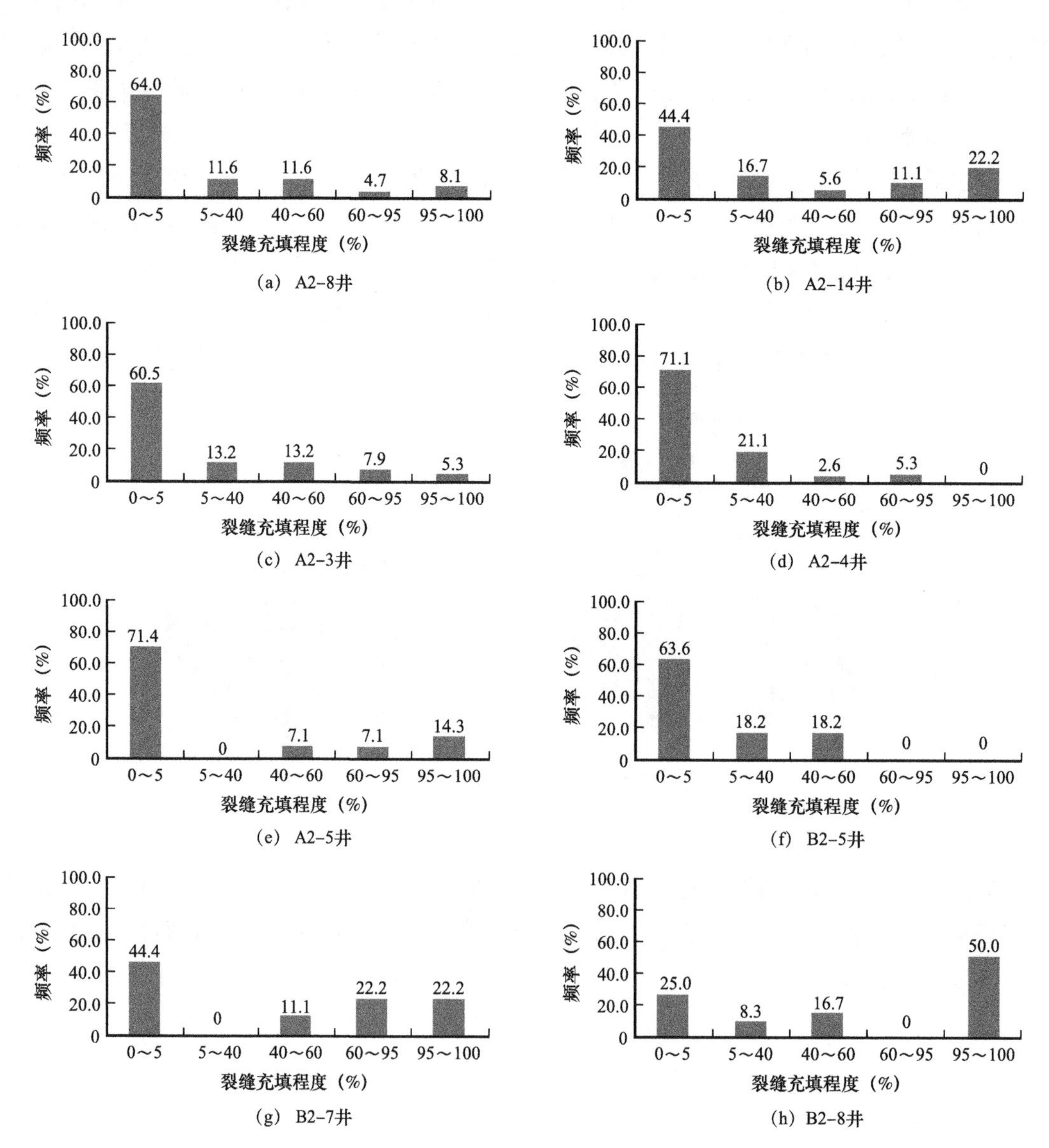

(a) A2–8井　(b) A2–14井　(c) A2–3井　(d) A2–4井　(e) A2–5井　(f) B2–5井　(g) B2–7井　(h) B2–8井

图 2–53　克深区块各井 CT 扫描裂缝充填程度分布图

从以上充填程度分布直方图中，根据CT扫描结果，克深区块发育裂缝大部分未充填。为了进一步厘清裂缝的开度与充填程度之间的关系，对扫描到的所有裂缝按照开度小于0.1mm分别（认为人肉眼所能观察到裂缝开度的极限）和开度大于0.1mm分别对充填程度进行了重新统计，得到图2–55和图2–56。如图2–55和图2–56所示，克深区块开度小于0.1mm的裂缝绝大部分未充填；开度大于0.1mm的裂缝比开度小于0.1mm的裂缝充填程度明显更高。岩心观察裂缝时，肉眼很难严格区分局部充填、半充填和大部充填，因此常将局部充填和半充填裂缝归为大部充填得出裂缝充填程度高这一结论。就开度大于0.1mm裂缝的充填程度而言，可认为克深区块裂缝充填程度高。

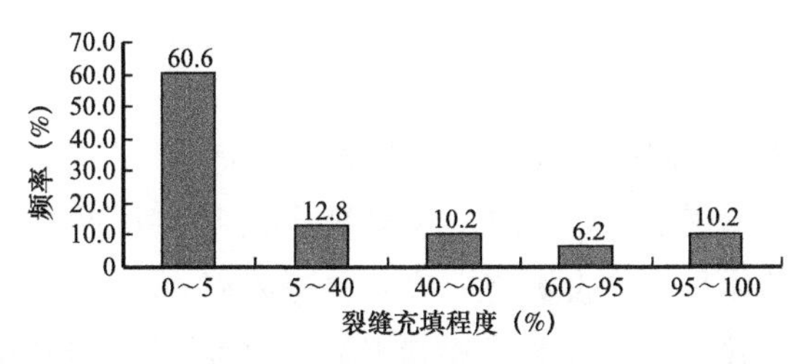

图2–54　克深区块总体CT扫描裂缝充填程度分布图

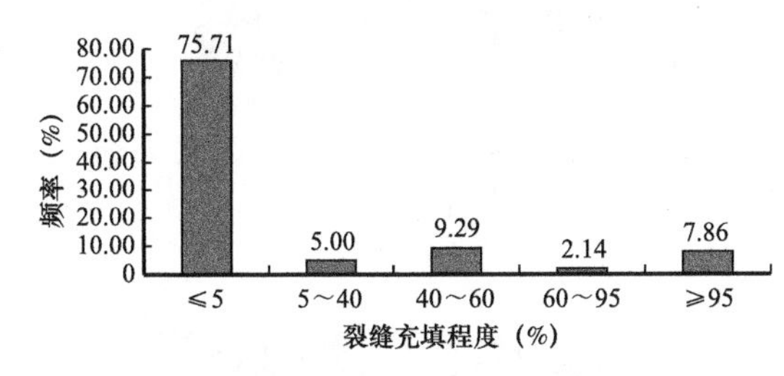

图2–55　克深区块开度≤0.1mm裂缝充填程度分布图

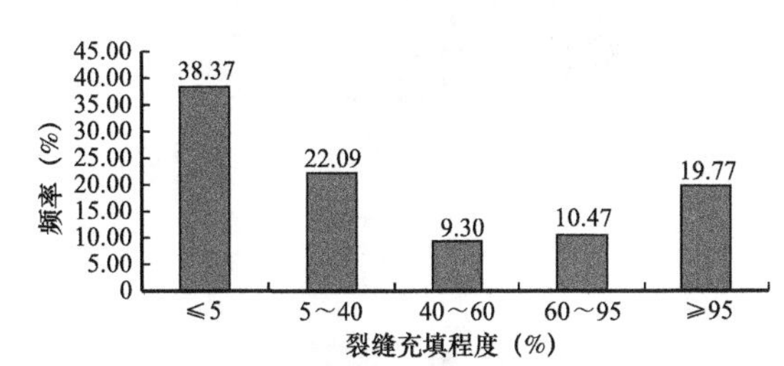

图2–56　克深区块裂缝开度>0.1mm裂缝充填程度分布图

（四）裂缝孔隙度

裂缝孔隙度表征裂缝体积占岩心体积的比重，岩心中单条裂缝的孔隙度公式为：

$$v_i = \frac{\overline{K_i} \times (1-\overline{F}_i) \times H_i}{\sin\theta_i} \tag{2-22}$$

$$P_i = \frac{v_i}{V} \tag{2-23}$$

式中　v_i——岩心中第i条裂缝的体积，m^3；

$\overline{K_i}$——第i条裂缝的均开度，mm；

$\overline{F}_i$——第i条裂缝的充填程度，%；

H_i——第i条裂缝在该岩心中的垂直高度，m；

θ_i——第i条裂缝的倾角，（°）；

P_i——岩心中第i条裂缝的孔隙度，%；

V——该岩心的体积，m^3。

若计算岩心总体裂缝孔隙度，则为：

$$P = \sum_{i}^{M} p_i \tag{2-24}$$

式中 M——该岩心中裂缝的数量。

工业 CT 扫描在确定裂缝孔隙度方面具有优势，能定量得到单块岩心内部所有裂缝的体积，除去被充填掉的裂缝体积，与岩心总体积相比即可得到裂缝孔隙度。根据以上 8 口井裂缝的裂缝孔隙度数值，绘制了裂缝孔隙度饼图（图 2–57）。B2–14 井、B2–3 井和 B2–4 井的裂缝孔隙度较大，A2–5 井、A2–7 井和 A2–8 井裂缝孔隙度小，没有一块岩心的裂缝孔隙度超过 0.1%。在分井的基础上，绘制了总的裂缝孔隙度分布饼图，61.61% 的岩心裂缝孔隙度小于 0.1%，并最终测算出了此次扫描 20.21m 岩心的裂缝孔隙度为 0.13%（图 2–58）。

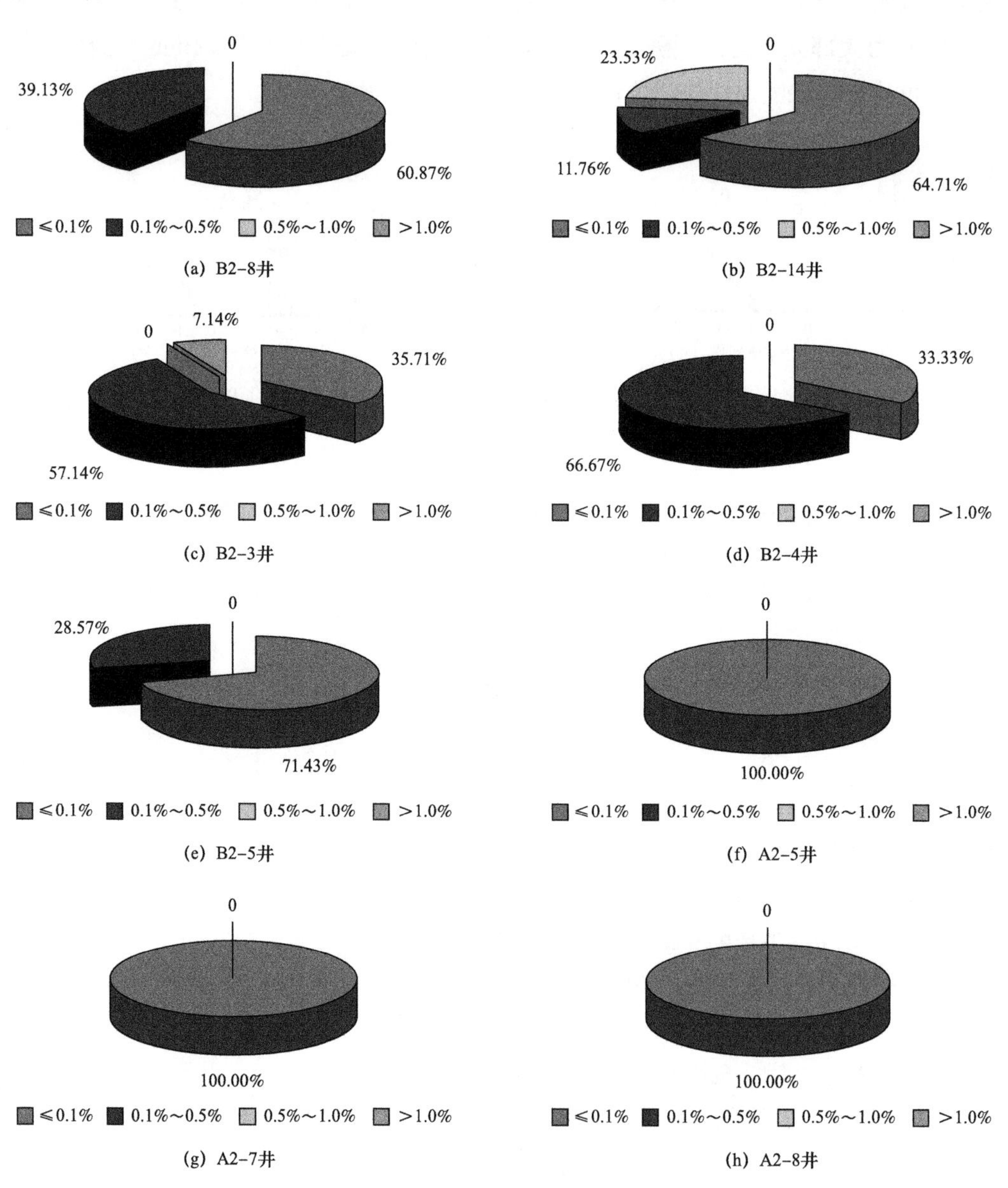

图 2–57　克深区块各井裂缝孔隙度分布图

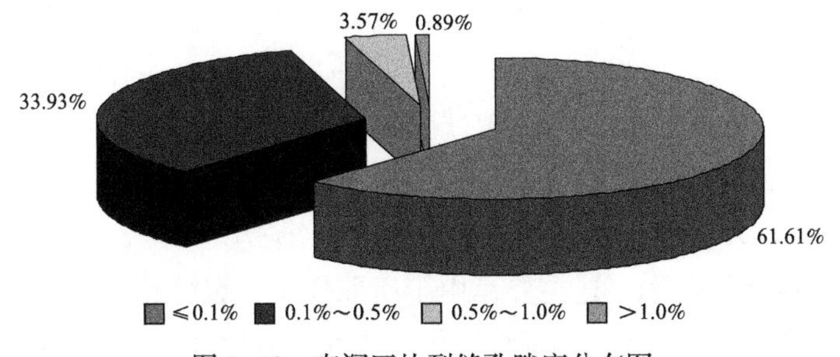

图 2-58　克深区块裂缝孔隙度分布图

为了进一步分析裂缝充填情况，将裂缝的体积（包含充填部分）与岩心总体积之比定义为含充填裂缝孔隙度。统计出每口井的裂缝孔隙度和含充填裂缝孔隙度，并绘制对比柱状图（图 2-58）。

从图 2-59 可以看到，A2-7 井及 A2-8 井含充填裂缝孔隙度比裂缝孔隙度高出近 3 倍，其余井被充填裂缝所占裂缝体积皆较高；结合前面裂缝充填分布柱状图，由此认为，克深区块开度大的裂缝充填程度高。

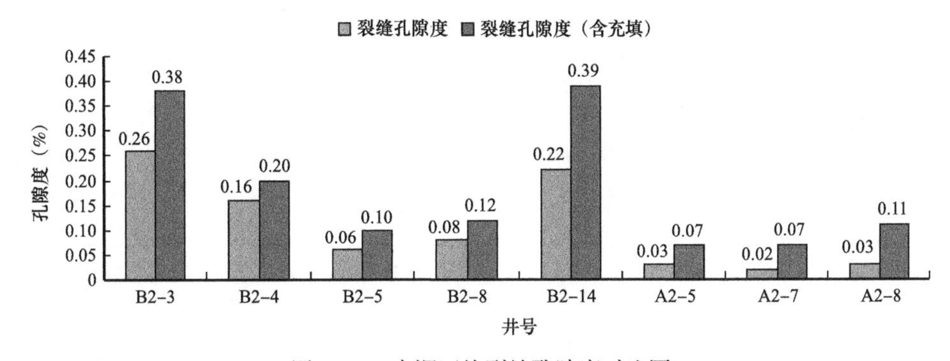

图 2-59　克深区块裂缝孔隙度对比图

将此次 CT 扫描的 8 口井裂缝孔隙度与研究院提供的 8 口井无阻流量数据进行了对比分析，如图 2-60 所示。克深区块裂缝孔隙度与无阻流量呈近似的线性关系，裂缝孔隙度大，无阻流量大；裂缝孔隙度小，无阻流量小。

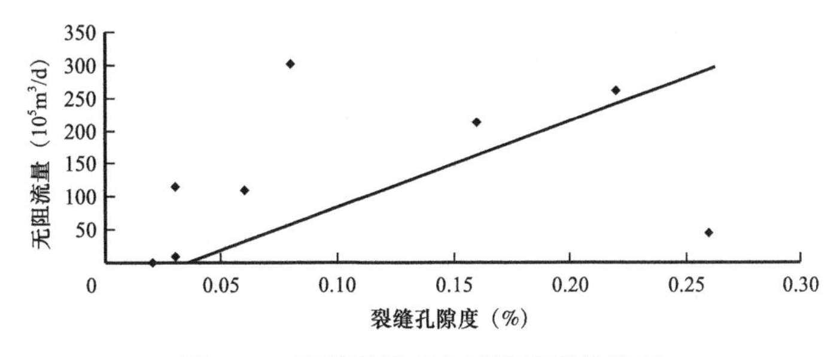

图 2-60　裂缝孔隙度与无阻流量的关系

（五）裂缝线密度

裂缝线密度是描述裂缝发育程度的重要参数，决定着低渗储层的渗流和产出能力，为岩心裂缝条数与岩心长度的比值，记为 D_{lf}，根据定义得到计算式为：

$$D_{lf}=\frac{n}{H} \tag{2-25}$$

式中 n——岩心中裂缝的数量，可以从 CT 图像中精确读出；

H——岩心的长度，该数值为已知。

根据岩心观察和 CT 扫描分别计算了各井的裂缝线密度（表 2-10，图 2-61）。从数值上来看，整体线密度数值偏大，这主要是由于所取样品为裂缝发育的岩心。由于 CT 扫描能观察到更细小的裂缝，所以 CT 扫描计算的裂缝线密度比岩心观察计算的线密度高。

表 2-10 克深区块裂缝线密度统计

井号	取样块数	取样岩心总长（m）	裂缝数（条）			线密度（条 /m）	
			岩心观察	CT 扫描	差异	岩心观察	CT 扫描
B2-8	46	9.52	59	86	27	6.2	9
B2-14	17	3.09	13	18	5	4.2	5.8
B2-3	15	2.29	22	38	16	9.6	16.6
B2-4	12	2.09	23	38	15	11	18.2
B2-5	7	0.86	11	14	3	12.8	16.3
A2-8	7	1.17	9	12	3	7.7	10.3
A2-7	5	0.64	6	9	3	9.4	14.1
A2-5	4	0.55	5	11	6	9.1	20

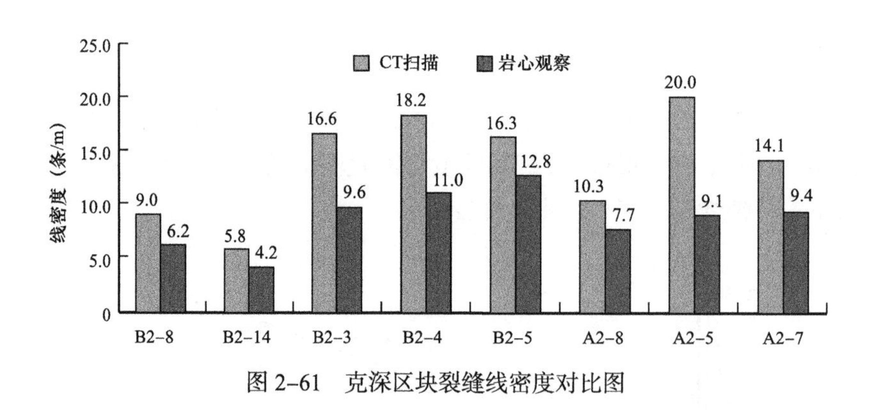

图 2-61 克深区块裂缝线密度对比图

以上数据中，B2-8 和 B2-14 井的取样较多，具有更好的统计效应，数值更接近真实值，其余井由于取样数量的局限性，线密度值仅具有一定的参考意义。

（六）大北与克深气田裂缝参数对比

同属于克拉苏构造带的次级构造单元，将大北气田巴什基奇克组 CT 扫描得到的裂缝特征参数与克深气田进行了横向对比研究，发现大北和克深气田都以发育高角度缝为主，相比较而言大北气田开度大的裂缝在数量上更占优势（图 2-62）。

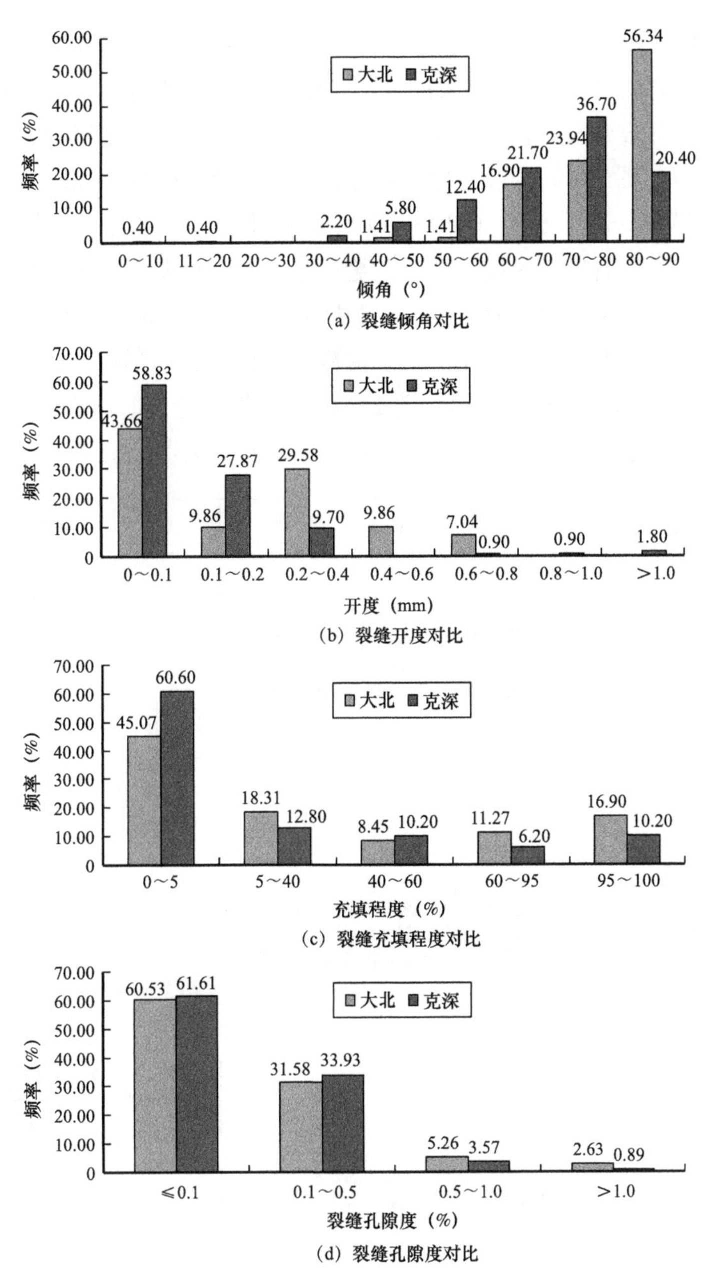

图 2-62　大北与克深气田裂缝特征参数对比

三、裂缝形成期次解析

根据区域构造背景调研、构造形迹分析、流体包裹体测试等结果，克深地区主断层主要在上新世库车运动晚期形成，地层强烈变形时期主要在第四纪西域组沉积期。由裂缝的成因机制可知，裂缝的形成往往与断层和褶皱的形成相伴生，或者与强烈的构造变形期相吻合，克深地区主要的造缝时期即为库车组沉积晚期和西域组沉积早期，或统称为喜马拉雅晚期。进一步结合岩心观察发现，克深地区裂缝发育过程可分为三期：第一期缝以成岩后灰质、白云质、泥质全充填为主，局部半充填，中、低角度共轭剪切缝为主，有时仅发育一支；第二期缝以灰质、白云质半充填为主，局部全充填，褶皱两翼高角度共轭剪切缝为主，褶皱顶部发育局部应力调整下的张剪共轭缝，锐夹角平分线近东西向；第三期裂缝以未充填为主，局部方解石、白云质半充填，以垂直剪切缝、张剪缝为主，早期缝受改造强烈，网状缝发育（图 2–63）。通过对大量 CT 二维切片的观察，分析了克深气田多期裂缝的类型及组合模式，图 2–64a、b 中发育两组典型张剪缝，通过裂缝之间的截切关系及裂缝的后期变动，可以看出，晚期缝将早期缝切穿，并且早期被充填的裂缝在后期构造运动中发生滑移现象，重新破裂；图 2–64c、d 中晚期缝的延伸被早期缝限制，而早期缝发生滑移；图 2–64e 中早期裂缝未发生滑移，但限制晚期裂缝的延伸；图 2–64f 中晚期裂缝切穿早期裂缝，而早期缝未发生滑移；图 2–64g 中晚期裂缝同时出现被限制和切穿现象；图 2–64h 中只有一期裂缝，在晚期构造应力作用下重新开裂形成新裂缝。

裂缝发育期次	描述	备注
第一期缝 中新世σ_1 北北西350°	成岩后灰质、白云质、泥质全充填为主，局部半充填，中、低角度共轭剪切缝为主，有时仅发育一支	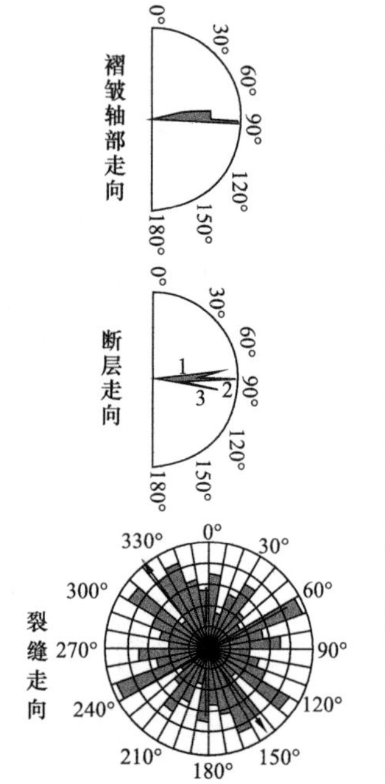 褶皱轴部走向（0°、30°、60°、90°、120°、150°、180°）
第二期缝 上新世末σ_1 北北西358°	灰质、白云质半充填为主，局部全充填，褶皱两翼高角度共轭剪切缝为主，褶皱顶部发育局部应力调整下的张剪共轭缝，锐夹角平分线近东西向	断层走向（0°、30°、60°、90°、120°、150°、180°；1、2、3）
第三期缝 第四纪σ_1 北北东5°	裂缝未充填为主，局部方解石、白云质半充填，以垂直剪切缝、张剪缝为主，早期缝接受改造强烈，网状缝发育	裂缝走向（0°、30°、60°、90°、120°、150°、180°、210°、240°、270°、300°、330°） 主断层形成在上新世库车组沉积晚期形成；地层强烈变形时期主要为第四纪西域组沉积期

图 2–63　基于岩心观察和 CT 扫描的多期裂缝识别结果

根据两期裂缝之间的组合关系，即早期裂缝对晚期裂缝产生的影响以及晚期裂缝对早期裂缝的改造作用，将两期裂缝的组合模式分为以下五种：切穿滑移型、限制滑移型、切穿型、限制型以及滑移型。图 2–65 是多期裂缝组合模式的简示图，切穿滑移型是指岩体在晚期构造运动中产生新裂缝，切穿早期裂缝，并且沿着早期裂缝面发生滑移破坏（图 2–65a）；限制滑移型是指裂缝岩体在晚期构造运动中产生新裂缝，受早期裂缝的影响，没有切穿早期裂缝发育，但早期裂缝发生了滑移（图 2–65b）；切穿型是指岩体在晚期构造运动中只发生切穿早期裂缝的新裂缝（图 2–65c）；限制型是早期裂缝既限制晚期裂缝，自身也没有发生滑移（图 2-65d）；滑移型是指在晚期构造运动中，岩体只发生沿早期裂缝面滑移的破坏（图 2-65e）。

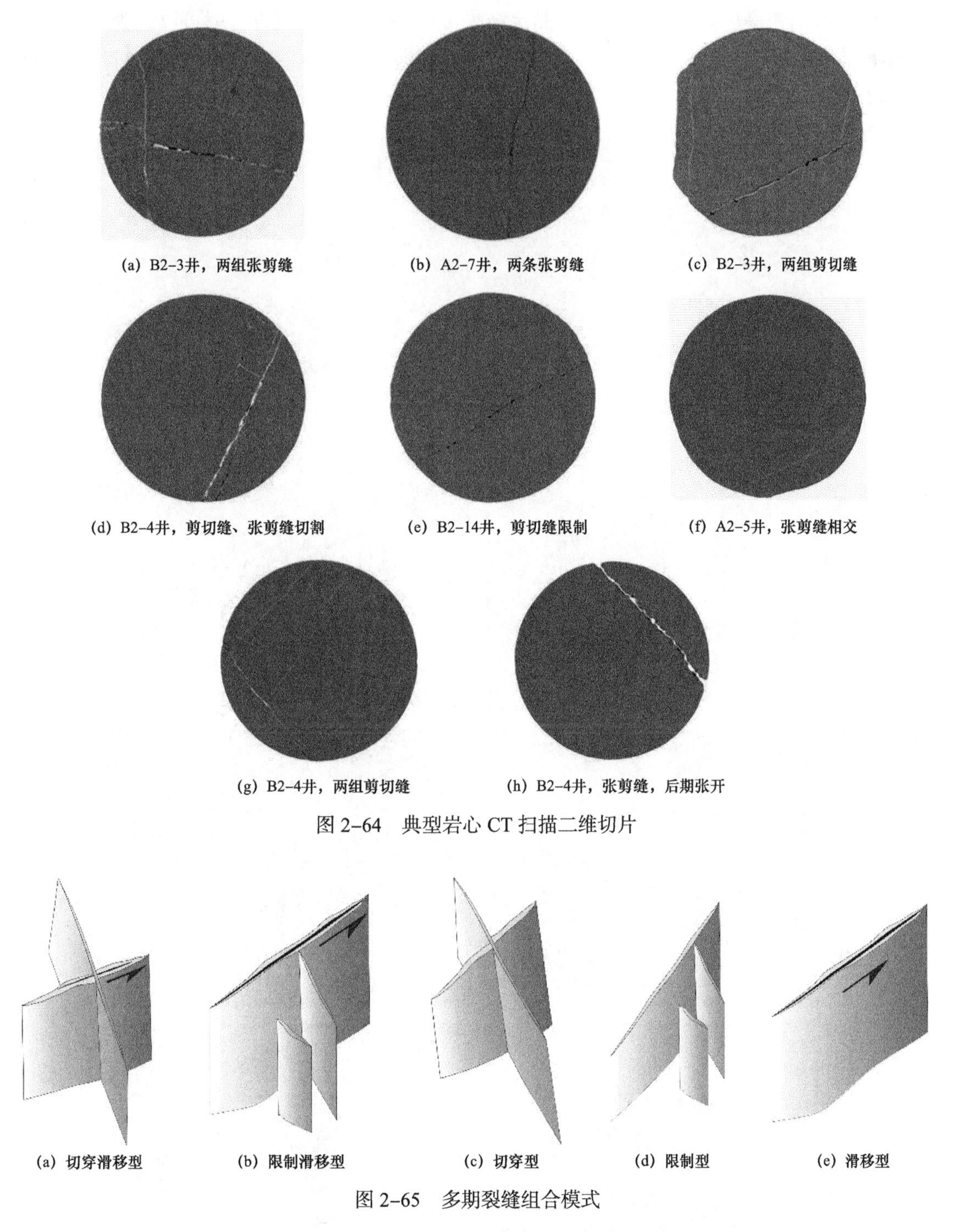

(a) B2-3井，两组张剪缝　(b) A2-7井，两条张剪缝　(c) B2-3井，两组剪切缝

(d) B2-4井，剪切缝、张剪缝切割　(e) B2-14井，剪切缝限制　(f) A2-5井，张剪缝相交

(g) B2-4井，两组剪切缝　(h) B2-4井，张剪缝，后期张开

图 2-64　典型岩心 CT 扫描二维切片

(a) 切穿滑移型　(b) 限制滑移型　(c) 切穿型　(d) 限制型　(e) 滑移型

图 2-65　多期裂缝组合模式

流体包裹体保留了成矿流体的成分、性质，可反映成矿时的物理化学条件，加之包裹体在矿物中普遍存在，因而，通过研究包裹体，可获得成矿时的温度和压力、成矿溶液的盐度和密度及成矿流体的组分和稳定同位素组成等数据，在石油地质及其他地球科学领

域有着重要意义。均一温度是流体包裹体方法确定成藏年代和构造流体事件的主要依据之一。由于与烃类包裹体共生的盐水包裹体被捕获时是均一相的，并一直处于等容封闭体系，所以盐水包裹体的均一化温度的测定结果可以不进行压力校正，就可以认为是油气包裹体被捕获时地层温度的下限值。本书选取与烃类包裹体同期的盐水包裹体进行均一温度测定（图 2-66）。

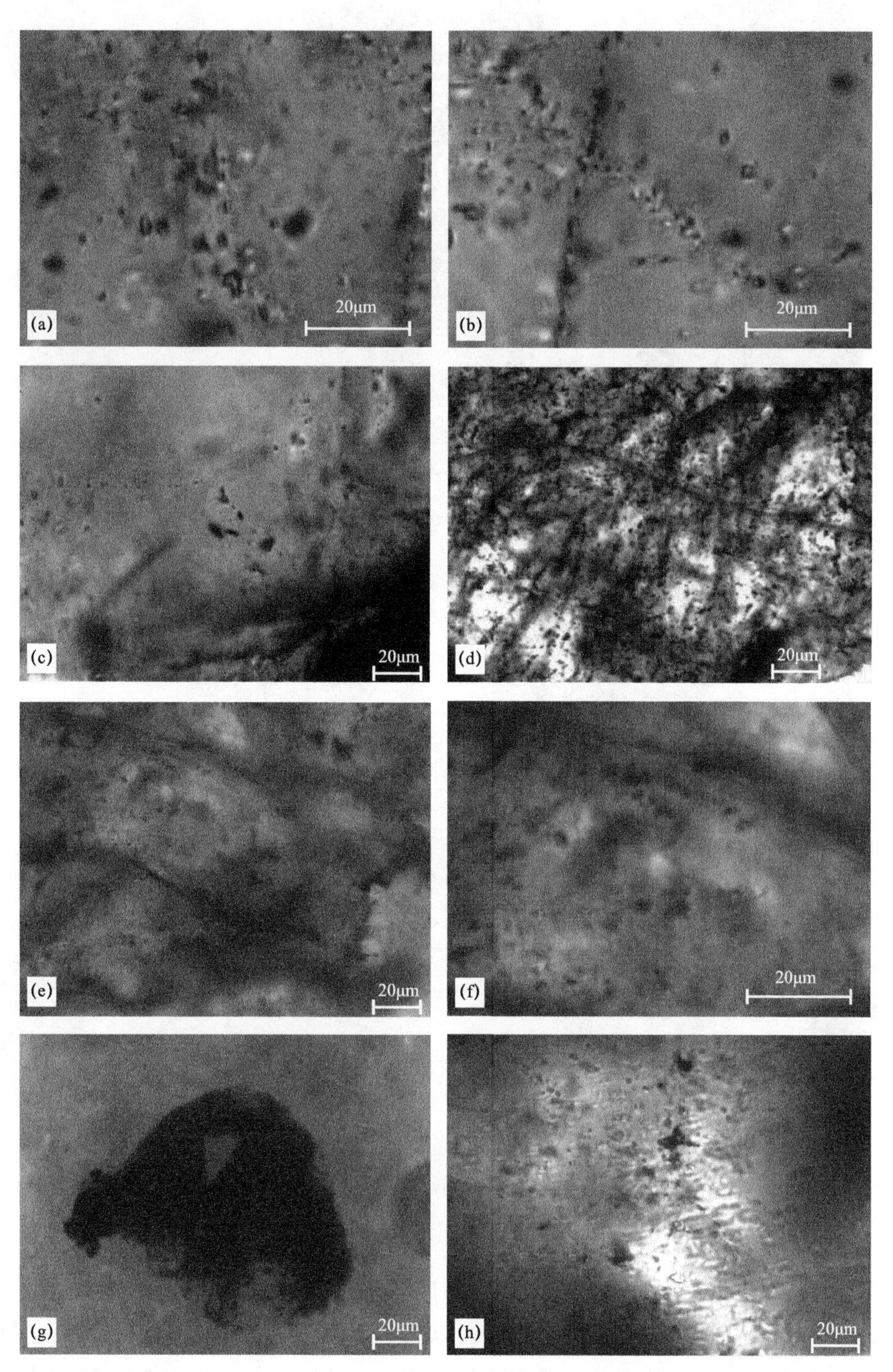

图 2-66 库车露头岩石流体包裹体照片

对白垩系巴什基奇克组（K_1bs）储层基质和裂缝充填中共生的盐水包裹体进行了显微测温分析，以 A2-1、A2-2 井为例，对 46 个盐水包裹体均一化温度进行测定。盐水包裹体在研究区较发育，主要分布在方解石胶结物、白云石脉、石英颗粒表面、石英颗粒内部、石英颗粒边缘和石英颗粒裂隙中；产出形式为石英颗粒表面串珠状、石英颗粒边缘孤立分布、石英颗粒表面线状分布和石英颗粒表面面状分布（图 2-67），个体大小介于 3～16μm，主要分布在 4～10μm 之间，气液比在 3%～10% 之间，形态各异，有圆形、椭圆形、长条形等，颜色以浅色为主，部分无色或淡黄色。结合包裹体岩相学观察的结果，不同期次形成的包裹体均一化温度明显不同，储层基质内包裹体的均一温度主要有三个峰值，即 80～90℃、100～110℃和 140～150℃，而裂缝内充填物的均一温度主要有两个峰值，即 90～100℃和 120～130℃，而另一个次级峰值可以为 145～155℃。由此可以推断，克深地区白垩系裂缝系统内主要有两期或三期主要流体充注，而储层基质内主要发育明显的三期，且整体捕获温度明显低于裂缝内流体，而且发生在断层或裂缝内的第三次流体事件相对较弱，但流体温度明显具有深部热液性质。这主要是因为构造运动期间，往往会引发深部的流体活动并沿着破碎带（断层、裂缝系统）迅速上升，随着压力和温度的降低，流体逐渐渗入储层基质中发生矿物沉淀或溶蚀。结合克深地区的埋藏史和地温梯度，第一期盐水包裹体均一化温度对应于中新世吉迪克组沉积期到康村组沉积期（23—12Ma）。第二期盐水包裹体均一化温度稍高，主要分布在 110～120℃，对应于库车组沉积期到现今（5—1.6Ma）。第三期盐水包裹体均一化温度最高，主要分布在 145～155℃，对应于西域组沉积期至今（1.6Ma 至今）。

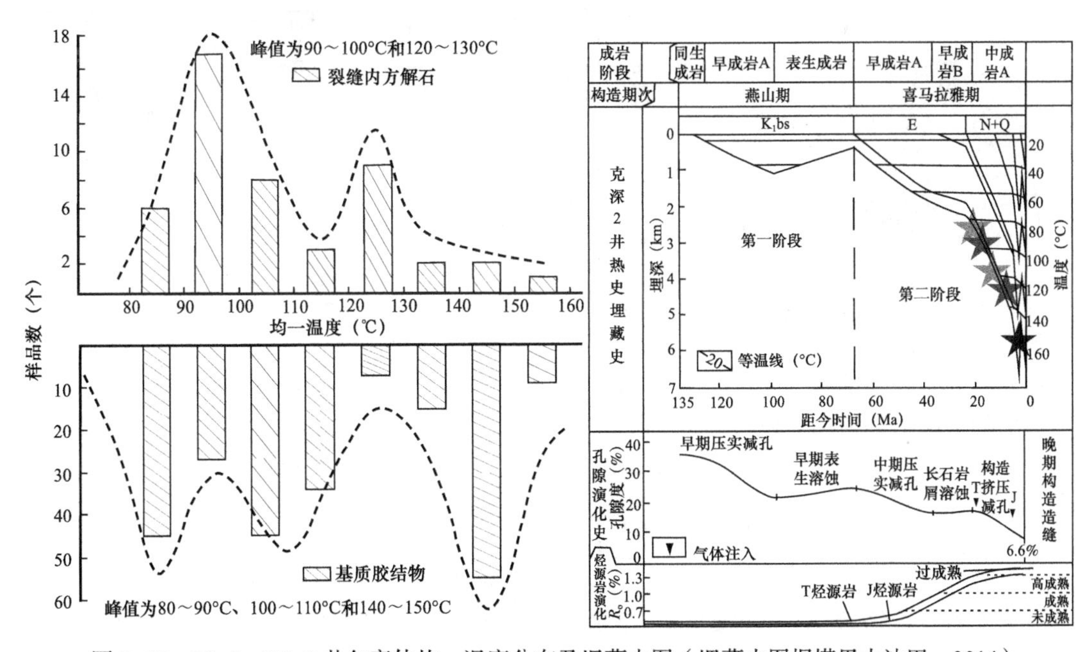

图 2-67　B2-1、B2-2 井包裹体均一温度分布及埋藏史图（埋藏史图据塔里木油田，2014）

为了进行纵向对比，对库车河野外露头的巴什基奇克组致密砂岩裂缝内充填物进行了采样，考虑到长期的暴露风化淋滤会导致矿物发生变化，影响测试结果，因此尽量对新鲜露头内的微小裂缝进行采样，共采集方解石、白云石、硅质胶结物样品 32 颗，进行了包裹体均一温度和成分测试。该裂缝性露头的特征表现为一组明显的共轭剪切缝，且被方解石充填，之后又被后期的构造运动所扩大（图 2–68）。充填方解石的裂缝，其产状有三组优势，主要以北西向为主。从裂缝中充填的方解石脉的包裹体均一温度来看，至少有四期方解石充填（图 2–68），温度分别在 110℃、150℃、180℃和 240℃。前三期温度与石英颗粒微裂缝中包裹体温度一致，代表成岩过程中的流体沉淀；最后一期可能与晚期的热流体活动有关。露头区古流体事件期次明显多于深部地层，且温度也更高，这主要由于取样的露头区相对更靠近山前，更容易接受或经历天山的每次构造活动的影响。另一方面，天山山前古流体温度明显高于盆地内，说明古流体由北向南运移。

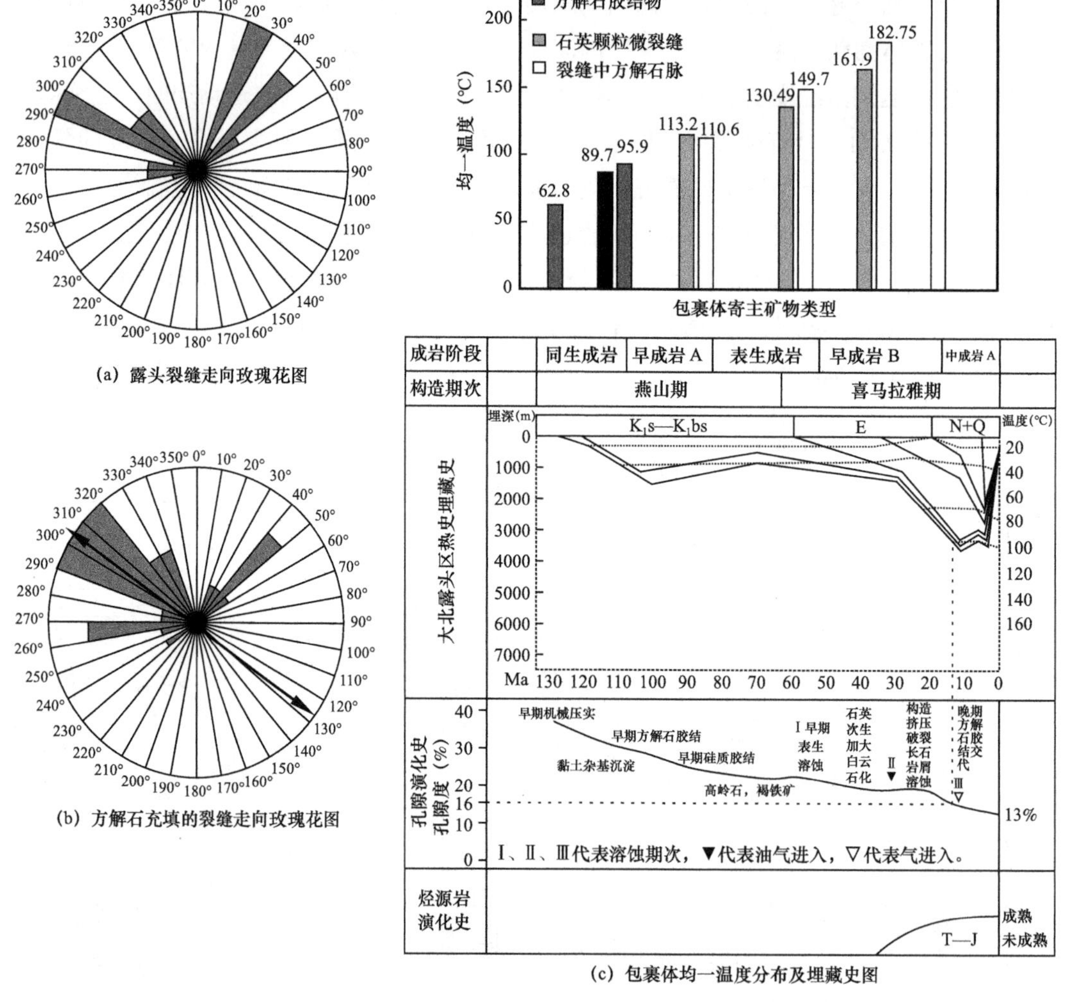

图 2–68　库车河野外露头包裹体均一温度分布及埋藏史图（埋藏史图据塔里木油田，2014）

由于地壳岩石圈中各活动断层带的活动方式、活动强度以及切割深度等有很大差别，因此其断层或裂缝流体的化学组分和释放特征也有显著的差异。在研究断层或裂缝流体的释放规律及其与构造活动的关系时，搞清流体组分的物质来源及其深部运移机制是十分必要的，它不仅有助于加深人们对或裂缝活动特征的认识，同时还可以为探索断层带深部活动过程及深部环境特征提供必要的事实依据。在这方面断层或裂缝流体组分的稳定碳氧同位素研究可以发挥重要的作用。碳氧同位素测试分析的一般流程如下。

（1）将取得的裂缝内碳酸盐岩样品用玛瑙研钵研碎至 0.090mm 以下，在 110℃下烘 2h，放入干燥器中备用；向浓磷酸中加入五氧化二磷配置 100% 的饱和浓磷酸，每次使用前将饱和浓磷酸放入真空烘箱中，保证浓磷酸中不含有水分；

（2）碳酸盐岩样品与 100% 的饱和浓磷酸在恒温条件下反应，生成二氧化碳和水，二氧化碳经纯化收集后测定其碳、氧同位素组成；用质谱仪测定收集好的样品二氧化碳，采用 GBW04405 和 GBW04406 为标准物质。数据处理由计算机完成，提供的最终分析资料为 $\delta^{13}C_{PDB}$（‰）、$\delta^{18}O_{PDB}$（‰）或 $\delta^{18}O_{SMOW}$（‰）。$\delta^{18}O_{SMOW}$（‰）与 $\delta^{18}O_{PDB}$（‰）的换算公式如下：

$$\delta^{18}O_{SMOW}=1.03086\delta^{18}O_{PDB}+30.86 \quad (2\text{–}26)$$

（3）进行氧同位素组成测定值校正，碳酸盐岩与浓磷酸反应过程中，碳酸盐岩的碳全部转化成二氧化碳，因此，碳不发生同位素分馏，氧只有 2/3 转化为二氧化碳，生成的二氧化碳与碳酸盐岩之间存在同位素分馏。因此，测定的氧同位素数据必须进行校正，校正公式如下：

$$\delta^{18}O_{SA/ST}=\alpha_{ST}/\alpha_{SA}\delta^{18}O_{SA/ST(M)}+(\alpha_{ST}/\alpha_{SA}-1)\times 1000 \quad (2\text{–}27)$$

式中 $\delta^{18}O_{SA/ST}$——样品的实际同位素比值；

$\delta^{18}O_{SA/ST(M)}$——测得的同位素比值；

α_{ST}——标样的分馏系数；

α_{SA}——样品的分馏系数。

（4）对于每批次测试样品，首先取 GBW04405 和 GBW04406 标准物质分别测试两次，当测试数据与标准物质数据吻合时，方可进行实际样品的检测，每个样品分别测试两次，当同时满足碳同位素数值极差小于 0.25‰，氧同位素数值极差小于 0.3‰时，认为满足测试精度，取平均值即为测试结果，每批次测试样品不超过 5 个。最终，对克深地区 4 口井的 20 块裂缝内充填物进行了碳氧同位素测试，由于钻井岩心放置时间长，并受钻井液等因素的影响，最终优选出了可信度高的 7 个测试结果（表 2–11）。阴极发光测试结果所示，克深地区在深埋晚期（距今 20Ma 以来），埋深大于 3000m，随着基质孔隙大大减少，强烈的构造挤压产生大量构造裂缝，地层流体活动性增强，碳酸盐在裂缝中沉淀形成半充填—全充填，是裂缝有效性降低的主要因素。微观特征标志主要为方解石、含铁方解石（白云石）呈粗晶状半自形—自形，但含量明显较低，对碎屑颗粒及其次生加大边具有交代作用，阴极发光下含铁方解石发暗橙色、方解石发橙色光，普通薄片染色后为红色或红紫色，碳同位素一般为 –3.78‰～–2.45‰，平均为 –3.10‰，氧同位素一般为 –16.43‰～–13.94‰，平均为 –15.29‰，反映 80～100℃地温时期的胶结产物，含量一般小于 1%（图 2–69，表 2–12）。

表 2-11　克深区带白垩系巴什基奇克组储层裂缝胶结物碳氧同位素特征（实验在河南理工大学实验室完成）

序号	样品编号	岩性	$\delta^{13}C_{PDB}$（‰）	$\delta^{18}O_{PDB}$（‰）
A2-2	1-3/28	细砂岩	-3.777	-16.428
A2-2	2-14/19	细砂岩	-2.760	-15.094
A2-2	2-15/19	细砂岩	-2.887	-15.262
A2-2	2-17/19	细砂岩	-3.475	-16.080
A2-1	1-26/28	细砂岩	-3.493	-16.217
B2-4	3-17/59	细砂岩	-2.880	-14.040
A2-5	1-14/25	细砂岩	-2.450	-13.940

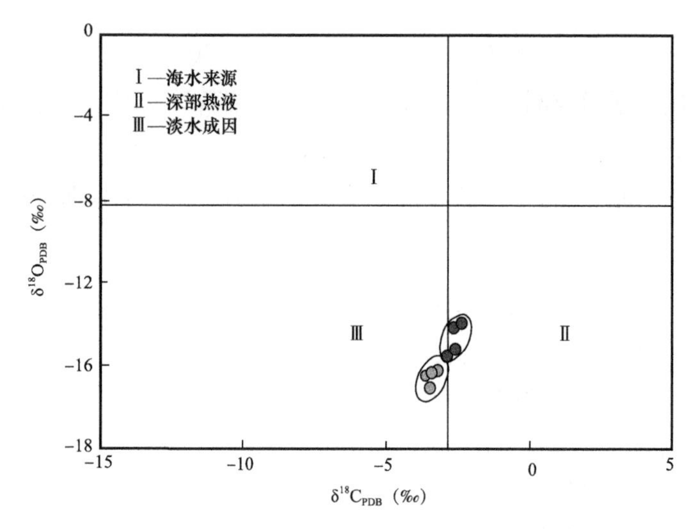

图 2-69　克深地区巴什基奇克组裂缝充填作用微观特征及成岩环境分析图

表 2-12　库车野外露头样品碳氧同位素测试结果

样品编号	岩性	$\delta^{13}C_{PDB}$	$\delta^{18}O_{PDB}$
库车 1 号	细砂岩	-3.8	-8.6
库车 2 号	细砂岩	-3.2	-8.4
库车 3 号	细砂岩	0.5	-6.7
库车 5 号	中砂岩	0.8	-5.8
库车 6 号	粗砂岩	-0.5	-6.3
库车 7 号	粗砂岩	-2.9	-15.9
库车 8 号	中砂岩	-3.3	-10.9
库车 9 号	细砂岩	-2.8	-10.2
库车 10 号	中砂岩	-4.8	-8.6

续表

样品编号	岩性	$\delta^{13}C_{PDB}$	$\delta^{18}O_{PDB}$
库车 11 号	粗砂岩	−4.5	−8.2
库车 Y12 号	中砂岩	−1.4	−7.7
库车 L13 号	中砂岩	−3	−8.1
库车 7−2 号	中砂岩	−4.6	−7.5
库车 14 号	细砂岩	−4.8	−9.9
库车 15 号	中砂岩	−3.1	−17.3
库车 16 号	中砂岩	−3.6	−11.9
库车 17 号	细砂岩	−3	−11.1
库车 18 号	中砂岩	−5.2	−9.3

沉积岩中的氧同位素组成主要受两种因素控制：一是水岩同位素交换反应，低温条件下分馏强，碳酸盐岩具较高的 $\delta^{18}O$；二是生物沉积岩中的生物分馏，往往造成岩石中很高的 $\delta^{18}O$，总体上讲，沉积岩中富含 $\delta^{18}O$。沉积岩中的碳同位素组成比较稳定，海相碳酸盐岩 $\delta^{13}C\approx0$，几乎恒定不变。陆相碳酸盐岩较海相碳酸盐岩 $\delta^{13}C$ 值变化范围大，且更富集 ^{12}C。大气淡水及地下深部热液卤水以及岩浆热液可对碳酸盐岩矿物进行改造，形成具有不同 $\delta^{18}O$ 和 $\delta^{13}C$ 特征的充填物，因此可根据沉积岩中充填方解石的碳、氧同位素组成来推断其形成环境。从成岩环境图的投点情况来看，裂缝充填物集中落在Ⅱ区和Ⅲ区内，即深部热液区和淡水成因区，深部热液成因的方解石充填物与包裹体测试确定的高温热液成因矿物一致，其中淡水型充填反映 80～100℃ 地温时期的胶结物。

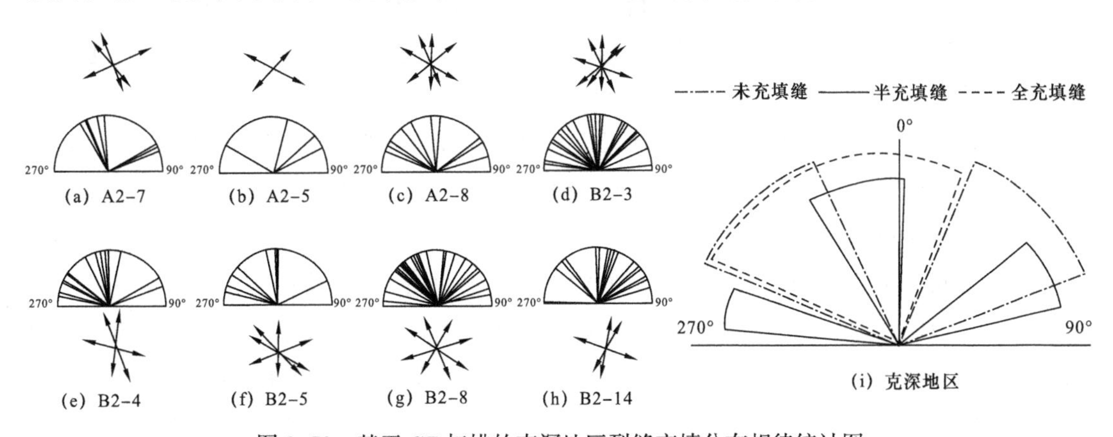

图 2−70 基于 CT 扫描的克深地区裂缝充填分布规律统计图

致密砂岩中的复杂裂缝网络常常是多期构造运动的结果，而充填或溶蚀也是大气淡水、成岩排水和深部热液综合作用的结果。尽管野外露头有着直观、方便的优势，但风化和淋滤的长期作用使得充填物极易破碎、流失，因此，钻井岩心仍是进行地下裂缝系统充填规律研究的最直接证据。基于大量的岩心二维 CT 扫描，借助于成像测井（FMI）和古地磁测试校正地理方位，确定统一的正北方向后，在划分充填程度等级的前提下，精确统计分析出裂缝的优势充填方向和有效缝方向。这里将裂缝的充填程度分为3个等级，即未或少量充填缝、半充填缝和全或大部充填缝，根据278条裂缝的统计结果来看，其充填程度的分布具有明显的规律性（图2-70）。具体地，从B2-8、B2-3、B2-4井的CT扫描图像看，低角度缝较高角度缝更容易充填，对于同一条高角度缝，其下部或低部位更容易充填。对于不同密度的裂缝，孤立缝更容易充填，换句话说，连通性越好的裂缝越不容易充填，而且当网状裂缝发育时，相对孤立或分支的裂缝优先充填。由于克深地区已发育三组共轭缝和两组单向缝，即北西—南东向和北北西—南南东向共轭剪切缝、北北西—南南东向和北东—南西向共轭剪切缝、北东东—南西西向和北西西—南东东向共轭张剪缝、近南北向扩张缝以及近东西向张性缝，这些复杂的裂缝系统相互叠加交错，形成于燕山晚期以来的喜马拉雅运动和新构造运动中。由于受裂缝本身密度、产状及连通性的控制，矿物的充填分布特征也异常复杂，但仍表现出了一定的规律。如A2-7、A2-5井统计结果显示，未充填缝的优势方向为北西—南东向和北东—南西向，A2-8井、B2-3井的未充填裂缝优势方向为近南北向和北东向，半充填缝的优势方向为北西—南东向和北西西—南东东向，而B2-4、B2-5、B2-8、B2-14井的未充填缝优势方向为北西—南东向和北东—南西向，半充填缝的优势方向为北东东—南西西向和北西西—南东东向。相对地，全充填缝的优势方向在每口井差异明显，但也有明显的优势方向，即北西—南东向、北东—南西向和近南北向。总体上，克深地区未充填缝的优势方向为北西—南东向和北东—南西向，两者近似呈共轭形态，半充填缝的优势方向主要为北西西—南东东向和北东东—南西西向，两者也近似呈共轭形态，另外半充填的另一次级优势方向为近南北向，全充填的优势方向范围为北西300°至北北东30°范围内。从单井裂缝的垂向充填情况来看，总体上，浅部层位（巴一段）充填程度高于中深部层位（巴二段），中深部层位（巴二段）又高于深部层位（巴三段），当然这种分布规律在每口井有一定差异，这主要体现在受不整合淋滤带和构造位置的影响。

大量数据的线性统计结果显示，克深地区致密砂岩的裂缝充填程度与其长度、最大开度、绝对裂缝线密度和倾角有着明显的反比例关系。这里的绝对裂缝线密度与裂缝线密度概念相同，只是更注意裂缝发育的集中性，即针对裂缝发育段的单位长度内的裂缝数量，避开了岩心长度平均值的弊端，所以更能体现出裂缝发育的差异性。从图2-71中可以看出，裂缝的规模，如长度、最大开度都与矿物充填程度呈反比例关系，即随着裂缝长度的增大，矿物充填程度越低，随着最大开度的不断增大，矿物充填程度不断降低。同样地，随着裂缝线密度的增大或连通程度的变好，矿物充填程度迅速降低，裂缝自身的倾角越大，或产状越陡，矿物充填程度越低。当然这里主要从静态角度进行了裂缝充填程度的规律研究，深层实际地质条件下，不管是历史时期还是现今，流体的分布是十分复杂的，当储层成岩排水、大气淋滤或深部热液上涌时，流体溶液的饱和度、流速、携带矿物类型及温压条件都不同程度地影响着矿物的沉淀和充填，这是一个多场耦合的地球化学难题，将在后面部分进行详细讨论。

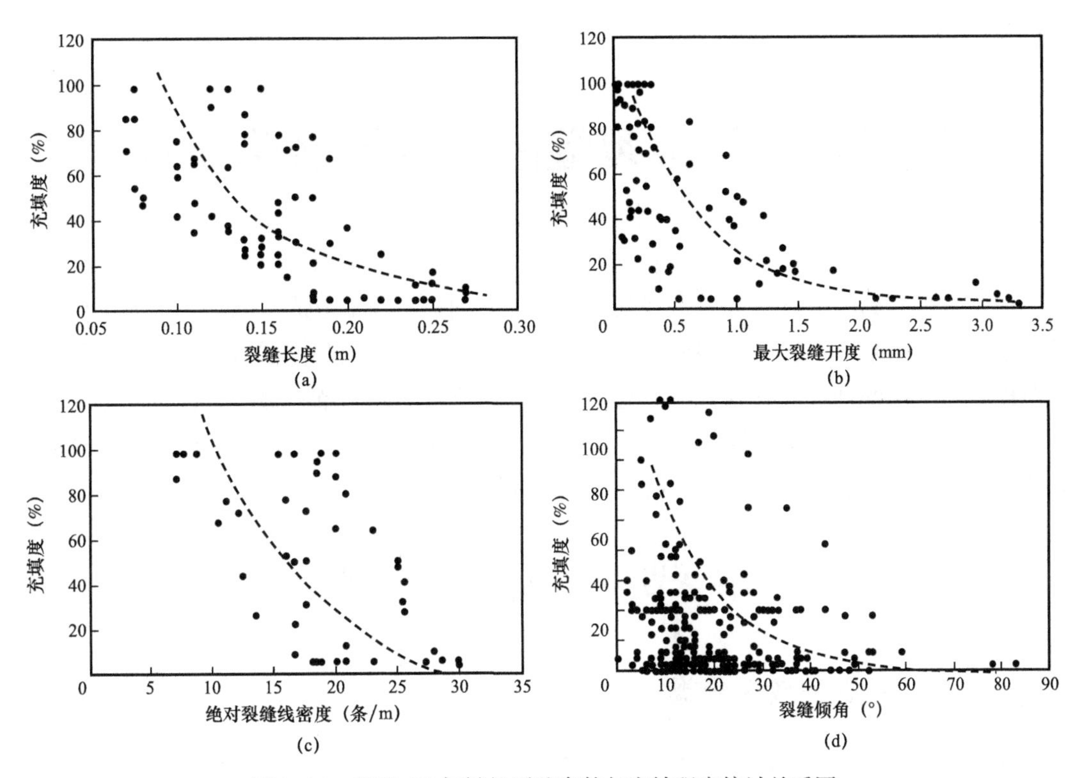

图 2-71　基于 CT 扫描的裂缝参数与充填程度统计关系图

第三章　储层裂缝的成因及演化研究

现今所观察到的裂缝一般不是在某一个地质时期一次性地形成，而是在地质历史中长期积累演化的结果。明确储层裂缝的成因及演化历史，对于预测储层裂缝的发育特征，进而在指导油气田的勘探开发等方面具有一定的理论价值。第三章在储层裂缝成因分类的基础上，探讨克深气田储层裂缝的成因，研究克深气田储层裂缝的演化，并分析储层裂缝形成期次与油气成藏的匹配关系，从而指导气田的勘探开发。

第一节　储层裂缝的成因

一、储层裂缝的成因分类

按照储层裂缝的成因，可将裂缝分为非构造裂缝和构造裂缝两大类。前者包括成岩裂缝、收缩裂缝、风化裂缝、溶蚀裂缝、卸载裂缝、岩溶裂缝和隐爆裂缝等类型，其形成机制受构造作用影响较小。构造裂缝按照其形成的应力特征可笼统地分为剪切裂缝和张性裂缝两大类，剪切裂缝是由于作用在岩石上的剪切应力超过了岩石抗剪强度而形成的，裂缝两盘仅存在沿着裂缝面切向的滑动变形，初始状态往往为闭合缝，可在后期流体压力或拉张应力的作用下张开；张性裂缝是由于作用在岩石上的拉张应力超过岩石的抗张强度而形成的，裂缝两盘仅存在沿着裂缝面法向的拉张变形，通常具有较大的张开度，在储层中密集发育时极易造成水窜。

Nelson（2001）以及曾联波等（2010）将构造裂缝分为剪切裂缝、扩张裂缝和拉张裂缝 3 种类型。剪切裂缝形成于挤压环境，沿着与最大主压应力呈一定夹角的剪应力面分布。需要指出的是，以往通常认为剪切裂缝方位与最大主压应力的夹角小于 45°，即最大主应力方向出现在共轭剪裂缝的锐角平分线上，这种认识在地表或者埋深较浅的条件下是成立的，但国外学者 Vernooij 等（2006）在高温（800°C）、高压（1.2 GPa）及低应变速率（$10^{-6}s^{-1}$）的试验条件下，发现最大主应力方向也可以出现在共轭剪裂缝的钝角平分线上，其原因可能是由于在高温高压条件下岩石发生塑性变形，而非通常条件下的弹脆性变形，导致岩石的剪裂角大于 45°，吴胜和（2010）在其最新的专著中也提到，随着岩石发生递进变形，也可以出现最大主压应力方向所在的共轭角为钝角的情况。剪切裂缝的位移方向与裂缝面平行，通常以高角度裂缝为主，具有透入性特征，理论上以共轭裂缝组的形式出现，但因储层岩石存在非均质性，通常只有一组较发育而另一组受到抑制。此外在逆冲构造带中发育的近水平裂缝以及泥质岩类中发育的滑脱裂缝也多属于剪切裂缝。扩张裂缝是岩石在挤压构造应力作用下，沿着最小主应力方向发生相对扩张而形成的裂缝，其形成应力也都是压应力，沿着最大和中间主应力组成的面分布，与最小主应力垂直，但主应力差要比形成剪切裂缝的主应力差略高。由于形成扩张裂缝的应力环境与剪切裂缝相同，因此扩张裂缝往往与剪切裂缝同时出现。拉张裂缝与扩张裂缝分布特征较为相似，不同的是拉张裂缝形成时岩石中的最小主应力是张应力。拉张裂缝一般呈透镜状局部发育，并被方解石和沥青等充填，其产生往往受到异常高压流体的影响。异常高压流体可以使逆冲构造带中的挤压应力变为拉张应力，从而在区域挤压应力环境中的局部构造上形成拉张裂缝，因此拉张裂缝是沉积盆地古异常高压流体存在的重要指示标志。

从岩心裂缝和野外露头裂缝的实际观察情况来看，还存在一种介于剪切裂缝和张性裂缝之间的过渡类型，即张剪裂缝（或称张扭缝），裂缝两盘不仅存在沿着裂缝面法向的拉张变形，还存在沿着裂缝面切向的滑动变形。这类裂缝在西部挤压前陆盆地及东部的伸展盆地中均有发育，主要产生于由伸展向挤压转变的构造反转期（拉张型张剪裂缝）或持续的三向挤压构造应力状态时期（扩张型张剪裂缝）。根据其延伸形态，推测这类裂缝主要是先受到挤压应力或拉张应力作用形成扩张型或拉张型的张性微裂缝，而后受到挤压（剪切）应力作用形成，先受到挤压应力作用而后受到拉张应力作用则不易形成此类裂缝，应多形成张开度较大的剪切裂缝或扩张裂缝。此外，侯贵廷等（2013）指出，按照力学性质，构造裂缝中还存在一类压剪性缝（或称压扭缝），裂缝两盘不仅存在沿着裂缝面法向的压缩变形，同时还存在沿着裂缝面切向的滑动变形。显然，这类裂缝是在挤压构造应力作用下形成，且通常为闭合缝，在油气田开发中属于无效缝一类。

基于上述分析，按照早期主导力源及后期主导力源的类型，对储层构造裂缝进行了力学成因分类，见表 3–1。

表 3–1 储层构造裂缝力学成因分类

早期主导力源	初始裂缝类型	后期主导力源	
		挤压（剪切）应力	拉张应力
挤压（剪切）应力	剪切裂缝	剪切裂缝或压剪裂缝	张开度较大的剪切裂缝
	扩张裂缝	扩张型张剪裂缝或张开度较小的扩张裂缝	张开度较大的扩张裂缝
拉张应力	拉张裂缝	拉张型张剪裂缝或张开度较小的拉张裂缝	张开度较大的拉张裂缝

二、克深气田储层裂缝成因

岩心裂缝的观察结果表明，克深气田的储层裂缝绝大多数为构造裂缝，非构造裂缝很少发育，仅在 A2–7 井的泥质细砂岩中观察到少量的成岩收缩缝，因此本节主要分析克深气田储层构造裂缝的成因。

从岩心裂缝描述及成像测井裂缝解释结果来看，克深气田的储层构造裂缝按照走向可大致分为3组。

第1组是近东西组，主要发育在背斜顶部及翼部的部分井，裂缝以北西西—南东东和北东东—南西西走向为主，既有张裂缝也有剪切裂缝以及张剪裂缝，多为高角度缝，其中张裂缝中的拉张裂缝应是受近南北向的拉张应力作用形成，可能是受早期区域伸展作用的影响，也可能是后期挤压构造应力作用下背斜的弯曲拱张作用形成的纵张裂缝；而扩张裂缝和剪切裂缝应是在应力由拉张向挤压转变的构造反转期，南北方向应力成为最小主压应力时形成的；张剪裂缝则是先在早期拉张应力环境下形成拉张型微裂缝，然后在应力由拉张向挤压转变的构造反转期受挤压（剪切）作用形成，属于拉张型张剪裂缝，也有在短暂近东西向挤压应力作用下形成的少量扩张型张剪裂缝；此外还有逆冲推覆断层形成时伴生或在层间滑动造成的低角度剪切作用下形成的少量低角度剪切裂缝（曾联波等，2009）。

第2组是近南北组，裂缝以北北西—南南东和北北东—南南西走向为主，是该区裂缝的优势方位，多为剪切裂缝，也有部分扩张裂缝和张剪裂缝，其中剪切裂缝和扩张裂缝是岩石在受到近南北向的挤压应力作用下形成的，张剪裂缝是在近南北向挤压应力下形成扩张型微裂纹，然后受到剪切作用形成的，属于扩张型张剪裂缝。成像测井资料表明，A2-4井中发育一组近南北向的直劈裂缝，开度大且充填程度低。从成因上讲，这些裂缝应是在晚期近南北向强烈挤压作用下形成的扩张裂缝或扩张型张剪裂缝，多属于潜在缝（申本科等，2005），即在地下原始条件下是闭合的，但极易在人工外力诱导下张开，成为有效裂缝。

第3组是北西—南东组，裂缝走向为北西—南东，主要为剪切裂缝，数量较少，仅在A3-1和A2-3井中有发育，其形成应力环境为北北西—南南东或近南北方向的最大挤压应力。

另外在断层附近大量发育网状缝，其走向不定，多是由于断层的应力扰动而形成。

对于不同充填程度的裂缝，其成因也有所差别，通常认为早期形成的裂缝一般具有较高的充填程度，而较晚形成的裂缝通常为半充填缝或未充填缝，这种认识适用于同一或相近构造部位不同形成时期裂缝的充填成因判别，但对于不同构造部位的裂缝并不一定适用。例如A2-1井和A2-2井中均发育近东西向的裂缝，结合构造发育史发现，这类裂缝应是受早期区域伸展构造应力场作用大致同时形成的，属于早期裂缝，理论上应均具有很高的充填程度，但从岩心上看，A2-2井中的裂缝大多数被方解石或泥质完全充填，而A2-1井中的裂缝基本上属于未充填缝，仅在裂缝壁上沉淀了薄层的方解石，如果仅根据充填程度来判断，则会认为这些裂缝是晚期形成的，而在翼部、鞍部发育的晚期裂缝却大多为半充填或完全充填。分析认为，A2-1井中裂缝未被大量充填的原因可能是该井位于构造高部位，高矿化度的地层水对其波及较小，再加上后期烃类的大量充注，避免了高矿化度地层水的侵入。另外，根据裂缝充填程度的这种特征，推测海拔-6550m构造等高线附近可能是裂缝充填程度高低的分界线，其上裂缝充填程度较低而其下裂缝充填程度较高。

综合以上分析可知，克深气田的储层裂缝至少是在3期不同的构造应力场环境下形成的，并且不同时期裂缝的充填程度也有所差别。勘探开发实践表明，储层裂缝的产状、组系特征和充填程度是影响气井钻井施工以及天然气产量的重要因素，因此明确储层裂缝的演化史，并分析储层裂缝形成期次与油气成藏等地质事件的匹配关系，对于气田的勘探开发具有重要的理论价值和指导意义。

第二节　储层裂缝的演化

一、构造演化史

克深地区在垂向上可划分为盐上构造层（苏维依组—西域组）、盐构造层（库姆格列木群）、盐下构造层（三叠—白垩系）及基底构造层（前三叠系）共4套构造层，这种4层结构表明该区经历了4期重要的构造演化阶段，结合区域地质研究及平衡剖面恢复，划分出如下4个构造演化阶段（图3-1）。

（1）二叠纪—三叠纪为古前陆盆地阶段。受古南天山造山带的影响，在克深地区北部形成了一系列的冲断构造，古克拉苏断层形成。

（2）侏罗纪—白垩纪为坳陷盆地阶段。该时期继承了三叠纪的古构造格局，在克深地区中部形成沉积中心，导致侏罗系和白垩系中间厚、两边薄，盆地内构造活动微弱，无明显断层活动特征，整体表现为垂向沉降。

（3）古近纪—中新世为弱收缩挠曲盆地阶段。受南天山微弱抬升的影响，盆地内部发育低幅收缩构造，库姆格列木群沉积期整体上表现为垂向沉降、侧向伸展，至康村组沉积期再次挤压收缩，在盐上构造层形成了喀桑托开背斜和库姆格列木背斜的雏形，包括古克拉苏断层在内的早期冲断构造仍无明显活动。

（4）上新世—第四纪为陆内前陆盆地的定型期。受印度洋板块与欧亚板块加剧对冲的影响，南天山强烈隆升，水平挤压构造应力急剧增大，地层发生强烈的侧向收缩，古克拉苏断层复活并向上突破，同时在其下盘的盐下地层中形成了一系列的逆冲断层，最终形成典型的前陆叠瓦逆冲构造样式；库姆格列木群的膏盐层在构造挤压作用下发生塑性流动，使该套地层在克深地区分布差异性十分明显；盐上地层发生强烈弯曲变形，也有部分逆冲断层形成，喀桑托开背斜和库姆格列木背斜最终定型。

二、构造应力场演化史

对于库车坳陷新近纪及第四纪的构造应力场，一般认为是近南北向、北北西—南南东向或北西—南东向的挤压作用，而对于白垩纪—古近纪的构造应力场特征，不同学者的认识截然不同。曾联波等（2004）、刘洪涛等（2004）以及汤良杰等（2007）认为，库车坳陷在该时期一直受到近南北向的挤压作用（表3-2）；何光玉等（2003）根据盆地沉降、同生正断层、海相沉积及海相化石等证据，认为库车坳陷在侏罗纪、白垩纪及古近纪均处于伸展盆地的演化阶段；张仲培和王清晨（2004）根据库车坳陷节理和剪切破裂的发育特征对该时期的构造应力场进行了反演，认为在白垩纪—古近纪库车坳陷受近南北向的侧向伸展作用，克深地区的构造演化特征也表明（图 3–1），该地区在白垩纪—古近纪应受到近南北向的伸展作用；杨学君（2011）则认为库车坳陷在早白垩世及晚白垩世早期受近南北向的伸展作用，晚白垩世晚期受近南北向的挤压作用，在古近纪则基本上受近南北向的伸展作用。

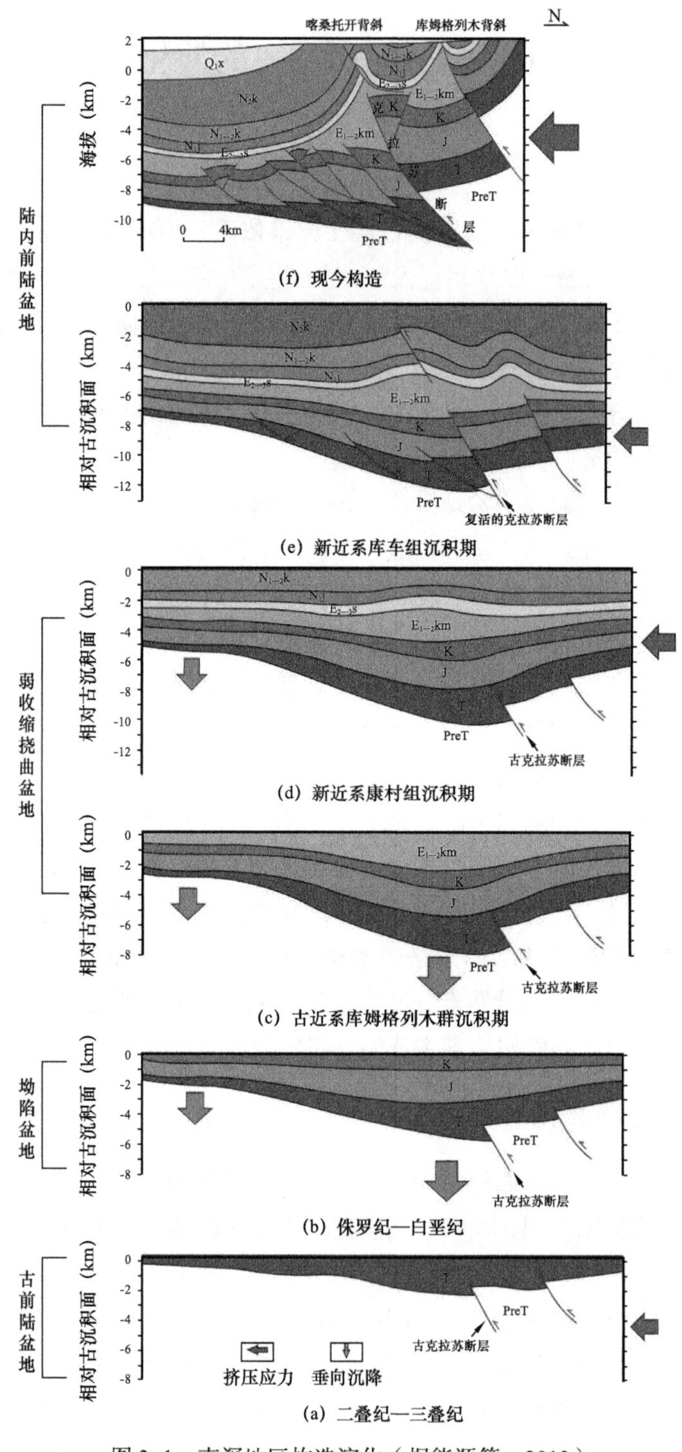

图 3–1 克深地区构造演化（据能源等，2013）

表 3-2　库车坳陷中—新生代构造活动及应力场特征表

（据曾联波等，2004；刘洪涛等，2004；汤良杰等，2007；转引自杨学君，2011）

地质时期		发生时间	构造应力场特征	构造活动背景
新构造期		第四纪（Q，1.8Ma 至今）	呈近南北向挤压，平均最大古有效应力为 53.8MPa	印度洋板块向欧亚板块进一步楔入
喜马拉雅期	晚期	上新世（N_2，5.3—1.8Ma）	呈更强烈的近南北向挤压，平均最大古有效应力为 79.4～100MPa	印度洋板块向欧亚板块迅速楔入，青藏高原快速隆升以及天山山体强烈抬升
	中期	中新世（N_1，23.8—5.3Ma）	呈较强的近南北向挤压，平均最大古有效应力为 63.6～80MPa	印度洋板块进一步向欧亚板块楔入
	早期	古近纪（E，66—23.8Ma）	处于近南北向挤压环境，平均最大古有效应力为 55.7～80MPa	中特提斯洋闭合，印度洋板块向欧亚板块碰撞
燕山期	晚期	白垩纪（K，142—66Ma）	处于南北向挤压环境，平均最大古有效应力为 39.3～60MPa	欧亚大陆南缘发生一系列碰撞事件
	早期	侏罗纪（J，180—142Ma）	呈北西向挤压，北东向伸展，最大古有效应力为 27.4～35MPa	伊佐奈岐板块向西北俯冲挤压

综合上述诸多学者的观点，本书认为图 3-1 能够较合理地反映克深地区白垩纪以来的构造应力场演化史，即在早白垩世及晚白垩世早期受到近南北向的伸展作用，晚白垩世晚期受到近南北向的挤压作用，古近纪的大部分时期再次受到近南北向的伸展作用，自渐新世晚期开始再次受到近南北向的挤压作用。

三、储层裂缝期次划分

由图 3-2 可见，克深气田自白垩纪以来经历了多期不同的构造应力场作用，张仲培和王清晨（2004）系统研究了库车坳陷节理和剪切破裂发育特征及其与不同时期构造应力场的关系，论述了库车地区不同组系裂缝的成因。根据张仲培和王清晨（2004）的研究结论，库车坳陷中—新生界发育的裂缝有两个主要方位，即北东东—南西西方向和北北西—南南东方向，前者对应克深气田背斜顶部及翼部发育的近东西向裂缝，后者则对应大部分井中的北北西—南南东向裂缝；另外还发育北西—南东和北东—南西两个次要裂缝方位，与克深气田发育的北西—南东向和北北东—南南西向裂缝也可以大致对应。同时张仲培和王清晨（2004）指出，北东东—南西西方向的裂缝仅出现在中生界，其他方向的裂缝在中—新生界均有出现，这表明在克深气田发育的近东西向裂缝可能主要是在早白垩世的伸展应力环境及晚白垩世由伸展向挤压转变的应力环境下形成，而古近纪的盆地伸展作用以及新近纪的近东西向左行走滑作用则主要使先存的近东西向裂缝进一步扩张、延伸，但并未大量形成新的裂缝。

对于不同方向裂缝的形成顺序，张仲培和王清晨（2004）认为北东东—南西西方向的裂缝最早形成，是库车地区白垩纪晚期区域隆升引起的侧向弱伸展作用的结果，属于隆升之后形成的隆升裂缝或卸载裂缝，也有可能是背斜弯曲过程中形成的纵张裂缝，而古近纪的南北向伸展作用则有利于这些节理的进一步扩展和再活动；北北西—南南东和北西—南东方向的裂缝形成较晚，属于地壳隆升之前由构造作用形成的构造裂缝或同构造裂缝，与新近纪近南北向的强烈挤压变形造成的近东西向伸展作用有关；走向不统一的共轭剪切裂缝则可能是与南北向强烈挤压变形同时或在其之后的左行走滑作用的产物，后期进一步挤压引起的断层作用对早先形成的北北西—南南东和北西—南东方向的裂缝有改造作用。

综合上述分析，认为克深气田巴什基奇克组储层中共包含3期主要构造裂缝，并与主要的构造事件相对应。

第1期构造裂缝：在白垩纪，克深地区受到近南北向的伸展作用，垂向应力为最大主应力，最小主应力为北北西—南南东向或近南北向的拉张应力，在背斜高部位形成了部分北东东—南西西向或近东西向的拉张裂缝；白垩纪和古近纪末期，克深地区受到短暂的构造挤压应力作用，最大主压应力方向为近南北向或北北西—南南东向，平均最大有效主应力为35.2～59.9 MPa，在此应力背景下，形成了少量近南北向或北北西—南南东向的剪切裂缝、扩张裂缝、扩张型张剪裂缝以及北北东—南南西向的剪切裂缝，主要发育在背斜翼部。另外，在白垩纪和古近纪末期由伸展作用向挤压作用的转换期，会形成近东西向的剪切裂缝、扩张裂缝和拉张型张剪裂缝。古近纪的伸展作用、后期挤压背景下背斜的弯曲拱张以及地层异常高压流体作用，可使白垩纪形成的近东西向裂缝开度在后期有所增加，使这些部位的气井高产。岩心观察显示A2–1井和A2–2井中大量发育近东西向的裂缝，开度一般为0.2～1.5mm，最大可达4.0mm，这2口井均为高产气井，而其他井中发育的裂缝开度一般为0.1～1.0mm，个别可达到2.0mm。

第2期构造裂缝：中新世末期，克深地区受到较强的挤压应力作用，最大主压应力呈北北西—南南东向或近南北向水平分布，平均最大有效主应力为74.8 MPa左右，在背斜翼部形成了大量的北北西—南南东向或近南北向的扩张裂缝、剪切裂缝以及部分北北东—南南西向的剪切裂缝。由于背斜的隆升弯曲派生出张应力分量，减小了背斜顶部的挤压应力，使背斜顶部不太发育该时期的构造裂缝。

第3期构造裂缝：上新世末期，克深地区处于更强烈的挤压构造应力环境，最大主应力呈北北西—南南东向或近南北向水平分布，平均最大有效主应力为80.9 MPa左右。在此构造应力环境下，形成了大量的北北西—南南东和北北东—南南西向的剪切裂缝、北北西—南南东向或近南北向的扩张裂缝和扩张型张剪裂缝，A2–4井中发育的近南北向直劈裂缝便是在这一时期的构造应力场作用下形成的扩张裂缝或扩张型张剪裂缝。另外在这一时期，整个库车地区的最大挤压应力方位与克深地区稍有不同，呈北西—南东向，因此在这一时期，克深地区的最大挤压应力可能在某一短暂时期内向北西—南东方向偏转，形成了北西—南东的剪切裂缝，但数量很少。此外在断层附近还发育有近东西向和北东东—南西西向的低角度断层伴生剪切裂缝。

第2期和第3期构造裂缝形成时期是克深地区最重要的裂缝形成时期。其中第2期构造裂缝形成时期主要为新近纪康村组沉积期，在这一时期，克深地区开始由弱收缩挠曲盆地向陆内前陆盆地过渡，应力状态由先前的伸展作用向挤压作用转变，近南北向的剪切裂缝和扩张裂缝开始形成。在该时期末期，水平构造应力不断增强，由于地层埋深较浅，上覆重力较小，从而可能在局部地区成为最小主应力，产生少量近东西走向的低角度剪切缝，由于这一时期断层尚不发育，因此这些低角度缝大多数应属于一般的剪切缝，区别于第 3 期构造裂缝中的逆冲断层伴生裂缝。

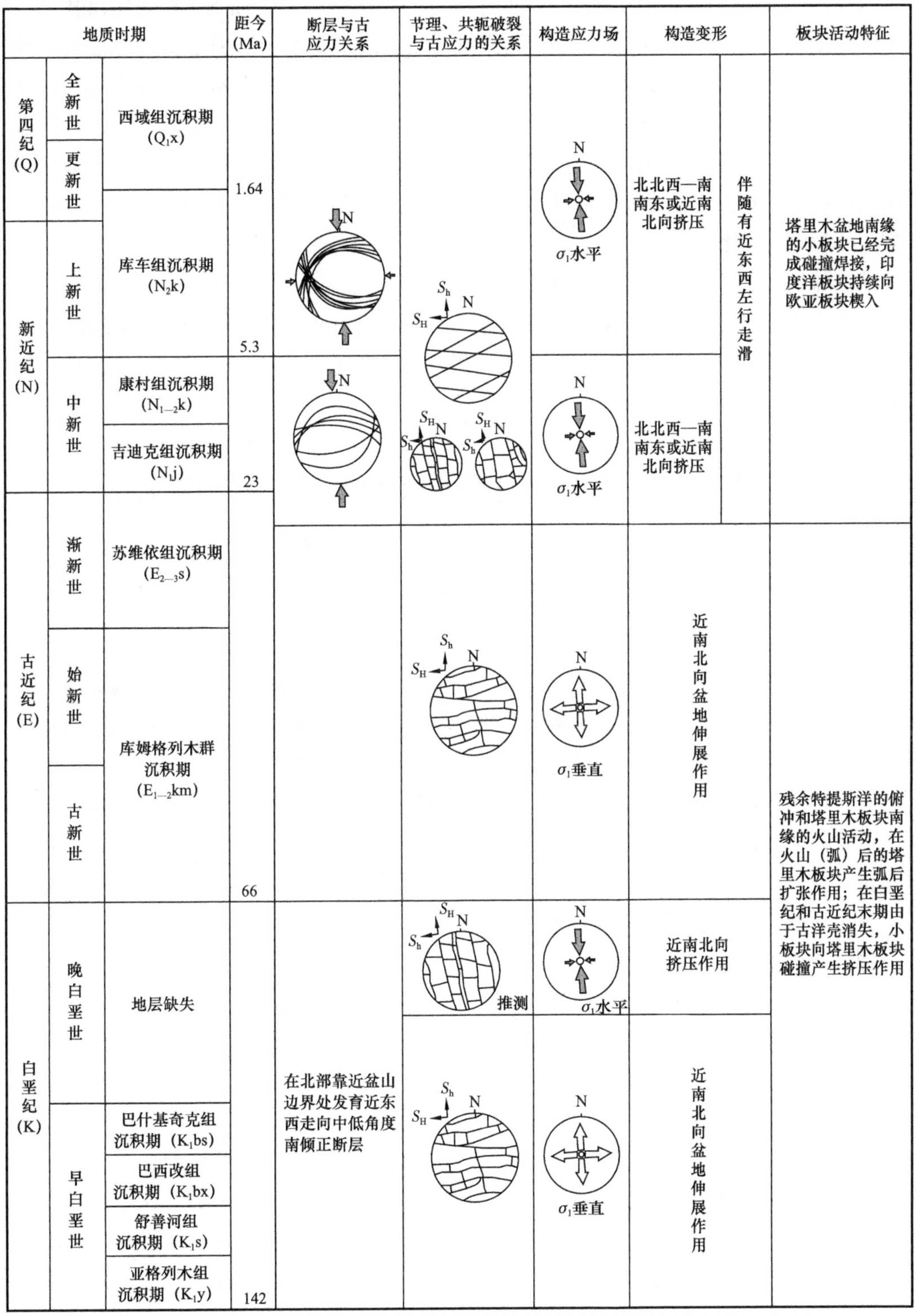

地质时期			距今(Ma)	断层与古应力关系	节理、共轭破裂与古应力的关系	构造应力场	构造变形		板块活动特征
第四纪(Q)	全新世	西域组沉积期(Q_1x)				N σ_1水平	北北西—南南东或近南北向挤压	伴随有近东西左行走滑	塔里木盆地南缘的小板块已经完成碰撞焊接，印度洋板块持续向欧亚板块楔入
	更新世		1.64						
新近纪(N)	上新世	库车组沉积期(N_2k)	5.3	N	S_h S_H N				
	中新世	康村组沉积期($N_{1-2}k$)		N	S_H N S_h S_H N S_h	N σ_1水平	北北西—南南东或近南北向挤压		
		吉迪克组沉积期(N_1j)	23						
古近纪(E)	渐新世	苏维依组沉积期($E_{2-3}s$)					近南北向盆地伸展作用		残余特提斯洋的俯冲和塔里木板块南缘的火山活动，在火山（弧）后的塔里木板块产生弧后扩张作用；在白垩纪和古近纪末期由于古洋壳消失，小板块向塔里木板块碰撞产生挤压作用
	始新世	库姆格列木群沉积期($E_{1-2}km$)			S_h S_H N	N σ_1垂直			
	古新世		66						
白垩纪(K)	晚白垩世	地层缺失			S_H N S_h 推测	N σ_1水平	近南北向挤压作用		
	早白垩世	巴什基奇克组沉积期(K_1bs)		在北部靠近盆山边界处发育近东西走向中低角度南倾正断层	S_h S_H N	N σ_1垂直	近南北向盆地伸展作用		
		巴西改组沉积期(K_1bx)							
		舒善河组沉积期(K_1s)							
		亚格列木组沉积期(K_1y)	142						

图 3-2　克深气田白垩纪—第四纪构造应力场演化（据张仲培等，2004；杨学君，2011；修改）

第3期构造裂缝形成时期的构造应力较强，对应的时期为新近纪库车组沉积期和第四纪西域组沉积期。库车组沉积期主要是地层开始受压弯曲变形，古克拉苏断层复活，大量新生断层开始形成，喀桑托开背斜及库姆格列木背斜出现雏形；而到了西域组沉积期，构造挤压作用进一步加强，地层发生强烈变形，由于水平构造应力较强，先存断层的逆冲作用使白垩系抬升，上覆重力减小成为最小主应力，按照Anderson断层形成模式，在这种应力状态下，原有的逆冲断层进一步扩展，新生逆冲断层不断产生，最终形成现今的前陆叠瓦式构造格局，同时形成了大量的断层伴生或共生低角度剪切缝，且以断层附近居多，背斜顶部和翼部也有少量发育，这类低角度缝形成了储层内部的水平渗流系统，增强了水平方向的裂缝渗透率。

从克深气田单井裂缝的岩心描述及成像测井解释结果来看，大多数井的裂缝走向为北北西—南南东向、北北东—南南西向和北西—南东向，应主要是第2期和第3期的裂缝。由于这两期形成的近南北向裂缝产状相近，因此在岩心上不易区分，只能根据充填程度近似判断，但也会有一定的误差。

第三节　库车坳陷背斜区的多期裂缝发育地质模式

一、多尺度、多类型裂缝的划分方案

前人多依据力学成因将构造缝其划分为剪裂缝、张裂缝、压裂缝三种基本类型。本书在前人分类的基础上，首先考虑裂缝成因机制将裂缝划分为：构造缝和非构造缝，构造缝进一步划分为区域缝、局部缝和复合裂缝三种主要类型。局部构造缝是在构造运动中后期由构造运动的伴生或派生应力作用而形成或改造而成的裂缝，其产状和特征与所处的位置有关，又可进一步分为局部伴生缝、局部派生缝；其中，复合型裂缝是晚期局部应力场改造早期区域缝，使其进一步剪切产生平滑断层或使其张开形成张性缝，其中有重张缝和追踪张开缝（图3–3）。对于裂缝分级标准，目前还缺少一个统一的分类依据。油田上多将开度作为划分裂缝规模大小的基本依据，划分为三个级别，即大裂缝（开度＞1.0mm）、中裂缝（开度为0.5～1.0mm）、小裂缝（开度＜0.5mm）。本书从岩心和野外露头观测结果出发，同时参考现行裂缝分类划分标准，同时考虑几何形态、对流动贡献的差异、成因机制类型或与构造应力场的关系，将其划分为三种尺度类型：大尺度缝、中尺度缝和小尺度缝。大尺度缝具有明显断距次级断层或低级序断层，平面上分布稳定，延伸距离一般大于1000m，纵向上断穿不同地层，主要受控于区域应力场；中尺度缝是指断距不明显的小断层或穿层的大裂缝，受泥质或岩盐隔层限制明显，延伸距离一般位于10～1000m之间，主要受控于次级派生应力场或区域应力场，其中大尺度缝和小断层的区别在于前者常常表现为共轭“X”形，后者多为产状与主断层斜交或近于垂直；小尺度缝是指受次级断层或大型裂缝控制发育的层内裂缝，受泥质或岩盐夹层限制，延伸距离一般小于10m，同时受到储层非均质性、岩层厚度、物性、岩相等多因素的约束，也是岩心观察的主要对象（表3–3）。

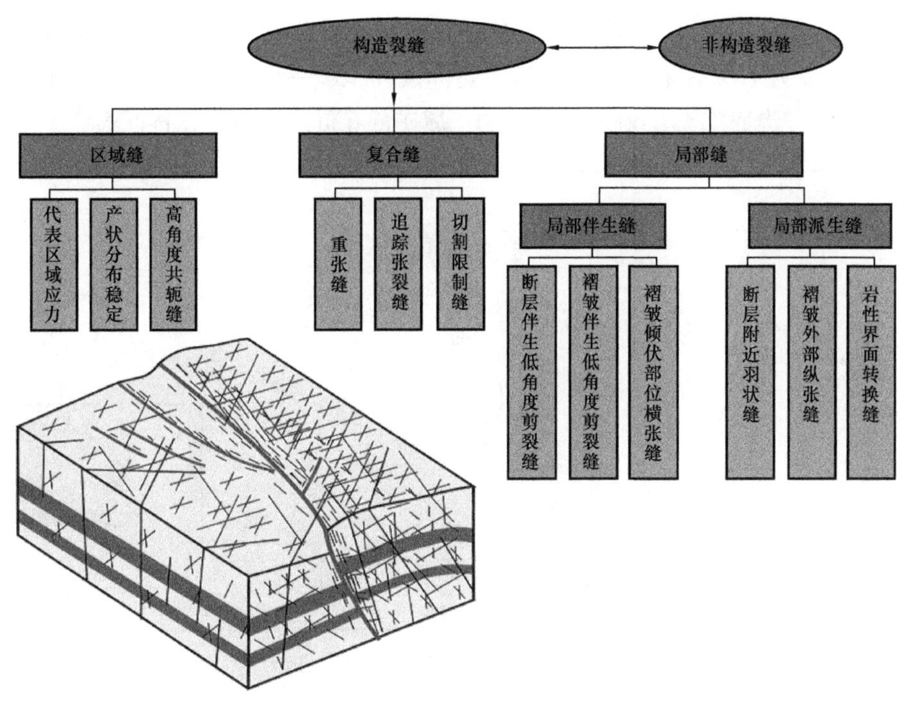

图 3-3　构造裂缝力学成因分类方案

表 3-3　致密砂岩储层裂缝分级标准

裂缝级别	裂缝长度（m）	裂缝开度（mm）	应力条件	流态	其他
大尺度缝	＞1000	＞1	区域应力场	非线性流	具有明显断距的次级或低级序断层
中尺度缝	10～1000	0.5～1	局部应力场	非线性流	断距不明显的小断层或穿层的大裂缝，受隔层控制
小尺度缝	＜10	＜0.5	派生应力场	线性流为主	层内裂缝，受多夹层控制

二、库车坳陷各气田构造地层特征

构造上，大北气田、克深气田均位于克拉苏断层的下盘，断裂主要以叠瓦冲断型为主，未见正断层发育，显示了强烈的推覆挤压构造环境（图 3–4）。平面上，两者断裂体系展布相似，均以发育平行排列的长条形断片为主，只是大北气田内次级斜交断裂更为发育。该区储层主要为白垩系巴什基奇克组，埋深达 5600～7500m，属超深层储层，自上而下进一步划分为巴一段、巴二段和巴三段等 3 个岩性段，受剥蚀影响，大北气田整体缺失巴一段。按照含油气情况，大北、克深地区砂体厚度大，纵向叠置明显，3 个岩性段进一步划分为 6 个砂层组，即Ⅰ、Ⅱ、Ⅲ、Ⅳ、Ⅴ和Ⅵ砂层组。在储层方面，以克深 2 区块为例，巴什基奇克组岩性主要为细砂岩、粉砂岩和泥岩，属辫状河三角洲及扇三角洲前缘沉积，平均厚度约 270m，泥质夹层发育，但厚度薄，岩心实测基质孔隙度为 2%～7%，基质渗透率为 0.05～0.50mD，裂缝普遍发育，裂缝渗透率为 1.00～10.00mD，为典型低孔低渗超深层致密砂岩。相比，大北气田巴什基奇克组岩性为褐色中细砂岩、含砾砂岩，钙质含量高，一般为 10% 左右，属辫状河三角洲及冲积扇—扇三角洲沉积，岩心孔隙度为 0.68%～11.21%，渗透率为 0.0002～3.46mD，属于低孔低渗—特低孔特低渗裂缝型砂岩。

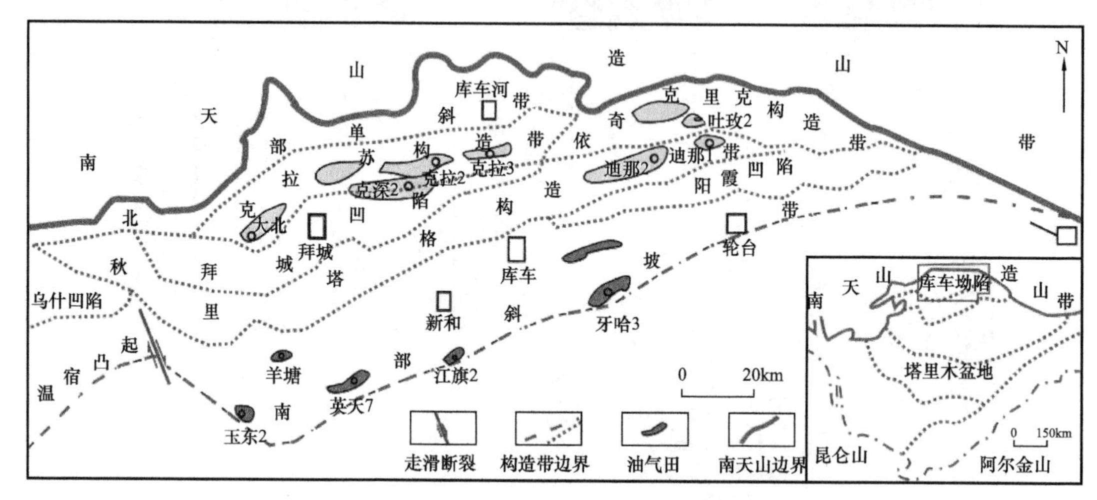

图 3-4　库车坳陷构造单元划分及主要气田分布简图

迪那气田位于天山冲断带前缘的秋里塔格背斜带浅部，属于复合典型的断弯褶皱样式，形成于向盆地内逐渐减弱的挤压作用下，南部边界主断裂兼具走滑特征，褶皱顶部则以低级序正断层为主，北部为主断裂控制下的反向逆冲断裂，活动强度大，控制了背斜的主体隆升（图 3-4）。主要储层为新近系吉迪克组下段、古近系库姆格列木群及苏维依组，库姆格列木群和苏维依组储层可进一步划分为 5 个岩性段和 3 个岩性段，总体上以扇三角洲前缘和扇三角洲平原砂体为主，岩性主要为砂岩、含砾砂岩及粉砂岩，夹层出现频率高且厚度大，尤其是存在三套区域上稳定的泥岩隔层。储层总体上属于低孔低渗和低孔特低渗储层，非均质性强：苏维依组储层平均孔隙度分布在 5.07%～8.97% 之间，平均渗透率分布在 0.43～1.11mD 之间，库姆格列木群储层物性相对较差，平均孔隙度分布在 3.15%～4.90% 之间，平均渗透率分布在 0.05～0.09mD 之间。克拉 2 气田尽管位于克拉苏断裂的上盘，被北部克拉 2 北断裂和南部的克拉 202 断裂所夹持，顶部被一系列北西向、东西向的次级断裂切割，使得背斜形态进一步复杂化，常呈现为雁列式和部分正断特征。主力储层为白垩系巴什基奇克组砂岩，其次为白垩系巴西改组及古近系库姆格列木群白云岩、砂砾岩。其中库姆格列木群白云岩段为碳酸盐岩储层，平均孔隙度为 11.41%，平均渗透率为 1.87mD，白垩系巴什基奇克组平均孔隙度为 12.56%，渗透率平均为 49.42mD，总体上，属于中孔中渗储层。

三、大北、克深气田裂缝分布特征

大量岩心、FMI 统计结果表明，大北气田裂缝走向以近东西向为主，其次为北西—南东向，即与断裂小角度斜交和大角度的一组共轭缝发育。裂缝倾角以 50°～80° 为主，倾角低于 30° 的裂缝少见，以高角度缝和斜交剪切缝为主。裂缝密度为 1～4.7 条 /m，平均裂缝线密度为2.1条/m，裂缝张开度为0.1～1mm、1～3mm及大于3mm所占比例分别为74.6%、21.3%和4.1%，裂缝充填率达74.6%，说明大北气田单裂缝参数虽小，但裂缝发育密度大，且多为高角度裂缝，是库车坳陷超深超压条件下仍能形成大型气田的关键因素。平面上大北区块裂缝由北向南逐渐减小，受局部构造影响局部增大；裂缝主要分布于背斜翼部和断层附近等古应力的集中区，核部形态宽缓，裂缝相对不发育，局部区域小断层发育可使核部裂缝密度增大。但核部裂缝多以张裂缝为主，渗透性较好，翼部裂缝多为剪切缝和网状缝，开度小，渗透性较差，断层上盘裂缝发育且多为高角度张裂缝，是渗透性最好的部位。

相比，岩心观察和FMI解释结果表明：克深2区块裂缝走向以近北西—南东向为主，其次为近南北向和北东—南西向。按照裂缝力学性质，克深2区块发育剪切缝、张剪缝和张裂缝三种裂缝类型，分别占总数量的79.5%，18.7%和1.8%，张剪缝和张裂缝所占比例小，主要分布在背斜高点处和泥岩隔层的边界处。纵向上，由浅入深裂缝密度依次增大，在Ⅴ和Ⅵ砂层组内密度分别达到3.03条/m和4.72条/m。从倾角上看，裂缝主要为直立缝（>75°），其次为高角度缝（45°～75°），低角度缝（15°～45°）及水平缝（<15°）不发育。直立、雁列式缝多分布于背斜构造高部位，开度相对较大，一般为0.5～1mm，半充填为主，裂缝线密度相对较低一般为1.5条/m；高角度、斜交排列裂缝多分布于背斜翼部，比背斜高部位充填程度低，以半充填、未—半充填为主，开度约为0.5mm，裂缝线密度约为2条/m；背斜构造南部近断裂部位多见网状裂缝，开度约为0.3mm，裂缝线密度相对较高，达到2.23条/m，但多充填严重。越靠近断层，裂缝的发育程度越高，其次为背斜翼部，背斜高点裂缝发育程度相对较低，远端最低（图3-4）。

可见，在大北、克深2地区巴什基奇克组广泛发育的厚层叠置砂体中，裂缝分布规律具有相似性，以发育与断层斜交的共轭剪切缝为主，从倾角上看以高角度缝、直立缝为主；两翼网状缝发育且密度高，开度小，充填程度高；核部直立剪切缝渗透性好，规模大，张裂缝密度低，但渗透性好，开度大，由北向南裂缝密度逐渐降低，主要受控于喜马拉雅期天山向盆内的前展式冲断强度逐渐消耗降低有关。

四、迪那、克拉气田裂缝分布特征

岩心、FMI统计结果表明，迪那裂缝主要为构造缝为主，背斜顶部裂缝走向以北东东—南西西和北东—南西为主，两翼以近南北和北北西—南南东为主，两组均组成共轭缝。以直立缝（75°～90°）和高角度斜交缝（45°～75°）为主，低角度斜交缝较少。网状剪切缝占裂缝总数量的54.2%，张剪缝占27.7%，张裂缝占18.1%，说明迪那背斜的隆升幅度大，超过700m，背斜顶部不仅具有大的曲率值，同时发育张性应力环境，为张性断层和裂缝的发育提供了必要条件。纵向上，由上至下裂缝密度降低趋势不明显，但低值区主要受大套隔层发育的影响。除个别井点外，裂缝线密度总体偏低，大部分低于1条/m，且裂缝密度高值区位于背斜核部，其次是主断裂附近，线密度超过1.5条/m。裂缝开度主要集中在0.2～0.8mm范围内，大于1mm的比例为28%，主要为顶部张裂缝，但充填程度高。总体上，裂缝密度在背斜顶部高，远端主断裂附近次之，两翼最低，局部断层附近呈高值。尽管克拉2气田相对于大北、克深气田泥质夹层数量和厚度都要小，但裂缝密度为0.142～1.842条/m，平均密度为0.909条/m，明显低于克深和大北气田。而且，克拉2气田的裂缝力学类型主要以剪切缝为主，约占总裂缝的72%，张剪缝约占21%，张裂缝最少，仅占7%，且张裂缝主要分布在背斜顶部位置。裂缝倾角一般大于70°，以高角度缝为主，低角度缝主要分布在背斜翼部和泥岩隔夹层周围。总体上，裂缝走向主要为北西和北东向，具有明显的共轭关系，主要为库车组沉积期近南北向挤压应力环境下背斜顶部派生出的张应力和剪应力共同作用下的构造缝，且两组裂缝与次级断裂的主要走向基本吻合，由此可推断出大部分裂缝具有与断层伴生的关系。

另外，迪那背斜在构造的定型期，即喜马拉雅运动晚期，由于强烈的构造挤压作用和隆升导致形成超压，气田中部地层压力达到106MPa，压力系数超过2.2，进一步促进了背斜顶部大量横张型裂缝的产生。同时，克拉2气田尽管目前压力为73～76MPa，但压力系数为2～2.11，也属于超压气藏，且由于超压的存在而在孔隙中滞留了大量流体，超压带与孔隙发育带有着良好的对应关系。克深、大北气田尽管埋藏深度大，但压力系数仅位于1.7左右，尚未达到超压的状态。

五、裂缝发育模地质模式

按照褶皱翼间角的几何分类方案，可将库车坳陷内的褶皱划分为三种基本类型，具体地，迪那背斜为闭合型（30°～70°），克拉背斜为开阔型（70°～120°），大北和克深背斜属于典型平缓型（＞120°）。作为构造幅度和翼间角均高于大北、克深背斜但小于迪那背斜的克拉背斜，具有过渡构造特征；但另一方面，不仅裂缝密度高值区位于背斜顶部，张性、张剪缝也主要发育在背斜顶部，同时还发育大量兼具正断特征的次级断层，因此，认为克拉与迪那背斜同为一种类型。以上构造背景的差异导致了低幅度的大北、克深背斜以发育剪切网状缝为主，背斜顶部发育少量张裂缝，高幅度的迪那背斜和克拉背斜以两翼网状剪切缝和顶部张裂缝同等发育为典型特征。由此，认为大北、克深背斜属于典型的顶部冲起型褶皱，迪那、克拉背斜属于典型的顶部地堑型褶皱，两者控制了截然不同的裂缝发育演化史和分布特征（图3-5）。

从白垩纪晚期以来，库车坳陷受天山隆升的影响，其构造应力场经历了从弱伸展向挤压的逐步转变，挤压方向经历了从北北西—南南东向北西—南东向的转变。岩石声发射测试和脆性构造序列指示，库车坳陷下白垩统经历了4次主要构造运动，分别为燕山晚期、喜马拉雅早期、喜马拉雅中期和喜马拉雅晚期的构造运动，而古近系和新近系分别经历了3次和2次主要古构造运动。综合前人研究成果及本次结果，79块样品的声发射测试显示，下白垩统中所经历的4次主要构造运动最大有效古应力值分别为35.2MPa、59.9MPa、74.8MPa和80.9MPa，古近系经历的3次构造运动古应力值分别为50.2MPa、71.6MPa和85.2MPa，可见，早、中期喜马拉雅运动在白垩系中的活动强度要高于古近系，但喜马拉雅晚期在白垩系中运动强度则明显低于古近系。另外，根据平衡剖面缩短量和断层相关褶皱断层滑移速率计算结果，反映在构造活动由北向南依次扩展的过程中，活动的断层数量逐渐增加，活动的速率和强度递增。

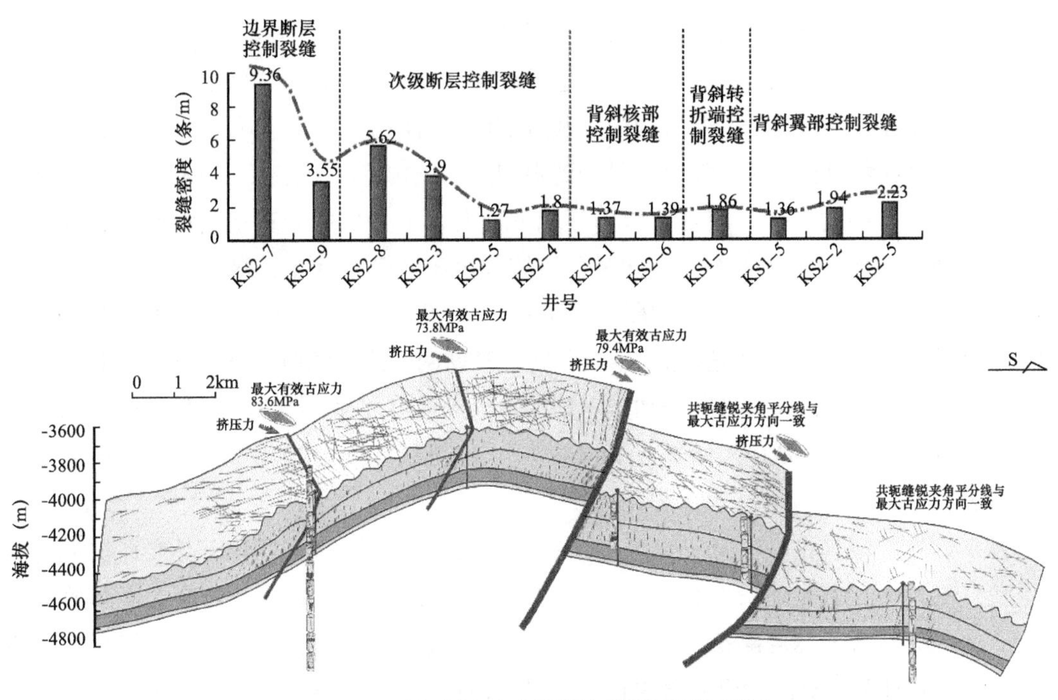

(a) 克深、大北顶部冲起型褶皱裂缝发育模式

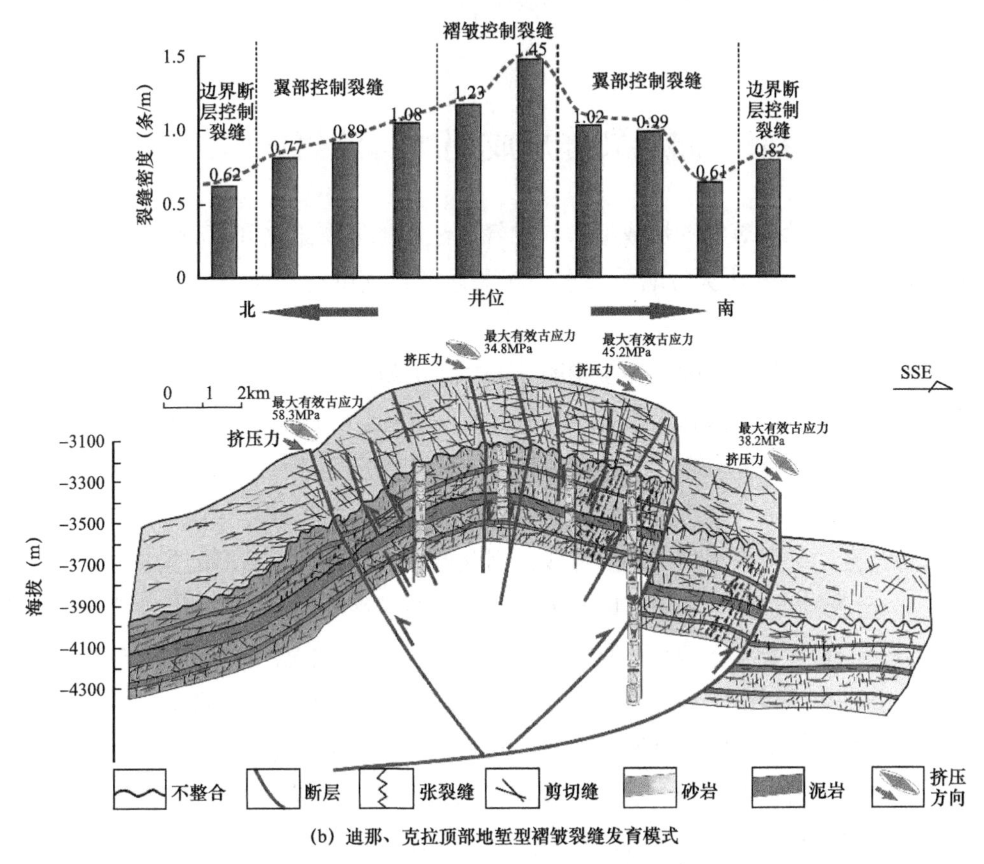

(b) 迪那、克拉顶部地堑型褶皱裂缝发育模式

图 3-5 库车坳陷断层相关褶皱裂缝发育地质模式

库车坳陷内，大北、克深、迪那、克拉背斜也同样经历了区域水平挤压、初始隆升、强烈隆升并最终定型的几个关键阶段，构造活动强度经历了由深部向浅部、由白垩系向古近系迁移的过程。由于前陆冲断带内应力及应变能具有向前、向浅部传递消减的特征，深层的大北、克深背斜在前两个发育阶段受到强烈的区域构造应力作用，有利于大规模叠瓦状断层的发育；同时处于深层Ⅲ型应力环境下，发育了大量的近直立共轭区域裂缝，主要分布在断层周围和背斜翼部，而此时背斜核部由于隆升幅度小，褶皱曲率小，尚未形成局部伸展应力环境，但已经基本脱离了区域构造环境，因此，仅有少量张裂缝的出现（图 3-5）。相比之下，浅部的迪那、克拉背斜尽管前两个阶段的应力强度低于大北、克深背斜，但在第三阶段，即强烈隆升和定型期构造活动明显变强，导致了背斜顶部的明显局部伸展应力场的出现，从而控制形成了一系列次级正断层及派生缝、派生张裂缝的大量发育（图 3-5）。

基于岩石力学理论、能量守恒理论，致密储层岩石存储的可释放应变能存在一定上限，应变能密度与破裂体密度存在正相关性，不论是断层还是裂缝都是应变能释放的结果。大北、克深背斜深埋藏深、主应力值高、围压大、脆性强、可释放应变能高，而迪那、克拉背斜埋藏相对浅、应力值相对低、围压相对小、脆性相对低、可释放应变能相对低，最终导致大北、克深地区断裂密度低但裂缝密度高，而迪那、克拉地区断裂密度高但裂缝密度低。

第四节　储层裂缝形成期次与油气成藏的匹配关系

克深气田储层裂缝的形成期次与油气充注等地质要素之间有较好的匹配关系，图 3-6 是克深地区的裂缝期次与地质要素匹配关系图，其中构造应力大小数据源自于曾联波等（2004）的声发射测量结果。

根据赵靖舟等（2002）和王招明（2014）的研究结论，库车坳陷油气系统的主要成藏期有 3 期，即新近纪康村组沉积早中期（17—10Ma）、康村组沉积晚期—库车组沉积早中期（10—3Ma）和库车组沉积晚期—第四纪西域组沉积期（3—1Ma）。

第 1 期以原油充注为主，对应的裂缝形成时期为第 1 期后、第 2 期前，由于在这一时期克深地区的裂缝系统尚未完全形成，因此原油充注较少，后期的构造破坏和天然气充注更使得充注的原油大量溢出，因此未形成工业规模性的油藏，在储层中没有发现含油包裹体和残余沥青也证实了克深地区可能不存在早期的原油充注。第 2 期以凝析气充注为主，兼有少量原油充注，与第 2 期裂缝的形成时期大致相当。第 3 期充注以天然气占绝对优势，在 A2-1 井和 A2-2 井的岩心样品中发现了与天然气共生的盐水包裹体，经分析表明天然气主要为高—过成熟气，并且这一期天然气充注与第 3 期裂缝的形成时期恰好重合，是库车坳陷最重要的一期油气运移充注事件，在此背景下，克深地区的气藏最终形成，并达到工业规模。

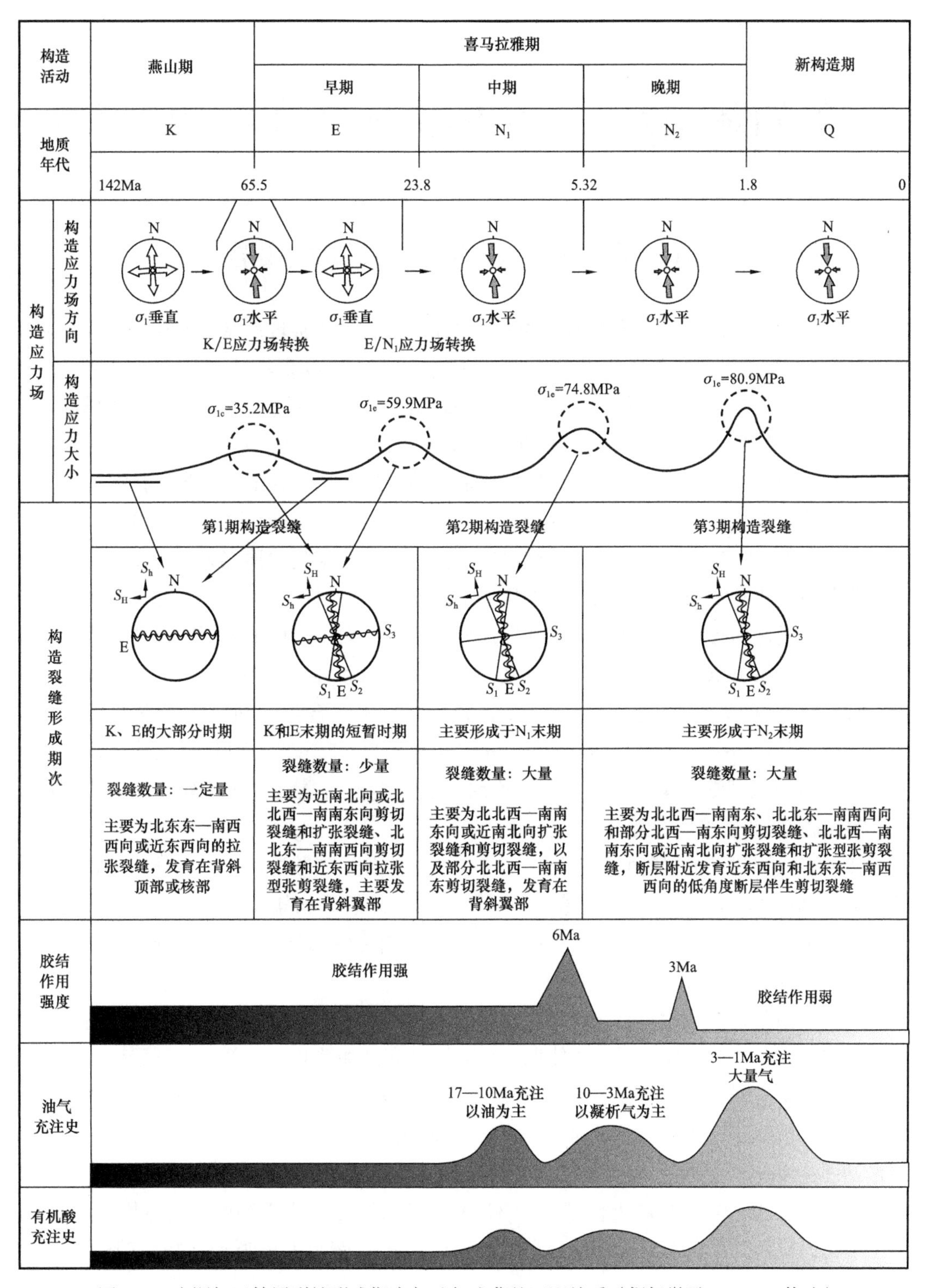

图 3-6　克深气田储层裂缝形成期次与油气成藏的匹配关系（据杨学君，2011，修改）

第四章 复杂缝网的空间充填规律研究

第一节 循环式热液反应模拟实验

根据前期设计制作了“循环式热液反应模拟装置”，能实现温度120℃、压力15MPa以下的裂缝矿物沉淀和溶蚀化学反应，可容纳长宽高为30cm×15cm×15cm的裂缝性岩石，但也存在几个实验技术问题。首先，野外致密砂岩密度大、质量大，采样和托运非常不方便，如果采用人造岩石，实验中遇水很容易膨胀变得松散，直接影响实验的准确性；其次，考虑到安全性，本次设计的循环式热液模拟装置，压力只依靠本身流体温度和注入的二氧化碳或氮气，安全临界压力不能超过15MPa，总体上属于开放式实验环境；另外，实验过程中需要实时观察岩石的充填或溶蚀情况，这就要求装置顶部为可视化耐酸抗压玻璃，考虑到工艺难度和安全性问题，以耐酸抗压不锈钢材料代替。综上，针对循环式热液反应模拟装置，本次研究以低压模拟和定性分析为主，而定量模拟分析则以搅拌式高压釜装置和TOUGHREACT水岩模拟软件为主，其实验流程及步骤如下。

（1）实验样品：对山东省淄博市沂源溶洞群奥陶系石灰岩和白云岩采样，加工成30cm×15cm×15cm（长×宽×高）的长方体和直径为2.5cm的圆柱体或块状体，进行人工造缝（单一张裂缝、单一剪裂缝、水平缝、斜交缝、直立缝、限制缝、共轭缝、网状缝、半连通缝），并表面抛光。

（2）溶液配制：根据前面的古流体分析，热液成分以碳酸溶液为主，其次为碳酸与盐类$CaCl_2$、$MgCl_2$、NaCl等混合溶液、硫酸溶液以及硫酸添加盐类的混合溶液等，这里主要采用无水$CaCl_2$—（NH_4）$_2CO_3$—NH_4Cl体系，具有方解石结晶条件低、速度快的特点，实验中用干冰代替CO_2气进行反应。

（3）实验装置：采用自行设计改装的“可视型断裂带热液充填模拟装置”，主要包括热液沉淀反应器、温压控制器、流体循环控制器、底部加热装置四部分，外置可接通气体钢瓶，沉淀反应器有连续取样装置，最高工作温度为120℃、压力为15MPa，所用材料均为耐腐蚀、抗压不锈钢，规格为30cm×20cm×20cm，可直接将母岩岩样放入其中，实验装置如图4-1所示。另外，FYX-1型磁力搅拌高压釜具有加热、加压、搅拌、取样等功能，液体容量为1.0L，最高工作温度为350℃，最大压力可达50MPa，釜体均为耐腐蚀、抗压不锈钢材料，可将2.5cm直径的岩心或块状体放入吊篮内，进行不同流速下的化学反应实验。

（4）实验步骤：以磁力搅拌高压釜为例，首先将分组、归类好的岩样用蒸馏水冲洗、烘干（65℃，24h）、称重、照相，测其裂缝产状、充填度；然后，将2～5块样品用不锈钢丝或橡皮筋固定后放入吊篮内，向高压釜内分别放入1000mL含有$CaCl_2$和NH_4Cl的溶

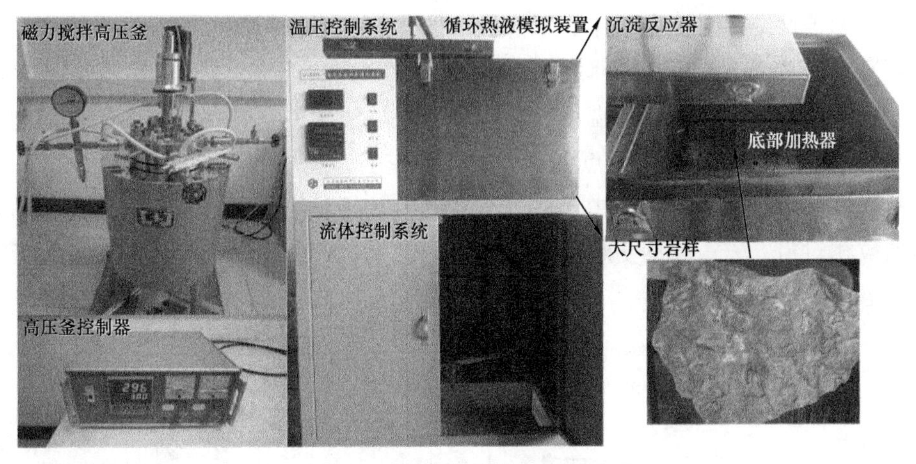

图 4-1　热液实验装置示意图

液，同时将一定数量的固态（NH_4）$_2CO_3$ 和 CO_2 干冰同时放入釜顶部的吊篮内，密闭，打开压力阀，对高压釜加温加压，使压力到达 25MPa，温度到达 330℃，反应 24～72h；再利用永磁旋转搅拌仪、恒温控制仪和气—液增压泵分别对实验的转速 5～300r/min、温度（25～330℃）和压力（1～25MPa）进行控制，通过稳压控制器可以估计热液流动和沉淀情况，实验中，上部的（NH_4）$_2CO_3$ 蒸气扩散到水溶液中，发生如下反应：

$$(NH_4)_2CO_3+CaCl_2 = CaCO_3+2NH_4Cl \quad (4\text{-}1)$$

这时原有的和后形成的 NH_4Cl 在水中相当于一种矿化剂，使 $CaCO_3$ 的溶解度得到了提高，并在流速降低、温度降低的条件下，逐步达到过饱和而快速地析出结晶体，在结晶—沉淀效果不佳的情况下，换用 CO_2-H_2O-$CaCO_3$-NaCl 溶液配制方案；反应结束后，自然冷却 24h，待釜内温度降至室温，将反应后的样品取出，反复用蒸馏水冲洗 3～5 次，并烘干（105℃，24h）、称重，进行偏光显微镜、扫描电镜观察分析，反应液用一次性针管取出装入无污染的塑料瓶中，并进行化学成分分析。

（5）实验结果分析：将取出的充填岩样沿造缝处拆卸，对比同一组内相同条件的裂缝差异充填特征，包括晶体形状、大小及充填方式，统计分析人工未开启裂缝的产状、深度、开度、力学性质、组合方式与充填程度的关系，分析未饱和热液对裂缝先期充填物和两壁矿物的溶蚀及再结晶—沉淀规律，评价网状裂缝系统的优势充填方向和组系，探寻裂缝差异充填机理及主控因素。

针对温度对裂缝充填的影响机理，采用泥质灰岩和云质灰岩两种岩性，样品统计温度设置为 70～240°C，样品取出后，上面附着一层白色方解石沉淀物，可直接定性判断矿物沉淀量的多少。这里需要强调的是，由于配置的流体溶液均是过饱和状态，很少有溶蚀现象发生，岩石反应前后的质量不变，因此，会用同一块岩样进行不同温度下的反应实验，对于不同岩性的岩样，也要尽量保持质量相近。以温度作为横坐标，以裂缝充填率或充填程度作为纵坐标，由曲线统计结果看，相同条件下，如溶液条件一定、转速一定、压力一定，此时，温度越低，裂缝充填率或充填程度越大，温度越高，充填率或充填程度降低（图 4-2）。由于实验中将岩样拴紧后悬挂于高压釜的顶盖上，从而体现出深度的概念。

从泥质灰岩的统计结果看，上、中、下三段的变化趋势非常相似，都表现为随着温度的增加，充填率或充填程度先升高再降低，拐点为140°C左右，总体变化曲线与各段特征相似。从云质灰岩的变化曲线看，温度与充填率或充填程度关系的拐点不明显，但总体上也是先升高后降低，中间出现了低点，即在180°C左右，充填率或充填程度降低后又升高。对比两种岩性的矿物沉淀结果，由于泥质灰岩的颗粒相对细，岩石表面更光滑，而白云质灰岩的颗粒相对粗，岩石表面更粗糙，云质灰岩的充填率或充填程度更大，说明了粗粒岩石的裂缝更容易发生矿物充填。

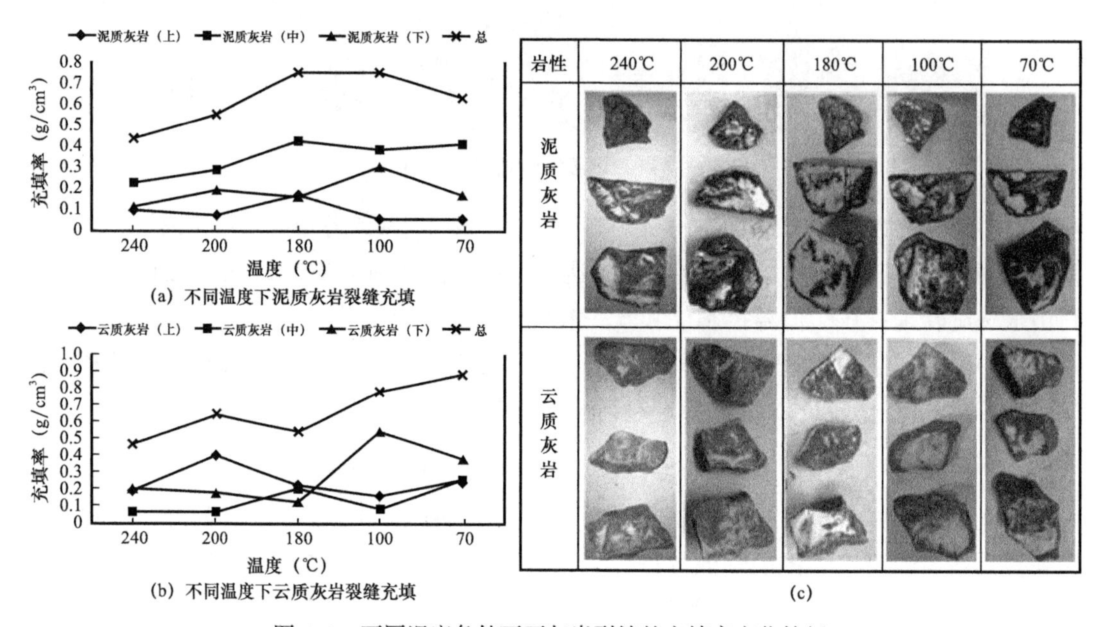

图4-2 不同温度条件下石灰岩裂缝的充填率变化特征

针对转速或流速对裂缝充填的影响机理，采用泥质灰岩、云质灰岩和泥晶灰岩三种岩性，样品统计转速设置为60～120r/min（图4-3）。以转速或流速作为横坐标，以裂缝充填率或充填程度作为纵坐标，由曲线统计结果看，相同条件下，如同一岩块、热液条件一定、温度一定、压力一定，热液流速快，裂缝充填程度低，热液流速慢，裂缝充填程度明显增加，云质灰岩和泥晶灰岩裂缝充填程度明显大于其他岩性，且张裂缝充填程度明显高于剪切缝。一般情况下，连通性好的裂缝内流体流速相对快，而孤立的或连通性差的裂缝内流速慢，尽管从流量角度看，孤立的裂缝内流经的热液相对少，但环境相对稳定，饱和热液的矿物更容易析出发生沉淀，而连通性好的裂缝网络内，四通八达，流体运移速度快，即使流量大，但流动的环境不利于矿物的沉淀。这些裂缝充填的内在规律与前面CT扫描得出的结论是一致的。对于不同力学性质的裂缝，相对张裂缝更容易发生矿物充填，这与岩石内裂缝面的粗糙程度有直接关系。按照化学反应原理，新矿物的析出和沉淀更需要一个核心，而张裂缝的表面较剪切缝更粗糙、曲折，会降低热液的流速，因此更适合矿物的沉淀、积聚。从曲线的整体情况来看，随着流体流速的减小，裂缝内方解石充填程度先增加后降低，拐点约在90r/min，即并不是流速越低，矿物越容易充填，这里必然存在一个合适的临界点。

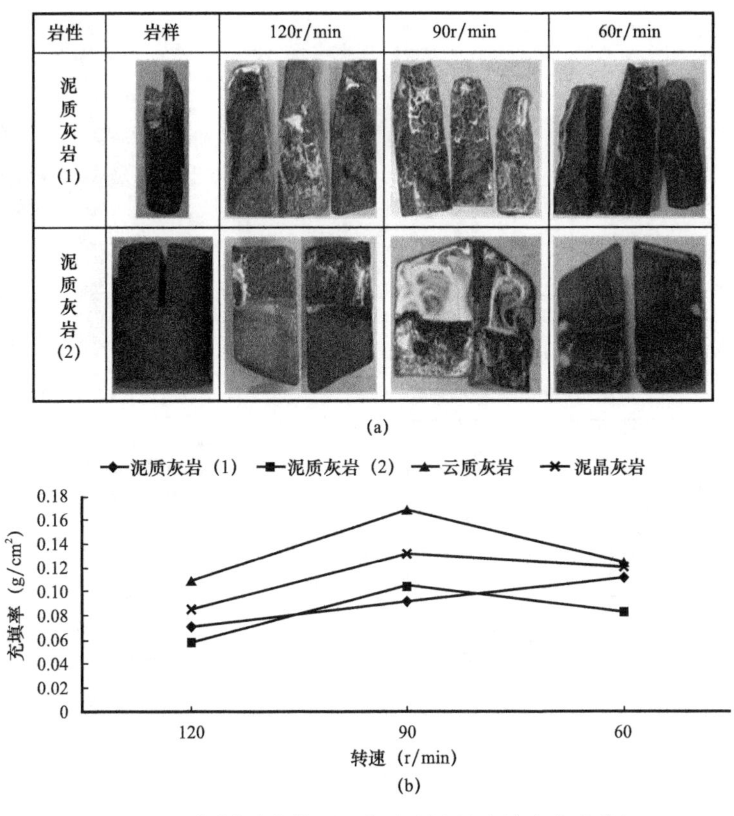

图 4–3　不同转速条件下石灰岩裂缝的充填率变化特征

针对裂缝倾角、开度和深度对裂缝充填的影响机理，采用了泥晶灰岩一种岩性，对采集的岩样进行造缝处理，裂缝的倾角范围为 0°～90°，角度间隔为 15°，开度范围设置为 0～6mm，纵向上组合的岩样深度为 8cm（图 4–4）。这里需要强调的是，在倾角与充填关系方面，要保证岩石内裂缝的开度一致，长度一致，且在开度与充填关系方面，要保证裂缝的倾角一致、长度一致，岩石的质量相近。首先以裂缝倾角作为横坐标，以充填率或充填程度作为纵坐标，由曲线统计结果看，总体上，相同流体条件下，裂缝倾角越大，裂缝充填程度越低，倾角越低，裂缝充填程度增加；局部来看，随着倾角的不断增大，裂缝充填程度先增加后降低，即在 30° 倾角时，裂缝的充填程度达到最大值。从裂缝倾角和充填程度的关系来看，两者相关性好，即随着裂缝开度的增大，充填量相应增加。由于涉及开度范畴，同一长度下不同开度裂缝的体积是变化的，体积越大自然充填量也大；因此，为了深入揭示充填机理，经过体积换算后，获得了裂缝开度和充填程度的关系，由图 4–4c 中的黑色实心圆分布趋势看，随着裂缝开度的增大，矿物的充填程度不断降低，此规律与前面 CT 扫描得到的结果基本吻合。垂向上，在 0～8cm 的深度范围内，裂缝的充填差异也很明显，通过六组岩样的反应统计结果看，总体上，随着深度的增加，充填程度不断减小，此与单井成像测井统计的结果相吻合。以深部热液在裂缝网络中的充填为例，流体从深部向浅部运移，地层温度和压力不断降低，流速也相应减小，流体逐渐接近于饱和或过饱和状态，方解石等矿物随即析出发生沉淀，因此越往地层的浅部，裂缝网络的充填程度也就越高。

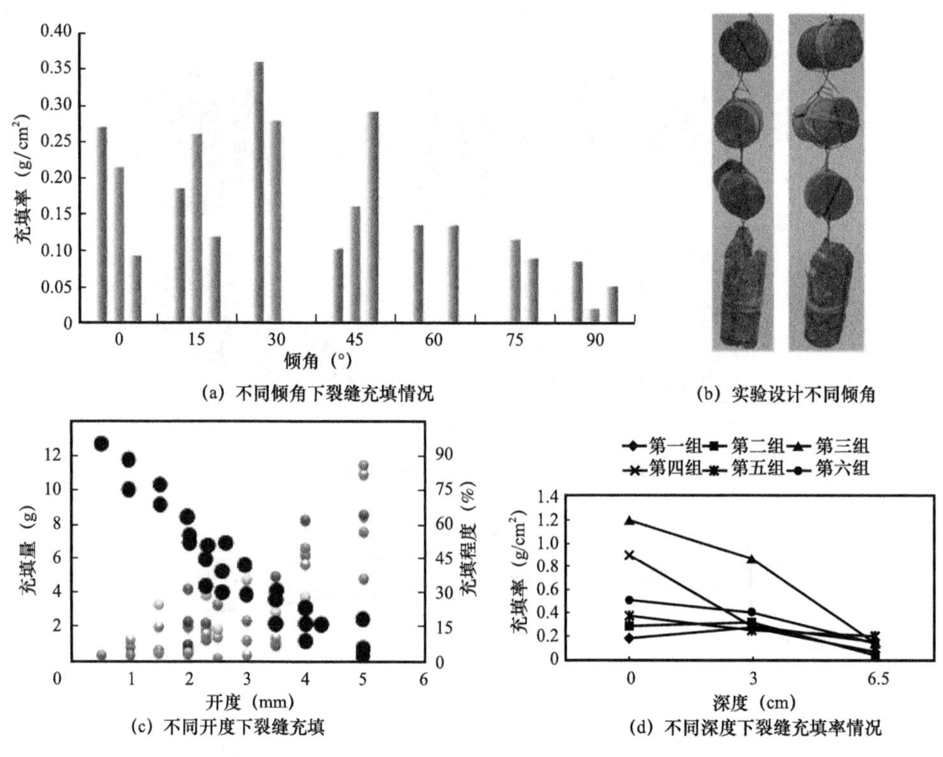

(a) 不同倾角下裂缝充填情况
(b) 实验设计不同倾角
(c) 不同开度下裂缝充填
(d) 不同深度下裂缝充填率情况

图 4–4 不同倾角、开度及深度的石灰岩裂缝充填量变化特征

（黑色实心圆代表裂缝充填程度，根据充填量和裂缝体积进行了相应换算）

第二节 多场耦合水—岩反应模型建立

本次研究中，首次将循环式热液模拟装置与多场耦合仿真模拟软件 TOUHGREACT 相结合，揭示了地层条件下热液在复杂裂缝、孔隙网络中的流体、沉淀和溶蚀机理及规律，弥补了当前低渗透储层井间裂缝充填程度和有效性评价难以实现的技术空白。

一、地质模型

TOUGHREACT 是一个数值模拟软件，用于多孔和压裂介质中多相流体的化学反应性非等温流动。该软件是用 Fortran 77 编写的，是通过将反应化学引入多相流体和热流模拟器 TOUGH2 中而开发的。该软件可以应用于具有物理和化学异质性的一维、二维或三维多孔介质和压裂介质。经过十多年的努力，劳伦斯伯克利国家实验室开发了许多新功能，许天福等已将这些新功能合并到 TOUGHREACT 2.0 版中。与以前的版本相比，TOUGHREACT 2.0 在编程中增加了一些 Fortran–90 的扩展代码。该代码可以包括液相、气相和固相中存在的任何种类的化学物质。在压力、温度、水饱和度、离子强度以及 pH 和 Eh 的广泛条件下，考虑了各种地下热、物理、化学和生物过程。由于成岩过程中复杂多样的地质条件，EOS1、EOS7 和 ECO2N 模块广泛用于众多科学研究中。EOS1 模块是最基本的模块，仅考虑水气两相状态，可以模拟基本的水—岩反应过程。EOS7 模块可以考虑水、盐、空气的三种组分，并考虑重力的渗透和扩散，适合模拟海洋沉积过程中的水岩反应。ECO2N 是基于 Spycher 和 Pruess 专门针对 CO_2 地质埋存模块的研究，可以准确地描述盐水中的水和 CO_2 混合物的多相流体运动过程。结合库车坳陷克深地区大气淡水和深部热液发育情况，选择 ECO2N 模块进行水—岩相互作用的数值模拟，为了突出裂缝网络内的充填、溶蚀规律，简化了地质流体的成分和岩石成分，选择了石灰岩和白云岩两种岩性。在空间离散过程中，TOUGHREACT 使用 IFD（有限差分法）方法，该方法可以处理均质 / 非均质各向同性 / 各向异性孔隙中的不规则网格和多相流体、裂隙介质中的迁移以及水岩反应。TOUGHREACT 中的求解采用了隐式时间加权法，实现水流、溶质迁移和化学反应模块之间的顺序迭代耦合。

从库车坳陷露头区和克深地区钻井岩心的致密砂岩中观察发现，典型的致密气藏包含大量不同尺度的裂缝和低渗透率的基质，以及少量零散分布的溶蚀扩容缝。与常规的双孔隙度和双连续性概念模型不同，嵌入岩石基质中的大尺度裂缝或溶蚀孔洞被概念性地简化为主要的流动通道。尽管低孔低渗的基质连续体（仍是油气的主要储集空间）与广泛连接的裂缝间接或直接相互作用，本书中使用的概念性离散模型，假设在任何时候，两个独立单元中的每一个都局部存在近似的热力学平衡。从而，基于局部平衡假设，可以成功地定义每个连续体的热力学变量，例如流体成分、温度、压力和饱和度等。

如图 4–5 所示，为了量化复杂裂缝网络结构对地下流体流动和矿物沉淀或溶解度的变化控制作用，设计了四组离散模型，即变开度裂缝模型，变倾角裂缝模型、深度可变裂缝模型和方向可变裂缝模型。根据露头和岩心观测结果，裂缝的充填度在几米之内也会发生明显变化，因此，将概念模型的尺度设置为米。以具有不同开度的单裂缝模型为例，如图 4–5 所示，定义了三维 1000mm×200mm×200mm 的流动区域，其中包含三个不同开度的裂缝和一块基岩，设定每条裂缝的平均开度为 5mm、15mm 和 20mm，平行于 x 轴或流体注入方向。

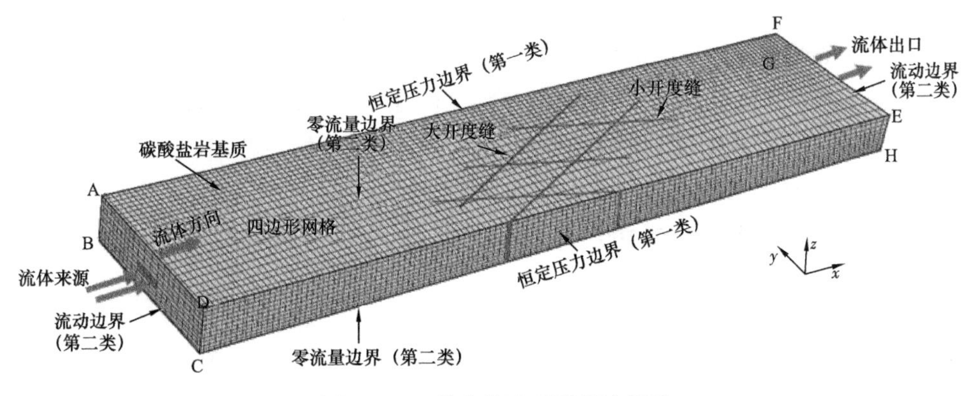

图 4–5　三维多维地质模型示意图

二、流体模型

库车坳陷克深地区的古流体主要是深部岩浆引起的高温热液和大气淡水渗入成因的低温热液。尤其是上升的深部热液系统通常由流体和气体组成，主要是高温水（H_2O）、二氧化碳、硫化氢、可能溶解在气藏中的甲烷，以及岩石碎片。为了确保后续模拟结果的可靠性，在本书中，对碳酸盐岩储层即 CO_2—H_2O 热液系统应用了简化的流体热力学模型（图 4–5）。从库车坳陷露头区和克深地区裂缝充填物的流体包裹体和碳氧同位素测试结果来看，估计的地质流体温度主要在 90～115℃、130～155℃和 180～230℃之间，这代表了自喜马拉雅运动以来富含二氧化碳的深层热液和淡水低温热液的古温度主要集中在三个区间。同时，结合地层埋藏史结果，流体热液事件分别对应的古埋深和地层压力分别为 2500m、4000m 和 5500m 左右，60MPa、100MPa 和 140MPa 左右。根据前人研究，库车坳陷克拉苏构造带的地温梯度约为 2.7℃ /100m，古地表温度为 20℃，三次构造运动或流体活动期的相应地层埋藏温度为 90℃、130℃和 170℃。

由上，初始储层温度和压力分别设定为 125℃和 105MPa。在注入侧（左侧）施加 10 MPa 的超压，注入的水和气体（CO_2）温度设为 255°C。在 TOUGHREACT 仿真模拟器中，将气体（CO_2）设置为可溶于水，即水溶性，可认为该模拟中的流体类型属于单相流。在渗流区的模型边界上给出边界条件，以表示渗流区边界上的物理条件，即水位（或渗流）应在渗流区边界上满足的条件。根据研究区地质特征，对于水平流模型（图 4–5），其上、下表面（ADEF 和 BCHG 表面）均为阻水层，属于第二类边界条件（Neumam 条件）。对于第二种类型，相应的控制方程为：$K\partial H/\partial n|S_2=q(x, y, z, t)$，$(x, y, z)\in S_2$，式中，$K$ 是渗透系数，H 是顶部和底部的水头，这里指的是地下热流，$q(x, y, z, t)$ 以给定单位面积和单位时间内的流入或流出数量，由于该阻水边界属于各向同性岩石，因此表达式可简化为：$\partial H/\partial n=0$，表明该边界处的流量为 0。南边界和北边界（CDEH 和 ABGF 面）是第一类边界条件，即恒压边界（Dirichlet 条件）。对于这种情况，相应的控制方程为：$H(x, y, z, t)|S_1=\varphi(x, y, z, t)$，$(x, y, z)\in S_1$，这里，$\varphi(x, y, z, t)$ 是边界流随时间的函数。尽管此边界上每个点的水位在每个时刻都是恒定的，但该边界与外部地层连通，只要压力足够大，流体仍可以流动。东西边界（ABCD 和 EFGH 面）是流动边界，即第二类边界。在该模型中，进一步设置热液从左（西）侧流向右（东）侧，CO_2 注入速率为 0.005kg/s。

对于垂直深度模型，水平的四个边界（面 ADHE、BCGF、ABCD 和 EFGH）是第一类边界，也就是说，当流体压力足够大时，流体可以与周围的岩石相通。但是，顶部和底部边界设置为第二种类型或流动边界，即流体以 0.005kg/s 的初始注入速率从深处移动到浅处。假定地热流体注入将持续 100 年。为了观察流体流动过程中的化学反应，将改模拟时间也设置为 100 年。

三、储层物理模型

如上文所述，为了突出裂缝内矿物沉淀和溶蚀情况，选取山东沂源溶洞附近的奥陶系碳酸盐岩作为代替反应岩样，毕竟克深地区致密砂岩裂缝内的充填物以方解石和白云石为主，两者具有很好的可比性。相对于成分复杂的致密砂岩，碳酸盐岩矿物组成简单，对于矿物的充填和溶蚀反应灵敏，更能直观反映裂缝网络内的化学反应机理。岩心和薄片观察表明，所用的碳酸盐岩岩样主要岩性包括生物灰岩和云质灰岩，岩石内含少量黏土和碎屑岩。研究中，为简化起见，将岩石矿物模型比例设置为：10%（体积）方解石（$CaCO_3$）+90%（体积）$CaMg(CO_3)_2$。TOUGHREACT 仿真模拟器要求对岩石网格化后的节点进行固有物理和渗流参数的赋值，如岩石密度 ρ、孔隙度 ϕ、渗透率 K、热导率 λ 和比热容 c 等。见表 4-1，根据孔渗测量结果，岩石基质的孔隙度为 0.92%～7.48%，平均值为 4.2%，裂缝和基质的水平渗透率均明显高于垂直渗透率，甚至高出一个数量级。该研究仅涉及流体运动和水岩反应，因此，岩石导热系数使用了模拟器中的默认值。另外，一些常规方法难以获得的水文地质和热力学参数（K_{rl}，S_{lr}，S_{lg}，p_{cap} 和 p_0）也使用了默认设置（表 4-1）。

表 4-1　模拟中使用的水文地质和热力学参数

参数	数值	单位
基岩密度	2.61	g/cm^3
基岩孔隙度	4.2	%
基岩垂向渗透率	1.5×10^{-14}	m^2
基岩水平渗透率	5×10^{-13}	m^2
基岩热导率	2.51	W/（m·K）
基岩比热容	920	J/（kg·K）
裂缝密度	2.20	g/cm^3
裂缝孔隙度	10	%
裂缝垂直渗透率	1.5×10^{-12}	m^2
裂缝水平渗透率	5×10^{-11}	m^2
裂缝热导率	2.10	W/（m·K）
裂缝比热容	800	J/（kg·K）
相对渗透率 流体（Van Genuchten，1980）： $K_{rl}=\sqrt{S^*}\left\{1-\left[1-\left(S^*\right)^{1/m}\right]^m\right\}^2$ 未饱和水饱和度 S_{lr} 指数 气体（Corey，1954）： $K_{rg}=(1-S)^2(1-S^2)$ 未饱和气饱和度 S_{gr} 毛细管压力 （Van Genuchten，1980）： $p_{cap}=-p_0\left[\left(S^*\right)^{-\frac{1}{m}}-1\right]^{1-m}$ 未饱和水饱和度 指数 强度系数	$S^*=(S_l-S_{lr})/(1-S_{lr})$ $S_{lr}=0.3$　　$S_{lr}=0.3$ $m=0.457$ $S=(S_l-S_{lr})/(S_l-S_{lr}-S_{gr})$ $S_{gr}=0.05$ $S^*=(S_l-S_{lr})/(1-S_{lr})$ $S_{lr}=0.03$ $m=0.457$ $p_0=19.61kPa$	

四、水化学类型

地下水通过矿物质过滤并在与矿物质交换过程中改变其离子成分的含量。根据苏林的经典方案，克深地区地层地下水主要为氯化钙型（$CaCl_2$）和碳酸氢钠型（$NaHCO_3$），平均 pH 值为 6.5。结果，在建模中，将包含 HCO_3^-、钙离子（Ca^{2+}）、镁离子（Mg^{2+}）和氯离子（Cl^-）并简化后的 $CaCl_2$–$NaHCO_3$ 型水模型设置为初始注入热液。天然储层水的 HCO_3^- 浓度等于 1.28mol/kg，Ca^{2+} 浓度等于 3.16mol/kg，Mg^{2+} 浓度等于 0.997mol/kg，Cl^- 浓度为 3.26mol/kg，pH 值为 6.5。最后，在含水层水特性、竖向边界和侧向边界设置之后，在水文地质概念模型的基础上建立了地下水数值模型。

五、反应动力学模型

由于热液流体通常具有很高的温度并携带大量酸性气体，如 CO_2 和 CH_4，因此该酸性环境将与周围的碳酸盐岩发生水—岩溶解或沉淀反应。该软件在矿物溶解和沉淀过程中使用的动力学速率表达式为：

$$r_n=f(C_1, C_2, \cdots C_n)=\pm k_n A_n |1-\Omega_n\theta|\eta \tag{4-2}$$

式中 n——用于溶解 / 沉淀反应的矿物代码；

r_n——溶解 / 沉淀反应速率，正值表示溶解，负值表示沉淀；

k——反应速率常数；

A_n——1kg 水中矿物质的活性比表面积；

Ω——饱和指数；

θ，η——两个参数，通常由实验确定，默认情况下通常设置为 1。

该软件中使用的反应速率常数的计算公式如下：

$$\begin{aligned} k= & k_{25}^{\mathrm{nu}}\exp\left[\frac{-E_{\mathrm{a}}^{\mathrm{nu}}}{R}\left(\frac{1}{T}-\frac{1}{298.15}\right)\right]+k_{25}^{\mathrm{H}}\exp\left[\frac{-E_{\mathrm{a}}^{\mathrm{H}}}{R}\left(\frac{1}{T}-\frac{1}{298.15}\right)\right]a_{\mathrm{H}}^{n_{\mathrm{H}}} \\ & +k_{25}^{\mathrm{OH}}\exp\left[\frac{-E_{\mathrm{a}}^{\mathrm{OH}}}{R}\left(\frac{1}{T}-\frac{1}{298.15}\right)\right]a_{\mathrm{OH}}^{n_{\mathrm{OH}}} \end{aligned} \tag{4-3}$$

式中 k_{25}——在 25℃下的反应速率常数，mol/（$m^2 \cdot s$）；

E_a——反应活化能，kJ/mol；

R——气体常数；

a——反应活性；

nu——中性机制；

H——酸性机制；

OH——碱性机制。

化学反应动力学参数参考许天福等（2003，2009）的研究结果。

表 4-2　用于计算矿物动力学速率常数的参数

矿物类型	A（cm^2/g）	中性机制		酸性机制			碱性机制		
		k_{25}［mol/（$m^2 \cdot s$）］	E_a（kJ/mol）	k_{25}［mol/（$m^2 \cdot s$）］	E_a（kJ/mol）	n_{H^+}	k_{25}［mol/（$m^2 \cdot s$）］	E_a（kJ/mol）	n_{H^+}
石英	9.8	1.023×10^{-14}	87.70						
低钠长石	9.8	2.754×10^{-13}	69.80	6.918×10^{-11}	65	0.457	2.512×10^{-16}	71	−0.572
钙长石	9.8	7.586×10^{-13}	17.80	3.162×10^{-4}	16.6	1.411			
钾长石	9.8	3.890×10^{-13}	38	8.710×10^{-11}	51.7	0.500	6.310×10^{-22}	94.1	−0.823
方解石	9.8	设置为平衡							
绿泥石	9.8	3.020×10^{-13}	88	7.762×10^{-12}	88	0.500			
白云石	9.8	2.951×10^{-8}	52.20	6.457×10^{-4}	36.1	0.500			
菱铁矿	9.8	1.260×10^{-9}	62.76	6.457×10^{-4}	36.1	0.500			
铁橄榄石	9.8	1.260×10^{-9}	62.76	6.457×10^{-4}	36.1	0.500			
高岭石	151.6	6.918×10^{-14}	22.20	4.898×10^{-12}	65.9	0.777	8.913×10^{-18}	17.9	−0.472
伊利石	151.6	1.660×10^{-13}	35	1.047×10^{-11}	23.6	0.340	3.020×10^{-17}	58.9	−0.400
钠蒙脱石	151.6	1.660×10^{-13}	35	1.047×10^{-11}	23.6	0.340	3.020×10^{-17}	58.9	−0.400
钙蒙脱石	151.6	1.660×10^{-13}	35	1.047×10^{-11}	23.6	0.340	3.020×10^{-17}	58.9	−0.400

六、孔渗相关模型

由于初始矿物的溶解和次生矿物的沉淀、含水层的孔隙度和渗透率不断发生变化，孔隙度变化直接根据矿物的体积分数变化来计算，而孔隙度变化所引起的渗透率变化可以通过 Kozeny–Caeman 球形颗粒模型来计算（许天福等，2008）。具体表达式为：

$$K/K_0=\phi/\phi_0\left[(1-\phi_0)/(1-\phi)\right]^2 \tag{4-4}$$

式中 K_0——岩石初始渗透率，mD；

K——化学溶解或填充后的渗透率，mD；

ϕ_0——岩石初始孔隙度，%；

ϕ——化学溶解或填充后的孔隙度，%。

在模拟过程中选择的孔隙度—渗透率模型相对简单，它没有考虑各种因素的影响，例如孔隙的大小、形状和连通性，但模型中孔隙度与渗透率相关性很好。

第三节　多场耦合模拟结果分析

一、不同开度裂缝的充填规律

随时间变化的流速和矿物充填或溶蚀程度如图 4–6 所示。通过将流动方向上的裂缝开度从 5mm 增加到 30mm，模型内的流体流速最初会成比例地增加。由于连续注入，100 年后，整个模型中的地层压力逐渐增加并达到新的平衡，这比初始地层压力 105MPa 略高。但是，当深层流体迁移到裂缝区域时，压力沿流动方向急剧下降，达到 108MPa（图 4–6a）。进一步由图 4–6b 可以看出，由于与储层基质相比，裂缝的渗透率较大，缝内流速和温度增加得更快。前人的许多研究表明，随着流体温度的升高，$CaCO_3$ 的溶解度降低，这意味着碳酸钙的溶解度增加。10 年后，255℃的注入流体中方解石矿物逐渐过饱和，而相对于白云石矿物则饱和度更高，因为该流体尚未与储层岩石达到反应平衡。因此，此时方解石首先在注入侧附近溶解，因为方解石的溶解度随着温度的降低而增加，且流速也逐渐增大（图 4–6c），这与白云石不同。50 年后，随着储层温度的升高和压力的下降，裂缝中的化学反应逐渐由溶解转变为沉淀。方解石在裂缝处的充填程度（体积分数）较高，孔径为 5mm。随着裂缝孔径的增加，矿物的充填程度明显降低，但充填范围却相对增加（图 4–6d）。有趣的是，在 100 年之后，该裂缝系统中矿物沉淀的差异变得更加明显（图 4–6e）。在开度为 5mm 的裂缝中可以观察到方解石沉淀逐渐达到峰值，因为沉淀速率随温度和相对封闭的流体环境而增加。然而，由于反应动力学的差异，在早期阶段，沿流动路径，流体条件不断变化，基质中的白云石发生微溶，但在大开度裂缝中出现了少量沉淀，这是对方解石溶解的一种竞争作用（图 4–6f）。相比之下，随着流体的连续注入，白云石在裂缝中的溶解更加明显，而开度越大，溶解度越强（图 4–6g、h）。

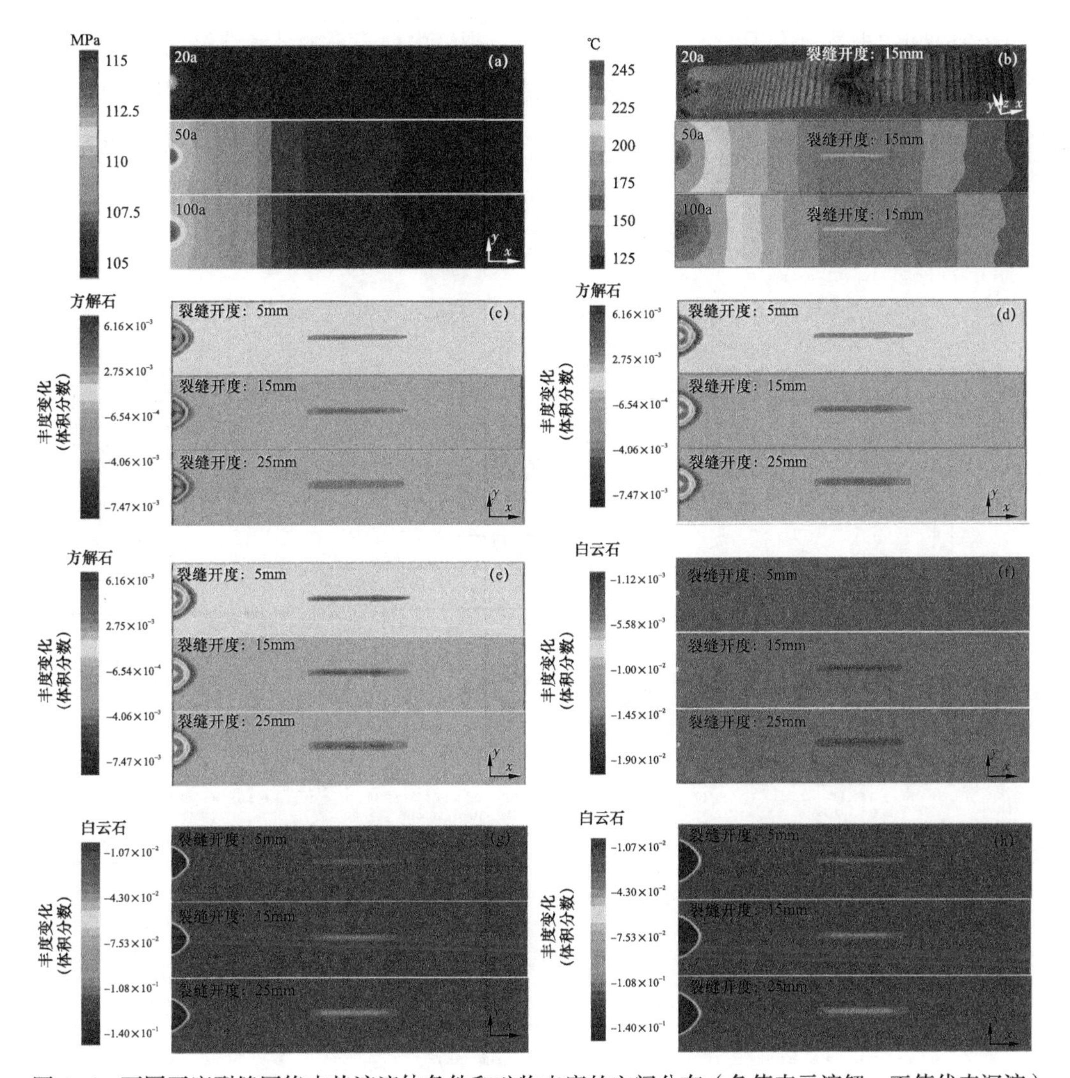

图 4-6　不同开度裂缝网络中热液流体条件和矿物丰度的空间分布（负值表示溶解，正值代表沉淀）

（a）不同时间压力变化规律；（b）流速和温度变化规律（箭头长度代表流速，即箭头越长，流速越快）；（c）10 年后方解石的丰度变化；（d）50 年后方解石的丰度变化；（e）100 年后方解石的丰度变化；（f）10 年后白云石的丰度变化；（g）50 年后白云石的丰度变化；（h）100 年后白云石的丰度变化

为了进一步探讨裂缝的充填机理，提取了不同时间、不同距离范围内的溶液离子曲线（图 4-7）。当富含 CO_2 的热液流体（酸溶液）进入 $CaCl_2$–$NaHCO_3$ 型地层水（弱酸液）时，原始化学平衡将被破坏，导致 Ca^{2+} 浓度呈线性下降，而 Mg^{2+} 浓度逐渐升高，且裂缝中 pH 值持续升高（图 4-7a、b）。因此，在早期由于注入流体的高温和低 pH 值，方解石和白云石在整个基质和裂缝中不断发生溶解，直到 Ca^{2+} 和 Mg^{2+} 饱和或过饱和。此时，方解石和白云石溶解的反应表示为：

$$CaCO_3(s)+CO_2(g)+H_2O(l)=\!=\!=Ca(HCO_3)_2(aq)=\!=\!=Ca^{2+}(aq)+2HCO_3^-(aq) \quad (4\text{-}5)$$

$$\begin{aligned}&CaMg(CO_3)_2(s)+2CO_2(g)+2H_2O(l)=\!=\!=Ca(HCO_3)_2(aq)+\\&Mg(HCO_3)_2(aq)=\!=\!=Ca^{2+}(aq)+Mg^{2+}(aq)+4HCO_3^-(aq)\end{aligned} \quad (4\text{-}6)$$

随着时间的进行，由于 Mg^{2+} 的饱和度不足，裂缝中白云石的持续溶解促进了方解石的连续沉淀（图 4-7b）。由于温度、流速和 pH 值沿流动路径的变化，白云石溶解区域和方解石或白云石沉淀区域逐渐远离注入点。此外，方解石或白云岩沉淀的关键区域逐渐从岩石基质转移到裂缝中。因此，加热后方解石或白云石沉淀（新矿物）的相应反应方程为：

$$Ca(HCO_3)_2(aq) = CaCO_3(\text{方解石}) + CO_2 + H_2O(\text{稳定}) \tag{4-7}$$

$$Mg(HCO_3)_2(aq) = MgCO_3(\text{白云石}) + CO_2 + H_2O(\text{稳定}) \tag{4-8}$$

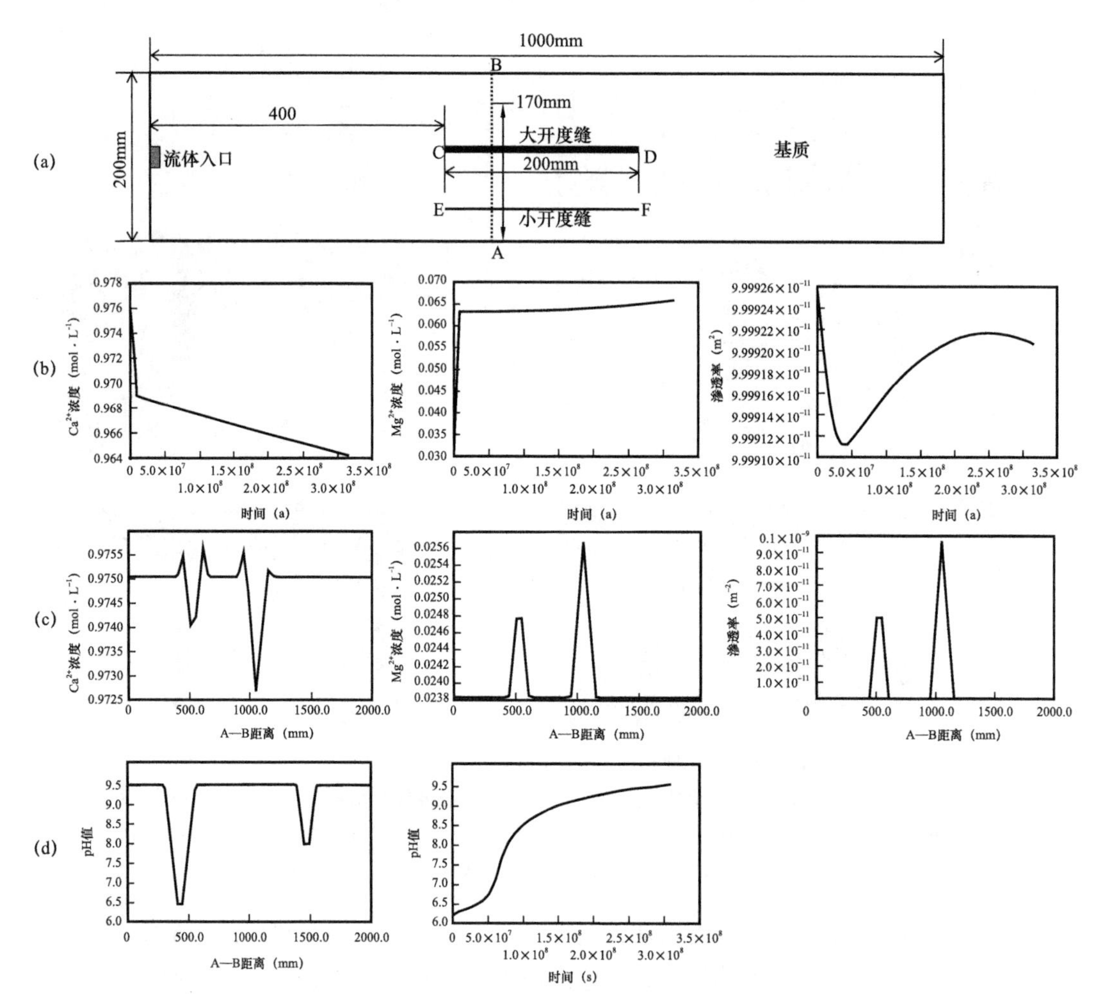

图 4-7　6 组模拟中离子浓度、矿物丰度、渗透率、pH 值沿剖面的变化规律

（a）三维模型顶部俯视图；（b）离子浓度和渗透率在裂缝各点随着时间的变化（C—D 和 E—F）；（c）100 年后裂缝内离子浓度和渗透率的变化；（d）pH 值沿着剖面 A—B 的时间变化

在地球化学模拟中，离散的流体流动主要发生在三维断裂带和裂缝系统内。无疑，矿物的溶解和沉淀会导致储层基质和裂缝孔渗的变化。裂缝的渗透率增加表明，矿物溶解在早期阶段占主导地位（图 4-7b），而矿物析出沉淀在后期阶段占主导地位时，渗透率将降低。尽管白云石的溶解和沉淀对方解石起着重要的作用，且在裂缝带内引起方解石的重新分布，但碳酸盐岩储层中白云岩的初始体积含量不超过 10%，因此它对裂缝充填以及渗

透率的影响很小。

图 4-7c 显示了 100 年后，裂缝中 Ca^{2+} 和 Mg^{2+} 的离子浓度和渗透率变化。钙离子（Ca^{2+}）高浓度区倾向于在储层基质和裂缝边缘聚集，表明裂缝区是方解石易于沉淀的有利位置。造成这种现象的原因是碳酸盐岩的围岩比破裂带本身的渗透性差，并且接触面附近成为典型的流体过渡带，如流速、压力和温度。此外，裂缝的开度越小，方解石越容易沉淀，裂缝带的总渗透率越低。相反，镁离子（Mg^{2+}）的时空变化与前者恰好相反，这对裂缝渗透率的变化影响仍然很小。所有这些表明，由于三维空间内孔隙和裂缝之间流体的对流，对于各化学组分之间的反应起到了促进和加速的作用。

地层水的 pH 值曲线如图 4-7d 所示，在 5.0×10^7s 内，地层水的 pH 值缓慢上升至约 6.7，在 1.0×10^8s 之前，pH 值迅速增加，达到 8.5。但是，在 1.0×10^8s 后，pH 值缓慢增加并保持在 9～9.5 之间。100 年后，地层水的 pH 基本稳定。根据 A—B 剖面，裂缝中的 pH 值较低，远低于围岩的 pH 值。对于具有不同开度的裂缝，开度越大，pH 值越低，相应的钙离子浓度越高，渗透率越低。

二、不同倾角裂缝的充填规律

根据不同倾角裂缝的模拟结果，这种充填程度的差异更加明显（图 4-8）。在注入初期，三条裂缝中的方解石丰度几乎没有差异，原始方解石矿物在靠近注入侧溶解，但随后发生沉淀（图 4-8a）。随着高温从注入侧扩散，HCO_3^- 和 Ca^{2+} 过度饱和，方解石发生了沉淀，尤其是在裂缝区域。由于沿流动路径的温度变化，方解石沉淀区逐渐远离注入点向右侧移动。100 年后，在低角度裂缝中最多析出了 8% 的新方解石矿物，比垂直裂缝的

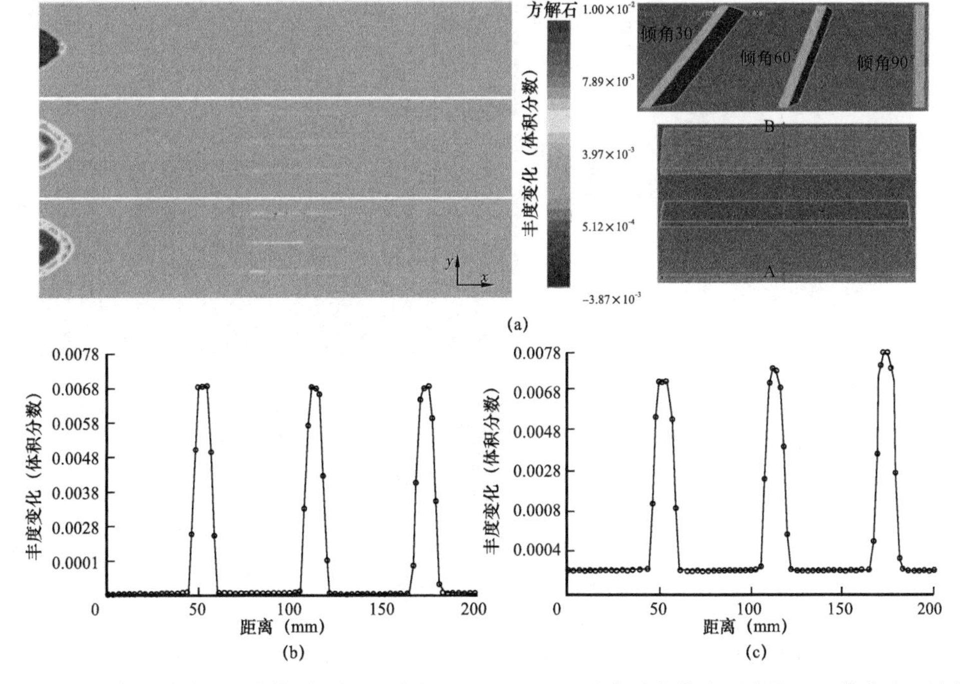

图 4-8　流体反应期间不同倾角裂缝内方解石丰度的空间分布（负值表示溶蚀，正值代表沉淀）

（a）流体注入过程中方解石丰度的变化；（b）10 年后方解石丰度的变化；（c）100 年后方解石丰度的变化

沉淀量大了约 10%（图 4-8b）。请注意，方解石沉淀量及其重新分布取决于沉淀动力学。由模拟结果可以看出，经过长期的地质历史演化，低角度裂缝容易被矿物充满，而斜交裂缝容易被矿物近似充满，但是近垂直裂缝容易发生溶蚀，填充程度低，这与前面的 CT 扫描统计结果和高压釜内实验结果在规律上是非常一致的，即经过了足够的时间后，低角度裂缝更容易充填，且多数是全充填，而高角度和直立裂缝不利于矿物的充填，充填程度往往为半充填和少量充填。

三、不同深度域裂缝的充填规律

通常，随着深部热液流体向地层浅部运移，相应的温度、压力随着深度变浅而逐渐降低。为了研究深层流体运移对方解石溶解度的影响，本研究首先假设一种理想的情况，即流体温度和压力与地层温度和地层静水压力一致。为简单起见，定义了一个 200mm×200mm×400mm 的三维流动区域，其中包含连续基质和两条不同尺度的裂缝（图 4-9）。如图 4-9b 所示，由于注入了 CO_2 和 H_2O，岩石及裂缝中的矿物沉淀和溶解作用随着深度而发生不断变化。清楚地观察到，方解石丰度的所有变化都集中在裂缝带内。同时，在前 20 年内，模型的上部出现了沉淀或溶解的化学反应边界（距顶部约 80mm），即在其上方以强溶蚀为主，在其下方则以弱溶蚀为主。有趣的是，由于方解石的溶解度与压力和 CO_2（液相）浓度成正比，与温度成反比，因此方解石的分布模式与这些因素相似，这可从图 4-9c 和 d 中看出。这主要是由于重力的原因，初始的 CO_2 浓度（液

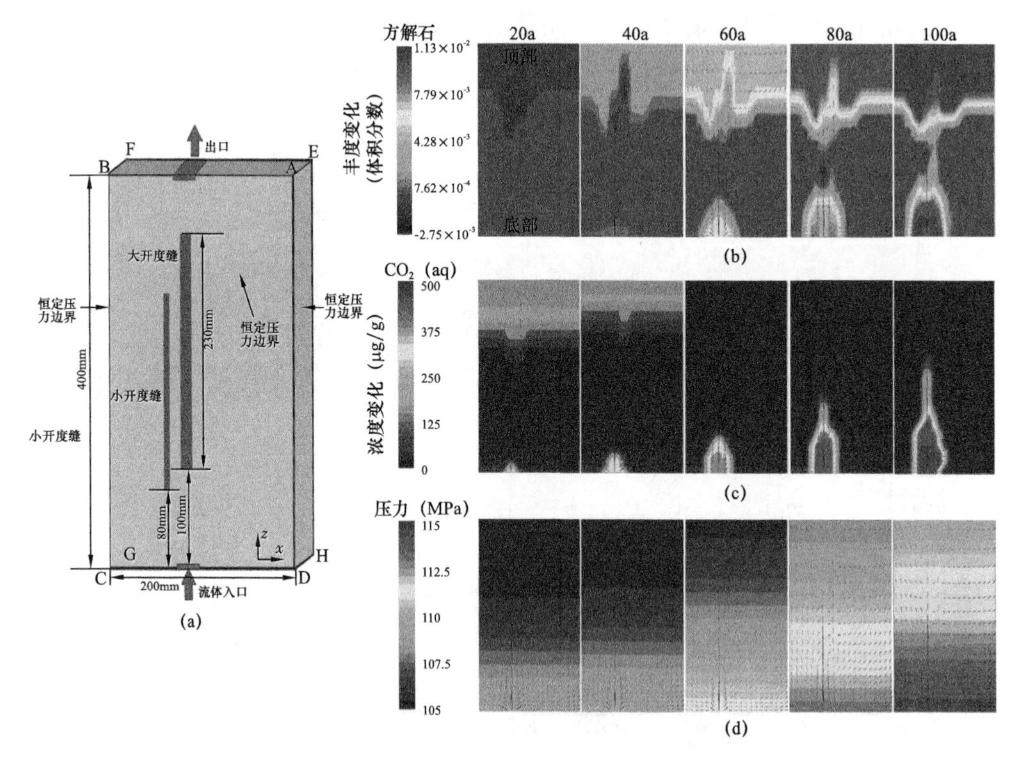

图 4-9　深度模型内矿物质丰度、CO_2 浓度（液相）和地层压力的空间分布变化

（a）深层热液的三维概念模型；（b）不同注入阶段方解石丰度的分布变化；（c）液相二氧化碳浓度随时间的变化曲线；（d）地层压力随时间的变化曲线

相）沿着陡峭的裂缝带到顶部出口迅速上升，导致方解石在岩石中大面积溶解。但是，直到 40 年后，这种溶解或沉淀现象才发生了显著变化。随着 CO_2 在顶部的继续积聚或 CO_2 浓度持续增加，HCO_3^- 和 Ca^{2+} 迅速达到饱和或过饱和，地层温度逐渐上升到一定值，方解石开始沉淀（图 4–10）。然而，此时的边界仍然存在并开始向下迁移，直到距顶部 135mm 左右，这与裂缝带的边界不同（图 4–9b）。即使经过 100 年后，这种现象也变得更加明显，其中地层的上部始终是沉淀区，而下部始终是溶蚀区。最后的结果是，在裂缝区域，最大量的方解石沉淀位于上部，而最大量的方解石溶解发生在下部。当然，从基于深度的模拟结果来看，此时的裂缝规模对矿物的溶蚀和填充影响很小。

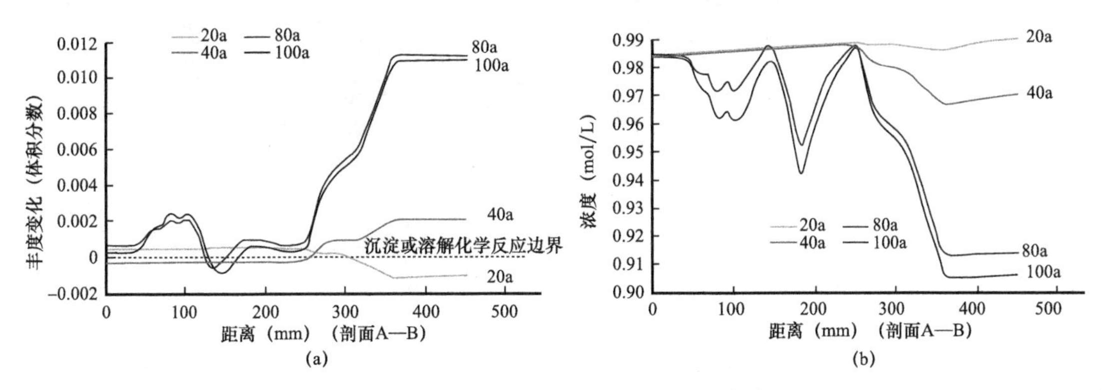

图 4–10　矿物空间分布随地层深度的变化

（a）流体注入过程中方解石丰度的变化（负值表示溶解，正值代表沉淀）；（b）流体注入过程中剖面钙离子浓度的变化

四、复杂裂缝网络的充填规律

图 4–11 显示了混合裂隙网络在 5mm、15mm 开度和均匀流速下流动区域内方解石丰度的空间分布特征。在模式 1、2、3 和 4（图 4–11a、b、c 和 d）中，尽在 80 年和 100 年后的沉淀 / 溶解规律变化较大，但在前 20 年期间，沉淀方解石的浓度分布特征非常相似，只是矿物丰度的最大值略有不同。如图 4–11a 所示，在具有恒定开度的复杂裂缝网络中，方解石首先在入口附近平行于流动路径上沉淀，然后逐渐迁移至更远的裂缝区域。而且，随着时间的增长，矿物沉淀的高值区域逐渐迁移到或位于裂缝的交叉点处，表明矿物充填程度与裂缝密度（表征发育程度的指标）成正比。相反，对于不同的裂缝组合，高沉淀量集中在可变开度裂缝中的几个低渗透率通道中。

综上所述，在与水流方向平行的裂缝中，斜交裂缝和主裂缝的相交处，矿物充填度一般为全充填类型，而在其他位置的充填程度一般为半充填或少量充填类型。这表明以小角度与流向相交的小开度裂缝不仅有着足够的离子浓度（HCO_3^- 和 Ca^{2+}），而且还保持了较高的温度。相反，连通的大开度裂缝中的流体速率足够大，但难以提供稳定的沉积环境，从而会倾向于两壁矿物的溶蚀。同样，次生裂缝，即与主裂缝方向相同的末端裂缝，比与主裂缝方向相反的裂缝更容易发生矿物沉淀（图 4–11b）。这是因为与反向裂缝相比，沿流动方向的次级裂缝更容易通过更多的流体以保持较高的温度并携带更多的矿物离子。

另外，在图 4–11c 和 d 中，裂缝和流体方向之间的夹角会显著影响着地壳内复杂裂缝系统中的矿物溶解和沉淀。这里主要考虑了两种裂缝组合：（1）角度组合包含六条不同夹角的次级裂缝；（2）连通组合包含五条不同的裂缝。通常，随着时间的发展，方解石首先在高温流动或主裂缝区域沉淀，然后逐渐转移至次级顺向裂缝，而在低温区域或反向裂缝、孤立裂缝内则沉淀较少的方解石。对于固定角度的裂缝组合，可以得出这样的结论：与流体流动方向呈较小角度（小于30°）和接近直角的那些裂缝更容易被填充，而具有中等夹角的那些裂缝内充填程度一般较低。

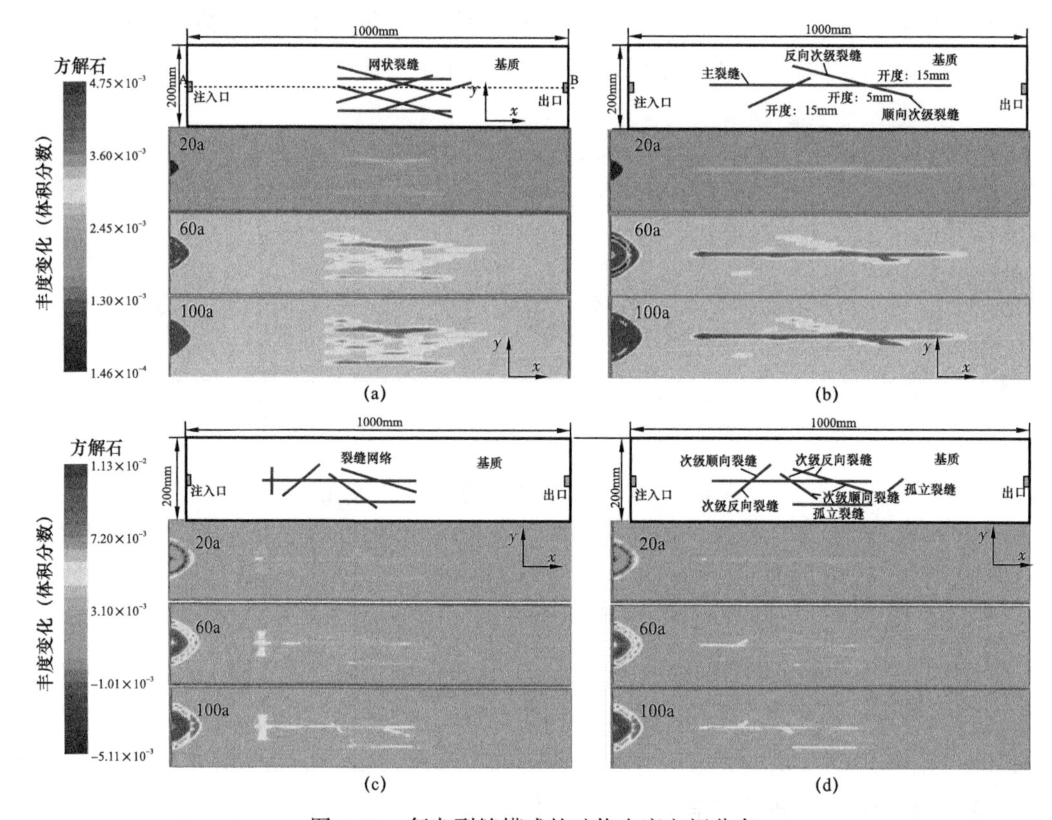

图 4-11　复杂裂缝模式的矿物丰度空间分布

（a）在注水过程中，模式1（网状裂缝）横截面中方解石丰度的变化；（b）模式2（可变开度）横截面中方解石丰度的变化；（c）模式3（可变角度）横截面中方解石丰度的变化；（d）模式4（可变连通性）横截面中方解石丰度的变化

五、复杂裂缝网络充填模式总结

如数值模拟结果所示，裂缝系统中的流体沉淀或溶解过程是一个复杂而微妙的反应输运过程。将数据标准化后绘制成曲线变化图，以概括不同裂缝组合下的矿物充填或溶蚀模式。如图4-12a所示，在深层流体和温压条件下，裂缝开度对方解石溶解或沉淀的影响是显而易见的，即开度越小，方解石充填程度（体积分数）越高，反之亦然；当然，矿物沉淀与结构复杂性之间的内在联系不是恒定的。曲线表明，随着裂缝开度的减小，当小于10mm（相对值）时，矿物充填程度不再变化，即趋于稳定。对于第二种类型的曲线（图4-12b），趋势与第一种类型非常相似。具体地说，另一个影响概念模型充填程度的因素是在复杂应力状态下可变的裂缝倾角。显然，在流体注入过程中，随着裂缝倾角的增

加，方解石的析出或沉淀量不断减少，直到倾角达到 90° 为止。但是，与前两种不同，后两种方解石沉淀或溶解曲线的变化通常具有先降低后迅速增加的趋势（图 4–12c 和 d）。

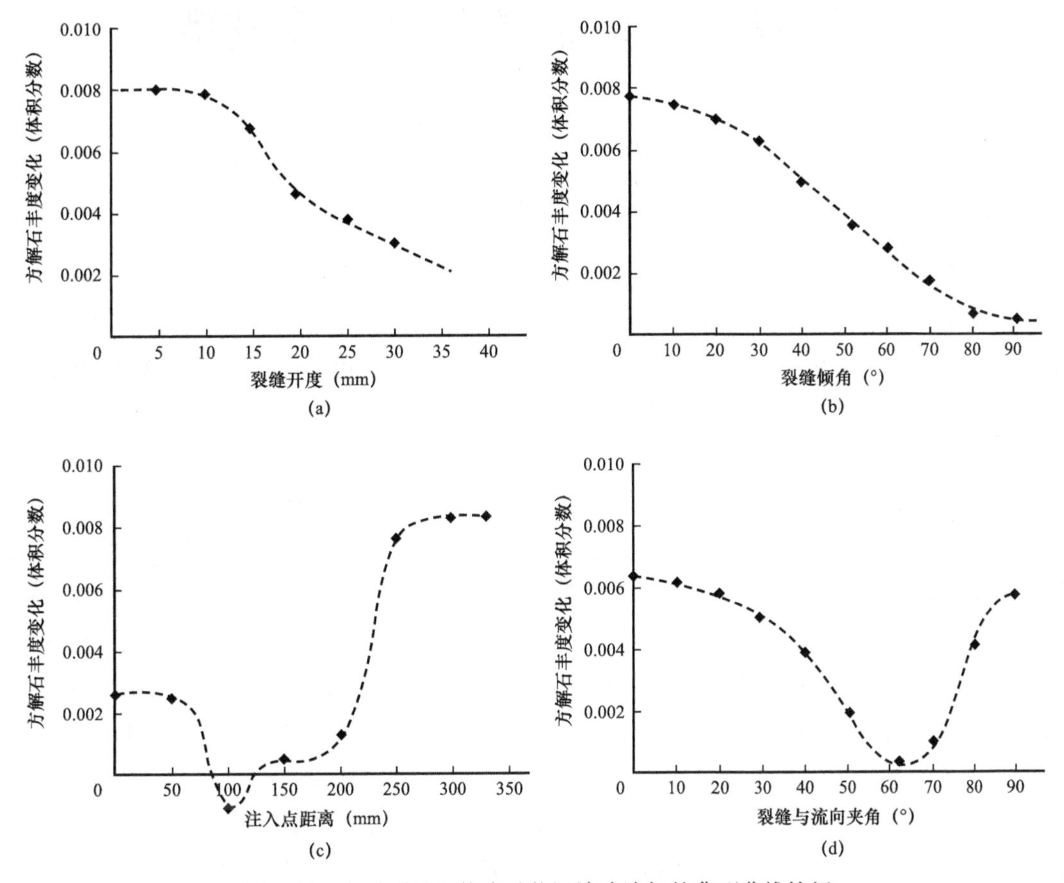

图 4–12　各种裂缝网络中矿物沉淀或溶解的典型曲线特征

（a）方解石丰度随裂缝开度的变化曲线；（b）随裂缝倾角的变化曲线；（c）随离注入点距离的变化曲线；（d）随裂缝与流向夹角的变化曲线

对于第三种曲线模型，流体注入方向（图 4–12c）与其他三个方向不同（图 4–12a、b、d），大约在储层的上半部存在清晰的化学反应界面。此外，在垂向上，在基质和界面上方的裂缝中，方解石溶解或少量沉淀趋势是主要的，而在界面下大量沉淀趋势是主要的（图 4–12c）。第四种“U”形曲线模式表明，裂缝和流动方向之间的夹角在裂缝网络的矿物沉淀 / 溶解过程中也起着重要作用。具体地讲，在距流动方向 45°～75° 夹角的范围内，裂缝中的流体不太可能沉淀，因此充填程度相对较低（图 4–12d）。相比之下，与流动方向呈 0°～45° 和 75°～90° 夹角范围内的裂缝相对更容易发生方解石矿物的沉淀，因此充填程度相对较高。此外，随着裂缝网络内裂缝线密度的增加，矿物沉淀体积分数或充填程度降低。所有这些主要是由于裂缝网络的结构复杂性所致，它控制着流速、局部温度和压力的变化以及离子浓度的变化，但这些因素并不是造成以上结果的唯一因素。最终的模拟结果及规律与在库车坳陷露头区和井下岩心观察到的现象及规律一致。

第五章　单期裂缝参数计算模型

第一节　实验样品优选

根据岩心和薄片的分析，克深气田巴什基奇克组的岩性主要为长石砂岩，粒度上主要分为细砂岩、粉砂岩和泥岩，胶结牢固，分选中—好，大量胶结物含量高，如钙质、黏土和二氧化硅等，平均密度为2.598g/cm^3。砂岩矿物成分主要由45%的石英、32%的长石、18%的碎屑和5%的黏土组成。结果表明，巴什基奇克组致密砂岩属于硬脆性砂岩，宏观上表现出较强的弹性和脆性特征。沿层理面方向钻取样品，从巴什基奇克组的钻井岩心中获得了18个致密砂岩样品，加工成岩石力学标准测样（25mm×50mm）。首先选取了6个样品，以便在单轴应力下用CT扫描设备进行微观裂缝观察，然后选择了另外12个样品，以测试在不同围压下的岩石力学特征。CT扫描岩样的选取原则为：（1）代表性的致密砂岩（分选好、脆性强）；（2）完整的岩石，不含原始微裂缝；（3）较高的单轴抗压强度；（4）相似的岩性和物理性质（即相似的深度）。选择致密砂岩进行力学实验，如单轴压缩实验、三轴压缩实验和巴西劈裂实验，主要是考虑到它们的低孔低渗以及强度的差异。特别地，用于三轴压缩实验的样品可以根据其岩性和性质分为几类。严格来说，每组至少包含3个样品，所有样品均取自近似相同深度的岩心，具有相似的岩性和强度性能。所有样品均按照国际岩石力学学会（ISRM）建议的方法进行处理（ISRM，2007），直径和长度分别为25mm和50mm，两端磨平至0.01mm，垂直偏差小于0.25°（图5-1）。

第二节　CT装置及实验方法

由于扫描实验和力学测试已在中国石油大学（华东）储层油气流动研究中心的CT实验室进行（图5-1）。在MicroXCT-400 CT扫描仪上扫描了6个圆柱状砂岩样品，图像最大像素达到2048×2048，空间分辨率小于1μm。CT扫描仪配备了高分辨率三维X射线成像系统，能够容纳直径最大为300mm，重量为15kg的样品。首先，需要以相对较低的精度进行初始CT扫描和样品优选。进行初始二维切片扫描是沿采样轴以10mm的间隔获得粗糙的岩样内部结构信息，由此，进一步选出原始尚无缺陷且相对完整的样品进行进一步的三维扫描成像。CT扫描设备包括标准的图像处理工作站（即XM Reconstruction和3Dviewer方法），用于重建和可视化数据。然后将处理后的图像数据导入到Avizo（Mercury）软件中以接受后续处理，例如灰度校正、对比度调整、锐化和二值分割等，最终获得不同层的CT清晰图像。在CT图像上，亮色表示高密度部分，暗色表示低密度部分，如破裂区。这样，利用三维CT图像可以清楚地看到岩样内部的裂缝和孔隙分布。最后，在建立三维数字图像后，可以方便地计算微裂纹和裂缝的长度、开度和体密度分布特征，并使用校准方法从 CT 图像数据中提取出来。

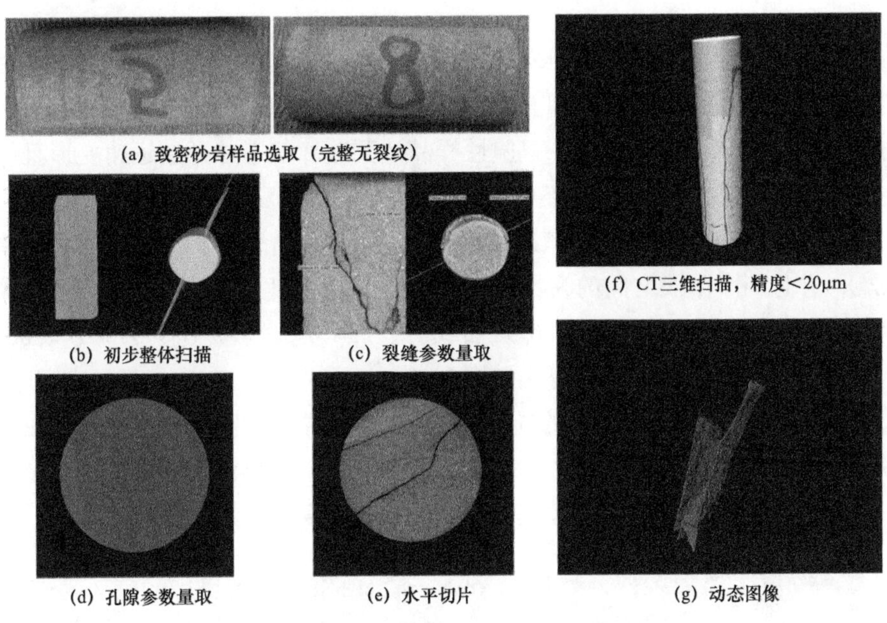

图 5-1　CT 扫描岩样优选流程和成像效果

第三节　岩石力学实验步骤

本文使用单轴和三轴力学仪器（ITEM：TAWA-2000）模拟库车坳陷克深地区岩石的破坏过程。这是一种混合式加载仪器，最大轴向压力为 2000kN，最大围压为 140MPa，用于单轴和三轴压缩测试。通过多阶段加载方法以 0.01mm/s 的加载速率进行三轴测试。在加载过程中，随着轴向压力增加到最大应力，以 5MPa（0、5、10、15、20、25 和 30MPa）的间隔将轴向应力设置为 7 个区间。在任何时候，轴向载荷都不会超过岩石单轴抗压强度（*UCS*）的十分之一，这样就获得了致密砂岩完整岩样的力学参数。这些参数包括拉伸强度（σ_t）、剪切强度（τ_s）、杨氏模量或弹性模量（E）、剪切模量（G）、泊松比（μ）、内聚强度（C_0）和内摩擦角（φ）。其中，通过单轴力学实验，获得了完整的应力—应变曲线和峰值强度（σ_c），并且当围压载荷逐渐接近真实地下条件时，获得了最大峰值强度。

为了实时跟踪和记录提单轴实验下岩石的变形破坏过程，设计了一种将低围压力学实验与 CT 扫描设备一体化的系统。压缩设备的外置材料，如铍管和铝管等由低衰减材料制成，X 射线可直接穿透，具体流程如下。

（1）首先选取一组物理性质相同或近似相同的岩样若干，从中选取一到两块（消除其离散性）进行单轴压缩的全应力—应变实验，获取全应力—应变曲线和单轴压缩强度。全应力—应变曲线可进行岩石变形特征分析，单轴压缩强度值是下一步进行的关键。

（2）根据步骤（1）得到的单轴压缩强度，对剩余样品设计实验所加最大载荷，可以是 10%、20%、30%、…、95%等，具体要视样品的多少而定。例如剩余样品只有三块，则可将第一块样品施加的最大载荷设定为 30%、第二块样品设定为 60%，最后一块设定为 90%。

（3）将力学装置中的砂岩样品水平放置在 CT 扫描装置中，可以垂直或水平移动。同时，数字图像处理系统与断裂力学理论相集成，可以在不卸载的情况下实时获取和分析从扫描数据中切出的灰度 CT 图像。一旦脆性样品达到破坏状态并开始迅速变形且伴随大量微裂纹出现，节流阀调节将一直停止直到实际破坏。

（4）在多阶段测试中，将样品依次加载到先前获得的峰值应力的不同百分比值（即最大强度 σ_c），并且两个阶段之间的临界载荷增量由微裂缝和大裂缝的快速产生来确定，在加载过程中大约执行 6 次扫描，即初始加载时、25% σ_c、50% σ_c、65% σ_c、85% σ_c 和 100% σ_c，二维切片厚度为 2mm，每次扫描 25 片。

（5）扫描后，将一系列不同层的连续二维 CT 图像导入数字处理软件，以在不同应力条件下完成样品的三维重建，并在去除基质或骨骼后提取三维破裂区域，并定量计算破裂区和每一条裂缝的体积、开度、孔隙度、长度以及体密度等参数（图 5-2）。

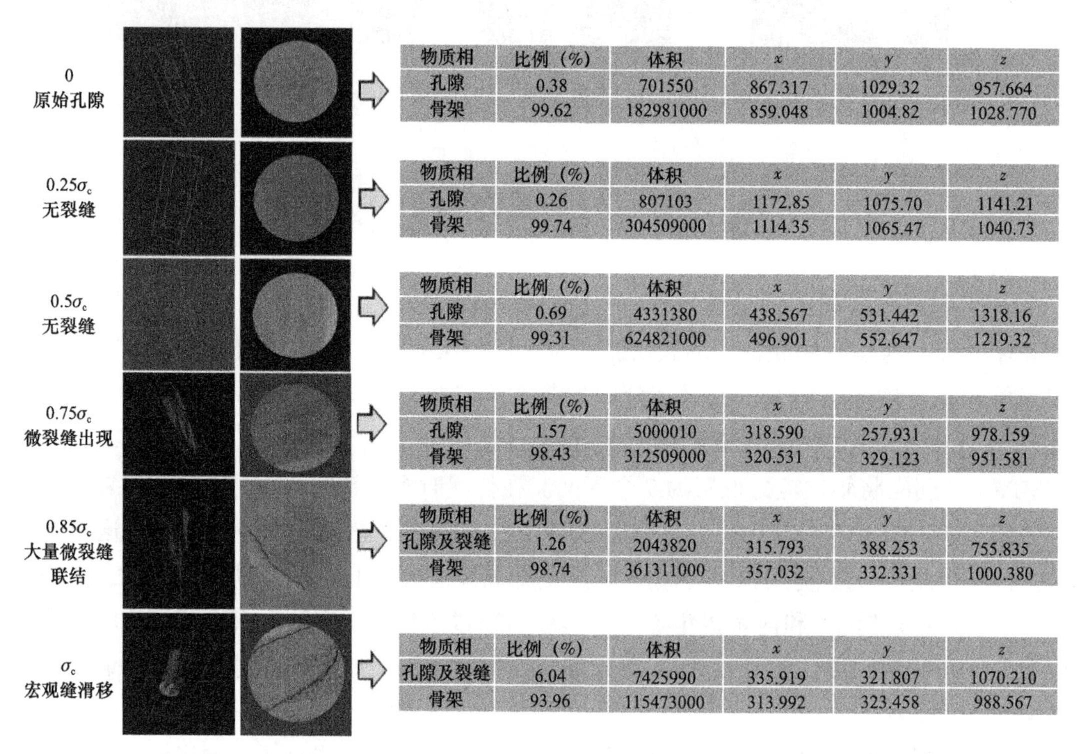

物质相	比例（%）	体积	x	y	z
孔隙	0.38	701550	867.317	1029.32	957.664
骨架	99.62	182981000	859.048	1004.82	1028.770

物质相	比例（%）	体积	x	y	z
孔隙	0.26	807103	1172.85	1075.70	1141.21
骨架	99.74	304509000	1114.35	1065.47	1040.73

物质相	比例（%）	体积	x	y	z
孔隙	0.69	4331380	438.567	531.442	1318.16
骨架	99.31	624821000	496.901	552.647	1219.32

物质相	比例（%）	体积	x	y	z
孔隙	1.57	5000010	318.590	257.931	978.159
骨架	98.43	312509000	320.531	329.123	951.581

物质相	比例（%）	体积	x	y	z
孔隙及裂缝	1.26	2043820	315.793	388.253	755.835
骨架	98.74	361311000	357.032	332.331	1000.380

物质相	比例（%）	体积	x	y	z
孔隙及裂缝	6.04	7425990	335.919	321.807	1070.210
骨架	93.96	115473000	313.992	323.458	988.567

图 5-2　基于 CT 扫描的致密砂岩微裂缝演化及参数测量

第四节　裂缝演化过程讨论

如图 5-3 所示，所选择的岩样 C5 属于钙质粉砂岩，主要矿物有石英、长石和碎屑，方解石胶结物含量高（约 15%），具有强烈的脆性特征。由于方解石含量较高且结构致密，在快速单轴应力作用下，这种钙质砂岩比中细砂岩更容易产生脆性破坏。但是，细砂岩和粉砂岩样品应力—应变曲线上的峰值强度较低，且弹性段比钙质样品要短，尤其是在含有些许先存微裂缝的情况下。

为了定量描述裂缝的分布，在图5–2、图5–3中对每个关键应力阶段的两个典型样品的平均裂缝长度和数量进行了统计分析。在开始时，岩石中的微孔隙开始随着压缩二维闭合，从而使岩石变得更致密，孔隙明显减小。在此阶段，大多数原始微裂缝长度都小于0.3cm。当施加的应力达到峰值应力的25%和50%时，开始出现一些随机取向的新微裂缝，长度位于0.2～0.3cm之间，某些尺度的裂缝比其他裂缝的产生速率要高。当施加应力增加到峰值应力的65%时，所有尺度裂缝之间的产生速率差异明显，例如小尺度微裂缝（长度<0.3cm）的数量仍稳步增加，而中等尺度的裂缝数量却迅速增加。在此阶段，大尺寸裂缝（长度为0.4～0.6cm）迅速增加，而长度在0.3～0.4cm范围内的裂缝数量却减少了。毫无疑问，这一阶段的新裂缝倾向于在载荷应力方向上优先增长（图5–3、图5–4）。当施加应力增加到峰值的85%时，所有裂缝的数量（长度<1cm除外）都迅速增加，这些裂缝的取向很明显并且长度大致相等。这表明当现有微裂缝与应力方向之间的夹角较小（<30°）时，裂缝倾向于沿着各向异性发展。当施加的应力增加到峰值或之后，有趣的是，仅小尺寸（长度<0.2cm）和大尺寸裂缝（长度为0.8～1cm）的数量突然增加，相反，其他级别的裂缝几乎不变。从图5–3可以清楚地看到，在前几阶段形成的这些看似随机分布的裂缝开始沿一定的主导方向相互连接，直到形成大裂缝为止，然后进一步沿应力方向进一步扩展。对于致密砂岩中不同尺度裂缝的发育，关键值$0.85\sigma_c$可被视为

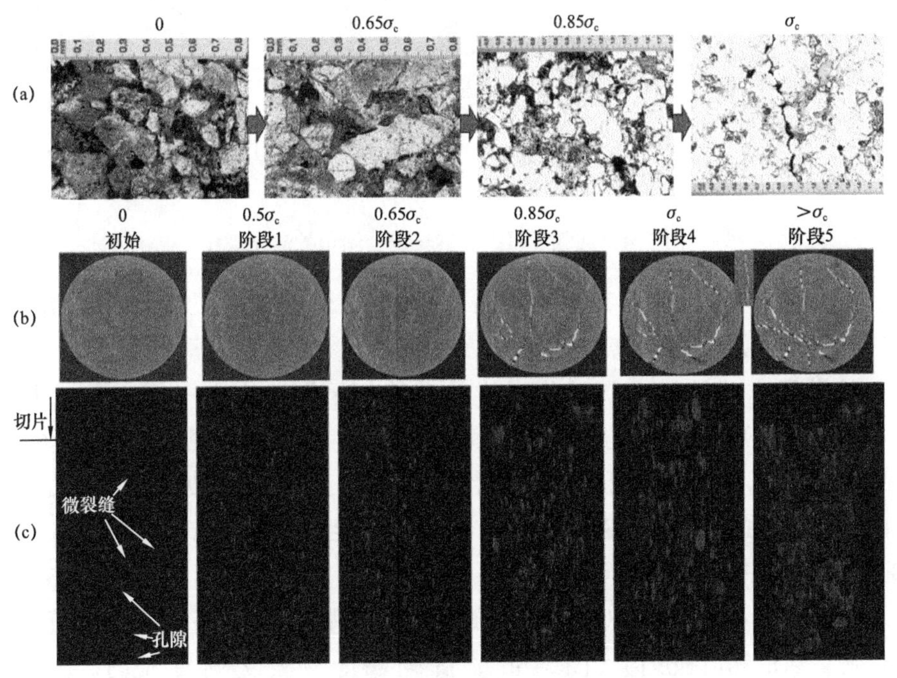

图5–3　基于单轴压缩实验的致密砂岩微裂缝演化图

（为了突出裂缝区域，进行了反色处理，白色为裂缝区，灰色为高密度区）

临界值，同时结合岩石样品在单轴压缩下的应力—应变曲线，可发现微裂缝和大裂缝的总演化过程，主要划分为以下三个主要阶段。

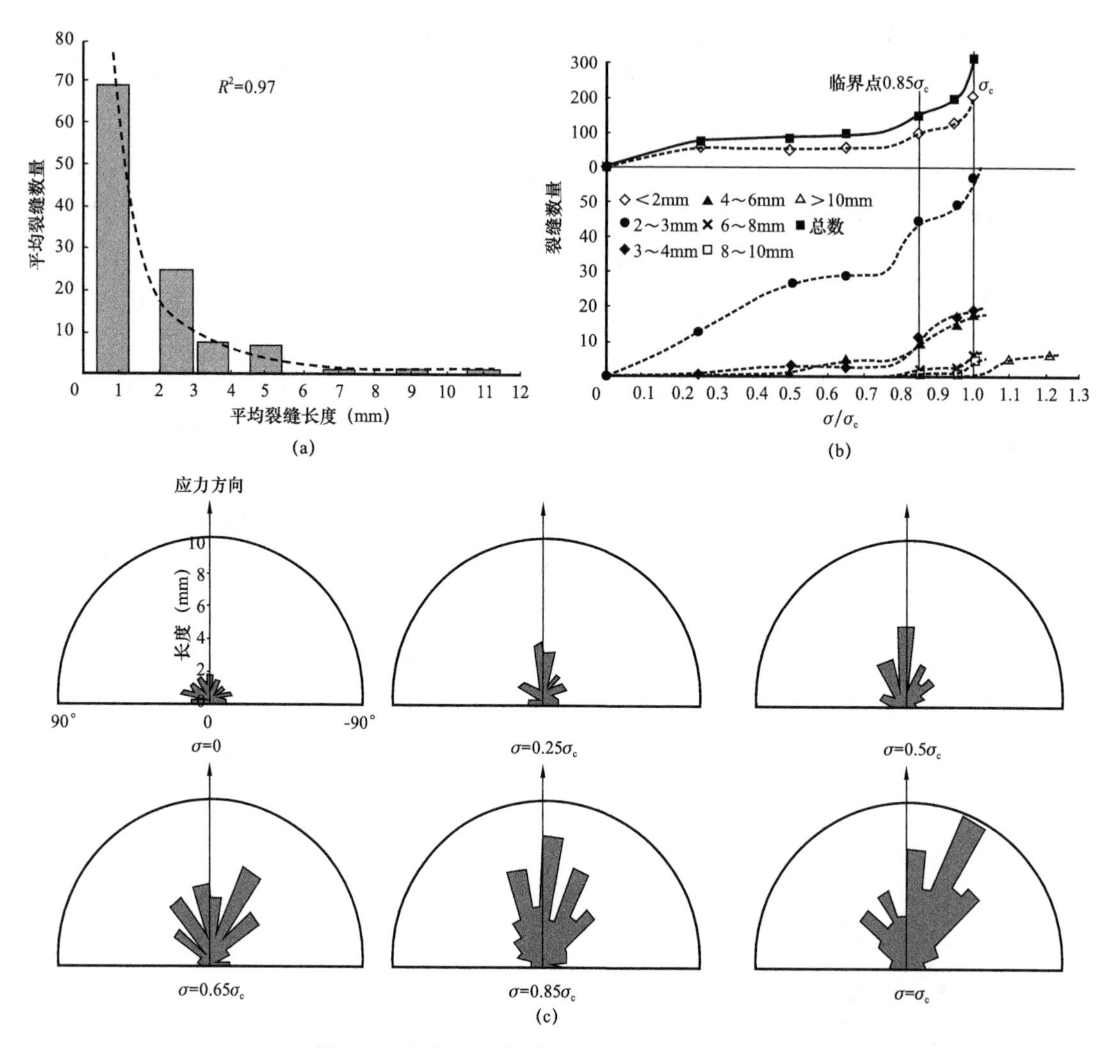

图 5–4　加载过程中裂缝长度、倾角的演化规律

（1）初始压实阶段（图 5–5a 和 b 中的 OA 段），低孔砂岩中的微裂缝开始随着压缩而闭合，从而使岩石变得致密，裂缝开度显著减小，且渗透率逐渐下降。

（2）与塔里木盆地塔中碳酸盐岩样品的特征不同，应力—应变曲线上的 AB 段（图 5–5b）近似表现为直线趋势，在此期间发生了弹性变形并出现了一些明显的延伸性裂缝。在这种情况下，这里没有形成相互平行或近似平行的延伸性裂缝，因为大多数微裂缝属于粒内缝和粒间缝类型，开度小于 0.001mm，延伸距离小于 0.6cm。

（3）图 5–5b 中的 BC 段不再是直线。在此期间，径向应变不断增加，可称为扩张阶段。B 点的应力值大约等于 0.85σ_c，与岩石的屈服极限相近。此后，裂缝数量迅速增加，当应力达到 C 点的峰值强度时（图 5–5b），整体性的宏观破裂产生，应力显著降低，应变显著增加。

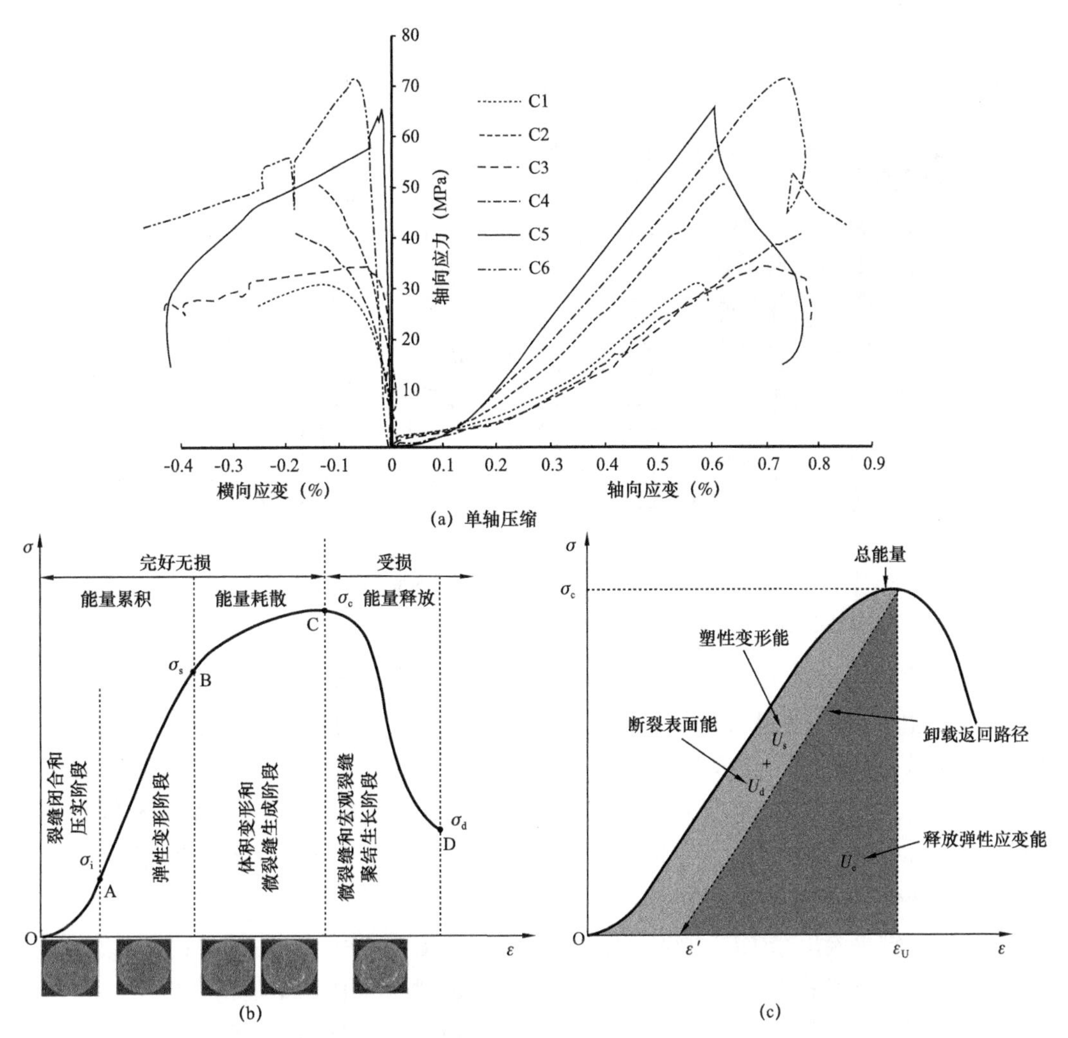

图 5-5 a—循环载荷下脆性砂岩的单轴应力—应变曲线；b—从微裂缝到大裂缝的演化过程。OA—AB 区基本上不产生新的微裂缝，BC 区为明显的体积扩容阶段，产生大量的新增微裂缝，CD 区为试件破坏段，产生宏观裂缝，应力下降，应变增加，裂缝密度、开度均有增加

第五节 致密砂岩裂缝参数计算模型

构造裂缝往往不是以单一的形态出现，有张裂缝，也有共轭剪裂缝，甚至还有介于两者之间的张剪缝，因此，实际应用中要综合运用张裂缝准则和剪裂缝准则。构造应力场数值模拟中通常采用格里菲斯准则做张破裂计算，用库仑—摩尔准则做剪切破裂计算。

一、致密砂岩裂缝破裂准则

前人实验测试发现，岩块无论在常围压、高围压、常温或是高温下，慢速单轴压缩，都可发生与压缩方向交角小于 45° 的剪性断裂；快速单轴压缩，都可发生平行于压缩方向的张性断裂，也就是说高速加载造成了脆性破裂，低速加载造成了塑性破裂。参照国际岩石力学学会（ISRM）岩石单轴压缩测试标准，样品加工成直径25mm、高度50mm的圆柱状体，以恒应变速率进行压缩实验，获得破裂岩样的破裂形态图（图5-6）如下。

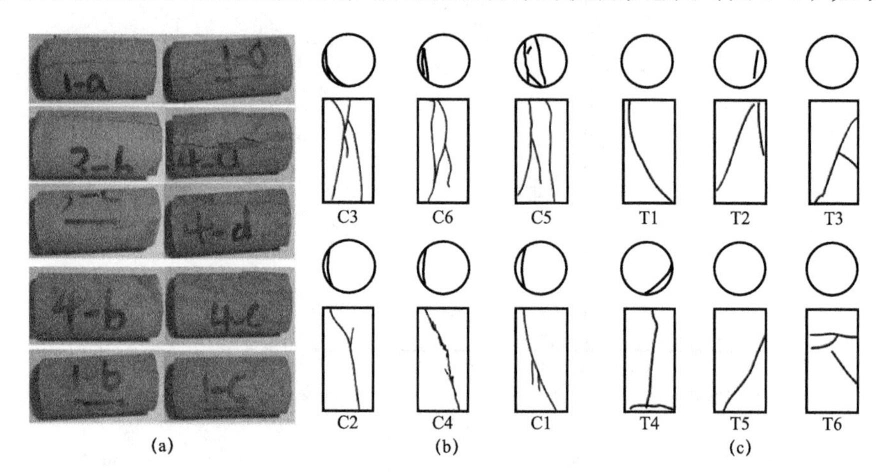

图5-6　部分实验样品破裂形态素描图

（a）部分岩样破裂实际照片；（b）单轴压缩实验样品破裂形态；（c）三轴压缩实验样品破裂形态

单轴压缩样品C3、C5和C6表现为张剪性破裂，样品C1、C2和C4表现为剪性破裂，略带张性。其中C4破裂迹线表现为一系列雁列式排列的张裂缝连接、贯通形成一条宏观的剪切带。实验结果显示破裂角小于45°，符合库仑—摩尔准则。三轴压缩粉细砂岩样品T1、T2、T3分别为5MPa、10MPa和15MPa围压下的破裂形态，T4、T5和T6分别为5MPa、10MPa、20MPa围压下的破裂形态。有围压时岩石破裂性质表现为张剪性，随围压增大剪切作用增强，破裂角增大。

根据实验结果绘出摩尔应力圆，求取包络线，如图5-7所示。提取包络线形态，得到如图5-8所示的两段式库仑—摩尔曲线，图中φ_1、φ_2为不同围压下的内摩擦角，k_1、k_2为不同围压下库仑—摩尔直线段斜率，也叫内摩擦系数，σ_0为分界围压值，这里σ_0=5MPa，经计算得出以下结论。

围压小于某值时，内摩擦角较大，换算出的破裂角相对较小，张性破裂为主；围压大于某值时，内摩擦角变小，破裂角增大，由张性破裂逐渐变为张剪性至压剪性破裂，具体数值为：$0<\sigma_3\leq\sigma_0$=5MPa时，$\varphi=\varphi_1=51.83°$，破裂角$\theta=\theta_1=45°-\varphi/2=19.09°$；$\sigma_3>\sigma_0$=5MPa时，$\varphi=\varphi_2=41°$，破裂角$\theta=\theta_2=45°-\varphi/2=24.5°$。

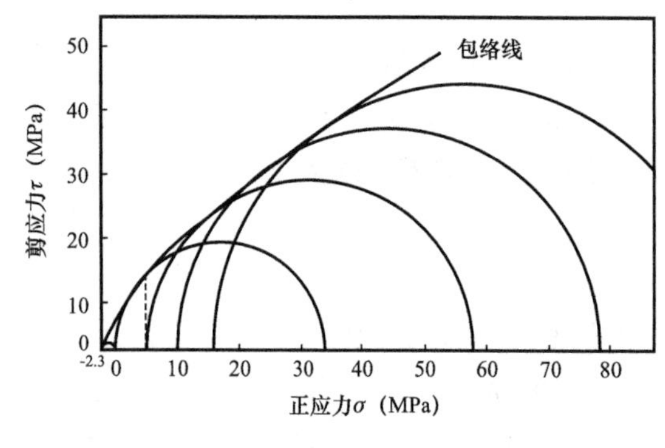

图5-7　致密砂岩摩尔包络线

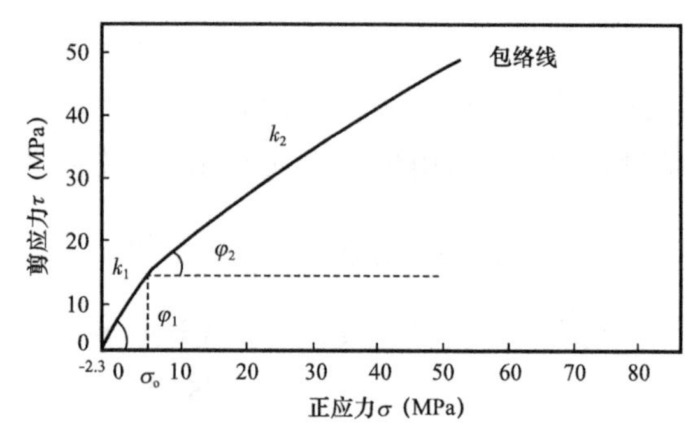

图5-8　两段式库仑—摩尔曲线

从上面的分析中不难发现：在压缩状态下，低渗透率脆性砂岩破裂判断依据适用两段式库仑—摩尔准则。但在拉张应力状态下，库仑—摩尔准则不适用，改用格里菲斯准则。尤其是脆性细砂岩，破裂判断依据采用如下公式。

（1）当 $\sigma_3>0$ 时，用库仑—摩尔破裂准则，即：

$$\frac{\sigma_1-\sigma_3}{2} \geqslant C_0\cos\varphi+\frac{\sigma_1+\sigma_3}{2}\sin\varphi \tag{5-1}$$

其中 $\sigma_3>\sigma_0=5\text{MPa}$ 时，$\varphi=\varphi_2=41°$，破裂角 $\theta=\theta_2=45°-\varphi/2=24.5°$；$0<\sigma_0=5\text{MPa}$ 时，$\varphi=\varphi_1=51.83°$，破裂角 $\theta=\theta_1=45°-\varphi/2=19.09°$，内聚力（单轴抗剪强度）$C_0=6.53\text{MPa}$ 为实测值。

（2）当 $\sigma_3\leqslant 0$ 时，用格里菲斯破裂准则，即下两式。

当（$\sigma_1+3\sigma_3$）>0 时，破裂判据为：

$$(\sigma_1-\sigma_2)^2+(\sigma_2-\sigma_3)^2+(\sigma_3-\sigma_1)^2=24\sigma_{\mathrm{T}}(\sigma_1+\sigma_2+\sigma_3) \tag{5-2}$$

$$\cos 2\theta=\frac{\sigma_1-\sigma_3}{2(\sigma_1+\sigma_3)} \tag{5-3}$$

当（$\sigma_1+3\sigma_3$）$\leqslant 0$ 时，破裂判据简化为：

$$\sigma_3=-\sigma_{\mathrm{T}},\quad \theta=0° \tag{5-4}$$

二、地应力与裂缝开度、密度的关系

为了建立复杂应力状态下应力、应变和地下岩体裂缝主要参数开度、密度的关系，选取下面的表征单元体进行分析（REV，Represent Element Volume），在适当简化的前提下，作如下假设。

（1）该单元体足够小，因此裂缝能够切穿整个单元体。

（2）排除单元体内存在的各种随机分布的微裂隙，认为单元体在未受力以前内部不存在具有渗流意义的裂缝。

（3）由矿物晶粒组成的脆性岩石材料由于内部晶粒的杂乱排列，会造成岩石整体上表现出近似各向同性，只要其矿物组成、胶结情况和成岩作用等条件在一定范围内变化，就可以视为各向同性的均质体加以考虑。

（4）单元体为边长等于 L_1、L_2、L_3 的平行六面体，并规定压应力为正应力，且有 $\sigma_1>\sigma_2>\sigma_3$，沿 σ_1 方向单元体边长为 L_1，沿 σ_2 方向单元体边长为 L_2，沿 σ_3 方向单元体边长为 L_3。那么在载荷（应力）作用下产生裂缝，裂缝面法线位于 σ_1—σ_3 主平面内，裂缝主方向（长轴方向）与最大主应力成 θ 角（按照摩尔—库仑准则，$\theta=45°-\frac{\varphi}{2}$，其中 φ 为内摩擦角，格里菲斯准则 θ 角有所不同），而与中间主应力 σ_2 平行，裂缝的分布形态可等效为如图 5-9 所示的情况：

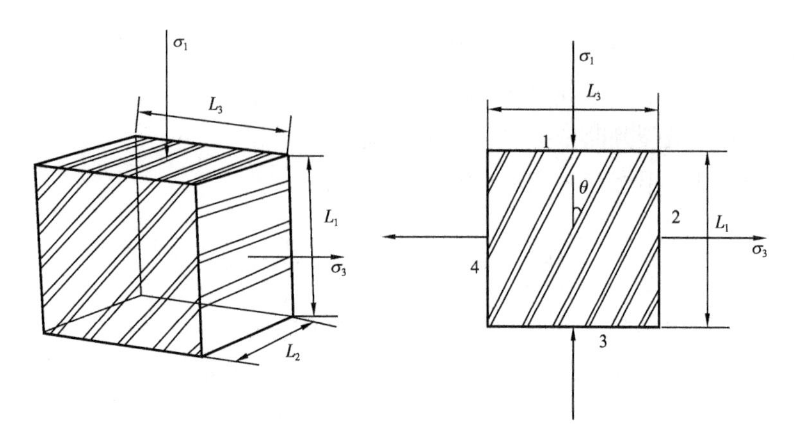

图 5–9　表征单元体内裂缝参数与应力的关系

根据克深 2 区块 CT 扫描跟踪下的多阶段岩石力学实验统计分析结果，进一步根据弹性力学理论、脆性断裂力学中的最大应变能密度理论和最大拉应力理论、能量守恒定律，首先推导得到了裂缝体密度和弹性应变能密度、破裂表面能密度之间的物理关系，进一步推导得到了单轴压缩应力状态下、三轴压缩应力状态下以及张应力出现时的应力—应变和裂缝线密度、开度的关系模型。

（1）不存在拉张应力时，对于砂岩类材料，使用库仑—摩尔破裂准则进行岩石破裂判别，在判别的基础上进行岩石内应力—应变和裂缝开度、密度关系的计算，判别公式为：

$$\frac{\sigma_1-\sigma_3}{2}\geqslant C_0\cos\varphi+\frac{\sigma_1+\sigma_3}{2}\sin\varphi \tag{5-5}$$

其中 σ_1、σ_3 分别为最大和最小主应力，都为压应力，单位 MPa；C_0 和 φ 称作内聚力和内摩擦角，可以通过摩尔包络线求出，而 C_0 在概念上等于岩石直接剪切强度 τ_0，故也可以用剪切实验求取。

若符合公式，则说明岩石已破裂形成裂缝，用下面的公式进行裂缝参数计算：

$$\begin{cases} w_{\mathrm{f}}=w-w_{\mathrm{e}}=\dfrac{1}{2E}[\sigma_1^2+\sigma_2^2+\sigma_3^2-2\mu(\sigma_1+\sigma_2+\sigma_3)-0.85^2\sigma_{\mathrm{p}}^2+2\mu(\sigma_2+\sigma_3)0.85\sigma_{\mathrm{p}} \\ \sigma_{\mathrm{p}}=\dfrac{2C_0\cos\varphi+(1+\sin\varphi)\sigma_3}{1-\sin\varphi} \\ E=E_0\sigma_{\mathrm{p}} \\ D_{\mathrm{vf}}=\dfrac{w_{\mathrm{f}}}{J} \\ J=J_0+\Delta J=J_0+\sigma_3 b \\ D_{\mathrm{lf}}=\dfrac{2D_{\mathrm{vf}}L_1L_3\sin\theta\cos\theta-L_1\sin\theta-L_3\cos\theta}{L_1^2\sin^2\theta+L_3^2\cos^2\theta} \\ D_{\mathrm{lf}}b=|\varepsilon_3|-|\varepsilon_0| \\ \varepsilon_0=\dfrac{1}{E}[\sigma_3-\mu(0.85\sigma_{\mathrm{p}}+\sigma_2)] \end{cases} \tag{5-6}$$

其中 J_0 为零围压时裂缝表面能，单位 J/m^2；ε_0 为最大弹性张应变；E_0 为比例系数，与岩性有关。其他参数 w、w_f、w_e、σ_p、D_{vf}、D_{lf}、ε_3、b、E、C_0、φ、μ、J、θ 分别代表应变能密度、裂缝应变能密度、新增单位裂缝表面积必须克服的应变能、岩石破裂应力、裂缝体积密度、裂缝线密度、最小张应变、裂缝开度、弹性模量、内聚力、内摩擦角、泊松比、裂缝表面能和破裂角。

（2）有张应力存在时，根据格里菲斯准则，即 $\sigma_3<0$，且当（$\sigma_1+3\sigma_3$）$\geqslant 0$ 时，破裂判据为：

$$(\sigma_1-\sigma_2)^2+(\sigma_2-\sigma_3)^2+(\sigma_3-\sigma_1)^2 \geqslant 24\sigma_T(\sigma_1+\sigma_2+\sigma_3) \tag{5-7}$$

$$\cos 2\theta=\frac{\sigma_1-\sigma_3}{2(\sigma_1+\sigma_3)} \tag{5-8}$$

当（$\sigma_1+3\sigma_3$）<0 时，破裂判据可简化为：

$$\sigma_3=-\sigma_T,\quad \theta=0° \tag{5-9}$$

若岩石符合破裂判据，则裂缝参数和应力—应变的关系为：

$$\begin{cases} w_f=w-w_e=\dfrac{1}{2}(\sigma_1\varepsilon_1+\sigma_2\varepsilon_2+\sigma_3\varepsilon_3)-\dfrac{1}{2E}\sigma_t{}^2 \\ D_{vf}=\dfrac{w_f}{J} \\ J=J_0+\Delta J=J_0+\sigma_3 b \\ D_{lf}=\dfrac{2D_{vf}L_1L_3\sin\theta\cos\theta-L_1\sin\theta-L_3\cos\theta}{L_1^2\sin^2\theta+L_3^2\cos^2\theta} \quad \text{或}\ D_{lf}=D_{vf} \\ D_{lf}b=|\varepsilon_3|-|\varepsilon_0| \\ |\varepsilon_0|=\dfrac{\sigma_t}{E} \end{cases} \tag{5-10}$$

式中 J_0——零围压时裂缝表面能，J/m^2；

ε_0——最大弹性张应变；

E——零围压时弹性模量，GPa。

若（$\sigma_1+3\sigma_3$）>0，则 $\theta=\dfrac{\arccos[(\sigma_1-\sigma_3)/2(\sigma_1+\sigma_3)]}{2}$，那么取 $D_{lf}=\dfrac{2D_{vf}L_1L_3\sin\theta\cos\theta-L_1\sin\theta-L_3\cos\theta}{L_1^2\sin^2\theta+L_3^2\cos^2\theta}$ 进行计算。

若（$\sigma_1+3\sigma_3$）$\leqslant 0$，则 $\theta=0$，那么裂缝体积密度和裂缝线密度相等（$D_{lf}=D_{vf}$）。

三、裂缝孔隙度计算模型

裂缝孔隙度定义为裂缝总体积 V_f 与岩石总体积 V_t 之比。对于单组裂缝，裂缝孔隙度和裂缝体积密度、开度的关系为：

$$\phi_f=bD_{vf} \tag{5-11}$$

那么对于多组裂缝，其孔隙度计算模型可表示为：

$$\phi_{\mathrm{ft}}=\sum_{i}^{m}b_iD_{\mathrm{vf}i} \tag{5-12}$$

式中 m——裂缝的组数；

b_i——第 i 组裂缝的开度，m；

$D_{\mathrm{vf}i}$——第 i 组裂缝的体积密度，$\mathrm{m^2/m^3}$；

ϕ_{ft}——裂缝总孔隙度。

四、裂缝渗透率计算模型

流体在单一裂隙中的流动可以看成平行板间的流动，关键参数是裂隙开度、裂隙线密度或裂缝间距（裂隙间距和裂隙线密度互为倒数）。流体在裂缝面内的流动可以用平行板渗流来模拟：

$$v_{\mathrm{x}}=-\frac{b^2}{12\mu}\frac{\partial p}{\partial x}，\ v_{\mathrm{y}}=-\frac{b^2}{12\mu}\frac{\partial p}{\partial y} \tag{5-13}$$

式中 v_{x}，v_{y}——流速，m/s；

μ——流体黏度，mPa·s；

p——压力，MPa；

b——平行边裂隙的宽度（开度），m。

事实上，裂隙流动主要局限在二维裂隙平面，而垂直于裂隙平面的渗透是微不足道的，因此可建立裂缝主平面空间（图 5-10）。在该坐标系下，裂缝面长轴方向与 σ_2 主轴一致，称为 f_2 主轴或裂缝面长轴矢量；裂缝面短轴方向与 σ_1 夹角为 θ，与 σ_3 夹角为 90° -θ，称为 f_1 主轴或裂缝面短轴矢量，垂直于裂缝面的主轴称为 f_3 主轴，也即裂缝面法线矢量。

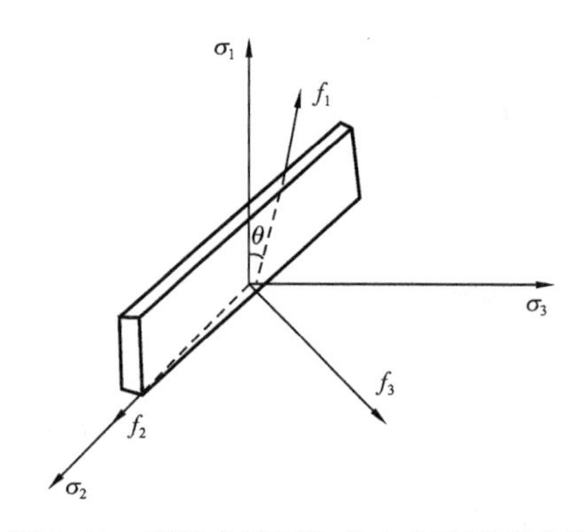

图 5-10 裂缝主平面和应力主平面示意图

对于任意分布的三维裂隙介质区域，渗透张量可以写成：

$$k_{ij}=\sum_{l=1}^{N}\frac{b_1^3D_{\mathrm{lf1}}}{12}(\delta_{ij}-n_i^1n_i^1) \tag{5-14}$$

符号 δ_{ij} 为克罗内克（Kronecker）换算符号，其定义为：

$$\delta_{ij}=\begin{cases}1 & 当 i=j \\ 0 & 当 i\neq j\end{cases},(i,j=1,2,3) \tag{5-15}$$

式中 l——裂隙维数或组数；

D_{lf}——垂直于裂隙平面的线密度，条 /m；

$\boldsymbol{n}$——垂直于裂隙平面的单位矢量，n_i、n_j（i，j=1，2，3）代表其在三个坐标主轴的投影。

只有一组平行裂隙发育时，与平行板模型相似，裂隙维数为 1，故式（5–14）中的角标 l 可去掉，从而公式简化为：

$$k_{ij}=\frac{b^3 D_{\mathrm{lf}}}{12}\left(\delta_{ij}-n_i n_j\right) \tag{5-16}$$

将式（5–14）写成显式形式则为：

$$k_{ij}=\frac{b^3 D_{\mathrm{lf}}}{12}\begin{bmatrix}1-n_1^2 & -n_1 n_2 & -n_1 n_3 \\ -n_2 n_1 & 1-n_2^2 & -n_2 n_3 \\ -n_3 n_1 & -n_3 n_2 & 1-n_3^2\end{bmatrix} \tag{5-17}$$

垂直于裂缝面的单位矢量 $\boldsymbol{n}$ 在主应力空间中可表示为：

$$\boldsymbol{n}=\sin\theta\boldsymbol{i}+\cos\theta\boldsymbol{k} \tag{5-18}$$

式中 θ——破裂角，即裂缝面与最小主应力轴之间的夹角，(°)。

由式（5–18）知裂缝面单位法向量的三个分量为：

$$n_1=\sin\theta\ ,\quad n_2=0\ ,\quad n_3=\cos\theta \tag{5-19}$$

将式（5–19）代入式（5–17）可得主应力坐标系下渗透张量：

$$k_{\sigma ij}=\frac{b^3 D_{\mathrm{lf}}}{12}\begin{bmatrix}\cos^2\theta & 0 & -\sin\theta\cos\theta \\ 0 & 1 & 0 \\ -\sin\theta\cos\theta & 0 & \sin^2\theta\end{bmatrix} \tag{5-20}$$

以上讨论了在主应力空间下，裂缝渗透率的计算方法。一般情况下，空间节点的主应力值通过有限元数值模拟获得，主应力方向与整体笛卡尔坐标系的坐标轴方向不一致，式（5–19）不能直接应用，设三个应力主轴 σ_1、σ_2、σ_3 与整体坐标系主轴 X—Y—Z 的夹角如下。

σ_1 与 X—Y—Z 轴的夹角：α_{11}、α_{12}、α_{13}；

σ_2 与 X—Y—Z 轴的夹角：α_{21}、α_{22}、α_{23}；

σ_3 与 X—Y—Z 轴的夹角：α_{31}、α_{32}、α_{33}。

令主应力坐标系的坐标原点在整体坐标系中的坐标为（x_0，y_0，z_0）。如果将主应力坐标系下的空间点坐标（x'，y'，z'），转变为整体坐标系中的坐标（x，y，z），那么其变换公式为：

$$\begin{bmatrix} x \\ y \\ z \end{bmatrix} = \begin{bmatrix} x_0 \\ y_0 \\ z_0 \end{bmatrix} + \begin{bmatrix} \cos\alpha_{11} & \cos\alpha_{21} & \cos\alpha_{31} \\ \cos\alpha_{12} & \cos\alpha_{22} & \cos\alpha_{32} \\ \cos\alpha_{13} & \cos\alpha_{23} & \cos\alpha_{33} \end{bmatrix} \begin{bmatrix} x' \\ y' \\ z' \end{bmatrix} \tag{5-21}$$

由于单位法向量的三个分量，分别等于以原点为起点的单位法向量的终止端点的三个坐标。由式（5-18）可知，在主应力空间（即主应力坐标系）中，单位法向量终止端点的三个坐标为（$\sin\theta, 0, \cos\theta$），令该单位法向量终止端点在整体坐标系中的三个坐标为（x_{g1}，y_{g2}，z_{g3}），那么根据式（5-21）中主应力坐标系与整体坐标系之间的坐标转换关系可得：

$$\begin{bmatrix} x_{g1} \\ y_{g2} \\ z_{g3} \end{bmatrix} = \begin{bmatrix} x_0 \\ y_0 \\ z_0 \end{bmatrix} + \begin{bmatrix} \cos\alpha_{11} & \cos\alpha_{21} & \cos\alpha_{31} \\ \cos\alpha_{12} & \cos\alpha_{22} & \cos\alpha_{32} \\ \cos\alpha_{13} & \cos\alpha_{23} & \cos\alpha_{33} \end{bmatrix} \begin{bmatrix} \sin\theta \\ 0 \\ \cos\theta \end{bmatrix} = \begin{bmatrix} x_0 + \cos\alpha_{11}\sin\theta + \cos\alpha_{31}\cos\theta \\ y_0 + \cos\alpha_{12}\sin\theta + \cos\alpha_{32}\cos\theta \\ z_0 + \cos\alpha_{13}\sin\theta + \cos\alpha_{33}\cos\theta \end{bmatrix} \tag{5-22}$$

由于该单位法向量的起始点为主应力坐标系的原点，而主应力坐标系原点在整体坐标系中的坐标分别为(x_0, y_0, z_0)，所以该单位法向量起始点在整体坐标系中的坐标分别为(x_0, y_0, z_0)；因而单位法向量在整体坐标系中的三个分量(n_{f1}, n_{f2}, n_{f3})，应等于其终止点在整体坐标系中的三个坐标(x_{g1}, y_{g2}, z_{g3})分别减去其起始点在整体坐标系中的三个坐标x_0, y_0, z_0，即：

$$\begin{bmatrix} n_{f1} \\ n_{f2} \\ n_{f3} \end{bmatrix} = \begin{bmatrix} x_{g1} \\ y_{g2} \\ z_{g3} \end{bmatrix} - \begin{bmatrix} x_0 \\ y_0 \\ z_0 \end{bmatrix} = \begin{bmatrix} \cos\alpha_{11}\sin\theta + \cos\alpha_{31}\cos\theta \\ \cos\alpha_{12}\sin\theta + \cos\alpha_{32}\cos\theta \\ \cos\alpha_{13}\sin\theta + \cos\alpha_{33}\cos\theta \end{bmatrix} \tag{5-23}$$

根据式（5-17），在整体坐标系下裂缝渗透率张量即为：

$$k_{ij} = \frac{b^3 D_{lf}}{12} \begin{bmatrix} 1 - n_{f1}^2 & -n_{f1}n_{f2} & -n_{f1}n_{f3} \\ -n_{f2}n_{f1} & 1 - n_{f2}^2 & -n_{f2}n_{f3} \\ -n_{f3}n_{f1} & -n_{f3}n_{f2} & 1 - n_{f3}^2 \end{bmatrix} \tag{5-24}$$

由式（5-23）和式（5-24）可得整体坐标系中三个坐标轴方向的渗透率为：

$$\begin{bmatrix} k_{fX} \\ k_{fY} \\ k_{fZ} \end{bmatrix} = \frac{b^3 D_{lf}}{12} \begin{bmatrix} 1 - n_{f1}^2 \\ 1 - n_{f2}^2 \\ 1 - n_{f3}^2 \end{bmatrix} = \frac{b^3 D_{lf}}{12} \begin{bmatrix} 1 - \left(\cos\alpha_{11}\sin\theta + \cos\alpha_{31}\cos\theta\right)^2 \\ 1 - \left(\cos\alpha_{12}\sin\theta + \cos\alpha_{32}\cos\theta\right)^2 \\ 1 - \left(\cos\alpha_{13}\sin\theta + \cos\alpha_{33}\cos\theta\right)^2 \end{bmatrix} \tag{5-25}$$

同理，若有多组裂缝，则第i组裂缝在三个坐标轴方向的渗透率为：

$$\begin{bmatrix} K_{fXi} \\ K_{fYi} \\ K_{fZi} \end{bmatrix} = \frac{b_i^3 D_{lfi}}{12} \begin{bmatrix} 1 - n_{f1i}^2 \\ 1 - n_{f2i}^2 \\ 1 - n_{f3i}^2 \end{bmatrix} = \frac{b_i^3 D_{lfi}}{12} \begin{bmatrix} 1 - \left(\cos\alpha_{11i}\sin\theta_i + \cos\alpha_{31i}\cos\theta_i\right)^2 \\ 1 - \left(\cos\alpha_{12i}\sin\theta_i + \cos\alpha_{32i}\cos\theta_i\right)^2 \\ 1 - \left(\cos\alpha_{13i}\sin\theta_i + \cos\alpha_{33i}\cos\theta_i\right)^2 \end{bmatrix} \tag{5-26}$$

总的裂缝渗透率利用式（5-27）计算，即：

$$\begin{bmatrix} K_{fX}^{T} \\ K_{fY}^{T} \\ K_{fZ}^{T} \end{bmatrix} = \sum_{i}^{m} \begin{bmatrix} K_{fXi} \\ K_{fYi} \\ K_{fZi} \end{bmatrix} = \sum_{i}^{m} \frac{b_i^3 D_{1fi}}{12} \begin{bmatrix} 1-n_{f1i}^2 \\ 1-n_{f2i}^2 \\ 1-n_{f3i}^2 \end{bmatrix} \tag{5-27}$$

式中 m——裂缝组数；

n_{f1i}，n_{f2i}，n_{f3i}——第 i 组裂缝面单位法向量的三个分量，可由式（5-23）计算。

在利用式（5-27）计算渗透率时，一定要统一 b_i 和 D_{1fi} 的量纲。若 b_i 的量纲为 m，D_{1fi} 的量纲为 1/m，此时渗透率的单位为 m^2，如果要转变为 mD，则需乘以系数 10^{15}；当 b_i 的量纲为 μm，D_{1fi} 的量纲为 1/μm，此时渗透率的量纲为 μm^2，如果要转变为 mD，则需乘以系数 10^3。

五、裂缝孔隙度和渗透率与古地应力场关系的确定

由式（5-12）和式（5-27）可知，裂缝渗透率和孔隙度是裂缝开度和裂缝密度的函数，而裂缝开度和密度又是应力—应变的函数，故裂缝渗透率和孔隙度也是应力—应变的函数。确定裂缝孔隙度和裂缝渗透率与应力—应变间相互关系的过程如下。

首先，根据 ANSYS 有限元模拟结果和岩石破裂准则判别岩石破裂与否，判别准则为库仑—摩尔准则和格里菲斯准则，即用库仑—摩尔准则判断是否发生剪切和压剪性破裂，用格里菲斯准则判别是否发生张性和张剪性破裂。

然后，进行裂缝真实开度和体积密度、真实线密度的计算，其计算公式如下：

$$\begin{cases} w_f = w - w_e = \dfrac{1}{2}(\sigma_1\varepsilon_1 + \sigma_2\varepsilon_2 + \sigma_3\varepsilon_3) - 5.69\times10^{-2} \\ D_{vf} = \dfrac{w_f}{J} \\ J = J_0 + \Delta J = 1087.35 + \sigma_3 b \\ D_{lf} = \dfrac{2D_{vf}L_1L_3\sin\theta\cos\theta - L_1\sin\theta - L_3\cos\theta}{L_1^2\sin^2\theta + L_3^2\cos^2\theta} \quad 或\ D_{lf}=D_{vf} \\ D_{lf}b = |\varepsilon_3| - |\varepsilon_0| \\ |\varepsilon_0| = 4.90\times10^{-4} \end{cases} \tag{5-28}$$

式中，裂缝体积密度和线密度的关系取决于 θ 角。

当（$\sigma_1+3\sigma_3$）＞0 时，裂缝体积密度和线密度关系为：

$$\theta = \frac{\arccos\left[(\sigma_1-\sigma_3)/2(\sigma_1+\sigma_3)\right]}{2} \tag{5-29}$$

$$D_{lf} = \frac{2D_{vf}L_1L_3\sin\theta\cos\theta - L_1\sin\theta - L_3\cos\theta}{L_1^2\sin^2\theta + L_3^2\cos^2\theta} \tag{5-30}$$

当（$\sigma_1+3\sigma_3$）≤0 时，$\theta=0°$ ，那么裂缝体积密度和裂缝线密度相等，即：

$$D_{lf} = D_{vf} \tag{5-31}$$

最后，算出裂缝孔隙度和裂缝开度在古应力场下的空间分布。

六、现今地应力场对裂缝孔隙度、渗透率的影响

克深2区块目的层现今埋深在6500～7500m，上覆压力为170MPa左右，水平方向最大主应力为180MPa左右，最小主应力则为145MPa左右，差应力约35MPa。在这样的三向压应力状态下，岩石很难达到破裂极限，难以产生新的裂缝，所以该油藏中裂缝由古应力场产生，裂缝体积密度、线密度不受现今地应力场影响，但是由于压缩作用，裂缝逐渐闭合，开度极大地减小。在经典光滑、平直、两块无限长平行板裂缝渗流模型中，渗透率K与裂缝开度b的三次方成正比，因而开度b对裂缝的渗流能力有显著的影响，能否正确预测直接决定油藏描述的有效性。现已明确b的大小受应力、应变控制，若不考虑裂缝壁内流体化学反应，则应力—应变和裂缝开度b呈较好的函数关系。

Willis Richards等（1996）、Jing等（1998）以及Hicks等（1996）在HDR（Hot Dry Reservoir）油藏模拟中同时考虑了正应力和剪应力对裂缝开度的影响，提出裂缝开度计算模型：

$$b_{\mathrm{m}}=\frac{b_0}{1+9\sigma_{\mathrm{n}}'/\sigma_{\mathrm{nref}}}+\Delta b_{\mathrm{s}}+b_{\mathrm{res}} \tag{5-32}$$

式中等号右边第一项反映法向正应力对裂缝开度的影响。其中σ_{n}'为有效正应力，单位MPa，σ_{nref}代表使裂缝开度降低90%的有效正应力，单位MPa；b_{res}代表裂缝表面承受最大正应力时的裂缝开度，单位m，相当于“残余”开度；Δb_{s}表示由剪切位移引起的开度增量，单位m。

现今地应力场下，低渗透砂岩储层不发生剪切位移，故式（5-32）第二项舍去，变为：

$$b_{\mathrm{m}}=\frac{b_0}{1+9\sigma_{\mathrm{n}}'/\sigma_{\mathrm{nref}}}+b_{\mathrm{res}} \tag{5-33}$$

式（5-33）中，σ_{nref}代表使裂缝开度降低90%的有效正应力，是一与岩性有关的系数，Willis Richards等（1996）将σ_{nref}取值为10～26MPa之间的一个常数，Durham和Bonner（1994）实验结果显示出较高的σ_{nref}值（可以超过200MPa），Chen等（2000）也使用了较高的σ_{nref}值（95MPa和180MPa）。据秦积舜（2002）对胜利油田低渗透率砂岩变围压下渗透率实验测试，单轴压缩强度为30～50MPa的低渗透率砂岩，σ_{nref}略高于Willis Richards等（1996）的26MPa，可达50MPa。残余隙宽b_{res}就目前的技术还无法确定，因其很小，在模拟计算中取值为0。

此外，式（5-33）中σ_{n}'为有效正应力（MPa），它为裂缝面上的正应力σ_{n}与裂缝中的流体压力p之差，即

$$\sigma_{\mathrm{n}}'=\sigma_{\mathrm{n}}-p \tag{5-34}$$

在法向量为$\boldsymbol{n}$的任意斜截面上，沿$\boldsymbol{n}$方向的正应力可用式（5-35）计算：

$$\sigma_{\mathrm{n}}=\boldsymbol{n}\cdot\sigma\cdot\boldsymbol{n} \tag{5-35}$$

式（5–35）中，$\boldsymbol{\sigma}$ 为应力张量，可表示为：

$$\boldsymbol{\sigma}=\begin{bmatrix}\sigma_{11} & \sigma_{12} & \sigma_{13}\\ \sigma_{21} & \sigma_{22} & \sigma_{23}\\ \sigma_{31} & \sigma_{32} & \sigma_{33}\end{bmatrix}=\begin{bmatrix}\sigma_{x} & \tau_{xy} & \tau_{xz}\\ \tau_{yx} & \sigma_{y} & \tau_{yz}\\ \tau_{zx} & \tau_{zy} & \sigma_{z}\end{bmatrix} \tag{5–36}$$

此外在式（5–37）中，$\boldsymbol{n}$ 为裂缝面法向量，它可表示为：

$$\boldsymbol{n}=n_{f1}\boldsymbol{i}+n_{f2}\boldsymbol{j}+n_{f3}\boldsymbol{k} \tag{5–37}$$

将式（5–36）和式（5–37）代入式（5–35）可得：

$$\sigma_{n}=(\sigma_{x}n_{f1}+\tau_{xy}n_{f2}+\tau_{xz}n_{f3})n_{f1}+(\tau_{xy}n_{f1}+\sigma_{y}n_{f2}+\tau_{yz}n_{f3})n_{f2}+(\tau_{xz}n_{f1}+\tau_{yz}n_{f2}+\sigma_{z}n_{f3})n_{f3} \tag{5–38}$$

这样现今地应力场下裂缝孔隙度和裂缝渗透率的计算公式修改为：

$$\phi_{f}=b_{m}D_{vf} \tag{5–39}$$

$$\begin{bmatrix}K_{fX}\\ K_{fY}\\ K_{fZ}\end{bmatrix}=\frac{b_{m}^{3}D_{lf}}{12}\begin{bmatrix}1-n_{f1}^{2}\\ 1-n_{f2}^{2}\\ 1-n_{f3}^{2}\end{bmatrix}=\frac{b_{m}^{3}D_{lf}}{12}\begin{bmatrix}1-\left(\cos\alpha_{11}\sin\theta+\cos\alpha_{31}\cos\theta\right)^{2}\\ 1-\left(\cos\alpha_{12}\sin\theta+\cos\alpha_{32}\cos\theta\right)^{2}\\ 1-\left(\cos\alpha_{13}\sin\theta+\cos\alpha_{33}\cos\theta\right)^{2}\end{bmatrix} \tag{5–40}$$

式中 b_{m}——现今地应力条件下的裂缝开度，由式（5–31）计算，m；

D_{lf}——裂缝线密度，古、今地应力条件下的裂缝密度（包括体积与线密度）完全相同，不同情况时的 D_{lf} 计算见式（5–30）和式（5–31）；

θ——岩石的破裂角，即裂缝面与古地应力的应力主轴之间的夹角，（°）；

α_{11}，α_{12}，α_{13}——σ_{1} 与 X—Y—Z 轴的夹角，（°）；

α_{21}，α_{22}，α_{23}——σ_{2} 与 X—Y—Z 轴的夹角，（°）；

α_{31}，α_{32}，α_{33}——σ_{3} 与 X—Y—Z 轴的夹角，（°）。

七、基于差异充填的裂缝孔渗参数模型

裂缝被矿物充填也会影响开度的有效性，矿物充填越饱满，裂缝有效开度越小。因此，裂缝被矿物充填时，要使用有效开度。这里引入矿物充填系数法来描述，矿物充填系数 C 表示矿物充填裂缝的程度，用充填矿物总体积占裂缝总体积大小来衡量。当矿物全部充满裂缝时，C=1；当矿物半充填裂缝时，C=0.5；当矿物充填部分占裂缝体积 1/4 时，C=0.25；当裂缝不被矿物充填时，C=0。

考虑矿物充填后，裂缝有效开度用下式计算：

$$b_{fe}=(1-C)b_{m} \tag{5–41}$$

式中 b_{fe}——裂缝有效开度，m；

b_{m}——不考虑矿物充填时的开度，m。

由式（5–12）和式（5–41）可得考虑矿物充填后的裂缝有效孔隙度为：

$$\phi_{ef}=(1-C)\phi_f \tag{5-42}$$

裂缝有效渗透率为：

$$K_{fe}=\frac{b_{fe}^3 D_{lf}}{12}=\frac{\left[b_f(1-C)\right]^3 D_{lf}}{12}=(1-C)^3\frac{b_f^3 D_{lf}}{12}=(1-C)^3 K_f \tag{5-43}$$

方向渗透率为：

$$\begin{bmatrix} K_{fXe} \\ K_{fYe} \\ K_{fZe} \end{bmatrix}=(1-C)^3\begin{bmatrix} K_{fX} \\ K_{fY} \\ K_{fZ} \end{bmatrix}=\frac{(1-C)^3 b_m^3 D_{lf}}{12}\begin{bmatrix} 1-(\cos\alpha_{11}\sin\theta+\cos\alpha_{31}\cos\theta)^2 \\ 1-(\cos\alpha_{12}\sin\theta+\cos\alpha_{32}\cos\theta)^2 \\ 1-(\cos\alpha_{13}\sin\theta+\cos\alpha_{33}\cos\theta)^2 \end{bmatrix} \tag{5-44}$$

式（5-44）中，C 为矿物充填系数；其余各符号的含义及量纲，请见式（5-40）的有关说明。在用式（5-44）计算裂缝方向渗透率时，有关注意事项请见式（5-27）的说明。

八、裂缝走向与倾角计算模型

在 ANSYS 的三维坐标系中，裂缝走向与倾角需要应用投影的方式来计算。ANSYS 中 X 轴与大地坐标的东西方向一致，Y 轴与南北方向一致，Z 轴与铅垂方向一致。因此可以借助裂缝面法线方向的向量来确定裂缝在 XY 平面上的走向角 α。裂缝面法线向量余弦为 $\boldsymbol{n}=\{l\ m\ n\}$，将向量 $\boldsymbol{n}$ 投影到 XY 平面上，其投影与 Y 轴的夹角为 α_Y，那么 $\alpha_Y=\arctan(-l、n)$。

$$若\ 0\leqslant\alpha_Y<90°，\alpha=90°-\alpha_Y \tag{5-45}$$

$$若\ 90°<\alpha_Y，\alpha=(-90°-\alpha_Y)+360° \tag{5-46}$$

在 ANSYS 的三维坐标系中，裂缝倾角是裂缝表面与 XY 平面的夹角，也就是平面 $lx+my+nz=0$ 与平面 $y=0$ 之间的夹角 α_{dip}（$0\leqslant\alpha_{dip}\leqslant 90°$），其计算式为：

$$\cos\alpha_{dip}=\frac{|l\cdot 0+m\cdot 1+n\cdot 0|}{\sqrt{l^2+m^2+n^2}\sqrt{0^2+1^2+0^2}}=\frac{|m|}{\sqrt{l^2+m^2+n^2}} \tag{5-47}$$

第六章 差异充填下多期裂缝叠加力学模型

为了更好地研究含不同倾角和充填程度裂缝的岩体在三向地应力下的力学特性及破坏形式，目前国内外学者大多采用室内岩石力学实验来研究，实验中所采用的岩心都是标准岩样（ϕ25mm×50mm）。而对于致密砂岩而言，一方面，现场获取的符合条件的天然岩心难度较大，另一方面，钻取标准岩样难度较大，给致密砂岩储层岩石三轴强度实验的开展带来了很大的困难。为了方便研究的开展，从可接近性和相似性考虑，本书通过岩石三轴压缩实验研究人造裂缝岩体的破坏形式，并通过 ANSYS 数值模拟的方法分析裂缝岩体破坏的力学机制。

第一节 含不同倾角裂缝性岩石力学实验研究

一、实验设备及实验方法

在单轴、三轴加载条件下，岩石表现出的强度特性是完全不同的，岩石的破坏形式也存在很大差异。实际上，地下深处的岩石始终处于三向地应力状态下。岩石的强度特性与破坏形式与围压有着显著的关系。

考虑到上述实际情况，本书的裂缝岩体力学实验必须采用三轴压缩实验，尽可能表现出与实际岩石相近的力学特性与破坏形式。三轴压缩实验又可分为假三轴压缩实验和真三轴压缩实验。假三轴压缩实验，又称为常规三轴实验，实验中试样受三个彼此正交的应力 σ_1、σ_2、σ_3 作用，其中有两个相等，如 $\sigma_1>\sigma_2=\sigma_3$；真三轴压缩实验，又称岩石三轴不等应力实验，实验时在岩石试件加载不同大小的载荷，如 $\sigma_1>\sigma_2>\sigma_3$。理论上，真三轴压缩实验虽然符合岩石在实际中的受力情况，能够反映中间主应力 σ_2 对岩石试件力学性能的影响，但实际上，在实验中给同一试件加载不同大小的围压（$\sigma_2>\sigma_3$）十分复杂，很难保证实验的顺利进行。因此，本书的岩石力学参数的获取采用的是常规三轴压缩实验，利用 TAW-1000 型伺服控制岩石力学三轴实验系统完成该实验，所用实验装置如图 6-1 所示。

实验采用 ϕ25mm×50mm 的圆柱形人造岩样，将岩样放置在高压釜内，利用液压油对圆柱形岩样的横向施加围压 $\sigma_2=\sigma_3=p=5$MPa，通过压机液缸给岩样缓慢增大轴向载荷，轴向载荷控制为 200N/s，加载速度控制为 0.1mm/min，至岩样破坏时停止加载。横向围压与轴向位移速度的施加、保持由连接加载机的计算机自动控制。在加载过程中，计算机会自动采集岩样所受的轴向荷载、产生的纵向位移和横向位移，并实时绘制、显示岩样的载荷—位移曲线。由于岩样被封闭在密封的高压釜装置中，所以要通过岩样的载荷—位移曲线来确定岩样的破坏，根据三轴压缩实验中岩石的应力—应变曲线特征判定，当曲线出现向下的突变时，说明岩样发生破坏。

图 6–1　岩石三轴压缩实验装置图

二、试件制备

首先用 ϕ80mm 人造岩心模具、采用粉砂：固井特种水泥比为 7∶3 的类砂岩模型材料压铸而成，将压制好的岩样放到水浴箱内，采用水浴法对岩样进行养护 6d，养护装置如图 6–2 所示。养护过程中，水浴箱内始终保持 90℃温度，能够最大程度地保持岩样内部的均一性。然后用取样机钻取 ϕ25mm 的标准圆柱岩石试件。采用两步制备法可以保证岩石试件强度的均质性。在成型的岩样上切割 1mm 不同倾角（10°、30°、50°、70°、90°）的预制裂缝，在预制裂缝中压入石膏，养护 1 天后人造裂缝岩体成型，再将岩石试样的两端磨光，使岩样的长径比在 2～2.5 之间，而且要使岩石试件两端平整，保证岩石试件在加载时均匀受力，如图 6–3 所示，最后进行三轴压缩实验。

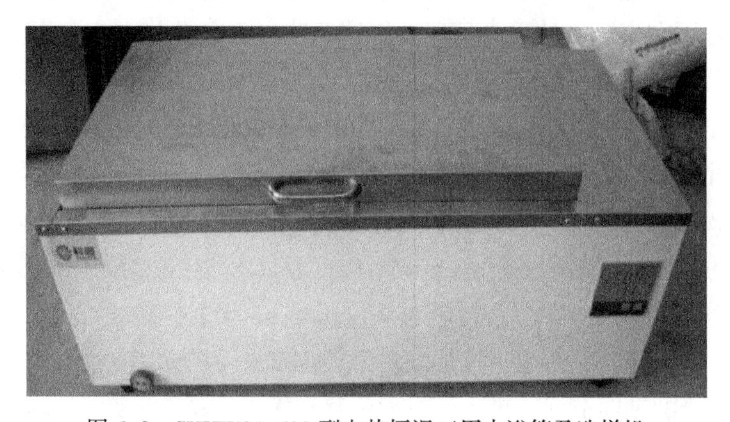

图 6–2　SHHW21–600 型电热恒温三用水浴箱及造样机

(a)

(b)

图 6–3　贯通裂缝人工岩样原始照片

三、实验结果及分析

如图 6–4 所示，人工裂缝岩样在三向应力状态下的破坏形式分为三种：沿早期裂缝发生滑移破坏（图 6–4c、d）、沿早期裂缝发生滑移破坏并产生新裂缝（图 6–4a、b）、产生新裂缝而未发生滑移破坏（图 6–4e）。

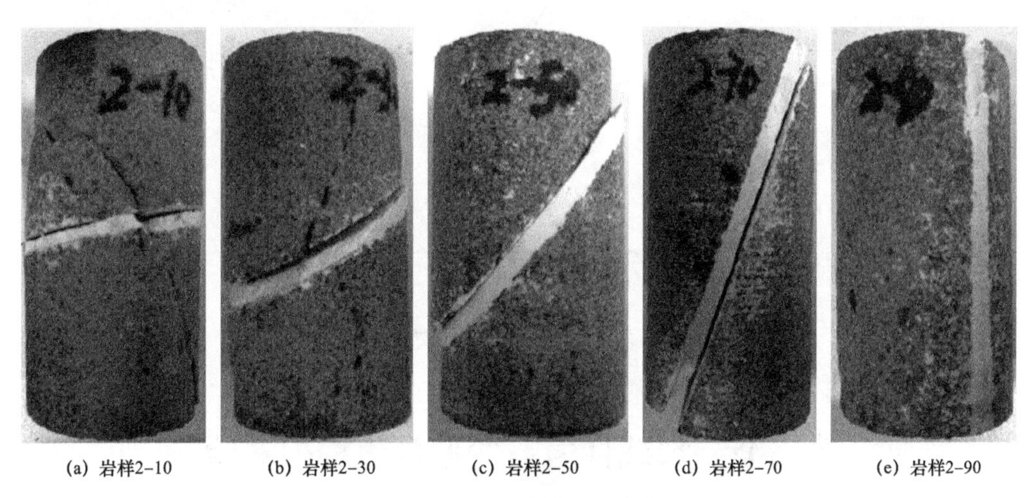

(a) 岩样2–10　(b) 岩样2–30　(c) 岩样2–50　(d) 岩样2–70　(e) 岩样2–90

图 6–4　人工岩样压裂照片

图 6–5 是不同裂缝倾角岩样的应力—应变图，由图 6–5 可以看出，裂缝倾角为 50° 的裂缝岩样的峰值强度值最小，其次是裂缝倾角为 70° 的裂缝岩样，两者的峰值强度远小于倾角为 10°、30°、90° 的裂缝岩样，后三者的峰值强度近似相等。为更直观观察、分析裂缝岩样的峰值强度随倾角的变化规律，将各个裂缝岩样的峰值强度提取出来，并绘制成

曲线，如图 6–6 所示，从图 6–6 中可以看出，裂缝岩样的峰值强度随倾角的变化曲线呈类“U”形，即随着最大主应力与裂缝面的夹角逐渐增大，裂缝岩体的峰值强度先减小后增大。

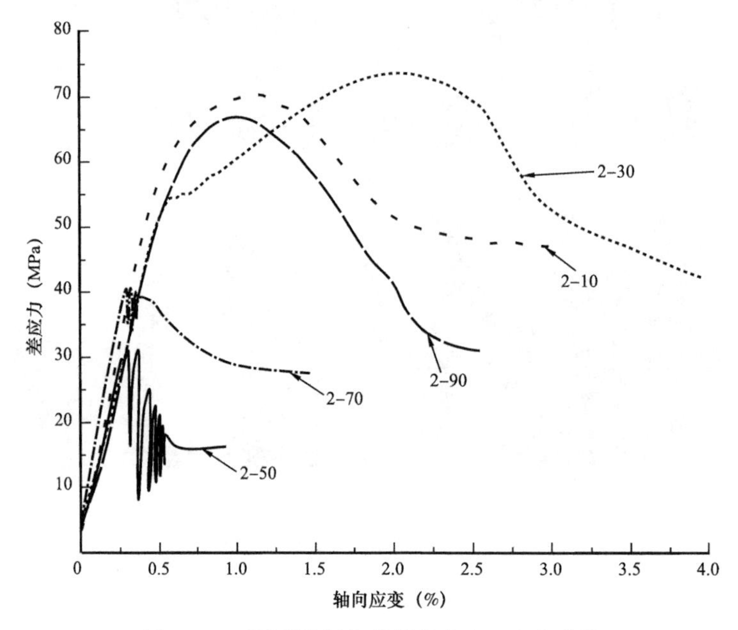

图 6–5　不同裂缝倾角岩样的应力—应变曲线

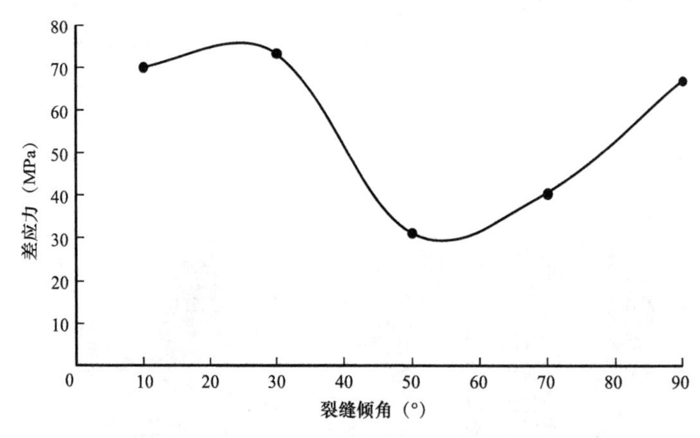

图 6–6　充填型裂缝岩样的峰值强度随倾角的变化曲线

第二节　裂缝性岩石变形数值模拟实验

在人工压铸裂缝岩样时，预制裂缝角度不好控制，制备困难，而且三轴压缩实验要求将岩样放置于高压釜中，岩石的破裂要通过应力—应变曲线判断，不能及时停止加载，引起岩样因过度受压而产生进一步破裂，造成岩样破裂形式的不确定性，同时，在取出岩样观察分析时，容易造成岩样的二次破裂，导致分析结果不准确。为避免通过岩石相似材料的三轴压缩实验分析岩石破坏形式时出现的误差，本书进一步采用ANSYS数值模拟的方法进行裂缝岩体压缩破坏的研究，并分析破坏的力学机制。

一、单裂缝岩体模型建立与加载

围岩模型尺寸为30m×60m，在模型中嵌入不同角度裂缝（β=0°、10°、20°、30°、40°、50°、60°、70°、80°、90°，β定义为裂缝面与最大主应力的夹角），裂缝开度为0.6m，在围岩与裂缝之间建立接触关系，接触面法向刚度系数设为1，摩擦系数设为0.47，围岩网格边长为1m，裂缝网格边长为0.6m（图6-7），根据前人研究出的岩石力学参数，围岩及裂缝的力学参数选择见表6-1，模型轴向加载最大应力为200MPa，围压为45MPa，示意图如图6-8所示。

表6-1　ANSYS数值模型力学参数

类别	弹性模量（GPa）	泊松比	屈服强度（MPa）	剪切模量（GPa）
围岩	40	0.26	100	16
裂缝	32	0.3	160	12

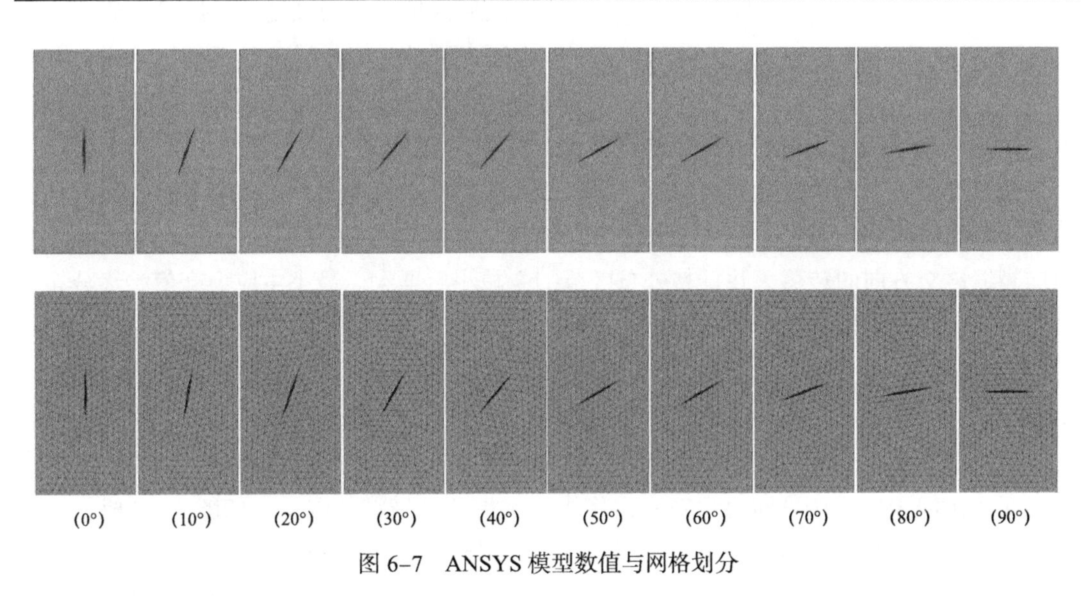

图6-7　ANSYS模型数值与网格划分

二、模拟结果与分析

（一）主应力

如图6-9所示，当β=0°、10°时，模型中的最大主应力为负值，均为压应力，当$\beta \geqslant$20°时，最大主应力出现拉应力，且随着β增大，拉应力值逐渐增大；裂缝平行于轴向应力时，最大主应力高值分布在与裂缝面接触的围岩中，并向四周呈“X”形延伸，而裂缝尖端的最大主应力值最小；随着β值增大，压应力高值区向裂缝尖端转移，并且裂缝

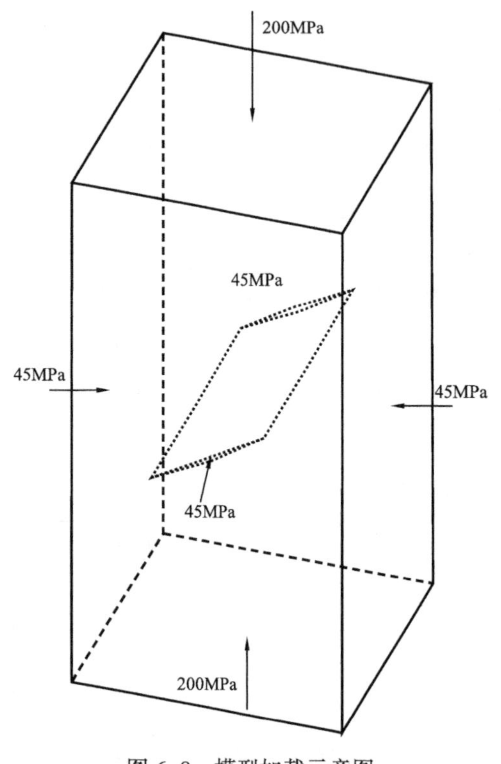

图 6-8　模型加载示意图

尖端的压应力高值延伸方向近似平行，而拉应力高值区由裂缝尖端向裂缝中部转移，其延伸方向始终近似平行于模型轴向。

在地下，断裂或裂缝会影响地应力场的分布状态，如图 6-10 所示，最大主应力方向沿裂缝发生偏转。随着 β 增大，最大主应力方向的偏转角度逐渐增大，但裂缝与轴向应力平行时，最大主应力几乎不受影响；当 $\beta \geqslant 10°$ 时，最大主应力会在裂缝尖端的围岩中发生集中现象，而且随着 β 增大，集中在裂缝尖端的围岩中最大主应力值逐渐增大，而同时分布与裂缝中部接触的围岩中的最大主应力值逐渐减小。

如图 6-11 所示，随着 β 增大，最小主应力高值区由裂缝尖端向裂缝中部转移，且其延伸方向始终近似平行，当 $\beta=90°$ 时，最小主应力高值区集中在与裂缝面接触的围岩中；压应力区大部分分布在远离裂缝的围岩中，并且随着 β 逐渐增大，压应力值逐渐在增大，当 $\beta \geqslant 50°$ 时，压应力值出现在裂缝尖端，其分布区逐渐增大。

随着 β 增大，最小主应力高值区一侧由裂缝尖端沿裂缝向另一侧尖端转移，其分布区范围先增大后减小，而另一侧分布区由与裂缝斜交方向向平行裂缝方向转移，之后又发生由向裂缝斜交方向的转移，并且其分布区范围先减小后增大。最小主应力高值始终分布在裂缝附近，并向围岩四周方向逐渐减小（图 6-12）。

（二）应力强度

应力强度（stress intensity）是最大主应力与最小主应力之差，在土力学与岩石力学中被定义为主应力差，是判断材料在受力作用下发生变形破坏的因子。如图 6-13 所示，当裂缝平行于轴向应力（$\beta=0°$）时，应力强度高值分布在与裂缝面接触的围岩中，并向四周呈“X”形延伸，而裂缝尖端的应力强度值最小；随着 β 值增大，应力强度高值区向裂缝尖端转移，应力强度值低值区向裂缝中部围岩集中，且当 $30° \leqslant \beta \leqslant 50°$ 时，与裂缝中部接触的围岩集中出现应力强度值低值，没有应力强度高值出现；当 $\beta \geqslant 50°$ 时，与裂缝中部接触的围岩中又出现应力强度高值；当裂缝垂直于轴向应力（$\beta=90°$）时，应力强度高值区分布在裂缝尖端，其延伸方向近似与裂缝垂直。

因此，在三向地应力状态下，当 $0° \leqslant \beta \leqslant 20°$、$\beta \geqslant 60°$ 时，裂缝岩体会产生切穿先存裂缝的破坏；当 $20° \leqslant \beta \leqslant 30°$、$50° \leqslant \beta \leqslant 60°$ 时，裂缝岩体可能会产生切穿先存裂缝的破坏；当 $30° \leqslant \beta \leqslant 50°$ 时，裂缝岩体不会发生切穿先存裂缝的破坏。

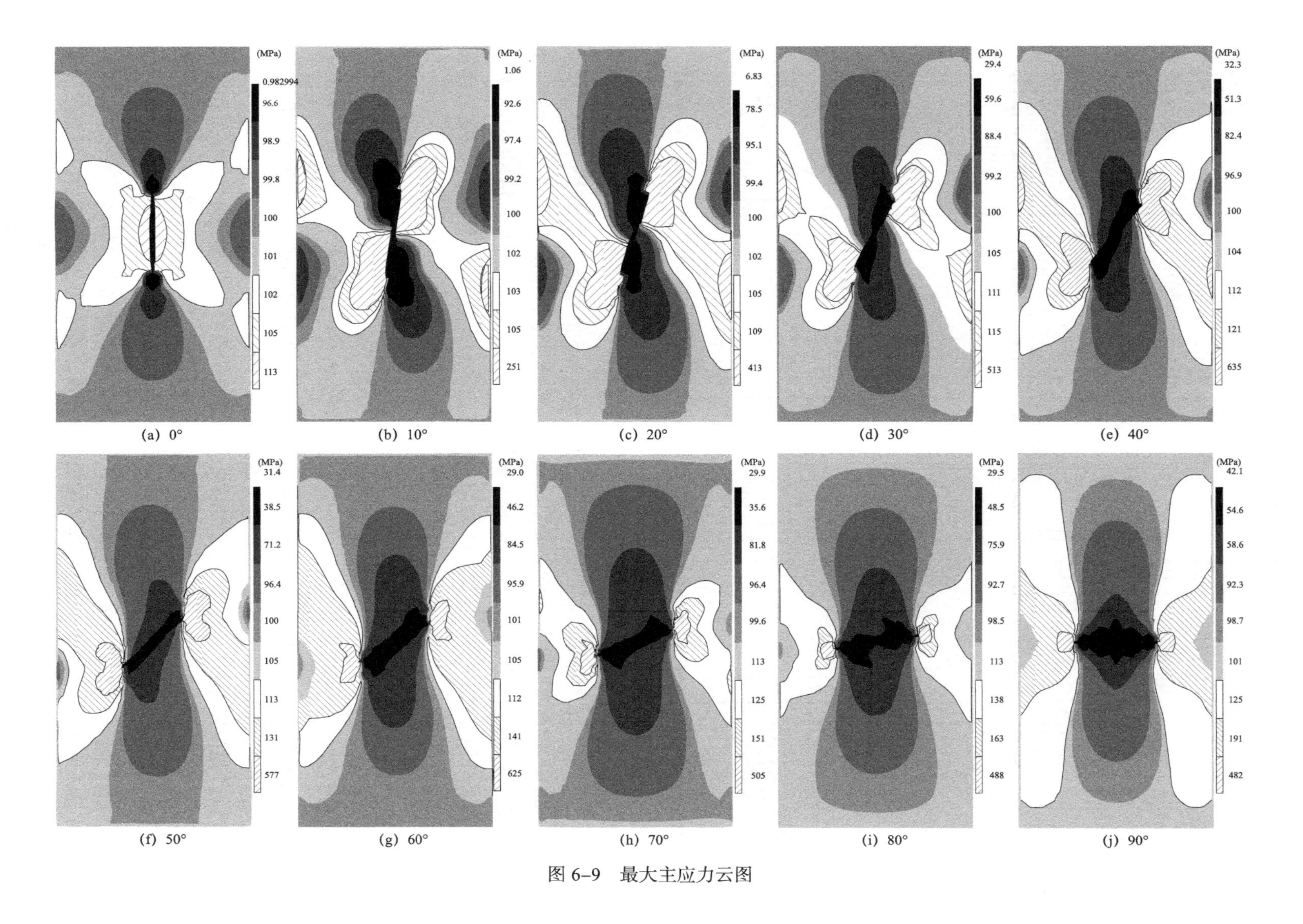

(a) 0° (b) 10° (c) 20° (d) 30° (e) 40°

(f) 50° (g) 60° (h) 70° (i) 80° (j) 90°

图 6–9 最大主应力云图

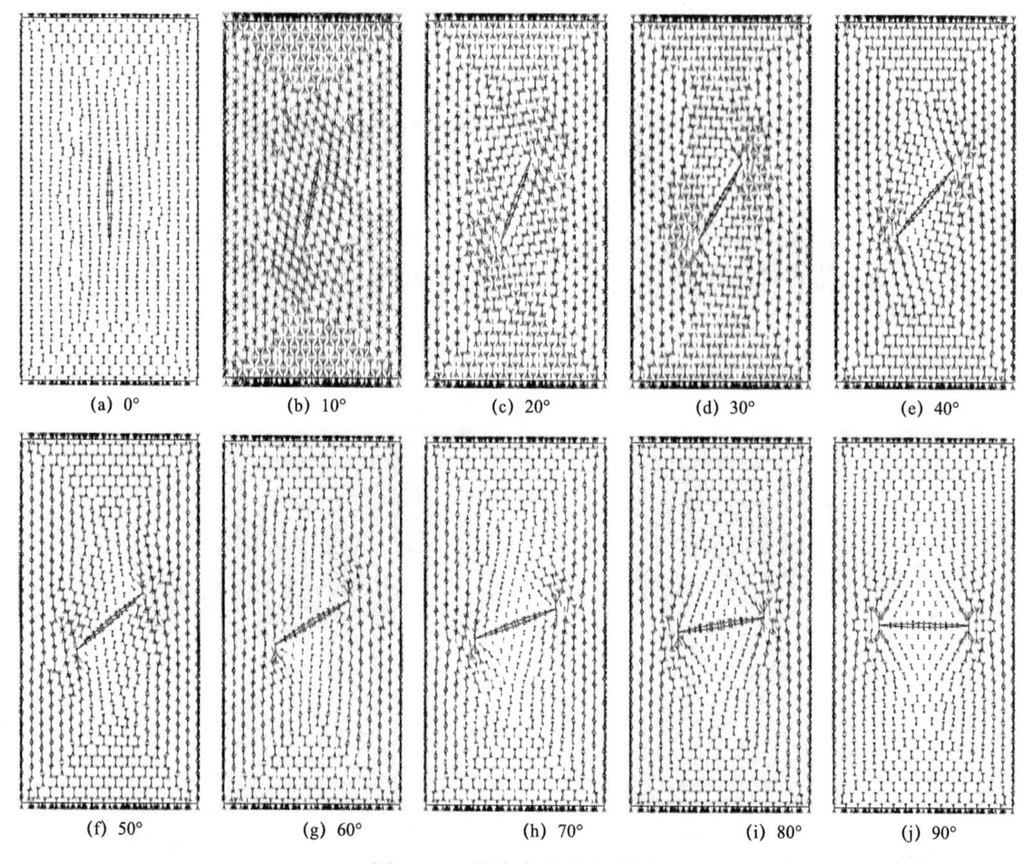

图 6-10 最大主应力方向图

为了明确裂缝岩体模型沿发生切穿先存裂缝破坏的 β 值界限，将增设实验点（模拟 β=25°、26°、27°、28°、29°、55°、56°、57°、58°、59° 裂缝岩体模型），图 6-14 表示 10 个单裂缝岩体模型应力强度。结合前期研究成果可以得出，裂缝岩体模型沿裂缝是否发生切穿先存裂缝破坏的界限是 β=28° 和 60°，当 0°≤β≤28°、60°≤β≤95° 时，裂缝岩体发生切穿先存裂缝破坏；当 28°≤β≤60° 时，裂缝岩体不会发生切穿先存裂缝破坏。

（三）接触面滑移

裂缝岩体在三向地应力状态下，发生变形破坏的形式可以简单分为滑移破坏和破裂两种情况。在 ANSYS 模拟的单裂缝岩体中，在裂缝和围岩之间的接触面之间建立摩擦关系，能够直观地分析模型在三向压缩状态下沿裂缝发生的滑移情况。

图 6-15 是围岩与裂缝的接触面滑移情况，黑色表示围岩与裂缝之间未发生滑移，灰色表示两者之间发生了滑移；当 β 在 0°～70° 范围之间时，模型沿裂缝发生了滑移，当 β≥70° 时，模型并未沿裂缝发生滑移。

图 6-16 是接触面滑移距离，红色表示滑移量的高值，蓝色表示滑移量的低值，为了更直观比较分析模型沿裂缝的滑移量随 β 值的变化情况，将不同 β 值的模型沿裂缝的滑移量最大值绘制成曲线，如图 6-17 所示。曲线总体趋先增大后减小，β 在 40°～50° 范围内，滑移量急剧减小；当 β≥70° 时，模型沿裂缝的滑移量最大值只有 0.02258（β=70°）；当

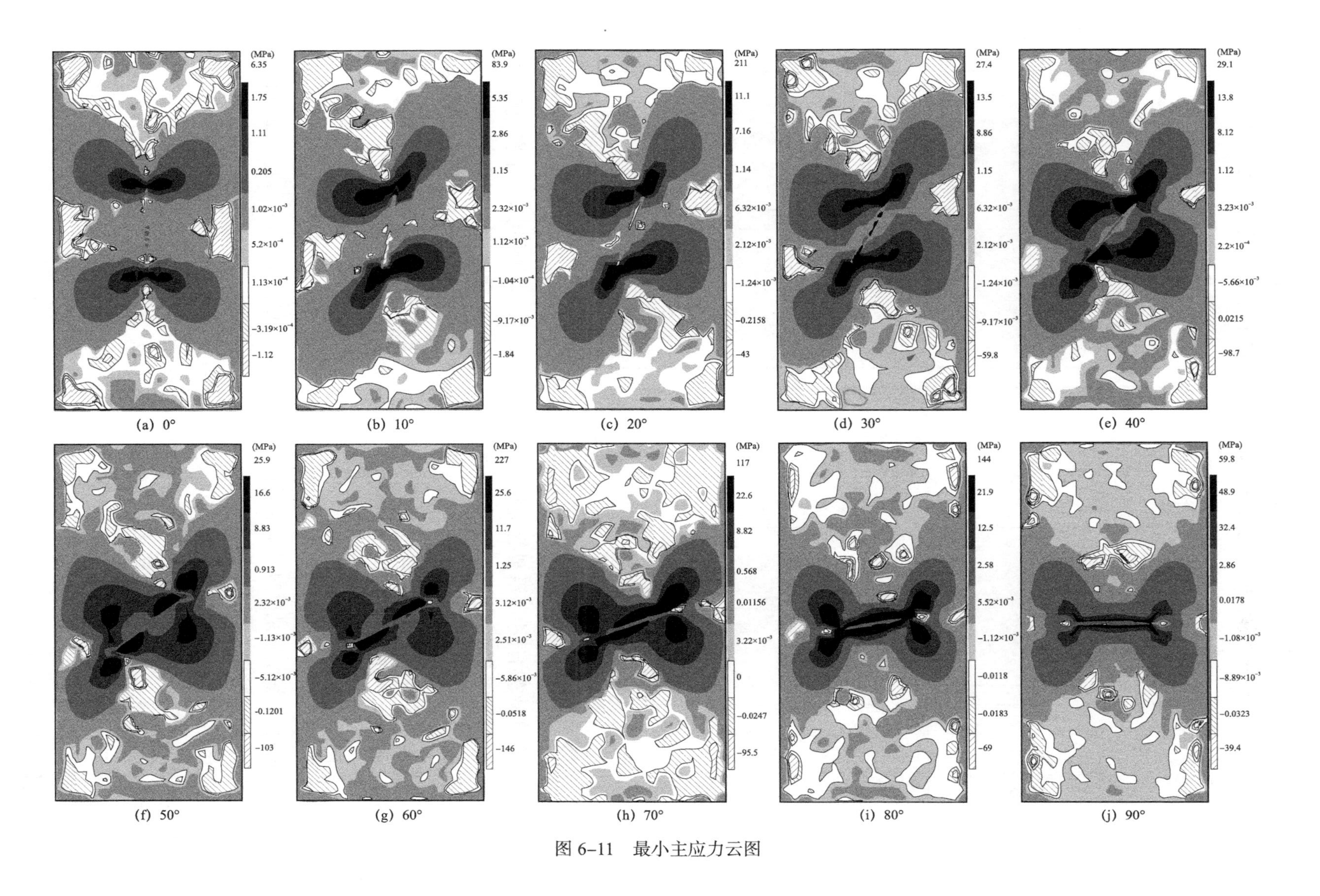

图 6-11　最小主应力云图

$20° \leqslant \beta \leqslant 40°$ 时，模型沿裂缝的滑移量最大，滑移量均大于 0.08。忽略 ANSYS 模型模拟的误差，模型沿裂缝的滑移量的变化趋势与图 6-15 所示的围岩沿裂缝的滑移情况相符合。

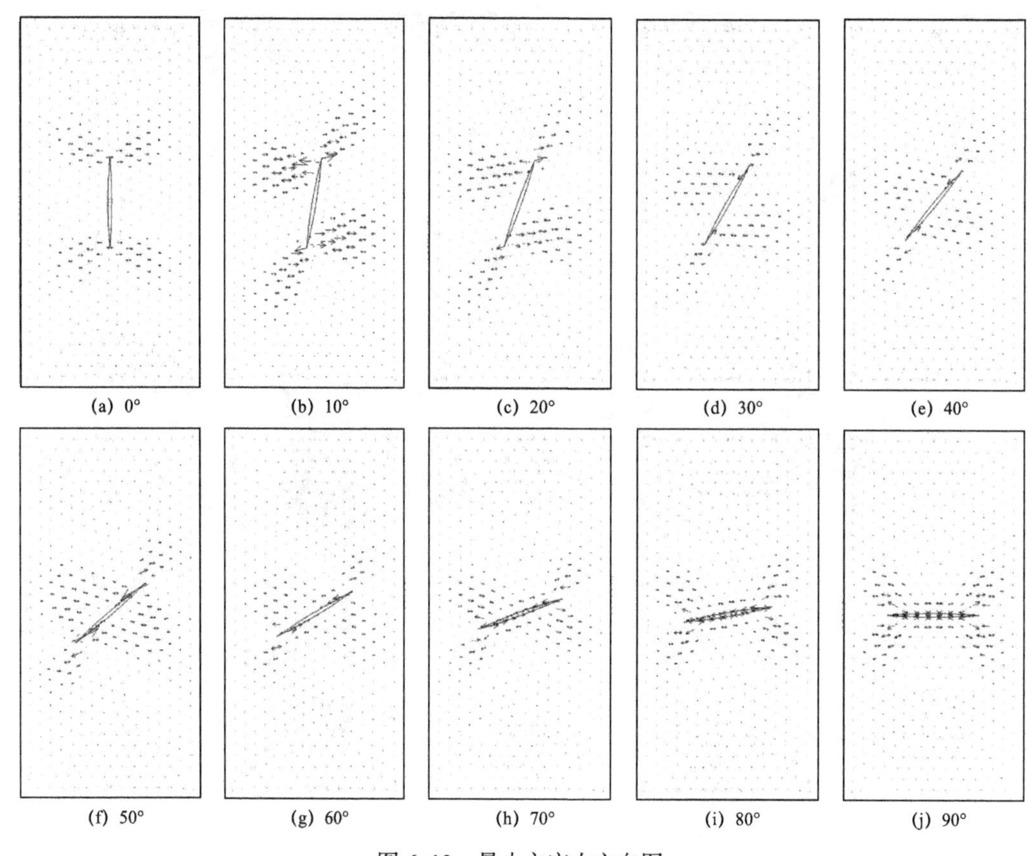

图 6-12　最小主应力方向图

为了明确单裂缝岩体模型沿裂缝发生滑移破坏的值界限，本书将增设五个实验点（模拟 $\beta=65°$、66°、67°、68°、69° 的单裂缝岩体模型），图 6-18 和图 6-19 分别表示五个单裂缝岩体模型沿裂缝滑移情况、滑移距离。结合图 6-15 和图 6-16 可以得出，单裂缝岩体模型沿裂缝是否发生滑移破坏的界限是 $\beta=65°$，当 $0° \leqslant \beta \leqslant 65°$ 时，模型沿裂缝发生了滑移；当 $\beta > 65°$ 时，模型并未沿裂缝发生滑移，最大滑移量小于 0.029。

（四）应力—应变曲线

应力—应变曲线是记录材料发生变形破坏的主要特征曲线，以 ε 做 x 轴、σ 做 y 轴的曲线来表示。在通常情况下，应力应变曲线是在实验室中通过三轴力学实验机对试件进行加压得出的，但是由于裂缝岩体的人工制备相当困难，通过力学实验得到数据点较少，所显示的规律性不够突出。因此，本书通过 ANSYS 数值模拟的方法，提取各个模型的应力—应变曲线，进而分析单裂缝岩体的变形破坏规律，图 6-20 是从不同 β 值下的单裂缝岩体的 ANSYS 模型中提取的应力应变曲线，斜率较大的直线段是单裂缝岩体模型的弹性阶段，斜率较小的直线段是单裂缝岩体模型的塑性阶段，也称为屈服阶段，而拐点处的应力值就是模型的屈服强度值。

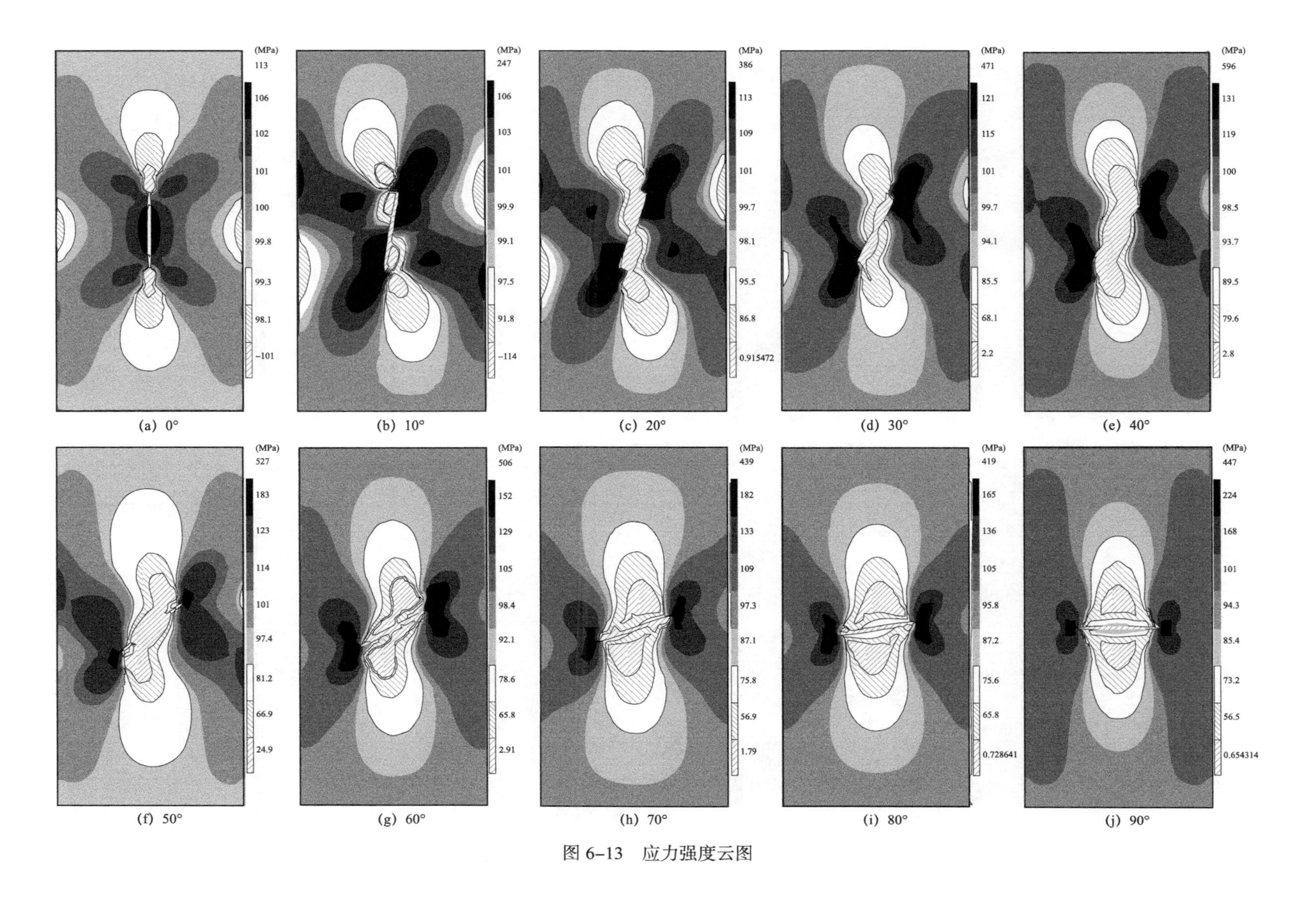

(a) 0° (b) 10° (c) 20° (d) 30° (e) 40°

(f) 50° (g) 60° (h) 70° (i) 80° (j) 90°

图 6–13 应力强度云图

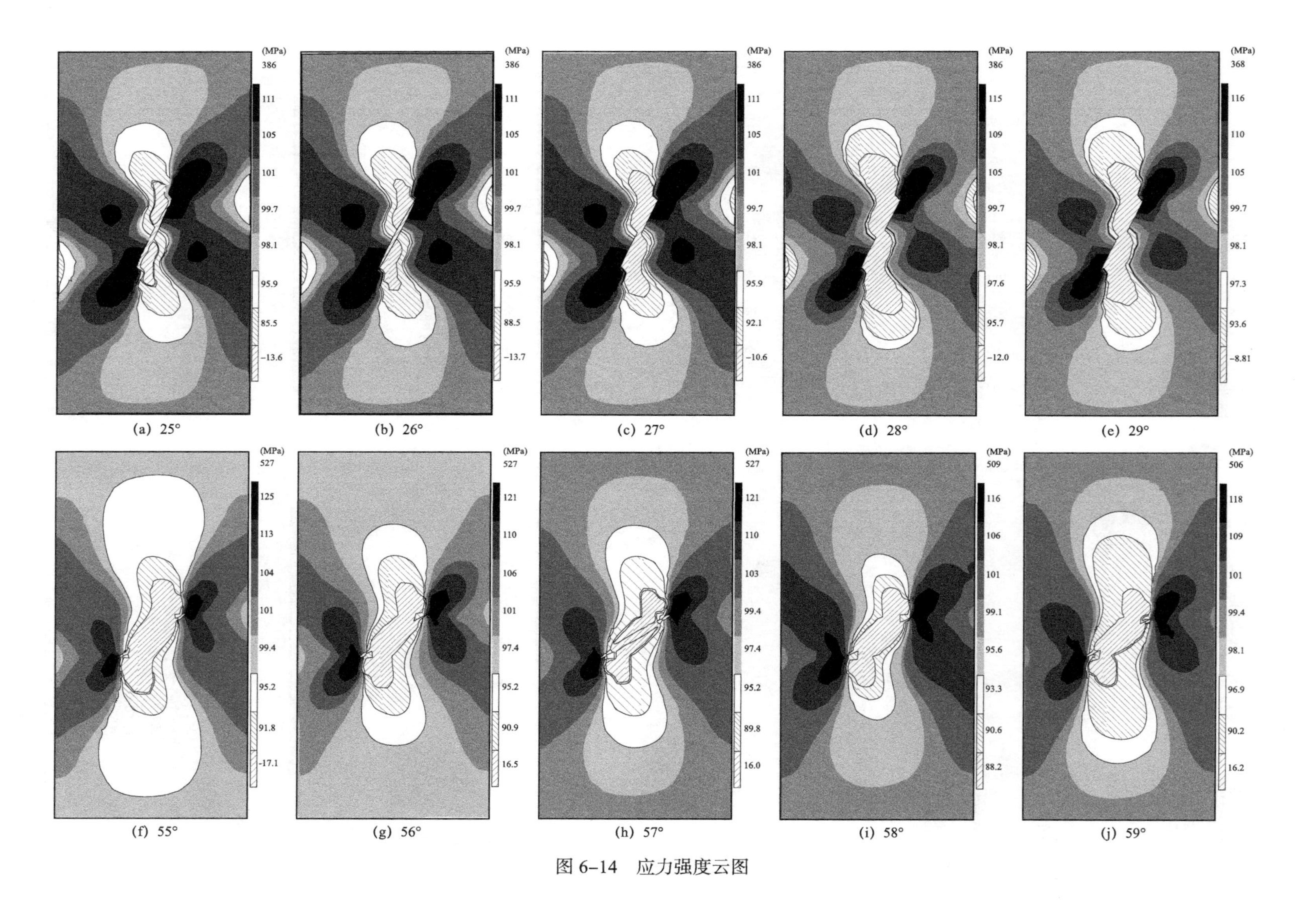
(MPa)
386
111
105
101
99.7
98.1
95.9
85.5
-13.6
(a) 25°
(MPa)
386
111
105
101
99.7
98.1
95.9
88.5
-13.7
(b) 26°
(MPa)
386
111
105
101
99.7
98.1
95.9
92.1
-10.6
(c) 27°
(MPa)
386
115
109
105
99.7
98.1
97.6
95.7
-12.0
(d) 28°
(MPa)
368
116
110
105
99.7
98.1
97.3
93.6
-8.81
(e) 29°
(MPa)
527
125
113
104
101
99.4
95.2
91.8
-17.1
(f) 55°
(MPa)
527
121
110
106
101
97.4
95.2
90.9
16.5
(g) 56°
(MPa)
527
121
110
103
99.4
97.4
95.2
89.8
16.0
(h) 57°
(MPa)
509
116
106
101
99.1
95.6
93.3
90.6
88.2
(i) 58°
(MPa)
506
118
109
101
99.4
98.1
96.9
90.2
16.2
(j) 59°

图 6-14　应力强度云图

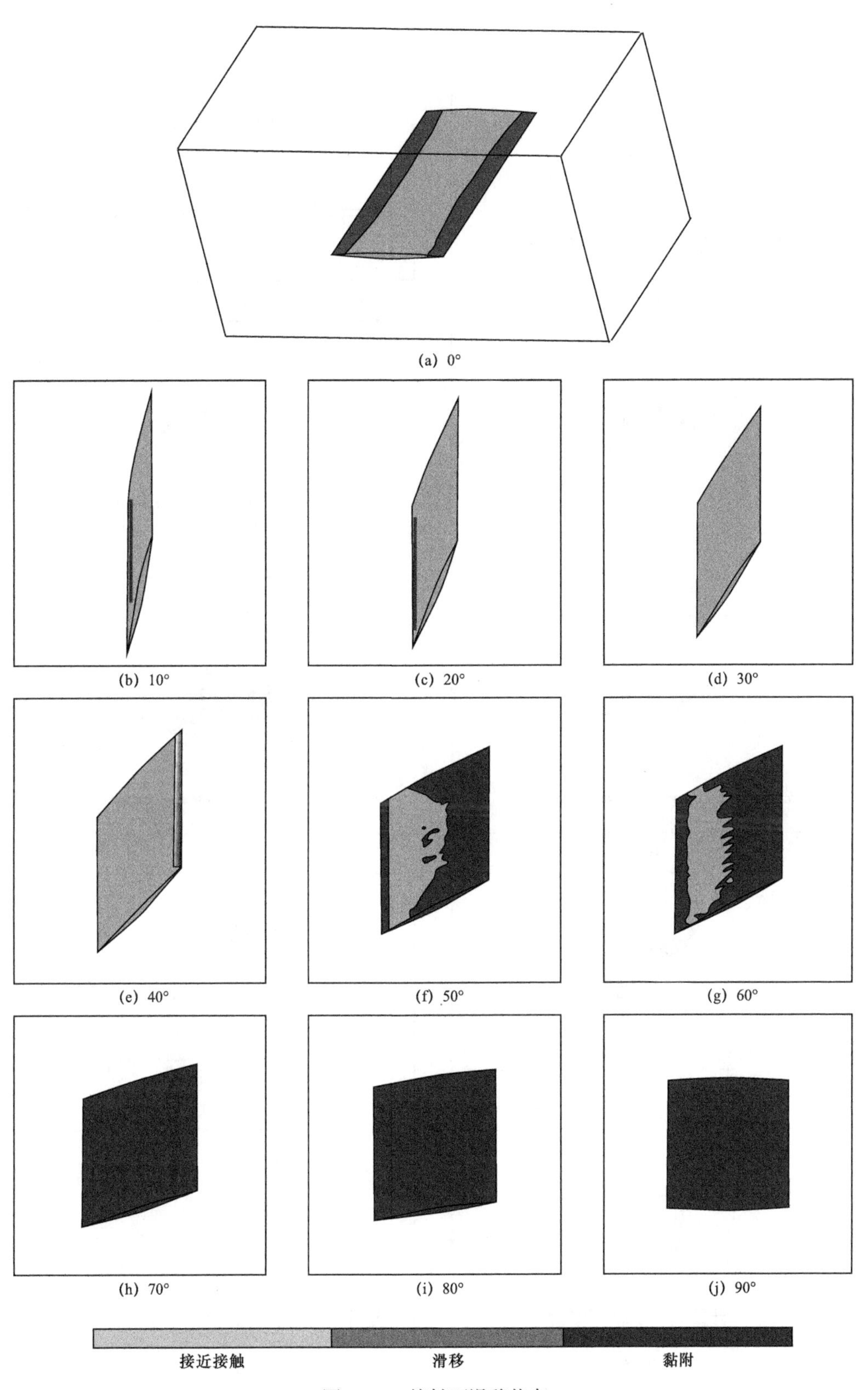

图 6-15　接触面滑移状态

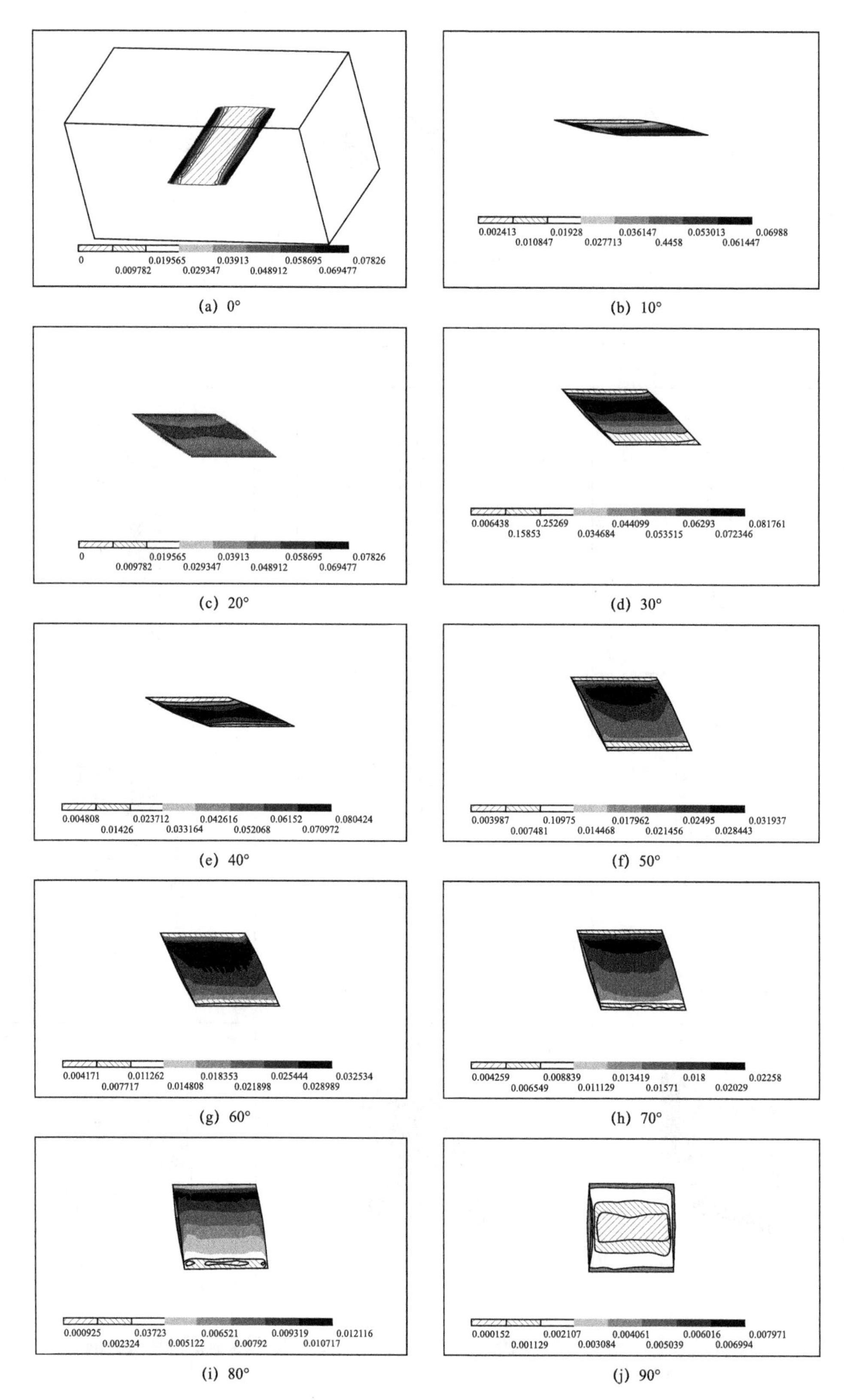

图 6-16 接触面滑移距离

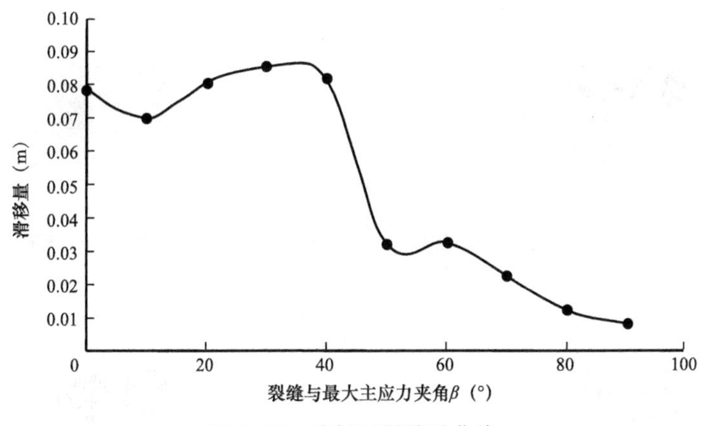

图 6-17　接触面滑移量曲线

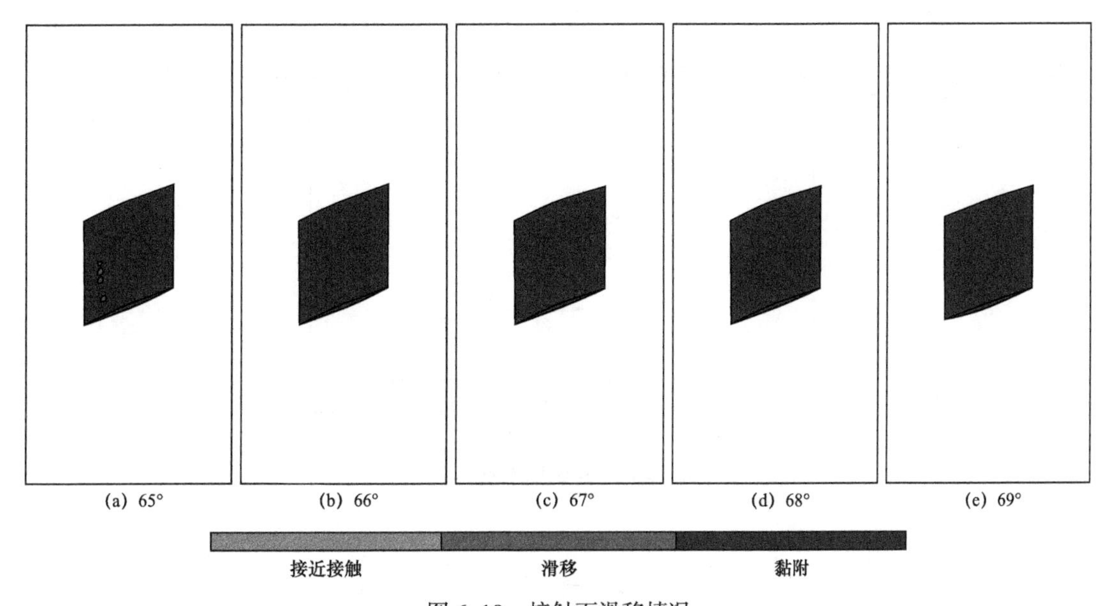

图 6-18　接触面滑移情况

为了便于更直观地表述与对比，将不同 β 值下的单裂缝岩体的应力—应变曲线中屈服强度值 σ_s 提取出来，见表 6-2，并将表中的模拟实验数据点绘制成曲线，图 6-21 是不同 β 值的单裂缝岩体的屈服应力曲线。

表 6-2　不同 β 值的单裂缝岩体的屈服应力统计表

β（°）	0	10	20	30	40	50	60	70	80	90
屈服应力（MPa）	82	75	71	41	43	78	86	91	94	96

单裂缝岩体的屈服强度值随着 β 值得增大呈先减小后增大的趋势，整条曲线形呈类“U”形曲线。β 在 20°～30°、40°～50° 范围内，屈服强度值变化明显；当 β=35° 时，屈服强度值最小；β 在 60°～90° 范围内，屈服强度值变化缓慢。

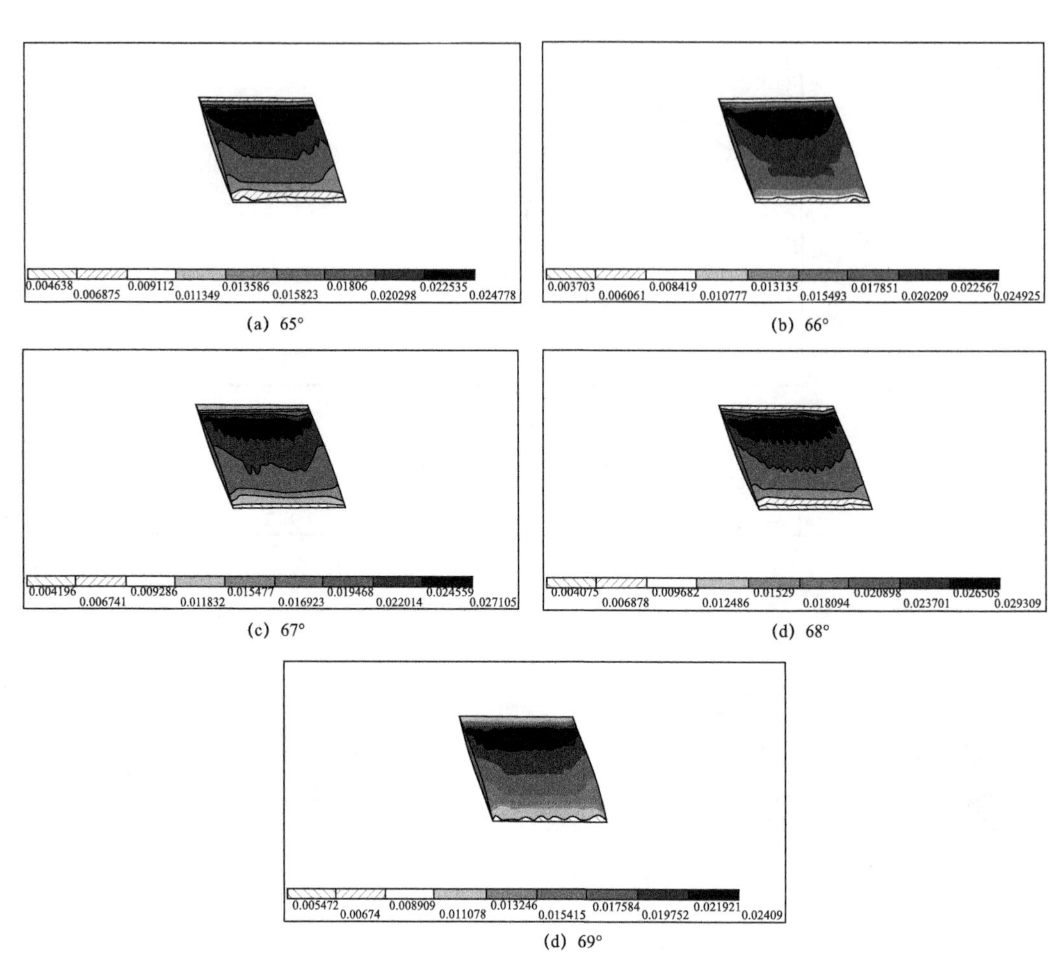

(a) 65°　(b) 66°　(c) 67°　(d) 68°　(d) 69°

图 6-19　接触面滑移距离

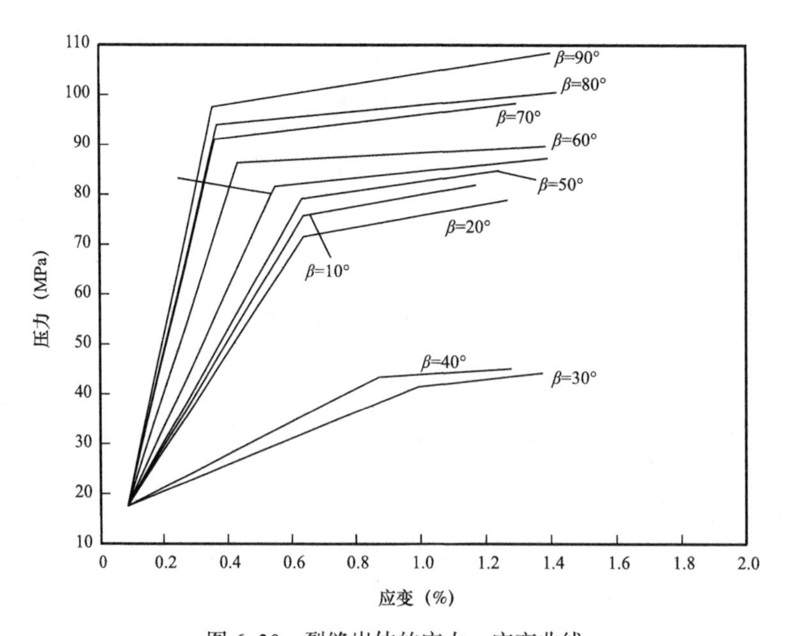

图 6-20　裂缝岩体的应力—应变曲线

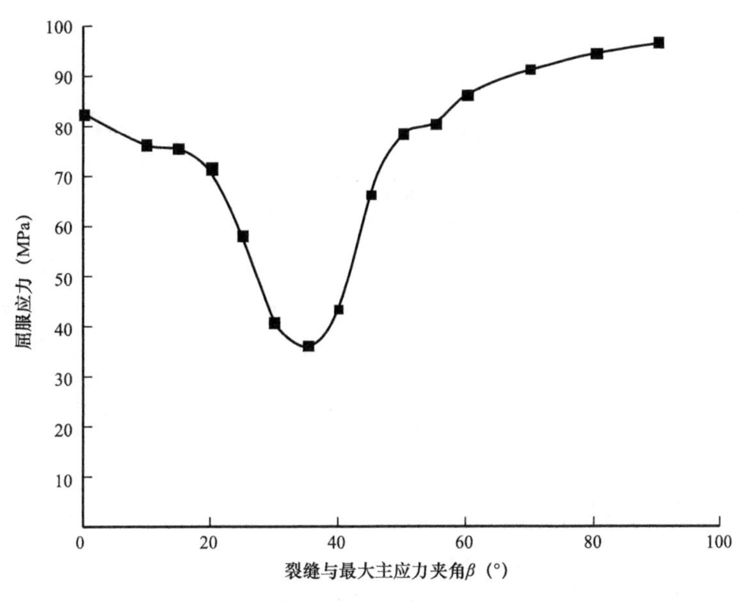

图 6–21　裂缝岩体的屈服应力随 β 的变化曲线

综合分析人工岩样三轴压缩实验和 ANSYS 数值模拟结果，可以得出。

（1）当裂缝与最大主应力夹角 β 在 0°～28°、60°～65° 时，裂缝岩体在三向应力状态下会沿裂缝产生滑动破坏，并且有新裂缝切穿早期裂缝发育。

（2）当裂缝与最大主应力夹角 β 在 28°～60° 时，裂缝岩体在三向应力状态下只会沿裂缝产生滑动破坏，并没有产生新裂缝切穿早期裂缝。

（3）当裂缝与最大主应力夹角 β 在 65°～90° 时，裂缝岩体在三向应力状态下不会沿裂缝产生滑动，但是发育新裂缝。

第三节　含差异充填裂缝性岩石变形及破坏

一、天然致密砂岩单轴压缩变形实验

大量岩石力学实验表明，对于充填裂缝性岩石，除了裂缝倾角和充填材料性质外，其力学效应主要受充填程度或连通率的控制。一般情况下，充填程度越小，裂缝的力学强度越高；反之，随着充填程度的增加，其力学强度逐渐降低。这里在简化裂缝形态为平直型的同时，采用钻井取得的原始岩心进行力学实验，主要研究充填程度或连通率对裂缝及岩块强度的影响。为了探寻不同倾角的充填裂缝性岩石在后期应力作用下的破坏规律，将克深 2 气田取来的巴什基奇克组致密砂岩岩样进行优选，尽量不含原始裂缝，然后用切割机对岩样进行造缝处理，裂缝倾角分别为 15°、25°、35°、45° 和 55°，充填程度分别为 25%、45%、65%、85%和 100%，充填物仍为胶结好的石膏，从而进行单轴力学实验（图 6–22）。由于对于同一条裂缝而言，理想情况下，矿物的充填程度越高，裂缝的连通率越低，反之则连通率越高。

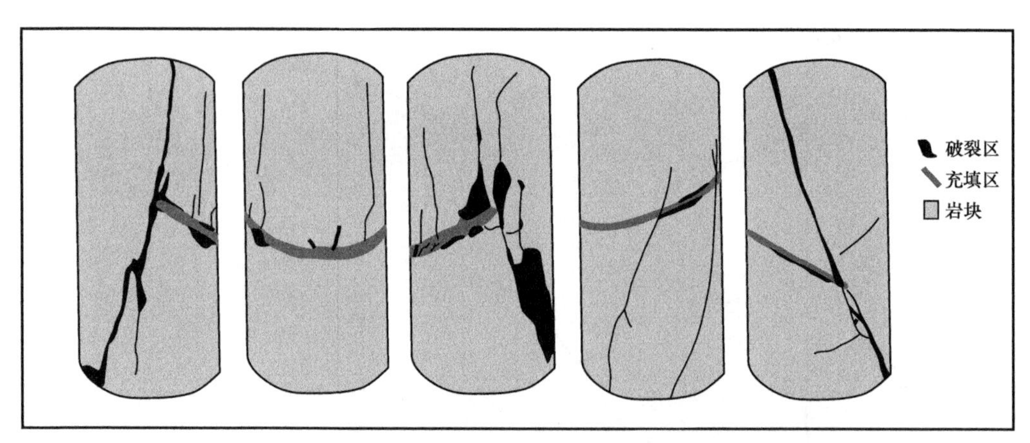

图 6–22　局部充填裂缝真实岩样破裂照片

结果表明：在裂缝倾角不变时，随着连通率的增大，岩体的峰值强度和弹性模量降低，岩体更容易产生新裂缝并切割先存裂缝，但其变化规律与裂缝倾角有关，且岩体的峰值强度随裂缝连通率的变化规律与岩体的弹性模量随裂缝连通率的变化规律不完全相同。

二、单轴压缩下充填程度或连通率对岩石破坏的影响

为了克服人造岩心、原始岩心力学实验中各向异性、原始微裂缝及实验仪器对多期裂缝形成机制的影响，本书仍旧采用 ANSYS 建模及模拟的方法研究充填程度或连通率对裂缝和岩块变形、破坏的影响。前人研究及上述分析认为，先存裂缝性岩石的破坏主要有切穿型、滑移型、限制滑移型、切穿滑移型和限制型等五种情况，其中切穿型、滑移型、切穿滑移型情况下，都会产生新的裂缝，从而造成岩石中该处裂缝密度、开度和孔隙度的增大。节理倾角 α 定义为加载面与裂缝面的夹角，取值有 7 个，分别为 0°、15°、30°、45°、60°、75° 和 90°。裂缝连通率 k 定义为同一条裂缝的矿物未充填区的面积比率，取值有 5 个，分别为 0、0.2、0.4、0.6 和 0.8，裂缝和岩块的力学参数设置与前文一致，采用轴向力学加载，加载速率为 0.15mm/min（图 6–23a）。

（一）应力—应变曲线

各裂缝倾角下，不同裂缝连通率岩样的轴向应力—应变曲线如图 6–23b 所示。可以看出，随着裂缝连通率的增大，应力—应变曲线的塑性增强。当裂缝倾角在 0°～60° 范围时，随着裂缝连通率的增大，应力—应变曲线由单峰变为多峰，且出现较大的屈服平台。

（二）峰值强度

将裂缝性岩样与无裂缝性岩样的单轴压缩峰值强度之比 σ_{fr}/σ_r 作为量纲一的等效峰值强度。各裂缝连通率下，裂缝性岩石等效峰值强度随裂缝倾角的变化曲线如图 6–24 所示。从图 6–24 可以看出，当裂缝连通率不大（k=0.2 和 0.4）时，或为大部分充填—全部充填时，等效峰值强度随裂缝倾角的变化规律为 90°＞75°＞0°、15°＞45°＞30°、60°。当裂缝连通率 k=0.6 时，或为半充填时，等效峰值强度随裂缝倾角的变化规律为 90°＞75°＞0°＞15°＞30°、

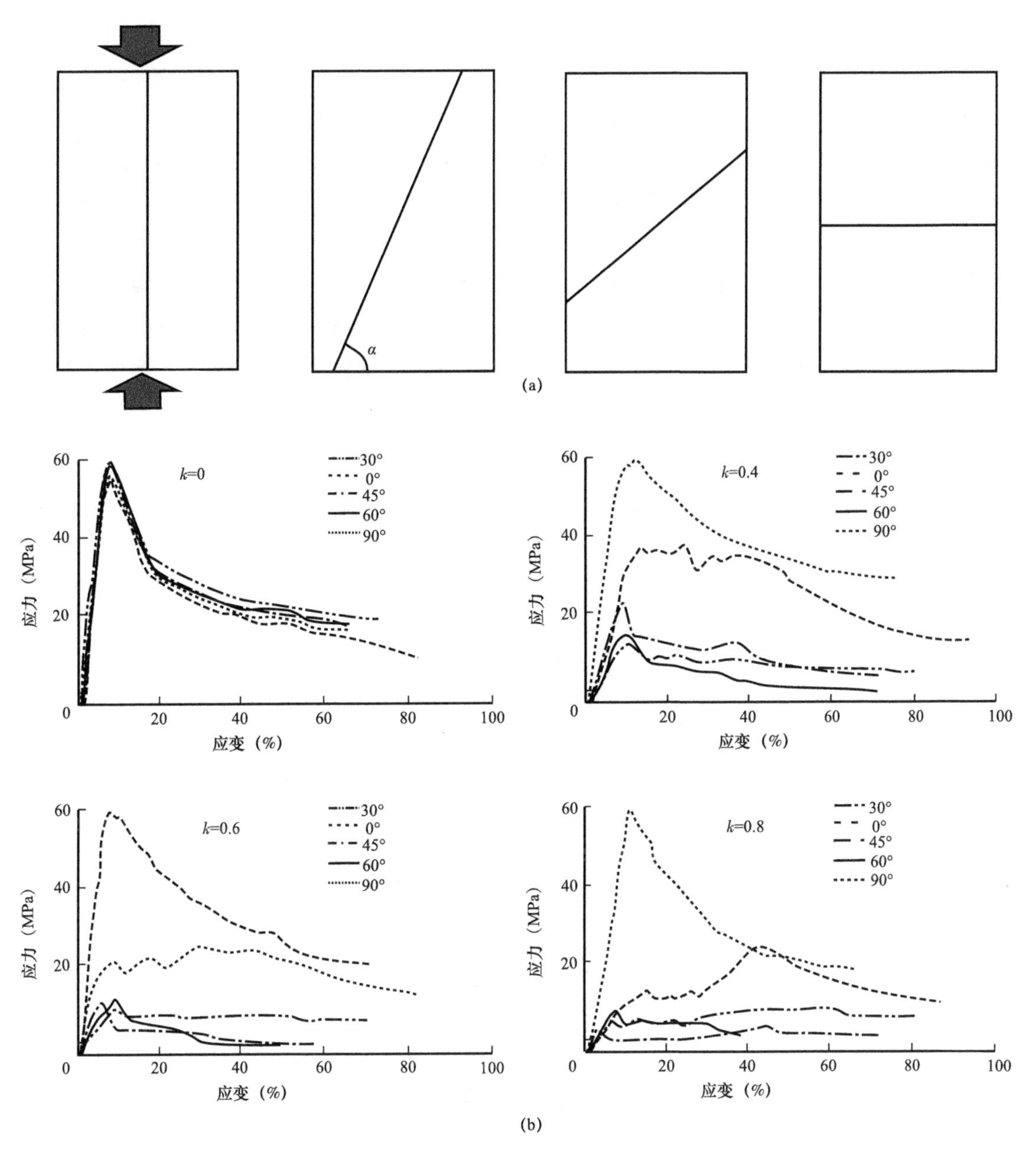

图 6–23　差异充填裂缝性岩石应力—应变曲线

（a）不同倾角下差异充填裂缝性岩样模型；（b）不同应力—应变曲线

45°、60°。当裂缝连通率 k=0.8 时，或为未充填—少量充填时，等效峰值强度随裂缝倾角的变化规律为 90°＞0°＞75°＞15°＞30°、60°＞45°。从而可以得出，当岩石中先存裂缝为无充填和少量充填时，倾角 α 在 30°～60° 区间的裂缝性岩石等效峰值强度最低，最容易产生新的裂缝；当岩石中先存裂缝为半充填和全充填时，倾角 α 大约在 30° 以及 60° 区间的裂缝性岩石等效峰值强度最低，最容易产生新的裂缝。

各裂缝倾角下，可以转化裂缝性岩石等效峰值强度随裂缝连通率的变化曲线。数据曲线结果表明，随着裂缝连通率的增大，等效峰值强度逐渐降低，二者之间存在显著的非线性关系。与陈洪凯和唐红梅（2008）的结论不同，岩体等效峰值强度随裂缝连通率增大而降低的变化趋势与裂缝倾角有关，不能一概而论。当裂缝倾角 $\alpha=0°$、15° 和 45° 时，裂缝连通率较小（k=0～0.2）和较大（k=0.6～0.8）时，等效峰值强度降低较慢，而裂缝连通率中等（k=0.2～0.6）时，等效峰值强度降低较快。当裂缝倾角 $\alpha=30°$ 和 60° 时，裂缝连通率较小（k=0～0.4）时等效峰值强度降低速度很快，而连通率继续增加对等效峰值强度的影响不大。当裂缝倾角 $\alpha=75°$ 时，裂缝连通率较小（k=0～0.4）时，等效峰值强度降低较慢，而裂缝连通率较大（k>0.4）时，等效峰值强度降低较快。当裂缝倾角 $\alpha=90°$ 时，等效峰值强度基本不受裂缝连通率的影响，表明等效峰值强度与裂缝连通率不相关。各节理倾角下，节理岩体等效峰值强度随节理连通率的非线性变化规律可表示为如下的幂函数：

$$\sigma_{fr}/\sigma_r=1/(1+ak^b) \tag{6-1}$$

式中 a、b——均为函数系数，取值来自数据拟合，具体值见表 6-3，曲线相关系数的平方平均为 0.952。

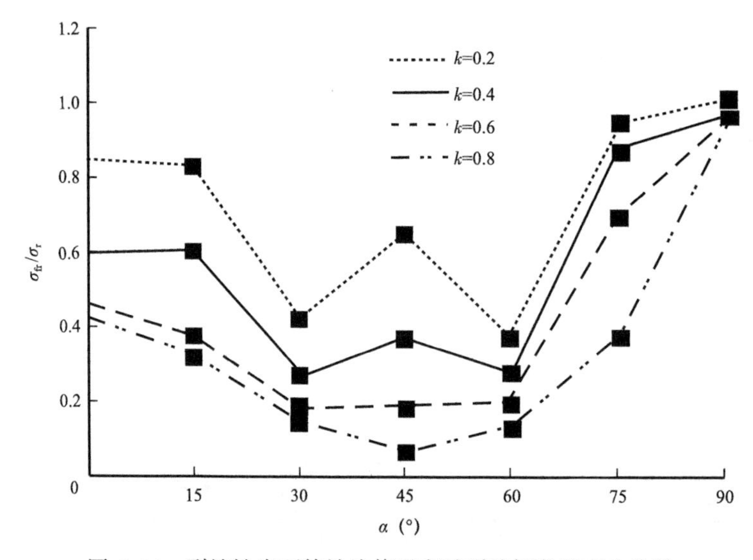

图 6-24　裂缝性岩石等效峰值强度随裂缝倾角的变化曲线

表 6-3　不同 α 值的裂缝性岩石的系数统计表

α（°）	0	15	30	45	60	75	90	平均值
a	2.04	2.98	6.04	9.77	5.16	4.41	0	4.34
b	1.38	1.66	0.92	1.89	0.67	4.39	0	1.56

（三）弹性模量

将裂缝性岩石与完整岩石的弹性模量之比 E_{fr}/E_r 作为量纲一的等效弹性模量。各裂缝连通率下，裂缝岩体等效弹性模量随裂缝倾角的变化曲线如图 6-25 所示。从图 6-25 可以看出，当裂缝连通率 k=0.4 和 0.6 时，等效弹性模量随裂缝倾角的变化规律为 90°>75°>0°、15°>45°>30°、60°。当裂缝连通率 k=0.8 时，等效弹性模量随裂缝倾角的变化规律为 90°>75°>0°、15°、30°、45°、60°。各裂缝倾角下，等效弹性模量随裂缝连通率的变化及其拟合曲线如图 6–25 所示。由图 6–25 可以看出，随着裂缝连通率的增大，等效弹性模量逐渐降低，二者之间也存在显著的非线性关系。当裂缝倾角 α=0° 和 15° 时，裂缝连通率中等（k=0.2～0.6）时，等效弹性模量降低较快，而裂缝连通率较小（k=0.2）和较大（k>0.6）时，等效弹性模量降低较慢。当裂缝倾角 α=30°、45° 和 60° 时，裂缝连通率较小（k<0.4）时等效弹性模量降低速度很快，而连通率继续增加对等效弹性模量的影响不大。当裂缝倾角 α=75° 和 90° 时，随着裂缝连通率的减小，等效弹性模量几乎以相同的速率降低。各裂缝倾角下，等效的裂缝岩石弹性模量随裂缝连通率的非线性变化规律可表示为如下的幂函数：

$$E_{\mathrm{fr}}/E_{\mathrm{r}}=1/(1+mk+nk^2) \tag{6-2}$$

式中　m、n——函数系数，表 6–4 列出不同裂缝倾角下裂缝岩石的函数系数取值，曲线相关系数的平方平均为 0.941。

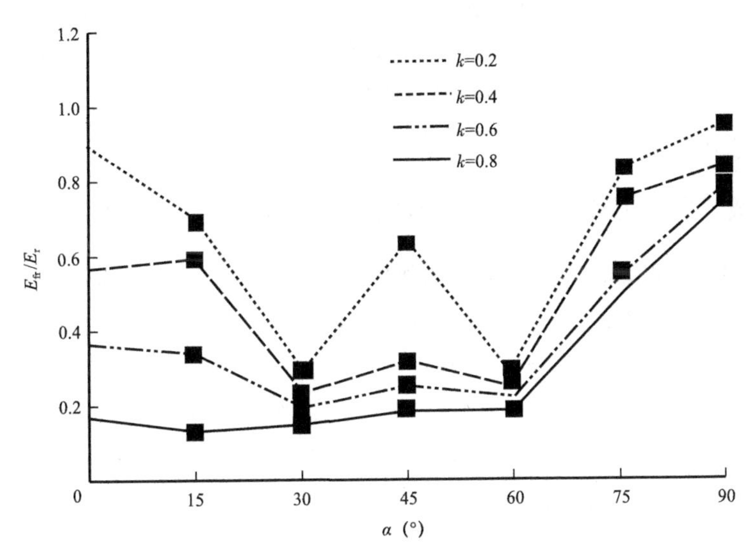

图 6–25　差异充填裂缝性岩石等效弹性模量随裂缝倾角的变化曲线

表 6–4　不同 α 值的裂缝性岩石的系数统计表

α（°）	0	15	30	45	60	75	90	平均值
m	0.11	0.79	9.54	2.55	9.48	0.98	0.32	3.40
n	4.23	3.68	0.12	4.43	0.12	0.11	0.12	1.83

由上述数值模拟结果可知，一般地，一组贯通裂缝岩石的弹性模量和峰值强度随岩石或裂缝面倾角的变化曲线为“U”形，最低点发生在裂缝面倾角 α=45°+φ_{f}/2 左右（φ_{f} 为裂缝内摩擦角，α 约为 60°），此时发生沿裂缝面的剪切滑移破坏，而裂缝面水平（α=0°）

及垂直（α=90°）时，峰值强度和弹性模量较高。当岩石中的裂缝连通率较大（k=0.8）时，峰值强度和弹性模量随裂缝面倾角的变化曲线接近为单峰“U”形，与层状岩体在总体上较为相似，但峰值强度最小值出现在裂缝面倾角α=45°而非α=60°时，且在裂缝倾角α=0°～60°时岩石的弹性模量都很低。当裂缝连通率较小（k=0.2）或中等（k=0.4、0.6）时，岩石峰值强度和弹性模量随裂缝面倾角的变化曲线出现2个低峰，分别位于裂缝面倾角α=60°和α=30°时。对各种裂缝连通率的断续裂缝岩石模拟，与层状岩体相同，也最易在裂缝面倾角α=60°时发生沿先存裂缝平面的剪切破坏，导致在α=60°时出现强度极小值。

而对裂缝连通率较小（k=0.2）或中等（k=0.4、0.6）的断续裂缝岩体，先存裂缝端部的应力集中起了控制作用，使得沿裂缝面发生剪切滑移破坏的裂缝面倾角减小。所有裂缝连通率下的裂缝面倾角α=45°的岩样，都发生了沿对角线的先存裂缝平面剪切破坏。所有裂缝连通率下的裂缝面倾角α=30°的岩样，都由于先存裂缝之间的剪切及拉伸贯通裂缝，发生沿贯通裂缝面的剪切破坏，导致在裂缝面倾角为α=30°时岩石峰值强度达到另一个极小值。在裂缝连通率中等（k=0.4、0.6）或较大（k=0.8）时裂缝面倾角较缓（α=0°、15°）的岩样中，还观察到了先存裂缝的闭合过程。由于在弹性阶段中，先存裂缝几乎没有闭合，导致岩体的弹性模量大幅度降低。而先存裂缝闭合后的摩擦效应，导致此类岩样的应力—应变曲线出现多峰及屈服平台。而且，在弹性阶段结束点，几乎所有先存裂缝都处于张开状态，在岩样的左侧有少量先存裂缝在端部或中部产生拉伸裂缝。

三、单轴拉张下裂缝岩体或岩石的变形破坏

具有先存裂缝的岩石在受到后期应力作用下发生破裂，有时可以沿先存裂缝扩展，有时是完整的岩石产生新的裂缝，从破裂机理来看，可以分为张破裂和剪切破裂两类。当先存裂缝被充填时，有一定的抗拉强度，当先存裂缝未被充填而开启时，抗拉强度几乎为零。因此由于先存裂缝的存在，会造成岩石抗张强度远远降低，当受到后期张应力作用时，如果张应力方向与先存裂缝走向垂直，最容易发生沿先存裂缝扩展的张破裂。先存裂缝的走向与后期应力场方向之间的关系，影响两期裂缝的叠加。Donath和Mclamore（1967）通过对具有裂缝的岩石进行的变形实验认为，当后期张应力方向与早期裂缝走向夹角小于30°时，岩石的抗张强度最小，仅为岩石无裂缝时抗张强度的22%～28%（图6-26）。由此认为当后期张应力方向与先存裂缝走向夹角小于30°时，岩石只沿先存裂缝扩展而不产生新的裂缝。

前人对于经历多期构造运动的岩层裂缝发育的叠加问题进行了研究，认为当后期应力场发生改变时，可能引起裂缝的叠加。早期形成的裂缝可以影响局部应力场的分布以及岩体的强度，进而影响后期发育裂缝的分布，后期应力场既可以导致早期裂缝继续扩展，也可以使岩层发生破裂产生新的裂缝，早期裂缝也可以限制后期裂缝的延伸与分布。当后期的构造应力大于早期时，后期发育的裂缝可以切割早期存在的裂缝；当后期构造应力小于早期时，后期裂缝可能受到早期存在裂缝的限制。

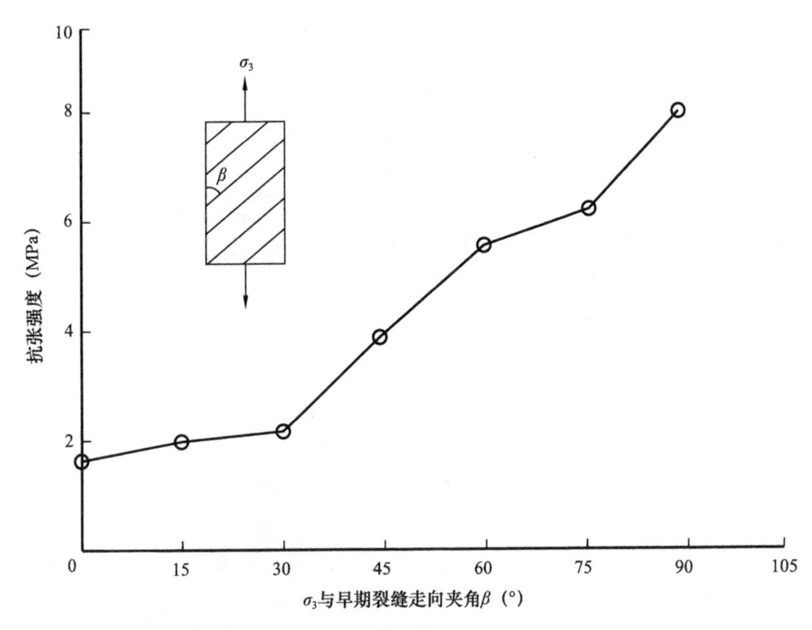

图 6-26　岩石抗张强度与先存裂缝走向与后期张应力方向夹角的关系（据 Mclamore，1967）

第四节　裂缝性岩石多级破裂准则的建立

为了研究在应力状态下裂缝性岩石材料的强度规律，以及岩石材料变形破坏的条件，以及确定裂缝的扩展方向，前人研究出了一系列强度理论。在三向应力作用下，岩石材料发生变形破坏时的应力状态，可用 $\sigma_1=f(\sigma_2,\ \sigma_3)$ 表示，这个关系式就是破裂准则；在几何学中，它表示为一个面，在土力学、岩石力学、材料力学中被称作破裂面。前人对完整岩石的破坏做了很大研究，提出了许多判断岩石破坏的理论，其中，库仑—摩尔准则、格里菲斯准则是土力学、岩石力学、材料力学中使用最普遍的两种破裂准则，广泛应用于工程实践，如今仍被作为国内外学者研究岩石破坏的参考。

一、经典强度理论

（一）库仑—摩尔（Coulomb-Mohr）准则

摩尔（Mohr）认为，岩石材料并不是沿着最大剪切力的截面发生破裂的，这与破裂面上的剪切力、正应力的同时作用有关，当岩石材料某一面上的剪切力和正应力达到一定关系时，岩石材料就会沿着这个面发生破裂，而破裂的形式是剪切破裂。同时，岩石的性质影响破裂面上剪切力与正应力之间的关系。由公式 $\tau=f(\sigma)$ 表示，此公式表示一条曲线，该曲线是通过多次力学实验，在不同应力组合条件下得到不同的极限摩尔应力圆后，连接多个摩尔应力圆上的破坏应力点，最终绘出的摩尔强度线，也被称作摩尔包络线，代表摩尔准则。通常情况下，通过力学实验绘出的摩尔包络线是一条下凹的曲线，如图 6-27 所示，而力学实验和工程实践中常用的摩尔包络线是直线型（图 6-28）或双直

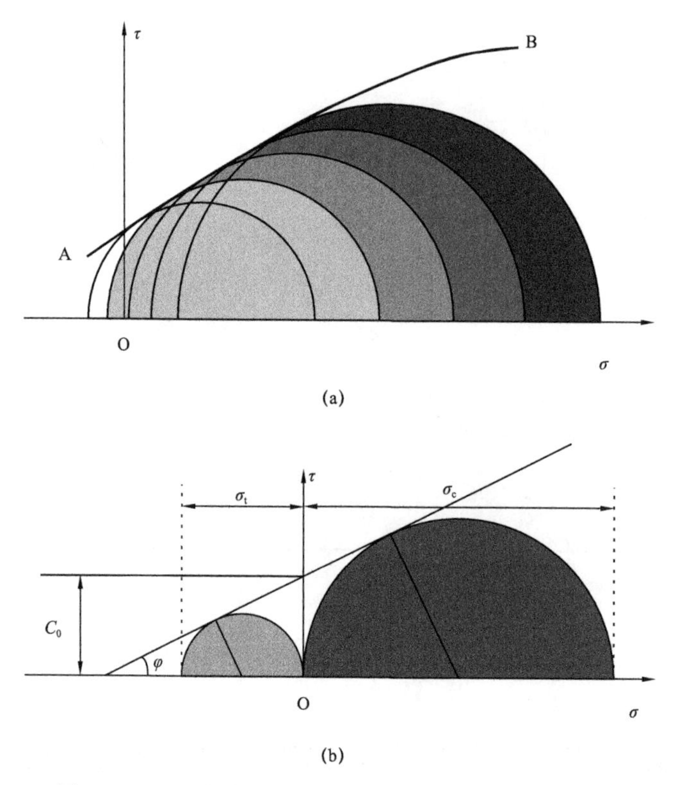

图 6–27　下凹的摩尔包络线及直线型库仑—摩尔包络线

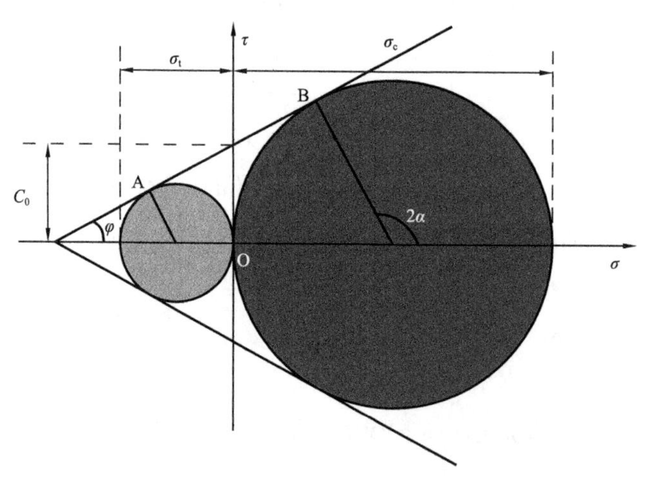

图 6–28　双直线型库仑—摩尔包络线

线型（图 6–29），这是摩尔修正的库仑准则，摩尔提出了用直线公式表示强度包络线。因此，土力学、岩石力学中称其为库仑—摩尔准则（Coulomb–Mohr Principle），可用下述公式表示：

$$|\tau|=C_0+\sigma_n \tan\varphi \text{ 或 } |\tau|=C_0+\mu\sigma_n \qquad (6\text{–}3)$$

式中 τ 为剪应力，σ_n 为正应力。C_0 和 φ 是两个材料常数，分别为内聚力和内摩擦角。内聚力 C_0 是当 $\sigma_n=0$ 时的抗剪强度，单位 Pa。并定义 $\mu=\tan\varphi$ 为内摩擦系数。

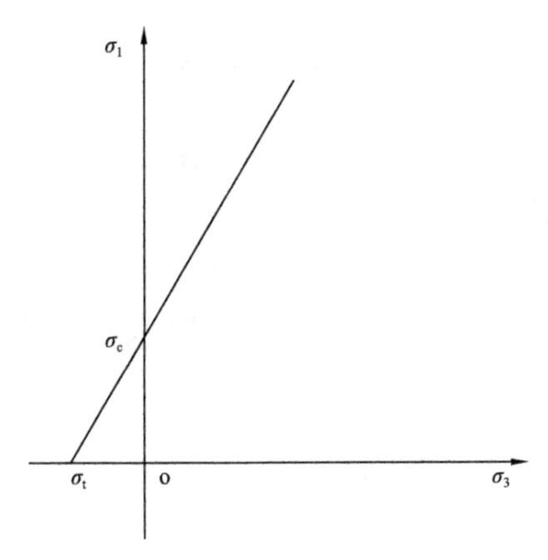

图 6–29　σ_1—σ_3 坐标系的摩尔包络线

在工程实际应用过程中，为了更灵活的应用库仑—摩尔直线型强度包络线，也有人用式（6–4）来表示库仑—摩尔准则，从图 6–28 中的几何关系计算得出：

$$\sin\varphi=[(\sigma_1-\sigma_3)/2]/[\cos\varphi+(\sigma_1+\sigma_3)/2]=(\sigma_1-\sigma_3)/(\sigma_1+\sigma_3+2\cot\varphi) \quad (6\text{–}4)$$

此外，采用岩石力学的三轴压缩实验可以得到 σ_1—σ_3 坐标系下的岩石强度包络线，如图 6–29 所示，可用式（6–5）表示：

$$\sigma_1=\zeta\sigma_3+\sigma_c \quad (6\text{–}5)$$

式中　σ_c——单轴抗压强度的理论值，可由 $2c\cos\varphi/(1-\sin\varphi)$ 求得；

ζ——强度线的斜率，可由 $(1+\sin\varphi)/(1-\sin\varphi)$ 求得。

该岩石强度包络线可以直接由岩石力学的三轴压缩实验数据绘出，求得直线的斜率和截距，即 ζ 和 σ_c，进而可求出岩石材料的内聚力 C_0 和内摩擦角 φ。

各类型的库仑—摩尔强度包络线均是判断岩石破坏的有效依据，而且库仑—摩尔准则还给出了岩石破裂面的方向，图 6–28 中 α 为岩石破裂角，即破裂面法线与最大主压应力之间的夹角，由式（6–6）求得：

$$2\alpha=180°-(90°-\varphi)=90°+\varphi \quad (6\text{–}6)$$

该截面上的剪应力和正应力可用主应力来表示，即：

$$\begin{cases}\tau=\dfrac{\sigma_1-\sigma_3}{2}\sin2\alpha\\ \sigma_n=\dfrac{\sigma_1+\sigma_3}{2}+\dfrac{\sigma_1-\sigma_3}{2}\cos2\alpha\end{cases} \quad (6\text{–}7)$$

将式（6–6）、式（6–7）代入式（6–4）得到主应力表示的库仑—摩尔准则，如式（6–8）所示：

$$\frac{\sigma_1-\sigma_3}{2}\sin(90°+\varphi)\geqslant C_0+\left[\frac{\sigma_1+\sigma_3}{2}+\frac{\sigma_1-\sigma_3}{2}\cos(90°+\varphi)\right]\tan\varphi \quad (6\text{–}8)$$

化简后可写成：

$$\frac{\sigma_1-\sigma_3}{2} \geqslant C_0\cos\varphi + \frac{\sigma_1+\sigma_3}{2}\sin\varphi \qquad (6\text{–}9)$$

库仑—摩尔准则使用方便，有明确的物理意义，而且还给出了岩石破裂面方向：$\theta=45°-\varphi/2$，θ 为裂缝面与最大主应力之间的夹角，破裂面为图 6–28 中 A、B 两点对应的截面。但是，库仑—摩尔强度理论不能从破坏机理上解释其破坏特征，其次，中间主应力对岩石材料的强度也存在着一定的影响，该强度理论忽略了这一影响，是一种等效的剪破裂判断标准。

（二）格里菲斯准则

格里菲斯（Griffith，1921）在研究材料变形破裂的强度判断时，发现在脆性材料的内部存在大量的微裂缝，他将这些微裂缝抽象为格里菲斯裂隙。在受力状态下，脆性材料中这些微裂缝发生扩展、贯通，最终形成宏观裂缝，致使材料沿着宏观裂缝发生破坏。脆性材料中存在的微裂缝就是材料变形破坏的首要条件。

格里菲斯还认为，材料在受力时，会在材料内部的微裂缝的尖端形成应力集中现象，当在微裂缝尖端集中的有效应力达到微裂缝扩展所需的能量时，微裂缝就会发生扩展。他从能量释放的角度解释了微裂缝扩展、贯通形成宏观裂缝的机理，并取得了很大成功，成为断裂力学中的经典理论。为了更好地研究具有微裂缝的初始缺陷介质在受力时介质内部的应力分布情况，格里菲斯参考弹性力学中的椭圆孔应力解的概念，将介质内部的微裂缝简化成一个规则扁长的椭圆（图 6–30），以此推导出格里菲斯强度判断，也就是格里菲斯（Griffith）准则。

根据格里菲斯准则，在二向应力状态下岩石材料发生破坏的条件如下。

当（$\sigma_1+3\sigma_2$）>0 时，破裂准则为（$\sigma_2-\sigma_1$）^{2}=8（$\sigma_1+\sigma_2$）σ_T，即：

$$\sigma_T = \frac{(\sigma_2-\sigma_1)^2}{8(\sigma_1+\sigma_2)}, \quad \cos2\beta = \frac{\sigma_1-\sigma_2}{2(\sigma_1+\sigma_2)} \qquad (6\text{–}10)$$

当（$\sigma_1+3\sigma_2$）≤0 时，破裂准则为：

$$\sigma_2=-\sigma_T, \quad \sin2\beta=0 \qquad (6\text{–}11)$$

式中　σ_T——岩石单向拉伸实验的抗拉强度，MPa；

β——椭圆裂缝长轴与主压应力轴 σ_2 之间的夹角，破裂角 $\theta=\beta$，（°）。

格里菲斯准则认为，应力在微裂缝尖端发生集中，致使微裂缝由尖端开始扩展，而扩展的方向与微裂缝尖端的最大拉应力方向垂直，也就是产生新裂缝的方向。用 ψ 表示微裂缝的扩展方向与原裂缝长轴之间夹角（图 6–30），据上述格里菲斯准则，可推导出 ψ 的表达公式，即：

$$\psi=-2\beta, \quad (\sigma_1+3\sigma_2)>0 \qquad (6\text{–}12)$$

$$\psi=0, \quad (\sigma_1+3\sigma_2)\leqslant 0 \qquad (6\text{–}13)$$

由图 6–30 和式（6–12）可以看出，当 σ_1、σ_2 为压应力，并且方向与微裂缝成一定角度相交时，微裂缝扩展方向与原裂缝长轴之间夹角为 2β；图 6–31 和式（6–13）说明，最大主应力拉应力，并且方向与微裂缝长轴垂直时，微裂缝扩展方向与原裂缝长轴之间夹角为 0° ，即微裂缝沿着其长轴方向延伸。

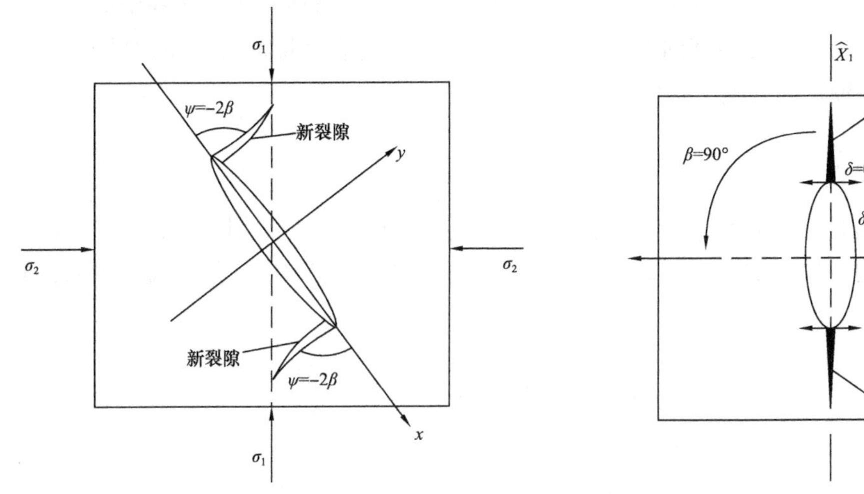

图 6–30　压应力下裂纹扩展方向
（据华东水利学院等，1984）

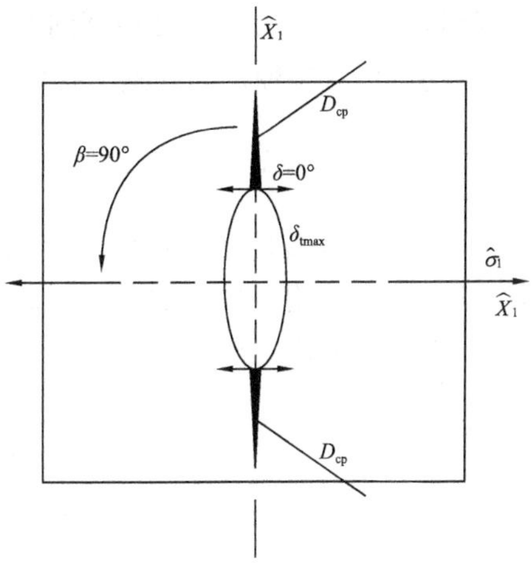

图 6–31　张应力下裂纹扩展方向
（据 Twiss 和 Moores，1992）

在三向应力状态下，格里菲斯准则可用下列公式表示。

当（$\sigma_1+3\sigma_3$）>0 时，破裂判据为：

$$\begin{cases}(\sigma_2-\sigma_1)^2+(\sigma_3-\sigma_1)^2+(\sigma_3-\sigma_2)^2=24(\sigma_1+\sigma_2+\sigma_3)\sigma_T \\ \cos 2\theta=\dfrac{\sigma_1-\sigma_3}{2(\sigma_1+\sigma_3)}\end{cases} \tag{6–14}$$

当（$\sigma_1+3\sigma_3$）≤0 时，破裂判据可简化为：

$$\sigma_3=-\sigma_T,\ \theta=0° \tag{6–15}$$

格里菲斯准则从微观和能量释放的角度解释了微裂缝扩展、贯通形成宏观裂缝致使材料破坏的机制，经过严密的理论公式推导，成为断裂力学的经典理论，被广泛应用于工程实践，具有很强的借鉴意义。但是实际上，格里菲斯准则考虑的是微裂缝的扩展机理，以拉应力状态为前提，适用于对张性破裂进行判断。

（三）拜尔利（Byerlee）滑移判断准则

Byerlee（1978）通过对大量单裂缝岩石的滑动破坏实验资料，提出了在地球深部环境下，岩石沿某一滑动面发生摩擦的条件是该面上的正应力 σ 与剪应力 τ 之间满足下列关系（σ、τ 的单位均为 MPa）：

$$\tau=0.85\sigma\ (\sigma<200\text{MPa}) \tag{6–16}$$

$$\tau=50\text{MPa}+0.6\sigma\ (\sigma\geqslant 200\text{MPa}) \tag{6–17}$$

Byerlee 准则是在高围压条件下研究岩石的摩擦滑动时普遍适用的关系式，式（6–16）和式（6–17）表明，它与岩石类型、裂缝面特性等因素完全无关，正因为如此，Byerlee 准则成为近年来岩石力学实验的最主要结果之一。

尽管地球介质中的断面无处不在，但是 Byerlee 准则却普遍适用于自然界中的各种滑动破坏现象，因此，在讨论地球内部发生的许多自然现象时，摩擦的 Byerlee 准则比脆性破坏准则（包括各种强度理论）有更广泛的应用。

（四）统一强度理论

在国内，俞茂宏（2004）综合分析各大强度准则的理论基础与适用条件，提出了统一强度理论，它适用于岩石破裂的判断，而且能够反映中间主应力对岩石变形破坏的影响，其数学表达式为：

$$F=\sigma_1-\frac{\alpha}{1+b}\left(b\sigma_2+\sigma_3\right)=\sigma_{\rm t}\,,\quad \sigma_2<\frac{\sigma_1+\alpha\sigma_3}{1+\alpha} \tag{6–18}$$

$$F'=\frac{1}{1+b}\left(\sigma_1+b\sigma_2\right)-\alpha\sigma_3=\sigma_{\rm t}\,,\quad \sigma_2\geqslant\frac{\sigma_1+\alpha\sigma_3}{1+\alpha} \tag{6–19}$$

式中　α——材料拉伸强度极限 $\sigma_{\rm t}$ 和压缩强度极限 $\sigma_{\rm c}$ 的比值；

b——反应中间主剪应力以及相应面上的正应力对材料破坏影响程度的系数。

b 与材料的剪切强度极限 τ_0 和拉压强度极限 $\sigma_{\rm t}$、$\sigma_{\rm c}$ 之间的关系为：

$$b=\frac{\left(1+\alpha\right)\tau_0-\sigma_{\rm t}}{\sigma_{\rm t}-\tau_0}=\frac{1+\alpha-B}{B-1}\,,\quad \alpha=\frac{\sigma_{\rm t}}{\sigma_{\rm c}} \tag{6–20}$$

$$B=\frac{\sigma_{\rm t}}{\tau_0}=\frac{1+b+\alpha}{1+b} \tag{6–21}$$

统一强度理论经过严密的理论分析与公式推导，而且考虑了中间主应力对岩石破坏的影响，并指出起作用的是中间主应力区间，具有很强的理论意义以及判断岩石破坏的实践意义。但是，统一强度理论没有给出裂缝面方向，而且由于它表述的裂缝面比较复杂，很难用该理论推导裂缝面方向。

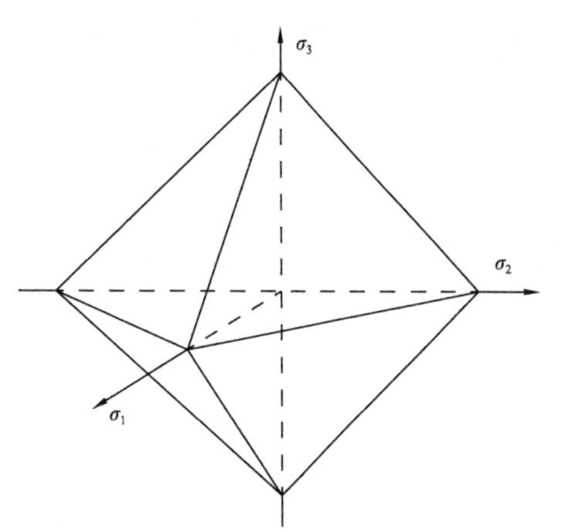

图 6–32　正八面体示意图

（五）八面体应力强度理论

八面体应力强度理论是建立在三向应力作用下的剪应力强度理论。在材料力学、弹性力学等传统的经典力学中，研究材料的力学性质及变形破坏时，大多是以正六面体单元为基础的。八面体应力强度理论以八面体为研究单元，是由六面体单元经三组破裂面截切而来，如图 6–32 所示，其中以正交八面体、等斜八面体最为常见，前者适用于塑性材料，后者适用于脆性材料。

八面体应力强度理论认为，可将材料视为有限个八面体单元组成，当材料处于三向应力状态下，材料内部某一八面体面上的剪应力达到某一临界值时，材料便会屈服或发生破坏。这一理论与 Mises 准则一致，Mises 准则认为，当材料内部某一八面体面上的剪应力达到单向受力至屈服时的极限剪应力 τ_s，材料便会发生破坏，表达式如下：

$$\sigma_1=\sigma_y \tag{6-22}$$

$$\sigma_2=\sigma_3=0 \tag{6-23}$$

$$\frac{1}{3}\sqrt{(\sigma_1-\sigma_2)^2+(\sigma_2-\sigma_3)^2+(\sigma_3-\sigma_1)^2}=\frac{\sqrt{2}}{3}\sigma_y \tag{6-24}$$

八面体应力强度理论根本上属于剪应力破坏理论，这个理论经过大量的实验证实，广泛应用于塑性材料，但在脆性材料中使用存在局限性。

（六）Hoek–Brown 岩石破坏经验准则

传统的岩石破坏经典理论能够解释在特定应力状态下岩石材料的力学性质及发生变形破坏的问题，但不能解决此范围以外的问题。前人通过大量假三轴压缩实验发现，绘制出的岩石强度包络线是各种类型的曲线。吕则新、陈华兴等认为，随着围压的增加，破坏角在不断地变化。Hoek 和 Brown 推导出了岩石材料屈服时极限应力之间的关系式，用式（6–25）表示：

$$\sigma_{1e}=\sigma_{3e}+\sqrt{m\sigma_c\sigma_{3e}+s\sigma_c^{\ 2}} \tag{6-25}$$

式中 σ_{1e}——破坏时最大有效主应力，MPa；

σ_{3e}——破坏时最小有效主应力，MPa；

σ_c——结构完整的连续介质岩石材料单轴抗压强度，MPa；

m——经验系数，取值范围为 0.001（强烈破坏岩石）～25（坚硬而完整的岩石）；

s——经验系数，取值范围为 0（节理化岩体）～1（完整岩石）。

Hoek–Brown 岩石破坏经验准则考虑了裂缝岩体与完整岩体强度的差异，即裂缝面的存在降低了岩体的强度，能更好地体现岩体在屈服或破坏时的非线性特点；从机理上分析岩石变形破坏的过程，并给出了岩石发生屈服或破坏的条件；同时，考虑到了在拉应力或是低应力状态下，岩石破坏的情况。同样的，Hoek–Brown 准则忽略了中间主应力对岩石强度的影响，判断公式中参数的选择存在不确定性，容易受主观性因素的影响。

（七）翼状裂纹准则

若从断裂力学的角度出发，先理解裂纹的起裂的方式和传播规律，再结合岩石力学实验来进一步完善现有的破裂准则，如图 6–33 所示。已存在裂纹的滑动接触点是裂纹起裂的部位之一，Ashby 和 Hallam 提出了翼状裂纹起裂条件的公式：

$$\sigma_1=A\sigma_3-B \tag{6-26}$$

式中，A 和 B 是与材料有关的常数，取决于摩擦系数 μ 和半裂纹长度 a，以及拉伸断裂的临界应力强度因子 K_{IC}，计算公式如下：

$$A=\frac{\sqrt{1+\mu^2}+\mu}{\sqrt{1+\mu^2}-\mu} \tag{6-27}$$

$$B=\frac{\sqrt{3}}{\sqrt{1+\mu^2}-\mu}\cdot\frac{K_{IC}}{\sqrt{\pi a}} \tag{6-28}$$

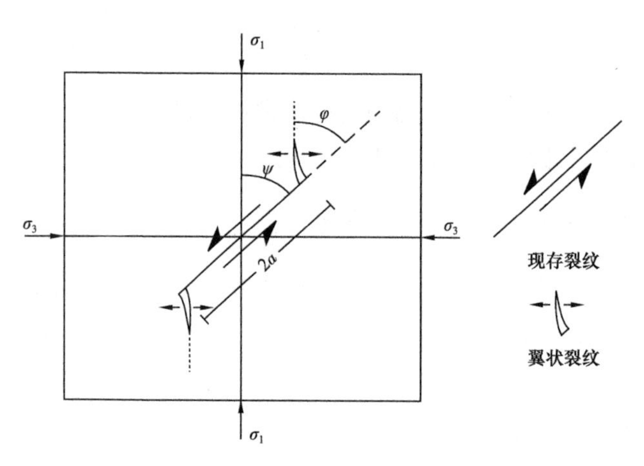

图 6–33　翼状裂纹扩展示意图

通过声发射实验和压缩实验可以监测到裂纹起裂，Holcomb 和 Costin 在花岗岩上得到证实。不过，虽然翼状裂纹准则是为致密岩石而发展的，但该准则一般用在分析孔隙岩石的脆性。

（八）Drucker–Prager 准则

Drucker–Prager 强度准则是 Von–Mises 准则的推广。Von–Mises 准则将材料划分为正圆柱体研究材料发生屈服时的应力状态，忽视了材料具有内摩擦性。而 Drucker–Prager 强度准则在主应力空间是圆锥面，把单一材料或复合材料在静力状态下的变形破坏分为弹性、塑性两个阶段，在材料变形破坏的塑性阶段，必须考虑到进入塑性阶段之前的弹性变形；而对于那些不需要考虑硬化的材料，在进入塑性阶段之后，保持应力不变，材料也会产生一定量的塑性变形。Drucker–Prager 准则表达形式如下：

$$J_2=H_1+H_2J_1 \tag{6-29}$$

$$J_1=\frac{\sigma_1+\sigma_2+\sigma_3}{3} \tag{6-30}$$

$$J_2=\sqrt{\frac{(\sigma_1-\sigma_2)^2+(\sigma_2-\sigma_3)^2+(\sigma_3-\sigma_1)^2}{6}} \tag{6-31}$$

式中　J_1——第一偏应力不变量；

J_2——第二偏应力不变量；

H_1、H_2——经验系数，与材料力学特性有关。

Drucker–Prager 准则考虑了中间主应力和静水压力的影响，在岩石力学中应用较广，特别是在弹—塑性有限元计算中应用广泛；把岩石看成完整、无裂隙的连续介质，而实际上，岩石是多裂隙的结构体。

二、致密砂岩破裂准则建立

由上述可知，裂缝性岩体或岩石的破坏主要取决于先存裂缝的充填程度或连通率、裂缝面与后期主应力的夹角以及含裂缝性岩石的等效峰值强度，尽管许多学者认为裂缝充填物的性质、厚度以及裂缝面上正应力和剪应力的性质都会造成裂缝性岩石或岩体的屈服，而受复杂裂缝影响的塑性本构关系异常复杂，克深地区发育大量超深层致密砂岩，具有强烈的脆性特征。因此，在去除次要影响因素的前提下，首先将所有裂缝简化为平直型，其次将裂缝内的充填物设为脆性特征的方解石等充填物，最后尽量少考虑裂缝界面和泥质砂岩的塑性变形。这样就可以在一定假设的前提下建立多期裂缝的叠加力学算法。而且，大量的岩石力学实验和数值模拟结果表明，裂缝岩体或岩石在后期的构造运动或应力作用下发生三种基本破坏类型：裂缝滑动且岩块有新裂缝切穿先存裂缝、仅裂缝滑动、仅岩块发育新裂缝。下面，就在以上三种破坏类型的前提下，建立裂缝性岩石或岩体的多级复合破裂准则。

（一）裂缝岩体整体破裂准则

当先存裂缝面与后期应力夹角 β 在 65°～90° 之间时，先存裂缝不发生活动，只在岩块或基岩内产生新的裂缝，这时可以把裂缝岩体视为完整岩体，只是弹性模量和峰值强度有所降低。根据对经典强度理论适用条件的讨论，可知完整岩石材料在三向压力状态下，岩石发生是否屈服或破坏可由库仑—摩尔强度准则来判断；但是当存在拉应力时，格里菲斯准则适用于岩石材料的破坏判断，两者的组合可称为拉剪复合破裂准则。因此，对于完整岩石发生破裂的判断依据，可以用式（6–32）表述。

（1）当 $\sigma_3>0$ 时，用库仑—摩尔破裂准则：

$$\frac{\sigma_1-\sigma_3}{2}\geqslant C_{\rm e}\cos\varphi_{\rm e}+\frac{\sigma_1+\sigma_3}{2}\sin\varphi_{\rm e} \tag{6–32}$$

式中　$C_{\rm e}$——岩块和充填裂缝的等效内聚力，MPa；

$\varphi_{\rm e}$——岩块和充填裂缝的等效内摩擦角，(°)。

（2）当 $\sigma_3\leqslant 0$ 时，用格里菲斯准则：

① 当（$\sigma_1+3\sigma_3$）>0 时，岩石破裂的判断依据为

$$\begin{cases}(\sigma_2-\sigma_1)^2+(\sigma_3-\sigma_1)^2+(\sigma_3-\sigma_2)^2=24(\sigma_1+\sigma_2+\sigma_3)\sigma_{\rm Te}\\ \cos 2\theta=\dfrac{\sigma_1-\sigma_3}{2(\sigma_1+\sigma_3)}\end{cases} \tag{6–33}$$

② 当（$\sigma_1+3\sigma_3$）≤0 时，岩石破裂的判断依据简化为

$$\sigma_3=-\sigma_{Te}，\theta=0° \tag{6-34}$$

式中 σ_{Te}——岩块和充填裂缝的等效抗拉强度，MPa。

（二）三向压应力状态下先存裂缝的破裂准则

当 β 在 28°～60° 时，岩块内不产生新裂缝，只沿着先存裂缝发生滑动，滑动的程度会引起裂缝岩体的峰值强度降低以及应力—应变曲线的屈服。而且，如上文所述，当裂缝倾角 α 在 30°～60° 或 β 在 30°～60°（$\alpha+\beta=90°$）范围时，随着裂缝充填程度 C（$C=1-k$）的减小，应力—应变曲线由单峰曲线变为多峰曲线，即产生屈服导致弹性降低，可见两个角度范围非常相近，仅差 2° 左右。考虑到基于倾角变化的裂缝岩石力学实验和模拟针对的是充填程度较高的裂缝，而后面的数值模拟不仅考虑了裂缝倾角，也考虑了充填程度，因此，这里将 β 的区间调整为 28°～62°。

此时，对于全充填或半充填的裂缝，当 β 位于 28°～32° 和 58°～62° 区间时，不仅裂缝岩体的等效峰值强度和弹性模量最低，先存裂缝端部产生明显的应力集中，使得沿裂缝和岩块的界面发生剪切滑移破坏，由此可采用拜尔利（Byerlee）滑移判断准则：

$$当\ \sigma_f<200\text{MPa}\ 时，\tau_f=0.85\sigma \tag{6-35}$$

$$当\ \sigma_f\geqslant 200\text{MPa}\ 时，\tau_f=50\text{MPa}+0.6\sigma \tag{6-36}$$

式中 σ_f——裂缝面上的正应力，MPa；

τ_f——裂缝面上的剪应力，MPa。

对于全充填或半充填的裂缝，当 β 位于 32°～58° 区间，尤其是在 45° 时，不仅裂缝岩体的等效峰值强度和弹性模量最低，先存裂缝端部尽管也有应力集中，但会在裂缝和岩块的界面附近产生剪切，由此可采用库仑—摩尔破裂判断准则：

$$\frac{\sigma_1-\sigma_3}{2}\geqslant C_f\cos\varphi_f+\frac{\sigma_1+\sigma_3}{2}\sin\varphi_f \tag{6-37}$$

式中 C_f——充填裂缝的内聚力，MPa；

φ_f——充填裂缝的等效内摩擦角，（°）。

对于无充填或少量充填的裂缝，但 β 位于 28°～62° 区间，尤其是在 60° 时，在弹性阶段结束点，先存裂缝开始部分闭合，在岩样左侧先存裂缝的端部及中部产生剪切及拉剪裂纹，由此可采用三向应力状态下的格里菲斯准则：

$$\begin{cases}(\sigma_2-\sigma_1)^2+(\sigma_3-\sigma_1)^2+(\sigma_3-\sigma_2)^2=24(\sigma_1+\sigma_2+\sigma_3)\sigma_T\\ \cos2\theta=\dfrac{\sigma_1-\sigma_3}{2(\sigma_1+\sigma_3)}\end{cases} \tag{6-38}$$

式中 σ_T——裂缝的抗拉强度，MPa；

θ——破裂角，$\theta=\beta$，β 为椭圆裂缝长轴与主压应力 σ_1 之间的夹角，如图 6-30 所示。

（三）张应力状态下先存裂缝的破裂准则

如图 6–31 所示，当最大主应力与拉应力方向一致，且方向与微裂缝长轴垂直时，微裂缝扩展方向与原裂缝长轴之间夹角为 0° ，即微裂缝沿着其长轴方向延伸，如果将此扩展后的微裂缝作为先存裂缝，按照格里菲斯准则，在后期的最大拉应力作用下，裂缝的扩张方向与先存裂缝的夹角仍为 0° 。因此，对于无充填或少量充填裂缝的强度为 0，张应力作用时毫无意义，这里重点讨论仍具有一定强度的半充填或全充填裂缝变形破坏特征。当伸展构造应力场下或背斜顶部出现明显的张应力时，即会产生张性缝。如前所述，当后期张应力与早期裂缝夹角 β 小于 30° 时，岩石的抗张强度最小，仅为岩石无裂缝时抗张强度的 22%～28%，此时岩石只沿先存裂缝扩展而不产生新的裂缝。这里张应力出现且足够大时，相应的破裂准则采用：

$$(\sigma_1+3\sigma_3)\leqslant 0,\ \sigma_3=-\sigma_T,\ \theta=0° \tag{6-39}$$

式中 σ_T——裂缝的抗拉强度，MPa；

θ——裂缝延伸破裂角，为先存裂缝长轴与张应力 σ_3 之间的夹角，(°)。

而当后期张应力与早期裂缝夹角 β 大于 30° 时，且随着夹角的增大，裂缝岩体或岩石的抗张强度逐渐增大并接近原始完整岩石，此时会在岩块内产生的新的张性缝，并切穿先存裂缝，尤其在 β 位于 65°～90° 时裂缝更容易产生，相应的破裂准则采用针对完整岩石的格里菲斯破裂准则，如式（5–33）和式（5–34）。

（四）裂缝岩石复合破裂准则

当 β 在 0°～28° 和 62°～65° 区间时，裂缝岩体或岩石会沿裂缝产生滑动破坏，并且有新裂缝切穿先存裂缝，这里可称之为岩石的复合破坏。通常，岩石的抗拉强度明显低于抗剪强度，抗剪强度又明显低于抗压强度；因此，在深层复杂三向应力条件下，当最小主应力为张应力时，应力仍然会在先存裂缝处产生集中现象，当裂缝面滑动或尾端扩展后会达到新的力学平衡条件，然后裂缝与岩块成为真正意义上的一个整体，之后便发育新的裂缝并切穿先存裂缝。从而，可先用拉伸破裂准则判断先存裂缝是否发生张性扩展破裂，如果不能达到裂缝的拉张破裂条件，再用拜尔利滑移准则判断裂缝面是否发生剪切滑移，再用格里菲斯准则和库仑—摩尔准则判断岩石整体的破坏，可以将其称为拉张—剪切复合破裂准则：

$$\begin{cases}\sigma_3=-\sigma_T,(\sigma_1+3\sigma_3)\leqslant 0\\ \tau_f=0.85\sigma_f,\sigma_1<200\text{MPa}\\ \tau_f=50\text{MPa}+0.6\sigma_f,\sigma_1\geqslant 200\text{MPa}\\ \dfrac{\sigma_1-\sigma_3}{2}\geqslant C_e\cos\varphi_e+\dfrac{\sigma_1+\sigma_3}{2}\sin\varphi_e\\ (\sigma_2-\sigma_1)^2+(\sigma_3-\sigma_1)^2+(\sigma_3-\sigma_2)^2=24(\sigma_1+\sigma_2+\sigma_3)\sigma_{Te},(\sigma_1+3\sigma_3)>0\\ \sigma_3=-\sigma_{Te},(\sigma_1+3\sigma_3)\leqslant 0\end{cases} \tag{6-40}$$

式（6–40）中，各破裂判断准则由上至下依次应用，由于 ANSYS 平台的应力场模拟和裂缝预测采用编程的方式进行运行，因此，这里需要在程序中采用判断语句依次编写各破裂条件。

三、地应力与多期裂缝参数的定量关系

针对克深地区裂缝发育情况，白垩系巴什基奇克组，在经历了白垩纪末燕山晚期的近南北向（北北西—南南东向）区域伸展后，主要经历了喜马拉雅运动的三期挤压作用，并在褶皱隆升足够大的幅度后又接受了顶部的局部拉张作用，形成了大量锐夹角平分线为北北西、北北东和近东西向的共轭裂缝组系。由于白垩纪末的伸展作用形成的裂缝密度低、充填程度高，绝大部分已经为无效缝，根据应力状态及裂缝的发育类型，可以将该区造缝期划分为两个阶段，以褶皱或背斜的迅速隆升为界限，早期主要形成半—全充填的北西—南东和近南北向共轭剪切缝，以及少量北东东—南西西向全充填的张性缝，晚期主要形成无—少量充填的北东—南西和近南北向共轭剪切缝，以及半充填为主的北西西—南东东向的纵张缝。因此，分析先存燕山晚期和喜马拉雅早期裂缝与喜马拉雅晚期挤压应力和张应力的关系来进行两期裂缝叠加。由前文分析可知，当喜马拉雅晚期挤压应力（约北北东 15°）与先存燕山期张性全充填缝（走向为北东东 70°～75°）相互作用时，夹角 β 为 55°～60°，不产生新的裂缝而沿先存裂缝滑移甚至扩展，也就是此时此处，喜马拉雅晚期新发育的裂缝密度为 0，裂缝扩展后新增的裂缝表面能只用来增大燕山晚期先存裂缝的开度，裂缝孔隙度可以直接叠加。

（一）裂缝体密度叠加

在有限元模型中，对于同一节点来说，两期叠加后裂缝总体密度等于早期裂缝体密度与晚期发育裂缝体密度之和：

$$D_{\mathrm{vf总}} = D_{\mathrm{vfy}} + D_{\mathrm{vfx}} \tag{6–41}$$

式中　$D_{\mathrm{vf总}}$，D_{vfy}，D_{vfx}——裂缝总体密度、早期裂缝体密度、晚期裂缝体密度，$\mathrm{m^2/m^3}$。

燕山期全充填裂缝与喜马拉雅晚期挤压应力（约北北东 15°）夹角 β 为 55°～60°，先存喜马拉雅早期半—全充填缝（走向为北西 320°～330°）与喜马拉雅晚期挤压应力的夹角 β 为 45°～55°，新裂缝密度为 0，裂缝开度增加，裂缝孔隙度也增加，两期叠加后裂缝体密度计算公式为：

$$\begin{cases} D_{\mathrm{vfx}} = 0 \\ D_{\mathrm{vf;}} = D_{\mathrm{vfy}} = [{\sigma_{\mathrm{y1}}}^2 + {\sigma_{\mathrm{y2}}}^2 + {\sigma_{\mathrm{y3}}}^2 - 2\mu(\sigma_{\mathrm{y1}} + \sigma_{\mathrm{y2}} + \sigma_{\mathrm{y3}}) - {\sigma_{\mathrm{p}}}^2 + 2\mu(\sigma_{\mathrm{y2}} + \sigma_{\mathrm{y3}})\sigma_{\mathrm{p}}] / (2EJ) \end{cases} \tag{6–42}$$

由于在此夹角范围内，对于半充填的裂缝，其端部会发生顺向式或斜交式扩展，这样新增表面能不仅增大了先存裂缝的开度也增加了裂缝的长度，但是目前对于裂缝长度的表征和预测仍是一个未解的难题。

先存喜马拉雅早期—全充填缝（走向为北北东 0°～10°）与喜马拉雅晚期挤压应力方

向（约北北东 15°）的夹角 β 为 5°～15°，裂缝岩体发生复合破坏，既沿裂缝滑动破坏，又有新裂缝切穿先存裂缝，此时裂缝节点处的裂缝体密度为两期裂缝体密度之和，叠加后裂缝体密度计算公式为：

$$D_{vf总} = D_{vfy} + D_{vfx} =$$

$$\frac{\sigma_{y1}^{\ 2} + \sigma_{y2}^{\ 2} + \sigma_{y3}^{\ 2} - 2\mu(\sigma_{y1} + \sigma_{y2} + \sigma_{y3}) - \sigma_{p}^{\ 2} + 2\mu(\sigma_{y2} + \sigma_{y3})\sigma_{p} + (\sigma_{x1}\varepsilon_{x1} + \sigma_{x2}\varepsilon_{x2} + \sigma_{x3}\varepsilon_{x3})E - \sigma_{t}^{\ 2}}{2EJ} \tag{6-43}$$

式中 σ_{y1}，σ_{y2}，σ_{y3}——早期最大、中间、最小主应力，Pa；

σ_{x1}，σ_{x2}，σ_{x3}——晚期最大、中间、最小主应力，Pa；

ε_{x1}，ε_{x2}，ε_{x3}——晚期主应变。

晚期强烈挤压应力作用下，背斜迅速隆升，核部出现局部拉张应力，方向约为正北 0°，此时燕山期全充填裂缝（走向约为北东东 70°～75°）与张应力的夹角 β 为 70°～75° 范围内，仅在岩块内产生新的裂缝并切穿先存裂缝，叠加后裂缝体密度计算公式仍为式（6-41）所示。

同时，先存喜马拉雅早期半—全充填缝（走向约为北西 320°～330°）与张应力的夹角 β 为 30°～40°，新裂缝仍然在岩块内产生，并切穿先存裂缝，此时先存裂缝受到新增能的作用，开度和孔隙度相应增加，两期叠加后裂缝体密度计算公式仍为式（6-43）所示。

再者，先存喜马拉雅早期半—全充填缝（走向为北北东 0°～10°）与张应力的夹角 β 为 0°～10°，岩石和裂缝的抗张强度最小，沿先存裂缝扩展而不产生新的裂缝，因此裂缝体密度不变，而裂缝开度和孔隙度增加，采用式（6-42）计算裂缝总体体密度。

（二）裂缝线密度叠加

裂缝线密度叠加方法与体密度相同，两期叠加后裂缝总线密度等于早期裂缝线密度与晚期发育裂缝线密度之和：

$$D_{lf总} = D_{lfy} + D_{lfx} \tag{6-44}$$

燕山期全充填裂缝、喜马拉雅早期半—全充填缝与喜马拉雅晚期挤压应力夹角 β 为 45°～60°，新裂缝线密度为 0，两期叠加后裂缝线密度计算公式为：

$$\begin{cases} D_{lfx} = 0 \\ D_{lf总} = D_{lfy} = \dfrac{2D_{vfy}L_1L_3\sin\theta\cos\theta - L_1\sin\theta - L_3\cos\theta}{L_1^{\ 2}\sin^2\theta + L_3^{\ 2}\cos^2\theta} \end{cases} \tag{6-45}$$

先存喜马拉雅早期半—全充填缝（走向约为北北东 0°～10°）与喜马拉雅晚期挤压应力（约北北东 15°）的夹角 β 为 5°～15°，裂缝岩体发生复合破坏，既沿裂缝滑动破坏，又有新裂缝切穿先存裂缝，此时裂缝节点处的裂缝线密度为两期裂缝线密度之和。

当 $(\sigma_1 + 3\sigma_3) > 0$ 时，两期叠加后裂缝线密度计算公式为：

$$D_{\text{lf总}} = D_{\text{lfy}} + D_{\text{lfx}} = \frac{2(D_{\text{vfy}} + D_{\text{vfx}})L_1 L_3 \sin\theta\cos\theta - 2L_1\sin\theta - 2L_3\cos\theta}{L_1^{\ 2}\sin^2\theta + L_3^{\ 2}\cos^2\theta} \tag{6-46}$$

当$(\sigma_1 + 3\sigma_3) \leqslant 0$时，两期叠加后裂缝线密度计算公式为：

$$D_{\text{lf总}} = D_{\text{lfy}} + D_{\text{lfx}} = \frac{2D_{\text{vfy}} L_1 L_3 \sin\theta\cos\theta - L_1\sin\theta - L_3\cos\theta}{L_1^{\ 2}\sin^2\theta + L_3^{\ 2}\cos^2\theta} + D_{\text{vfy}} \tag{6-47}$$

式中　$D_{\text{lf总}}$，D_{lfy}，D_{lfx}——裂缝总线密度、早期裂缝线密度、晚期裂缝线密度，条 /m。

燕山期全充填裂缝（走向为北东东 70°～75°）、先存喜马拉雅早期半—全充填缝（走向为北西 320°～330°）与张应力（方向约为正北 0°）的夹角β为 30°～75° 范围内，仅在岩块内产生新的裂缝并切穿先存裂缝，此时（$\sigma_1+3\sigma_3$）≤0 或σ_1<0，两期叠加后裂缝线密度计算公式为：

$$D_{\text{lf总}} = D_{\text{lfy}} + D_{\text{lfx}} = \frac{2D_{\text{vfy}} L_1 L_3 \sin\theta\cos\theta - L_1\sin\theta - L_3\cos\theta}{L_1^{\ 2}\sin^2\theta + L_3^{\ 2}\cos^2\theta} + D_{\text{vfy}} \tag{6-48}$$

喜马拉雅早期半—全充填缝（走向约为北北东 0°～10°）与张应力的夹角β为 0°～10°，先存裂缝扩展而不产生新的裂缝，因此裂缝线密度不变，总体线密度采用公式：

$$\begin{cases} D_{\text{lfx}} = 0 \\ D_{\text{lf总}} = D_{\text{lfy}} = \dfrac{2D_{\text{vfy}} L_1 L_3 \sin\theta\cos\theta - L_1\sin\theta - L_3\cos\theta}{L_1^{\ 2}\sin^2\theta + L_3^{\ 2}\cos^2\theta} \end{cases} \tag{6-49}$$

（三）裂缝开度改造

由于开度是裂缝的自身属性，无法像裂缝体密度和线密度一样两期叠加，只能讨论后期应力对早期裂缝开度的改造。

燕山期全充填裂缝、喜马拉雅早期半—全充填缝与喜马拉雅晚期挤压应力夹角β为 45°～60°、喜马拉雅早期半—全充填缝（走向约为北北东 0°～10°）与张应力的夹角β为 0°～10° 时，喜马拉雅晚期新增表面能只用于增大早期裂缝开度，经喜马拉雅晚期改造后早期裂缝开度为：

$$b_{\text{y}}^{\ \text{x}} = b_{\text{y}} + b_{\text{x}} = \frac{|\varepsilon_{\text{y3}}| + |\varepsilon_{\text{x3}}| - |\varepsilon_0|}{D_{\text{lfy}}} \tag{6-50}$$

式中　b_{y}^{x}——喜马拉雅晚期应力改造后的早期裂缝开度，m；

b_{y}——早期裂缝原始开度，m；

b_{x}——在喜马拉雅晚期应力作用下新增裂缝开度，m；

$|\varepsilon_{\text{y3}}|$——早期应力场作用下张应变；

$|\varepsilon_0|$——岩石可承受的最大弹性张应变。

先存喜马拉雅早期半—全充填缝（走向为北北东 0°～10°）与喜马拉雅晚期挤压应力（约北北东 15°）的夹角β约为 5°～15°、燕山期全充填裂缝（走向为北东东 70°～75°）和先存喜马拉雅早期半—全充填缝（走向为北西 320°～330°）与张应力（方向约为正北 0°）的夹角 β 为 30°～75° 范围内，在喜马拉雅晚期应力场下发育新裂缝，可以认为喜马拉雅晚期对先存早期裂缝基本无影响，开度不变。

（四）裂缝孔隙度、渗透率叠加

对于裂缝孔隙度而言，岩石在喜马拉雅晚期应力场作用下无论沿早期先存裂缝扩展还是产生新的裂缝，根据能量守恒定律认为岩石释放的弹性应变能是近似等量的，由此认为裂缝总体积增量也是一样的，两期裂缝的孔隙度可以直接叠加。

两期裂缝叠加后总孔隙度为：

$$\phi_{f总} = \phi_{fy} + \phi_{fx} \tag{6-51}$$

式中 $\phi_{f总}$——两期裂缝叠加后总孔隙度，%；

ϕ_{fy}——早期裂缝孔隙度，%；

ϕ_{fx}——喜马拉雅晚期新增裂缝孔隙度，%。

两期裂缝叠加后三个方向渗透率为：

$$\begin{bmatrix} K_{fX总} \\ K_{fY总} \\ K_{fZ总} \end{bmatrix} = \begin{bmatrix} K_{fXy} \\ K_{fYy} \\ K_{fZy} \end{bmatrix} + \begin{bmatrix} K_{fXx} \\ K_{fYx} \\ K_{fZx} \end{bmatrix} = \frac{\left(b_y{}^x\right)^3 D_{lfy}}{12} \begin{bmatrix} 1-n_{f1}{}^2 \\ 1-n_{f2}{}^2 \\ 1-n_{f3}{}^2 \end{bmatrix} + \frac{b_x{}^3 D_{lfx}}{12} \begin{bmatrix} 1-n_{f1}{}^2 \\ 1-n_{f2}{}^2 \\ 1-n_{f3}{}^2 \end{bmatrix} \tag{6-52}$$

式中 $K_{fX总}$，$K_{fY总}$，$K_{fZ总}$——两期裂缝叠加后在最大主应力、中间主应力、最小主应力方向上的渗透率，10^{15}mD；

K_{fXy}，K_{fYy}，K_{fZy}——早期裂缝渗透率，10^{15}mD；

K_{fXx}，K_{fYx}，K_{fZx}——喜马拉雅晚期新增裂缝渗透率，10^{15}mD；

$b_y{}^x$——喜马拉雅晚期应力改造后早期裂缝开度，m；

b_x——喜马拉雅晚期新发育的裂缝开度，m。

第七章　古今应力场数值模拟研究

结合克深地区地震、测井及岩心资料，对储层裂缝几何特征、充填情况等基本参数进行了统计分析，建立了以该区差异充填规律为约束的多期裂缝参数量化表征模型。基于有限元软件 ANSYS 平台，建成研究区精细的有限元模型。通过克深岩心的岩石力学实验和测井数据计算，对岩石力学参数进行动静态校正，以该数据对研究区有限元模型进行赋值，使有限元模型更为真实、贴切，为储层裂缝参数精细模拟奠定基础。基于前人研究和多次力学实验，对研究区造缝期和现今构造应力场进行了模拟，通过软件计算每个节点的应力和应变，利用插值法推出相应单元的应力和应变，并将每个单元的应力状态整合，进而得到整个模型的应力场数据体。采用多期裂缝参数量化表征模型，对两期裂缝叠加结果进行了定量表征，完成了对裂缝密度、开度及三向渗透率的定量预测，分别建立了裂缝参数空间分布模型。

第一节　岩石力学参数的优选

岩石力学参数主要有弹性模量、泊松比、剪切模量、体积模量以及地层和骨架的体积压缩系数等，对岩石受力破裂影响最大的是弹性模量和泊松比。获取途径主要有岩石物理测试和地球物理计算，前者获取的是静态力学参数，后者获取的是动态力学参数，静态力学参数更真实地反映岩石的力学特征，通常将动态力学参数转换成静态力学参数。在常压条件下的岩石物理测试称为单轴实验，围压条件下的岩石物理测试为三轴实验。本书对岩心样品进行了单轴压缩实验，并收集前人的三轴力学参数和动态力学参数，经三轴校正和静态校正，选取克深地区巴什基奇克组岩石力学参数。

一、岩心样品物理测试

（一）单轴压缩实验

选取克深 2 区块的岩心样品 10 块（表 7–1），在成都理工大学地质灾害防治与地质环境保护国家重点实验室进行了单轴压缩实验。样品取样原则为：（1）选取岩性单一、较均匀的岩石（细砂岩、泥岩）；（2）选取两者之间的过渡类型（泥质细砂岩）；（3）选取特殊岩性的岩石（含有泥砾的细砂岩或泥质细砂岩），以尽可能地保证在岩心十分有限的情况下兼顾各类岩性。

表 7-1　克深 2 区块岩心单轴压缩实验样品表

样品序号	井号	岩性	深度（m）
1	A2-2	泥质细砂岩	6765.85
2	A2-2	细砂岩	6765.42
3	A1	细砂岩	6942.10
4	A2-1	细砂岩，含泥砾	6511.92
5	A2-1	泥质细砂岩	6707.43
6	A2-1	含泥砾泥质细砂岩	6707.01
7	A1	细砂岩	6941.80
8	A2-2	泥岩	6767.64
9	A2-2	细砂岩	6765.20
10	A2-2	细砂岩	6765.40

根据计算机自动采集的轴向荷载，用式（7-1）计算对应的应力值，其中最大是应力值即为单轴抗压强度：

$$\sigma = \frac{P}{A} \tag{7-1}$$

式中　σ——应力，MPa；

P——轴向载荷，N；

A——试件截面面积，mm^2。

根据计算机自动采集的纵向位移和横向位移，分别用式（7-2）和式（7-3）计算纵向应变和横向应变值：

$$\varepsilon_a = \frac{\Delta L}{L} \tag{7-2}$$

$$\varepsilon_c = \frac{\Delta C}{C} \tag{7-3}$$

式中　ε_a——纵向应变；

ε_c——横向应变；

ΔL——纵向变形，mm；

L——试件高度，mm；

ΔC——横向变形，mm；

C——试件的初始周长，mm。

以应力为纵坐标，应变为横坐标，绘制应力与纵向应变（ε_a）、横向应变（ε_c）的关系曲线（图 7-1 和图 7-2）。

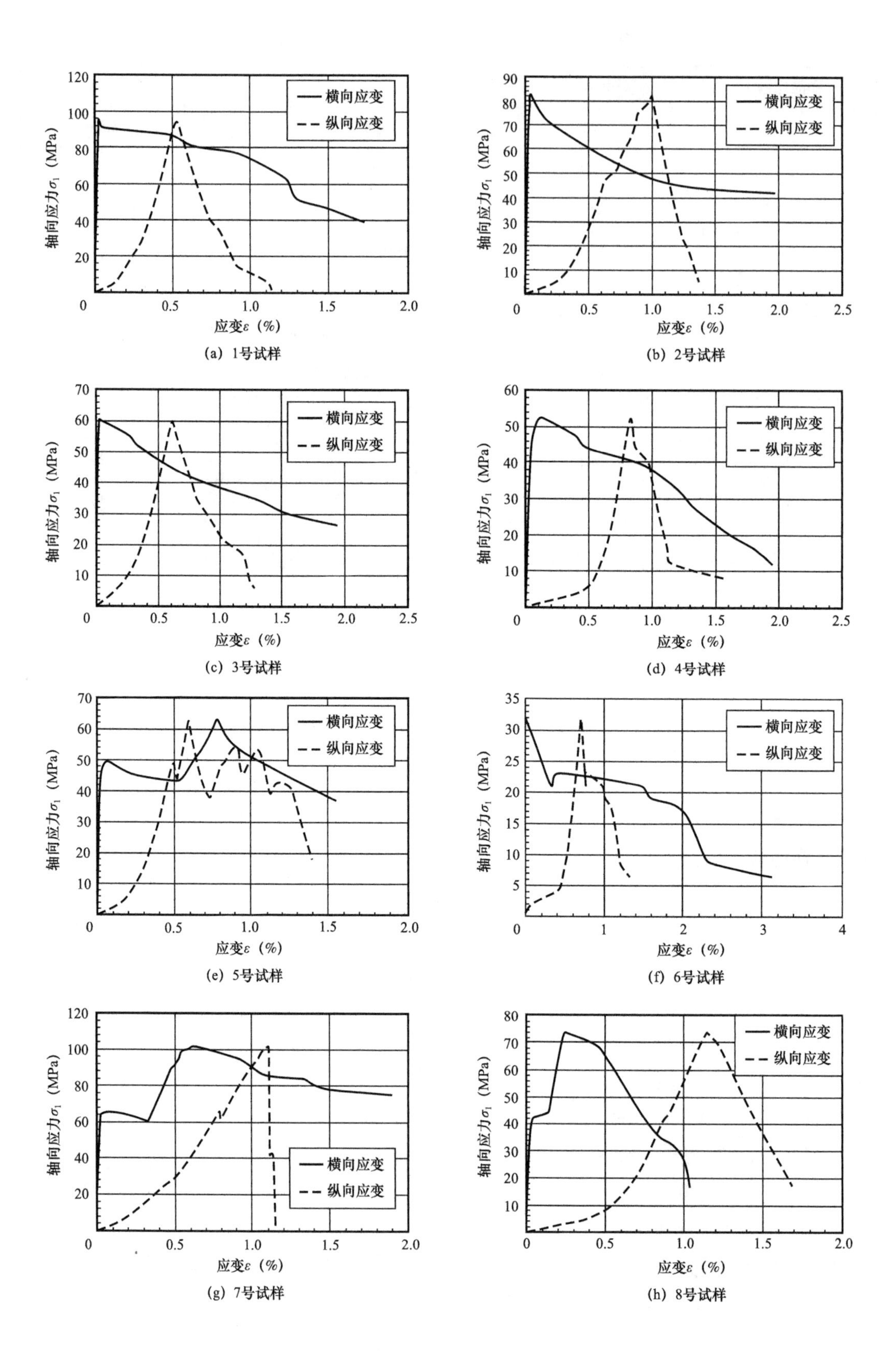

(a) 1号试样

(b) 2号试样

(c) 3号试样

(d) 4号试样

(e) 5号试样

(f) 6号试样

(g) 7号试样

(h) 8号试样

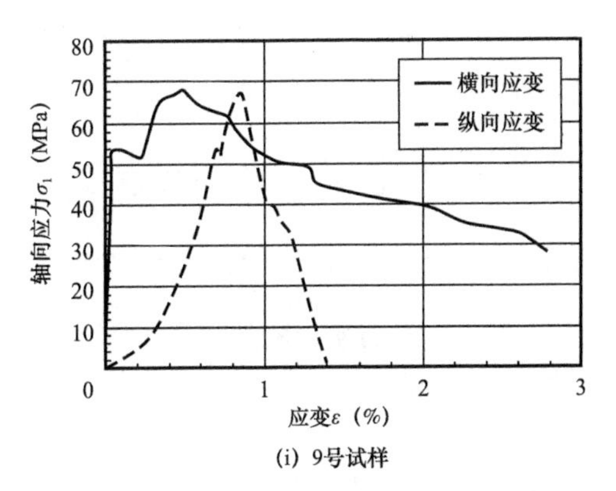

(i) 9号试样

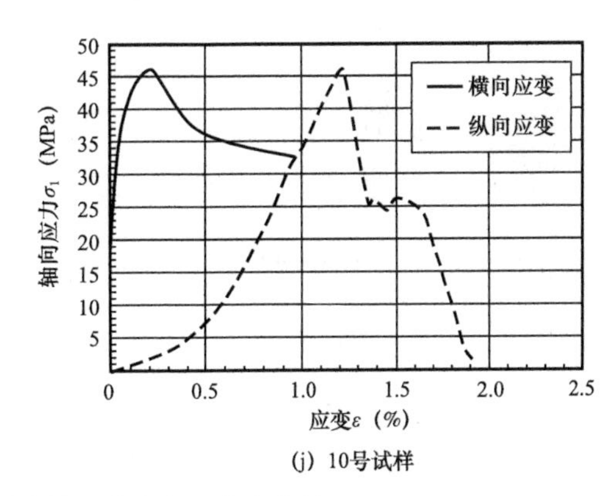

(j) 10号试样

图 7-1 克深 2 区块岩心试样单轴压缩应力—应变曲线

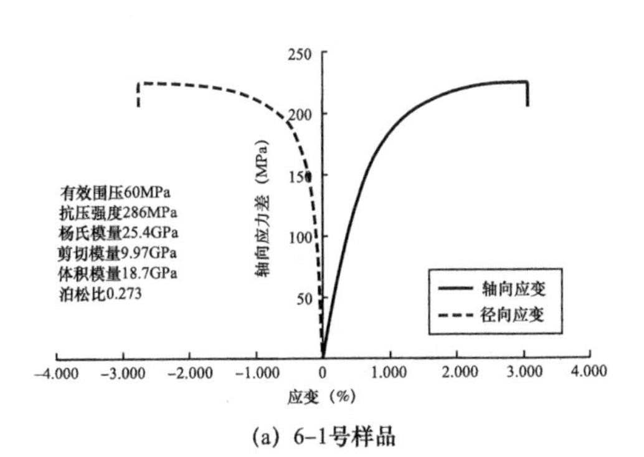

(a) 6-1号样品

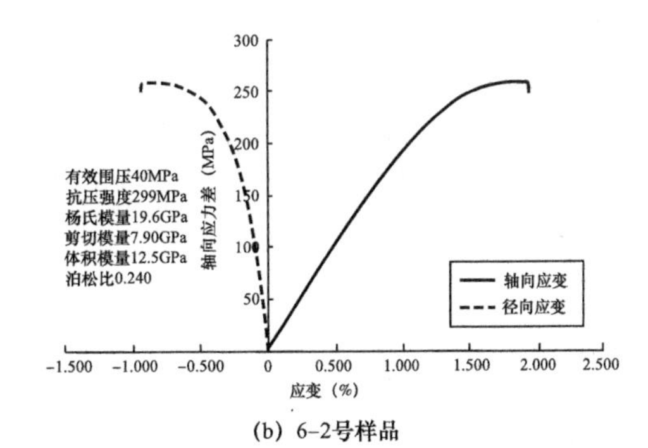

(b) 6-2号样品

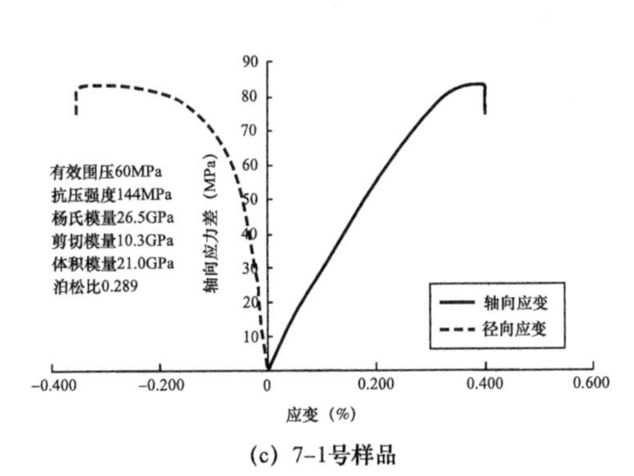

(c) 7-1号样品

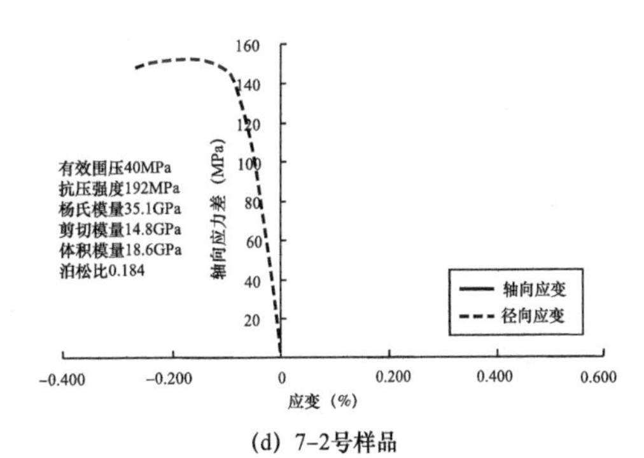

(d) 7-2号样品

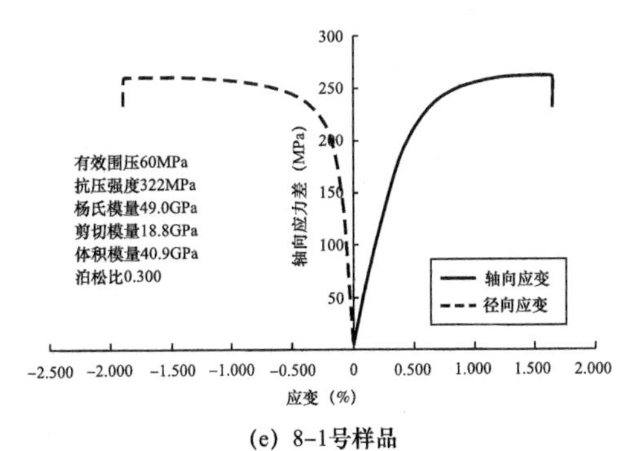

(e) 8-1号样品

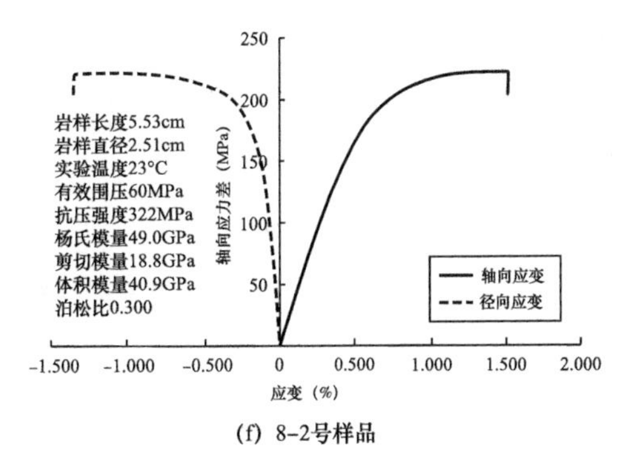

(f) 8-2号样品

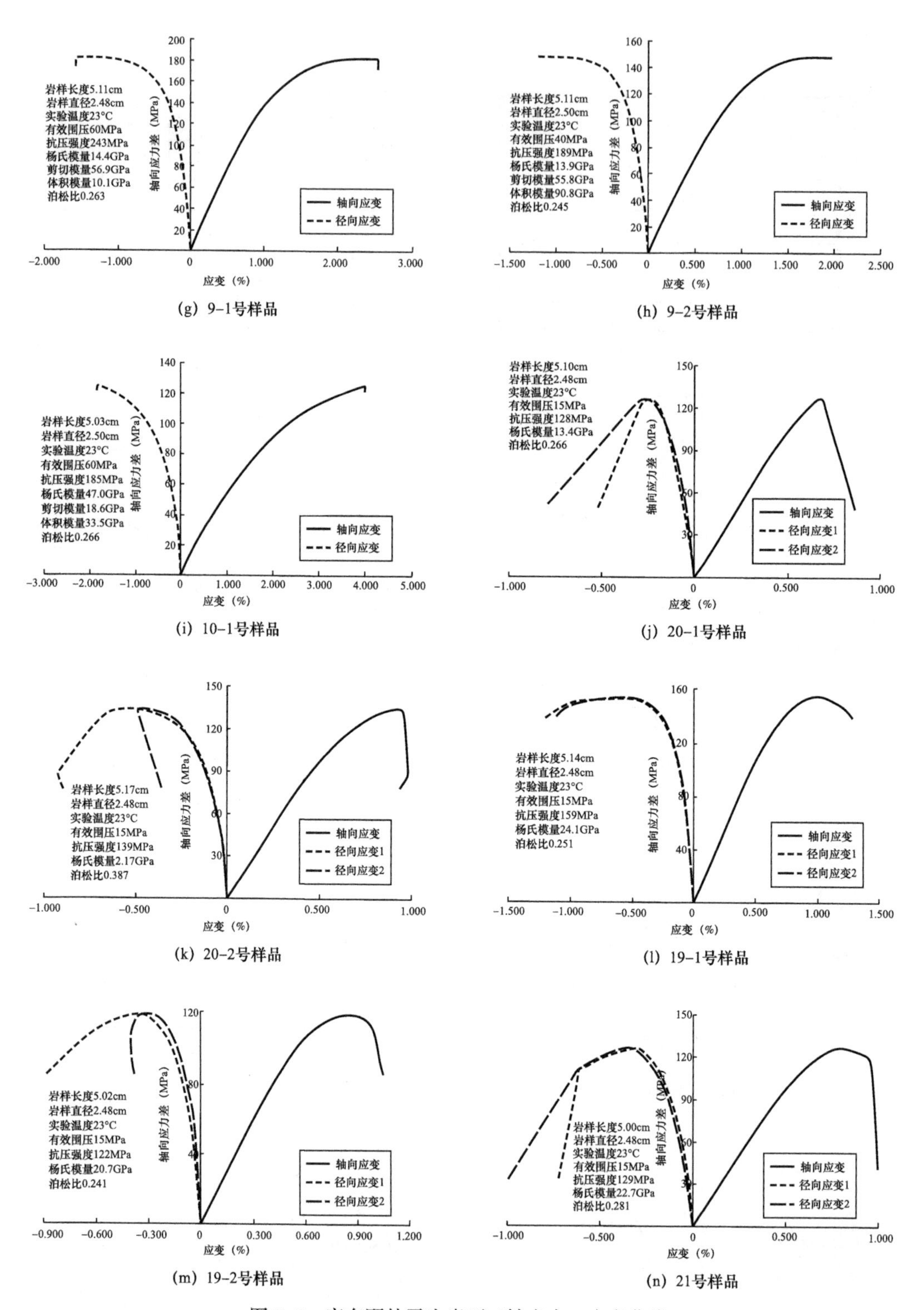

(g) 9–1号样品　(h) 9–2号样品

(i) 10–1号样品　(j) 20–1号样品

(k) 20–2号样品　(l) 19–1号样品

(m) 19–2号样品　(n) 21号样品

图 7–2　库车野外露头岩石三轴应力—应变曲线

在应力与纵向应变关系曲线上，确定直线段的起始点应力值（σ_a）和纵向应变（ε_{aa}）以及终点应力值（σ_b）和纵向应变（ε_{ab}），该直线段斜率为弹性模量，对应的弹性模量和泊松比按下计算：

$$E_e = \frac{\sigma_b - \sigma_a}{\varepsilon_{ab} - \varepsilon_{aa}} \tag{7-4}$$

$$\mu_e = \frac{\varepsilon_{cb} - \varepsilon_{ca}}{\varepsilon_{ab} - \varepsilon_{aa}} \tag{7-5}$$

式中 E_e——岩石弹性模量，GPa；

μ_e——岩石弹性泊松比；

σ_a——应力与轴向应变关系曲线上直线段起始点的应力值，MPa；

σ_b——应力与轴向应变关系曲线上直线段终点的应力值，MPa；

ε_{aa}——应力为 σ_a 时的纵向应变值；

ε_{ab}——应力为 σ_b 时的纵向应变值；

ε_{ca}——应力为 σ_a 时的横向应变值；

ε_{cb}——应力为 σ_b 时的横向应变值。

各试件的单轴抗压强度、弹性模量和泊松比见表 7-2。

表 7-2 岩心样品单轴压缩实验数据表

序号	井号	岩性	深度（m）	密度（g/cm^3）	单轴抗压强度（MPa）	弹性模量（GPa）	泊松比
1	A2-2	泥质细砂岩	6765.85	2.60	104.93	28.21	0.084
2	A2-2	细砂岩	6765.42	2.55	85.41	14.61	0.030
3	A1	细砂岩	6942.10	2.63	64.49	15.19	0.058
4	A2-1	细砂岩，含泥砾	6511.92	2.62	55.38	16.99	0.170
5	A2-1	泥质细砂岩	6707.43	2.53	59.03	16.90	0.078
6	A2-1	含泥砾泥质细砂岩	6707.01	2.69	35.77	9.78	0.023
7	A1	细砂岩	6941.80	2.62	107.99	11.26	0.054
8	A2-2	泥岩	6767.64	2.68	82.63	10.71	0.100
9	A2-2	细砂岩	6765.20	2.54	75.71	13.41	0.150
10	A2-2	细砂岩	6765.40	2.52	50.73	6.09	0.084

（二）三轴压缩实验

深层岩石处于各向异性应力场中，即受到三轴应力作用。与单轴加载条件岩石破坏不同，三轴应力条件（即围压）下，岩石的抗压强度与围压有显著关系，在石油钻井或开采过程中，井壁围岩或射孔孔眼附近的应力会重新分布，从而影响岩石的力学强度特性。因此，必须了解岩石的力学性质和强度特性是如何随着外力变化而变化的。

为达到上述目的，对岩石力学性态的测定就不能仅靠单轴压缩实验了，而必须在一定的围压下进行实验测定，通常采用的方法是岩石三轴压缩实验。三轴压缩实验又可分为常规三轴压缩实验和真三轴压缩实验（又称岩石三轴不等应力实验）。常规三轴压缩实验中试样受三个彼此正交的应力 σ_1、σ_2、σ_3 作用，其中有两个相等，如 $\sigma_2=\sigma_3$；真三轴压缩实验时岩石在三个彼此正交方向上受不同的力，使获得的应力状态为 $\sigma_1>\sigma_2>\sigma_3$。真三轴压缩实验虽能研究中间主应力 σ_2 对岩石试样力学性能的影响，但十分复杂，很难做岩石抗压强度、抗剪强度方面的实验。本书采用的是常规三轴压缩实验，由塔里木油田勘探开发研究院完成。

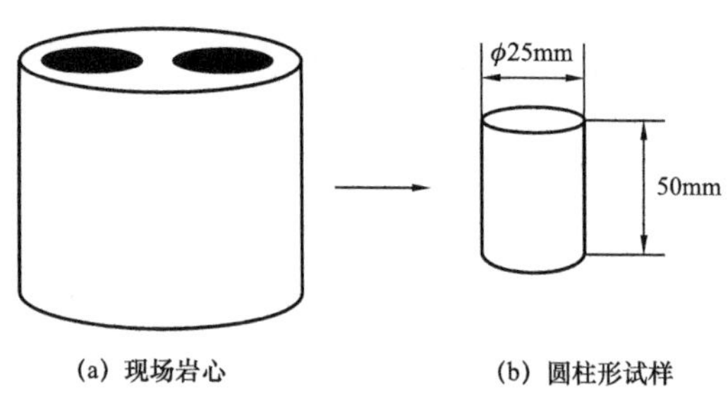

图 7–3 岩石三轴压缩实验岩心取样示意图

由于取自现场的岩心一般形状不规则，不能直接用于实验，所以实验前，需要对现场岩心进行加工。室内加工岩心的过程为先用金刚石取心钻头在现场岩心上套取一个 ϕ25mm 的圆柱形试样，然后将圆柱形试样的两端车平、磨光，使岩样的长径比≥1.5，如图 7–3 所示。

由于井壁围岩处于三向应力状态，所以测定岩石的力学性能时不能用简单的单轴压缩实验，而必须在一定的围压作用下，进行三轴压缩实验，才能得出合理的结果。对圆柱形岩样的横向施加液体围压 $\sigma_3=p_c$，然后逐渐增大轴向载荷，测出岩石破坏时的轴向应力 σ_1，并绘出应力—应变关系曲线。

所用实验装置如图 7–4 所示，全套装置由高温高压三轴室、围压加压系统、轴向加压系统、数据自动采集控制系统等四大部分组成。高温高压三轴室的设计指标为围压为 140MPa，可容纳岩样的尺寸为 ϕ25mm。最大轴压为 1500kN，轴向应变测试范围为 0～5mm/mm，周向应变测试范围为 0～4mm/mm。围压、轴向载荷与位移、应变等信号由数据自动采集控制系统 TESTSTARII 来采集与控制。

图 7–4 高温高压三轴岩石强度实验装置示意图

本书中选取两块岩石样品进行了三轴压缩实验，实验结果见表 7–3，应力—应变曲线如图 7–4 所示，摩尔圆如图 7–5 所示。

表 7-3　岩石三轴压缩实验数据表（据塔里木油田勘探开发研究院）

井号	编号	围压（MPa）	深度（m）	围压（MPa）	直径（mm）	杨氏模量（GPa）	泊松比	抗压强度（MPa）	黏聚力（MPa）	内摩擦角（°）
A2-2	1	40	6767.19	40	25.0	39.34	0.21	399.23	85.75	28.23
A2-2	2	60	6799.61	60	25.1	32.93	0.26	455.69		

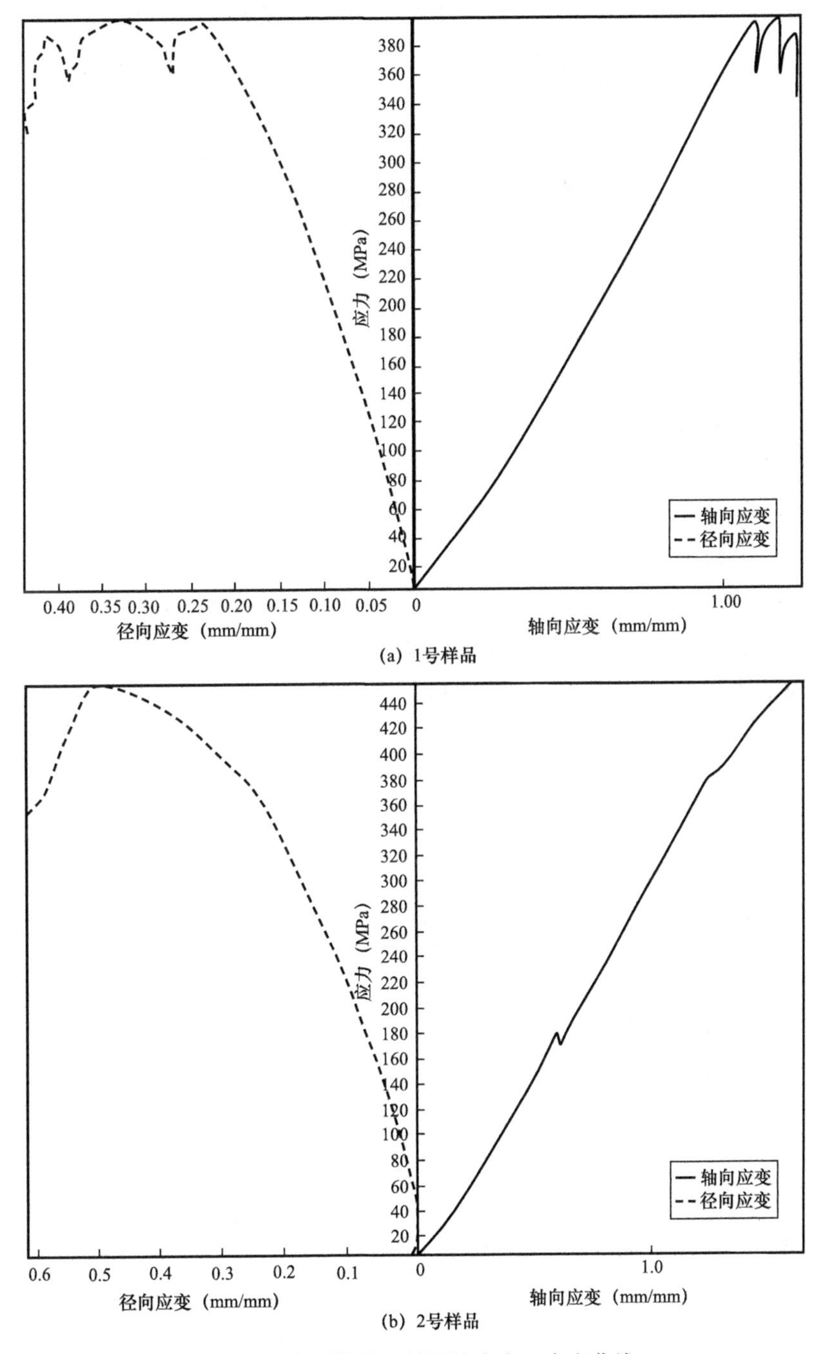

图 7-5　岩石样品三轴压缩应力—应变曲线

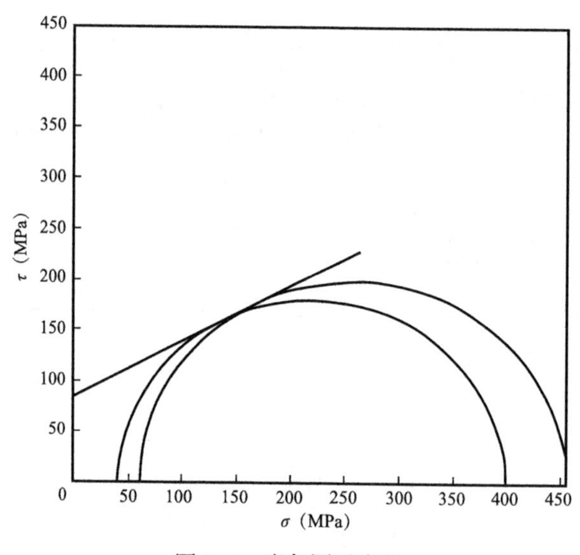

图 7-6　摩尔圆示意图

二、测井资料计算

岩石单三轴压缩实验直接利用地下岩心，属直接资料，理论上具有较高的准确度和可信度。但由于样品点少，所得结果直接用于数值模拟缺乏充足的理论依据，而且实验费用较高，经济上不合算。测井资料则在一定程度上弥补了岩石力学实验的不足，具有连续性好、成本低廉等优点。

岩石力学参数主要包括杨氏模量，泊松比、剪切模量、体积模量和体积压缩系数等，其中杨氏模量和泊松比是独立参数，其他参数可通过杨氏模量和泊松比转换得到，因此只对杨氏模量和泊松比进行计算即可。测井资料解释岩石力学参数主要依据声波时差数据，相关计算公式如下：

$$E = \frac{\rho_{\mathrm{b}}}{\Delta t_{\mathrm{s}}^2} \cdot \frac{3\Delta t_{\mathrm{s}}^2 - 4\Delta t_{\mathrm{p}}^2}{\Delta t_{\mathrm{s}}^2 - \Delta t_{\mathrm{p}}^2} \tag{7-6}$$

$$\mu = \frac{\Delta t_{\mathrm{s}}^2 - 2\Delta t_{\mathrm{p}}^2}{2(\Delta t_{\mathrm{s}}^2 - \Delta t_{\mathrm{p}}^2)} \tag{7-7}$$

式中　E——杨氏模量，GPa；

μ——泊松比；

ρ_{b}——岩石密度，kg/m^3；

Δt_{p}，Δt_{s}——纵、横波时差，ms/ft。

塔里木油田于 2011 年对 A7 井和 A2-2 井进行了测井岩石力学参数解释。图 7-8 为 A7 井目的层岩石力学参数测井解释结果，杨氏模量平均约为 60GPa，泊松比平均约为 0.25；A2-2 井目的层岩石力学参数测井解释结果中杨氏模量平均约为 61GPa，泊松比平均约为 0.26。研究人员依据声波时差资料对 A2-1 井进行了岩石力学参数的计算，如图 7-7 所示，杨氏模量平均约为 60GPa，泊松比约为 0.24。

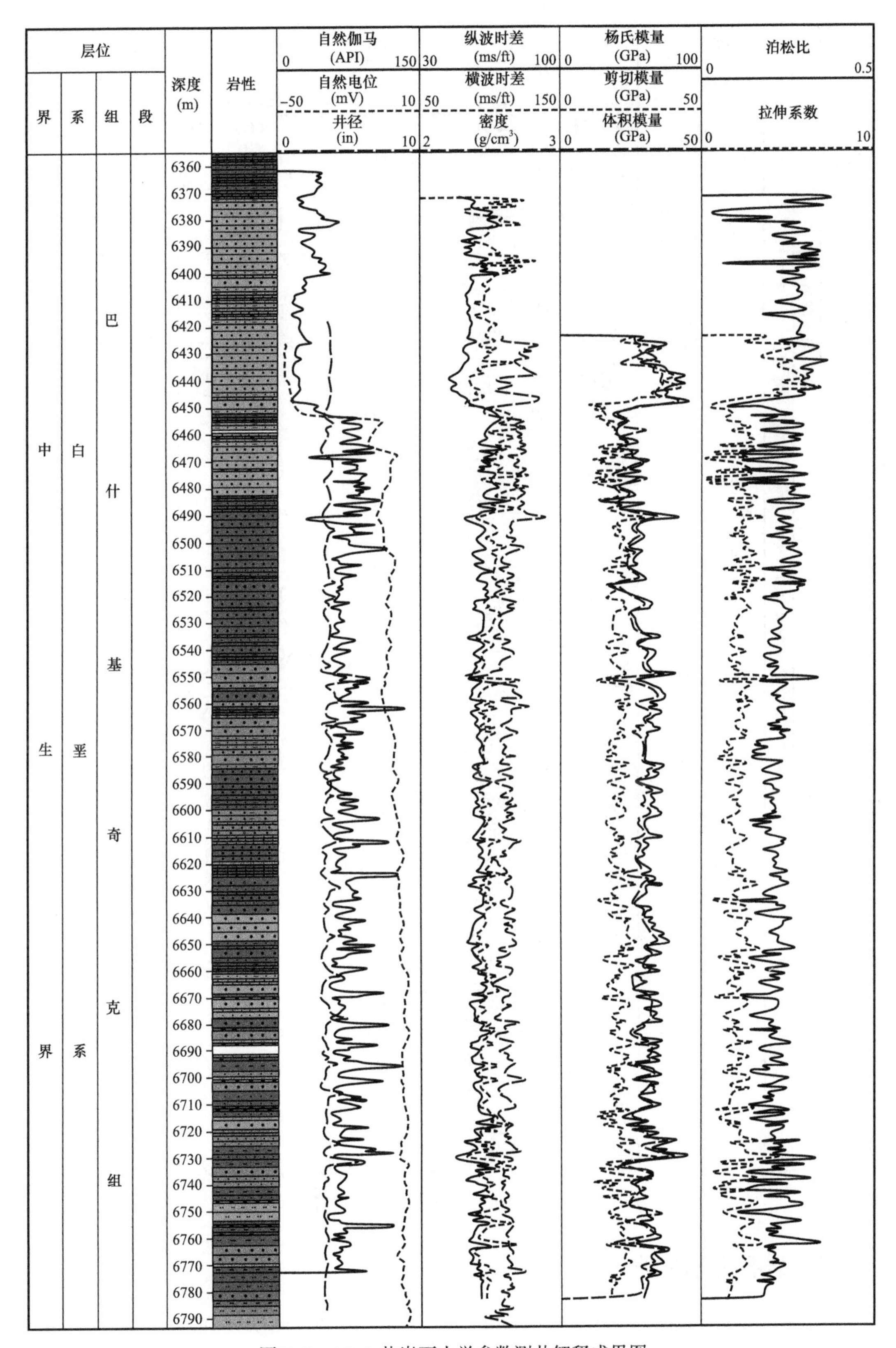

图 7-7　A2-1 井岩石力学参数测井解释成果图

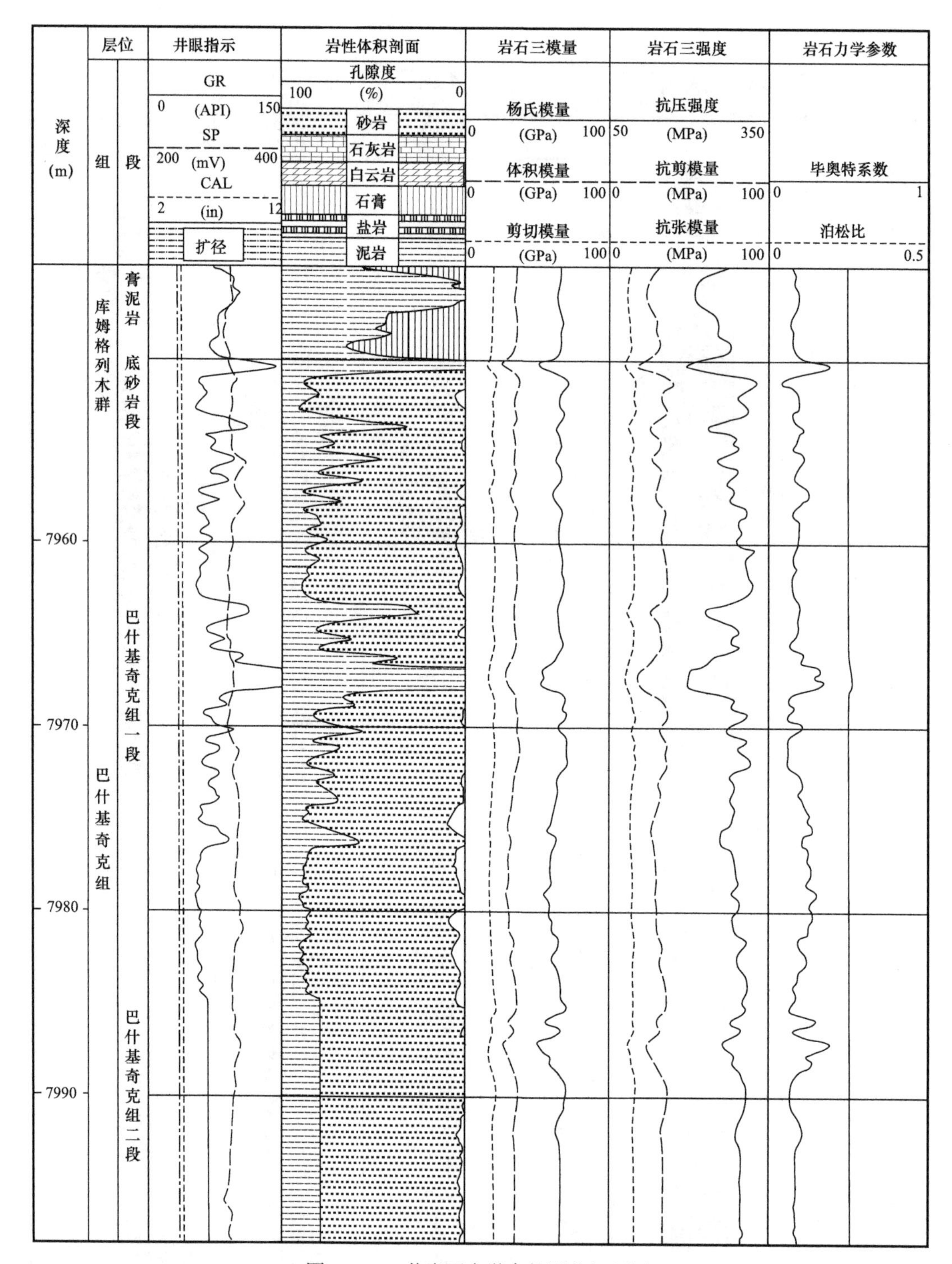

图 7-8 A7井岩石力学参数测井解释图

三、岩石力学参数校正

综合单三轴压缩实验及测井资料解释结果可见，三种方法所得到的岩石力学参数值差异较大，因此必须进行校正。岩石单三轴压缩实验得到的岩石力学参数通常称为静态参数，测井资料解释所得到的岩石力学参数称为动态参数。根据地下岩层的应力形成、赋存和起作用的机理，特别是在应力幅值、加载速度和所引起的岩石变形等方面，更接近岩石静态测试的条件，因此在地应力计算和实际工程中通常采用岩石的静态岩石力学参数。而静态参数中，由于三轴压缩实验条件更接近地下岩石的实际环境，准确度更高，因此应先将单轴压缩实验结果校正到三轴压缩实验条件下，然后根据校正结果标定测井解释结果，寻求三轴压缩实验结果和测井解释结果之间的关系，最后将连续的测井解释结果剖面校正到三轴压缩实验条件下，并取目的层段内的平均值，作为应力场数值模拟所用的岩石力学参数。

（一）单三轴校正

受样品质量好坏、岩石中的微裂隙及设备系统误差等原因的影响，单轴压缩实验结果中出现了奇异点（表 7–2）。为了尽可能获得准确的单三轴关系，需要对数据进行筛选，将这类奇异点剔除。需要注意的是，杨氏模量和泊松比是两个互不影响的独立参数，因此在筛选时可以分别进行筛选。

由表 7–2 可知，杨氏模量的范围一般在 10～17GPa 之间，因此将 1 号、6 号和 10 号样品点剔除；泊松比范围变化较大，但从数据稳定程度上看一般在 0.05～0.10 之间，因此保留 1 号、5 号、8 号和 10 号样品点。其中 8 号样品是泥岩样品，校正时其数值单独作为泥岩地层的力学参数。根据塔里木油田的研究成果，岩石单三轴岩石力学参数之间存在简单的比例关系，即：

$$\begin{cases} E_t / E_s = a \\ \mu_t / \mu_s = b \end{cases} \tag{7–8}$$

式中，E_t 和 μ_t 分别为三轴压缩试验条件下的杨氏模量和泊松比，E_s 和 μ_s 分别为单轴压缩试验条件下的杨氏模量和泊松比，a 和 b 为常数。

将筛选后的单轴压缩实验结果的杨氏模量取平均值，约为 14.7GPa，泊松比取平均值，约为 0.072；三轴压缩实验结果的杨氏模量平均值为 36.1GPa，泊松比平均值为 0.24，因此可得 a=2.46，b=3.33，并按此系数对单轴压缩实验结果进行校正。

（二）动静态校正

单三轴校正完成后，即可对测井解释结果进行标定，建立动静态参数之间的关系曲线，完成岩石力学参数的动静态校正，相关数据见表 7–4。静态杨氏模量和动态杨氏模量之间差异较大，需要建立二者之间的数值关系（图 7–9），并对测井解释得到的动态杨氏模量剖面进行动静态校正，而动静态泊松比之间差异不大，二者近于一致，因此无需再进行动静态校正，可以直接利用测井解释结果计算目的层段的平均泊松比。按上述方法对克深 2 区块岩石力学参数进行了计算，确定杨氏模量为 40GPa，泊松比为 0.26。

表 7-4　克深 2 区块岩石力学参数校正数据表

类别		井号	深度（m）	静态参数		动态参数
				单轴压缩实验	单三轴校正后	
杨氏模量（GPa）	单轴压缩	A2-1	6511.92	16.990	41.80	62
		A2-1	6707.43	16.900	41.57	63
		A2-2	6765.2	13.410	32.99	56
		A2-2	6765.42	14.610	35.94	57
		A2-2	6767.64	10.710	26.35	45
	三轴压缩	A2-2	6767.19	—	39.34	56
		A2-2	6799.61	—	32.93	51
泊松比	单轴压缩	A2-1	6767.43	0.078	0.26	0.26
		A2-2	6765.4	0.084	0.28	0.26
		A2-2	6765.85	0.084	0.28	0.26
		A2-2	6767.64	0.100	0.33	0.27
	三轴压缩	A2-2	6767.19	—	0.21	0.25
		A2-2	6799.61	—	0.26	0.26

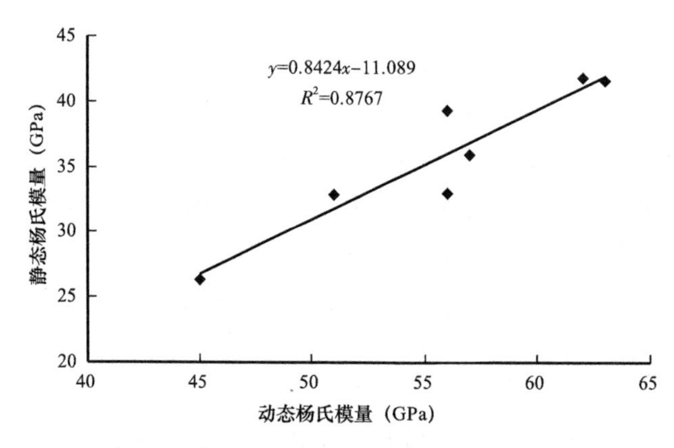

图 7-9　克深 2 区块动静态杨氏模量关系曲线

断层带的岩石力学参数不易直接测量，通常做法是将断层及其周围的岩石单元作为断层带处理，将其岩石力学参数按一定比例降低，文世鹏和李德同（1996）、陈波和田崇鲁（1998）根据若干油田的实践经验，将该比例定在 60% 左右。需要注意的是，如果裂缝先于断层或与断层同时形成，那么在进行古应力场数值模拟时，断层带的岩石力学参数要适当增加，这是因为断层带处的岩石在形成大断层之前属于易破裂的脆性岩层，只有在破裂形成断层后其岩石力学参数才大幅降低。根据构造演化史，克深 2 区块的裂缝主要是在断层形成前或同时产生的，因此在古应力数值模拟时应采用略高于地层的岩石力学参数。按照上述思路，根据岩石力学实验及测井计算结果，经动态—静态参数校正，最终确定数值模拟所用的岩石力学参数，见表 7–5。

表 7–5　克深 2 区块地质模型的岩石力学参数

<table>
<tr><th colspan="2">类别</th><th>杨氏模量（GPa）</th><th>泊松比</th></tr>
<tr><td colspan="2">地层</td><td>40</td><td>0.26</td></tr>
<tr><td rowspan="2">断层</td><td>古应力数值模拟</td><td>42</td><td>0.28</td></tr>
<tr><td>现今应力数值模拟</td><td>24</td><td>0.16</td></tr>
</table>

第二节　数值模拟原理

近年来，以有限元法为基础的应力场数值模拟已有很大发展。ANSYS 模拟地应力场法的思路可以简述为把连续的非均质的地质体划分成有限个简单的单元，相邻单元之间以节点和实体面相连，再将由力学测试和测井资料计算的岩石力学参数赋予每个单元。将研究工区的应力场状态转化为有限元模型中有限个节点的位移、应变、应力等参数的集合。根据研究区构造演化分析及构造运动古应力大小的测定，对有限元模型边界施加受力条件和位移约束，利用插值法计算，求得每个节点上的位移、应力以及应变等参数；最终，分析整个模型的应力、应变等规律。在有限元软件计算能力范围内，建立数量越多的单元，就越接近于实际连续的非均质的地质体，则软件运算精度越高，所得出的结果越理想。

有限元线性代数的方程组为：

$$\boldsymbol{KU} = \boldsymbol{P} + \boldsymbol{Q} \tag{7–9}$$

式中　$\boldsymbol{U}$——系统节点位移矢量；

$\boldsymbol{K}$——系统的刚度矩阵。

$$\boldsymbol{K} = \sum \boldsymbol{K}_{\mathrm{e}} \tag{7–10}$$

$$\boldsymbol{K}_{\mathrm{e}} = \iiint \boldsymbol{B}^{\mathrm{T}} \boldsymbol{DB} \mathrm{d}v \tag{7–11}$$

式中　$\boldsymbol{P}$——体力载荷 p（重力）的等效节点力矢量；

$\boldsymbol{Q}$——边界面上载荷 q 的等效节点力矢量。

它们的定义是：

$$\boldsymbol{P} = \sum \boldsymbol{P}_{\mathrm{e}} \tag{7–12}$$

$$\boldsymbol{P}_{\mathrm{e}} = \iiint \boldsymbol{N}^{\mathrm{T}} q \mathrm{d}v \tag{7–13}$$

$$\boldsymbol{Q} = \sum \boldsymbol{Q}_{\mathrm{e}} \tag{7–14}$$

$$Q_e = \iiint N^T q \mathrm{d}v \tag{7-15}$$

对于三维弹性问题应力和应变张量用矢量表示为：

$$\sigma = \left[\sigma_x \sigma_y \sigma_z \sigma_{xy} \sigma_{yz} \sigma_{zx} \right]^T \tag{7-16}$$

$$\varepsilon = \left[\varepsilon_x \varepsilon_y \varepsilon_z \varepsilon_{xy} \varepsilon_{yz} \varepsilon_{zx} \right]^T \tag{7-17}$$

式中上标“T”代表转置。

本构方程可写为：

$$\sigma = D\varepsilon \tag{7-18}$$

式中　**D**——弹性矩阵。

在有限元模型划分成单元网格后，将岩石的力学参数如弹性模量 E 和泊松比 μ 赋值给每个单元。有限元软件将自动生成模型的系统刚度矩阵 $\boldsymbol{K}$，从而计算出模型每个节点的位移矢量 $\boldsymbol{U}$，进而利用以上公式计算出每个节点的应力和应变张量，最终展示这个模型的应变场和应力场分布。

第三节　造缝期古应力场确定

一、确定主造缝期

库车河地区作为克深气田的相似地表露头区，具有相似的岩性、构造特征，经历了相同的构造运动，分析库车河剖面的构造演化以及各构造运动时期的地应力状态，对研究克深气田的主要造缝期以及裂缝发育规律有着重要意义。中生代以来，印度洋板块和欧亚板块两大板块发生剧烈的碰撞，库车坳陷遭受近南北向的强烈的挤压作用，其构造运动大致被分为五个时期（表 7–6）：渐新世苏维依组沉积期末、中新世吉迪克组沉积期末、中新世康村组沉积期末、上新世库车组沉积早期末、早第四纪的西域组沉积期。根据前人对库车坳陷的构造演化研究，对库车河剖面变形过程进行定量分析，如图 7–10 所示。

按照图 7–10 中每个地质历史时期的模型分别建立 ANSYS 三维数值模型，图 7–10 是库车剖面西域组沉积期的构造模型及网格划分局部示意图，地层与断层选取不同的力学参数（表 7–7）。

按照图 7–10 中每个地质历史时期的模型分别建立 ANSYS 三维数值模型，图 7–11 是库车剖面西域组沉积期的构造模型及网格划分局部示意图，地层与断层选取不同的力学参数（表 7–7）。

模型垂直方向为 Z 轴，约束情况为在模型底部施加 Z 方向约束，模型左侧施加 X、Y 方向约束。为了分析相同岩性而不同深度地层应力场的差异，在应力场模拟中要考虑自身重力的作用，在 Z 方向上施加 9.8m/s^2，X 方向施加 300MPa 的挤压应力，Y 方向施加 100MPa 的挤压应力。

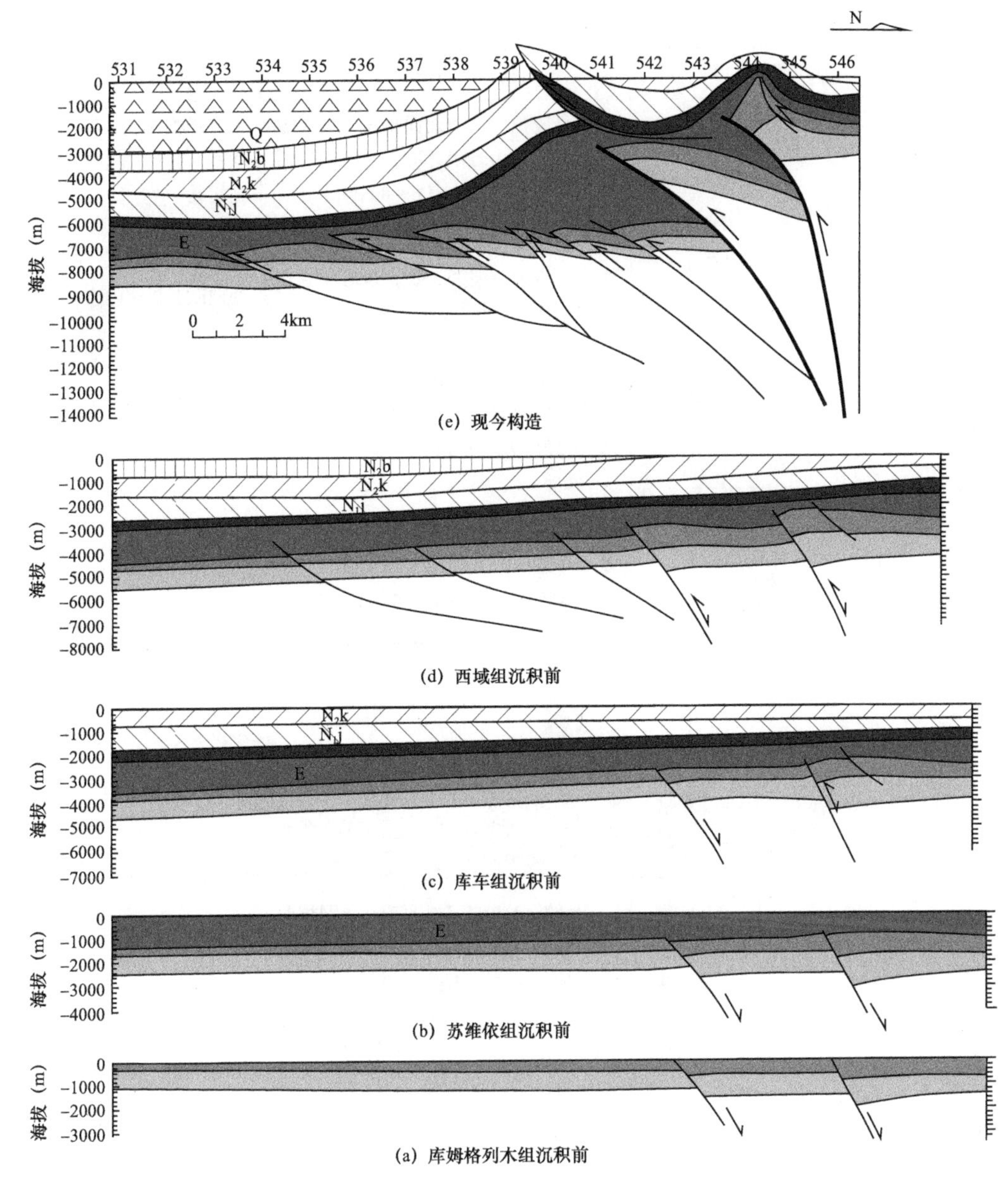

图 7-10　克拉苏构造带构造演化剖面

表 7-6　库车坳陷中—新生代构造活动及应力场特征表

<table>
<tr><td colspan="2">地质时期</td><td>发生时间</td><td>构造应力场特征</td><td>构造活动背景</td></tr>
<tr><td colspan="2">新构造期</td><td>新近纪
（Q，1.81Ma 至今）</td><td>整体呈近南北向挤压，最大主应力方向为近南北向，平均最大古有效应力为 53.8MPa</td><td>印度洋板块向欧亚板块进一步楔入</td></tr>
<tr><td>喜马拉雅期</td><td>晚期</td><td>上新世末
（Q/N_2，1.81Ma）</td><td>整体呈更强烈的近南北向挤压，最大主压应力方向为近南北方向，该时期平均最大古有效应力为 79.4～100MPa</td><td>随着印度洋板块向欧亚板块迅速楔入，青藏高原快速隆升以及天山山体强烈抬升</td></tr>
</table>

续表

地质时期		发生时间	构造应力场特征	构造活动背景
喜马拉雅期	中期	中新世末（N_2/N_1，5.32Ma）	整体呈较强的近南北向挤压，最大主压应力方向为近南北向，该时期平均最大古有效应力为63.6～80MPa	印度洋板块进一步向欧亚板块楔入，是一次较强烈的构造运动
	早期	古近纪末（N_1/E，23.8Ma）	整体处于近南北向挤压环境，最大水平主压应力方向为350°，该时期平均最大古有效应力为55.7～80MPa	中特提斯洋闭合，印度洋板块向欧亚板块碰撞
燕山期	晚期	早白垩世末（K_2/K_1，100Ma）晚白垩世末（E/K_2，65Ma）	整体处于南北向挤压环境，最大主压应力方向为0°，该时期平均最大古有效应力为39.3～60MPa	欧亚大陆南缘发生一系列碰撞事件
	早期	早侏罗世末（K_1/J_1，180Ma）侏罗纪末（K/J，135Ma）	整体呈“北西向挤压，北东向伸展”，最大主压应力方向为310°，该时期最大古有效应力为27.4～35MPa	伊佐奈岐板块向西北俯冲挤压

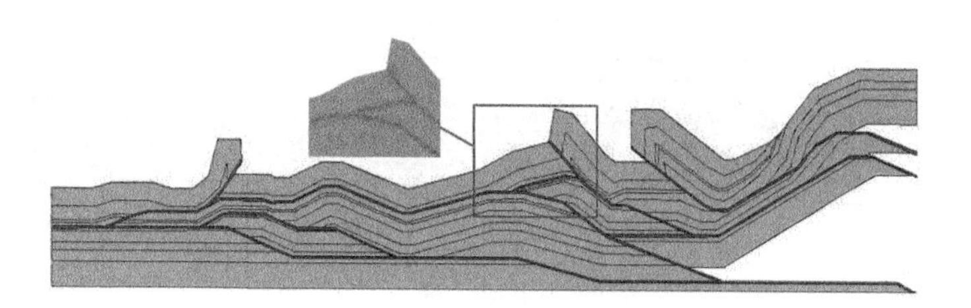

图 7-11　库车河剖面的 ANSYS 数值模型及网格划分

表 7-7　地层及断裂力学参数表

	密度（kg/m^3）	弹性模量（GPa）	泊松比	屈服强度（MPa）	剪切模量（GPa）	摩擦系数
断层	2500	2	0.35	10	0.7	0.6
T	2630	15	0.26	65	5.9	
J_1	2660	13	0.23	100	5.2	
J_2	2680	10	0.30	82	3.8	
K	2630	15	0.26	65	5.9	
E_1	2630	15	0.26	65	5.9	
E_2	2680	10	0.30	82	3.8	
$N_1$1	2630	15	0.26	65	5.9	
N_1k	2660	13	0.23	100	5.2	

图 7-12 是库车河剖面 6 个构造演化时期的模拟结果，图 7-12a、b、c 分别是最小主应力、最大主应力、应力强度云图。从图 7-12 中可以看出，最小主应力、最大主应力、应力强度的高值均出现在构造高部位，即背斜核部的应力值以及强度值要大于背斜翼部；在构造高点，最小主应力值出现正值，表示在背斜顶部分布着张应力。

从图 7-12c 中可以看出，应力强度高值还出现在断弯的上覆地层中，说明在后期构造运动中，断层可能继续延伸进入上覆地层中；从整体上看，模型右侧比左侧的应力强度值大，表示库车河北部地层的裂缝整体上比南部发育，这与库车坳陷受南天山造山带向南挤压作用有关，在库车坳陷北部单斜带发育大规模裂缝，而南部地层的裂缝发育相对较少。

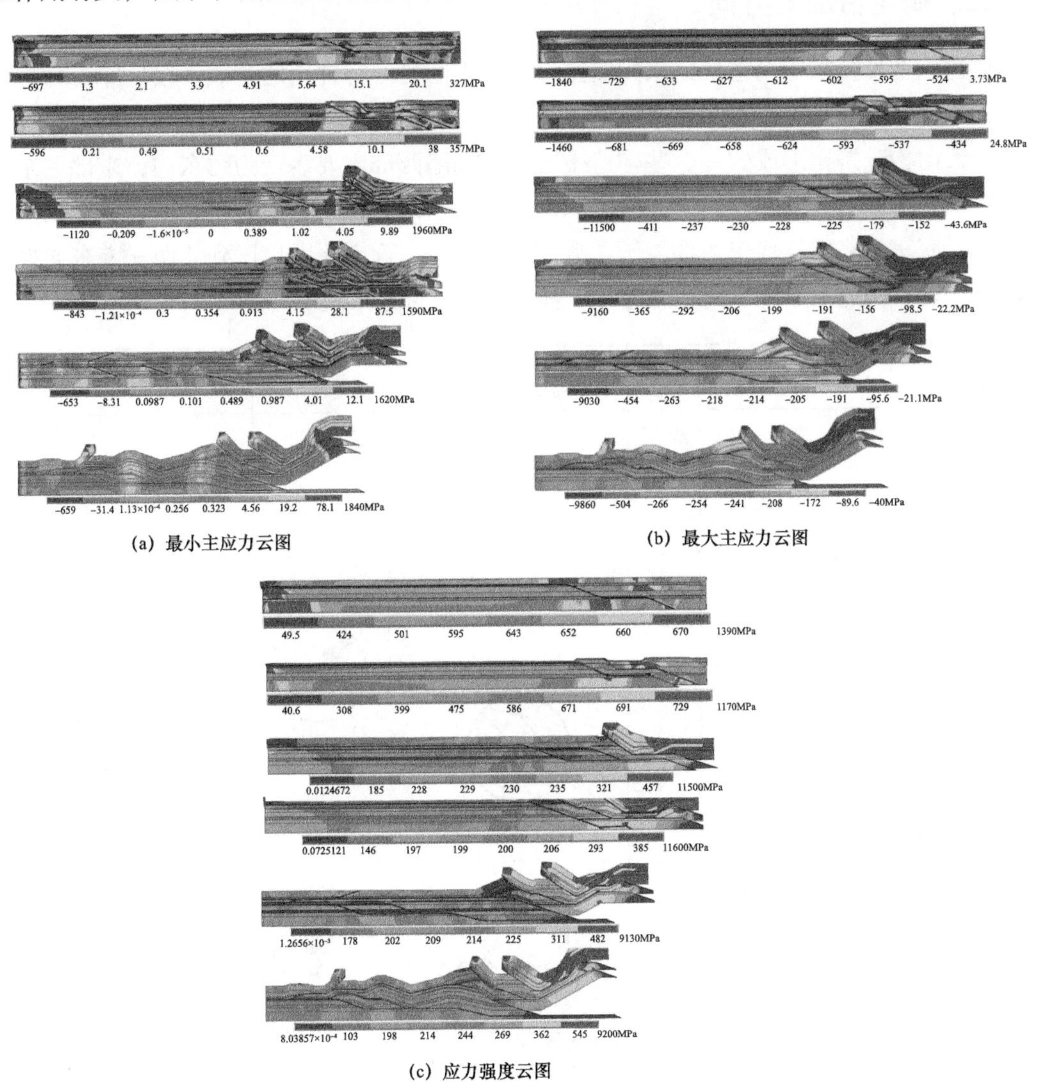

(a) 最小主应力云图

(b) 最大主应力云图

(c) 应力强度云图

图 7-12　主应力及应力强度云图

克深地区发生多次巨大的构造变动，其中最明显的构造变动发生在喜马拉雅晚期，大致分为两期，分别为库车组沉积期和西域组沉积期，是克深地区构造运动强烈、断裂及背斜形成高峰期。库车组沉积期南天山向南运动加剧，克深地区形成了多条北倾的区域逆断层，地层在挤压作用下开始发生弯曲；西域组沉积期南天山继续向南运动，形成了大背斜构造。通过对岩石材料的破裂机制分析，可以得出，裂缝与断层往往相伴形成，二者的形成期大致相近，或者说，裂缝的形成期和强烈的构造运动期相一致；同时通过库车河剖面的演化模型分析可以得出，库车组沉积期和西域组沉积期的应力强度值大于其他构造运动时期，说明这两个时期的裂缝较发育。由裂缝的形成机制可以知道，裂缝的形成往往与断层形成相伴生，因此库车坳陷主要的造缝时期应是断层大量形成的时期，即喜马拉雅晚期。由此可以判断，造缝期古应力场的数值模拟应选择喜马拉雅晚期。

二、确定古应力方向

通过构造带特征等构造形迹来判断区域应力方向是一种常用的有效手段。库车坳陷内部发育克拉苏、依奇克里克、秋里塔格等一系列与天山近于平行的构造带，它们是喜马拉雅期由天山抬升挤压形成的。这些构造带在库车坳陷西部主要表现为北东向，东部近东西向，区域构造应力方向在西部为北西南东向挤压，东部为近南北向挤压。通过断裂构造解析认为，库车坳陷新生代应力场经历了近南北向引张、近南北向挤压到北西—南东向挤压的演化过程，构造变形主体是在新近纪、甚至上新世以来形成的（图 7–13）。

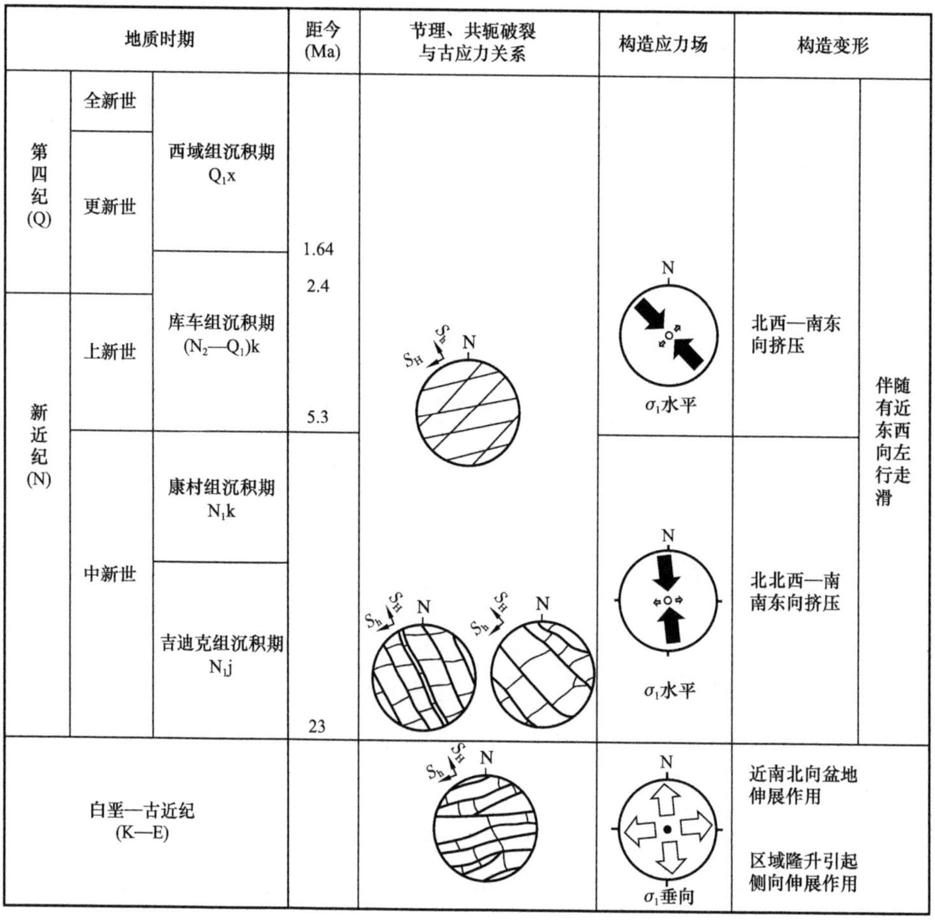

地质时期			距今 (Ma)	节理、共轭破裂与古应力关系	构造应力场	构造变形	
第四纪 (Q)	全新世	西域组沉积期 Q_1x					
	更新世		1.64				
新近纪 (N)	上新世	库车组沉积期 $(N_2—Q_1)k$	2.4 5.3	S_H S_h N	N σ_1水平	北西—南东向挤压	伴随有近东西向左行走滑
	中新世	康村组沉积期 N_1k					
		吉迪克组沉积期 N_1j	23	S_h S_H N　S_h S_H N	N σ_1水平	北北西—南南东向挤压	
白垩—古近纪 (K—E)				S_h S_H N	N σ_1垂向	近南北向盆地伸展作用 区域隆升引起侧向伸展作用	

图 7–13　库车坳陷新生代构造应力分析图（据张仲培和王清晨，2004）

通过共轭剪裂缝解析应力方向。摩尔—库仑剪切破裂准则认为：岩石抵抗剪切破坏的能力不仅同作用在截面上的剪应力有关，而且还与作用在该截面上的正应力有关。因此两组共轭剪裂面并不沿理论分析的最大剪应力作用面发育。实际上，它们的锐角夹角被最大主应力（σ_1）方向平分，而钝角夹角被最小主应力（σ_3）方向平分。

库车河地区地表出露巴什基奇克组，密集发育共轭剪裂缝。通过古应力方向解析，最大主应力方向为近南北向和北西—南东向（图 7–14）。

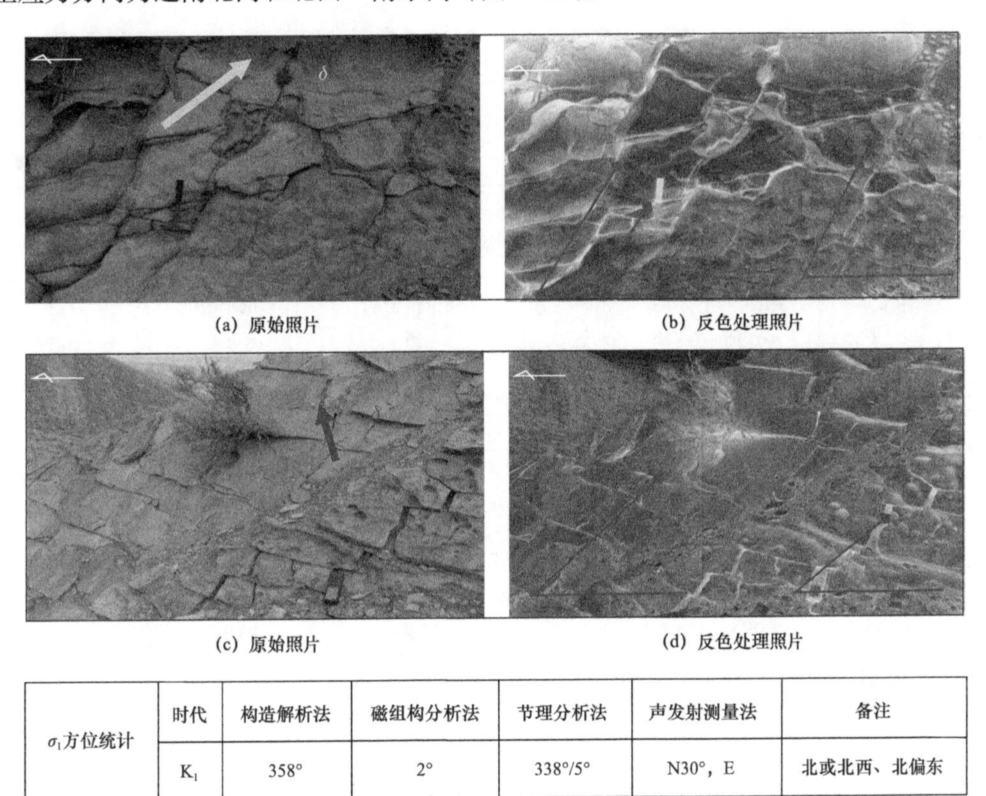

(a) 原始照片　(b) 反色处理照片

(c) 原始照片　(d) 反色处理照片

σ_1方位统计	时代	构造解析法	磁组构分析法	节理分析法	声发射测量法	备注
	K_1	358°	2°	338°/5°	N30°，E	北或北西、北偏东

图 7–14　库车河地区野外裂缝最大主应力方向解析图

（a）、（b）砂体顶面的 X 形剪节理系（两期裂缝系统），Sh2–3 实测剖面第 22 层顶，巴什基奇克组三段；（c）、（d）砂体顶面的 X 形剪节理系（一期裂缝系统），Sh3–4 踏勘剖面，巴什基奇克组三段

三、确定古应力大小

目前，直接测量地层古应力值大小的方法很少，尤其是地下深处地层的古应力值更难获取。岩石声发射试验法是目前测量地层古应力大小最常见的手段，是根据岩石“记忆”能力提出的，要求对岩石进行加载，达到岩石经历过的构造应力值时，岩石会做出响应，据此测定地层古应力值大小。就目前的技术条件来讲，直接测量古应力的数值仍然十分困难，特别是深部储层岩石的古应力。

岩石声发射测试是目前测量古应力最常用的方法，基于本次测试结果，同时参考谭成轩（2001）、曾联波等（2004）的研究结果，对塔里木盆地库车坳陷中—新生代构造期次进行了划分（表 7–8），并筛选出了各时期的最大有效古应力值（表 7–9）。

表 7-8 库车坳陷岩石声发射测量记忆的主要古构造运动期次

地层时代		取样井号或地点	样品块数	记忆的主要古构造运动次数	对应的构造期次
新生代	N	TB1、DW101	17	2	喜马拉雅中期和晚期
	E	KL3、KL201、KL202	12	3	喜马拉雅早期、中期和晚期
中生代	K	KL201、KL202	16	4	燕山晚期，喜马拉雅早期、中期和晚期
	J	Yn2、Yn4、KL3	19	5	燕山早期和晚期，喜马拉雅早期、中期和晚期
	T	库车河剖面	15	6	印支期，燕山早期和晚期，喜马拉雅早期、中期和晚期

表 7-9 库车坳陷岩石声发射测量的最大有效古应力值

地层时代	印支期 σ_1 值（MPa）	燕山早期 σ_1 值（MPa）	燕山晚期 σ_1 值（MPa）	喜马拉雅早期 σ_1 值（MPa）	喜马拉雅中期 σ_1 值（MPa）	喜马拉雅晚期 σ_1 值（MPa）
N_2	—	—	—	—	26	39
N_1	—	—	—	—	56.1	81.5
E_{1-2}	—	—	—	50.2	71.6	85.2
K_1	—	—	35.2	59.9	74.8	80.9
J_1	—	28.8	46.9	65.3	88.2	95.6
$T_1$①	52.5	25.9	35.8	47.1	64.9	73.9

注：①为库车河剖面地表取样，谭成轩（2001）分析；其他为岩心取样，曾联波（2000，2001）分析。

库车河地区地表岩石声发射测量，分析了古最大主应力值。通过声发射记忆出现率，分析出了燕山晚期、喜马拉雅早期、喜马拉雅中期、喜马拉雅晚期的最大主应力（表 7-10—表 7-12）。

表 7-10 库车河剖面声发射测量水平方向应力值

岩样组别	最大主应力值		最小主应力值 σ_2（MPa）
	σ_1（MPa）	α（°）	
KC-1	45.4	-20.4	20.6
KC-2	64.9	-21.3	27.8
KC-3	57.2	-9.1	27.1
KC-4	68.3	-9.9	44
KC-5	45.7	-37.6	27.8
KC-6	63.2	14.6	33.5

续表

岩样组别	最大主应力值		最小主应力值
	σ_1（MPa）	α（°）	σ_2（MPa）
KC–7	50.1	4.9	7.9
KC–8	50.6	22.2	26.7
KC–9	55.2	19.9	29.7
KC–10	72.8	40	18.3
KC–13	54.3	30.5	45.3

表 7–11　库车—索罕露头区样品声发射测量最大古应力 σ_1 值对比表

地区	时代	岩性	样品数	σ_1（MPa）	数据平均值
库车剖面	K_1	中、粗砂岩	14	45.4～72.8	55
索罕剖面	K_1	粉砂岩或细砂岩	4	54.2～60.9	58.3

表 7–12　库车河地区 K_1bs_3 露头样品岩样记忆的主要构造运动次数与应力值

试件样品号	Kaiser 点应力值（MPa）							σ_c（MPa）
	0～10	10～20	20～30	30～40	40～50	50～65	65～80	
LF I–1–1	8.9	—	21.0	—	43.3	59.2	—	72.5
LF I–1–2	—	13.5	21.6	30.0	49.5	60.9	71.7	78.9
LF I–1–3	9.1	19.4	—	38.7	41.8	58.7	—	59.6
LF I–1–4	8.7	—	24.9	33.2	46.1	54.3	—	67.2
理论记忆数（个）	4	4	4	4	4	4	4	—
实际记忆数（个）	3	2	3	3	4	4	1	—
出现率（%）	75	50	75	75	100	100	25	—
平均值（MPa）	8.9	—	22.5	34.0	45.2	58.3	—	69.6
备注	σ_1	—	σ_1		σ_1	σ_1	—	—
	现今	—	燕山晚期	喜马拉雅早期	喜马拉雅中期	喜马拉雅晚期	—	—

确定古应力的另一方法是估算法，亦可称为间接法。根据构造演化史及地层变形史，依据岩石弹性变形相关理论来大致推算古应力。孙宗颀等（2000）曾对这类问题进行过研究，认为在逆断层形成时期，最大主应力可以达到很高的数值，且与垂向主应力有一定的线性比例关系，在 3000m 深度上下，最大主应力大约是垂向主应力的 7～8 倍。

如果在数值模拟的古模型中加载一组区域应力，使得模型在变形后达到现今的构造起伏状态，则认为古模型的加载是合理的，与实际情况等效的。因此，可以根据构造演化过程中，岩石前后构造形态的变化区域应力（图 7–15）。原始长度为 L_0 岩石挤压，沿挤压方向收缩，长度变化为 ΔL，由于泊松效应，垂直与挤压方向长度相对增大。模型整体收缩，在其内部原本弯曲的地层进一步弯曲变形，相当于地质模型中背斜的形成过程。模型整体的应变量为 ε。

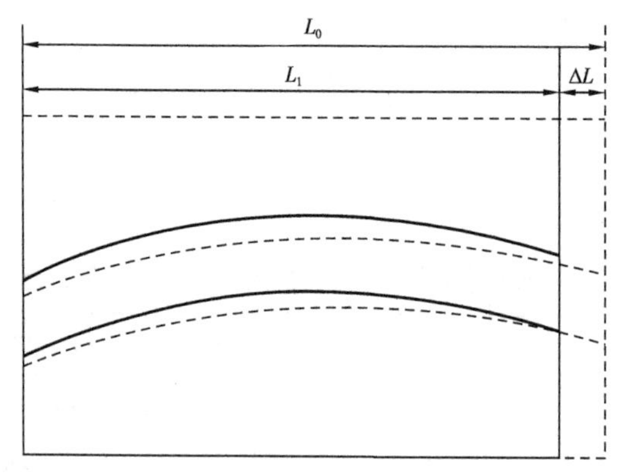

图 7–15　古应力估算方法示意图

应变 ε 可以通过公式求取：

$$\varepsilon = \Delta L / L_0 \quad (7\text{–}19)$$

应力与应变成正比：

$$\sigma = E \times \varepsilon_1 \quad (7\text{–}20)$$

式中　E——弹性模量，整体的弹性模量可以根据测量得到的储层各段数值近似得到。

确定出古应力的范围后，不断在此区间内改变最大主应力的大小，施加在地质模型上，并根据应力与裂缝的定量关系计算出裂缝参数。由于现今地应力状态下主应力差较小，根据库仑—摩尔破裂准则可以判断，此时新的裂缝不再产生，或仅产生少量微观尺度的裂隙，因此古今应力状态下裂缝的密度基本保持不变。这样就可以利用裂缝线密度来约束古应力，当用某个古应力值计算出的裂缝线密度与现今测井解释裂缝线密度最为接近时，则认为此时的古应力取值是合适的。

计算出最大有效主应力范围后，在此范围内，不断改变应力值的大小，施加到有限元数值模型上，利用有限元软件计算出模型中各个节点的应力大小与方向，并最终计算出裂缝密度、倾角等参数。由于现今地应力状态下主应力差较小，根据库仑—摩尔破裂准则可以判断，此时新的裂缝不再产生，或仅产生少量微观尺度的裂隙，因此古今应力状态下裂缝的密度基本保持不变。为确定最合适的古应力值的大小，利用岩心统计或是测井解释的裂缝线密度来约束古应力值。经过不断实验加载，确定克深气田库车组沉积期、西域组沉积期的最大主应力为 516MPa、774MPa。克深气田东西方向构造应力变化不大，因此认为最小主应力在地质历史中变化较小，库车组沉积期的最小主应力可按现今最小主应力取值，减去有效地层压力后，水平最小有效主应力约为 80MPa、120MPa。

第四节　克深2区块造缝期古应力场数值模拟

建立ANSYS地质模型要用到克深气田构造图的数字化后的数据，首先将相对均匀的网格线覆在构造图上，然后参考等高线读取网格线交点的高度值，而网格交点的大地坐标由图像处理软件直接给出。选取的网格线间距要适中，如果网格过于稀疏，导致获取数据过少，这样不能够反映出真实的构造形态；但是网格过密，就会在无形之中增加不必要的工作量，而且在ANSYS中建立模型时会由于数据太大导致用时过久，甚至在后期运算中会因超出运算容量导致运行终止。

在ANSYS模型建立之后，采用solid186单元进行网格划分（图7–16），同时将力学参数赋值给每个单元。在ANSYS实体模型划分网格必须注意单元的尺寸要适中，尺寸太大会导致最后的运算结果不理想，尺寸太小会增加运算时间。本书中地层模型步长为600，划分出30791个节点、14677个单元；断层步长为300，划分出11077个节点、6941个单元。然后将前面确定的古应力方向及大小，施加在克深气田克深2井区地质模型上进行运算，并将结果以云图的形式输出。模型加载方式如图7–17所示，其中上覆垂向主应力可通过设置重力加速度由软件自动产生。

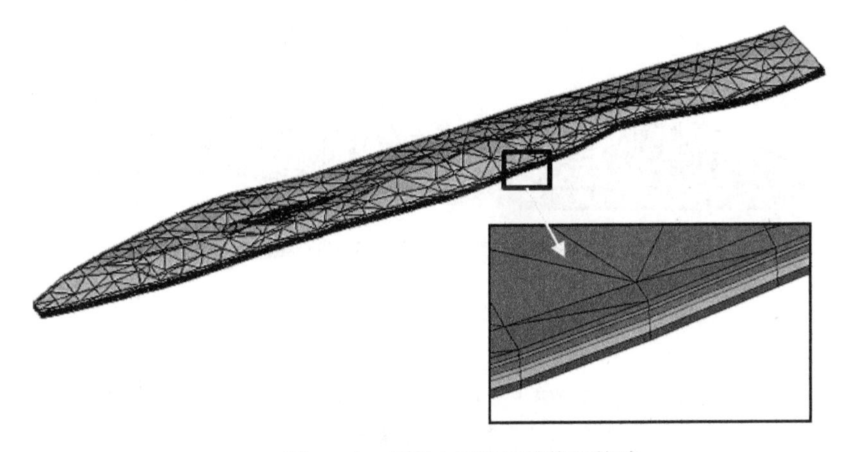

图7–16　克深2区块三维模型构建

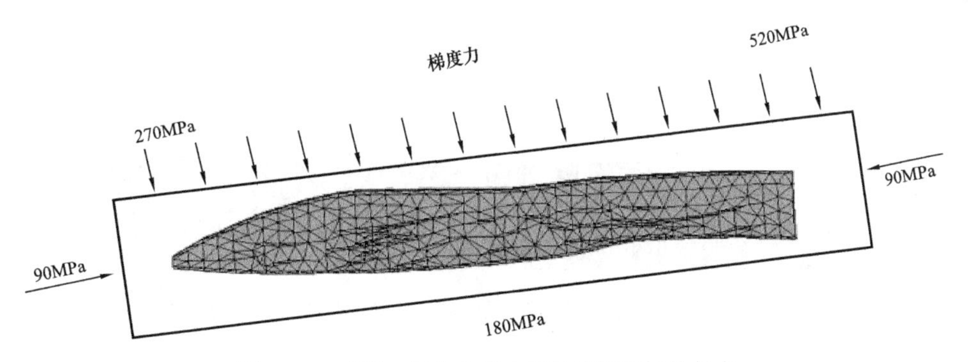

图7–17　克深2区块古应力场数值模拟加载方式

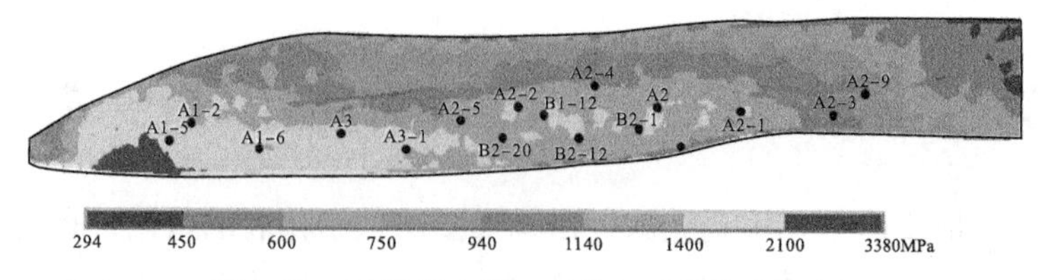

图 7-18　造缝期克深 2 区块巴 1 段应力强度

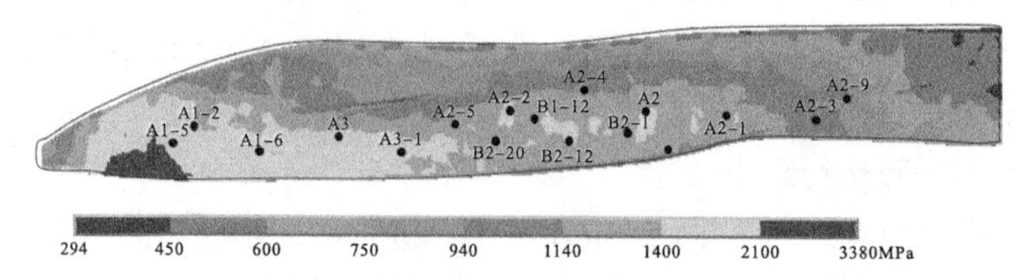

图 7-19　造缝期克深 2 区块巴 2 段应力强度

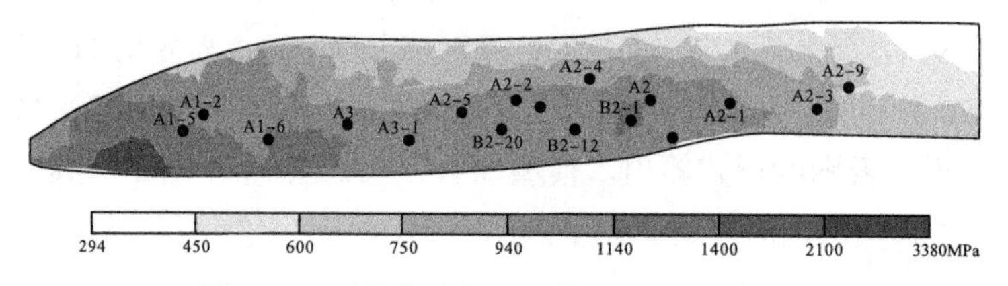

图 7-20　造缝期克深 2 区块巴 3 段应力强度

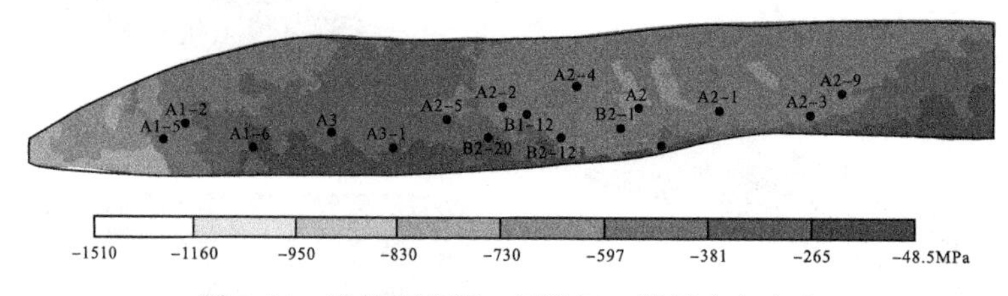

图 7-21　造缝期克深 2 区块巴 1 段最大主应力

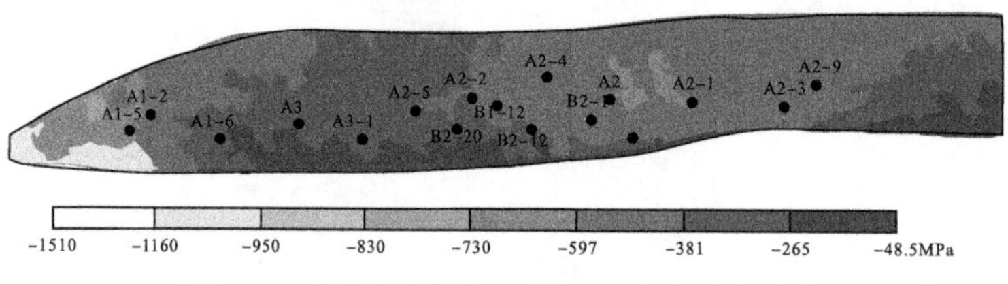

图 7-22　造缝期克深 2 区块巴 2 段最大主应力

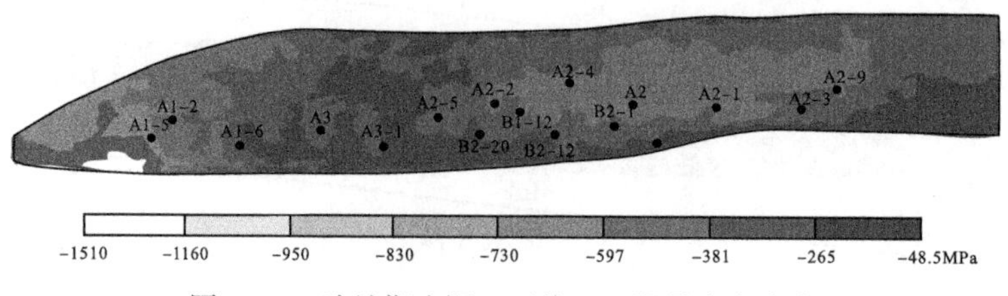

图 7-23　造缝期克深 2 区块巴 3 段最大主应力

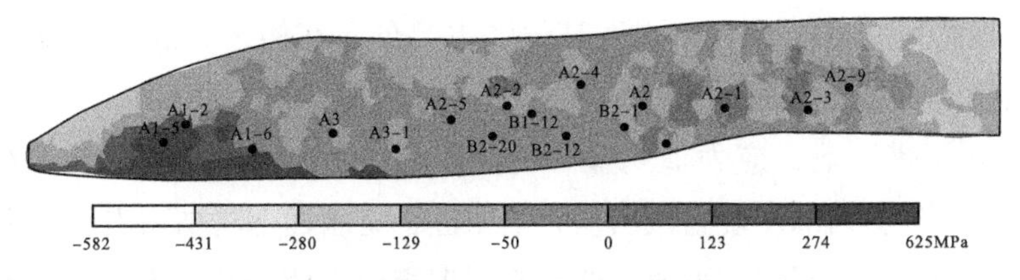

图 7-24　造缝期克深 2 区块巴 1 段中间主应力

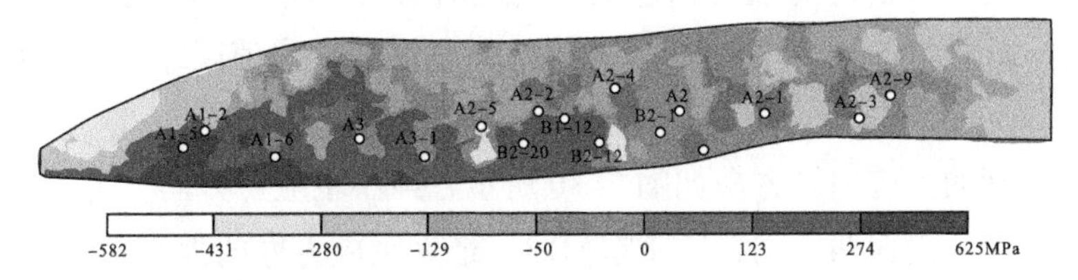

图 7-25　造缝期克深 2 区块巴 2 段中间主应力

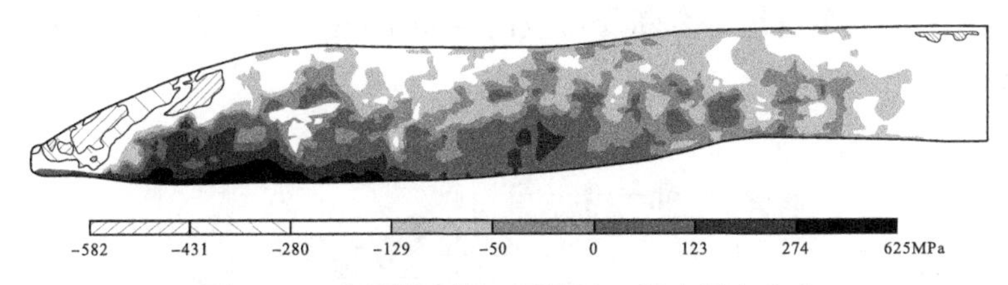

图 7-26　造缝期克深 2 区块巴 3 段中间主应力

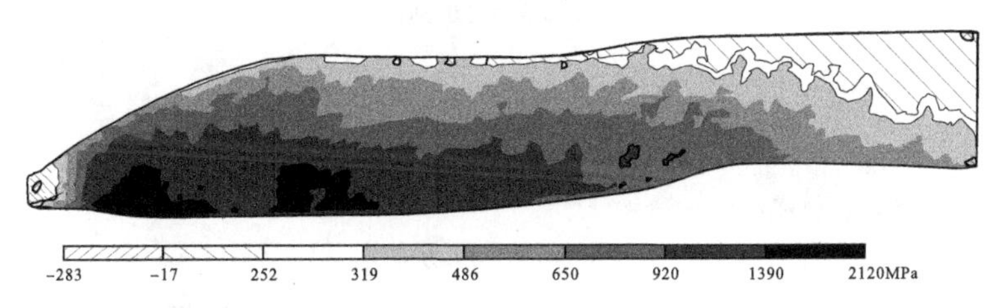

图 7-27　造缝期克深 2 区块巴 1 段最小主应力

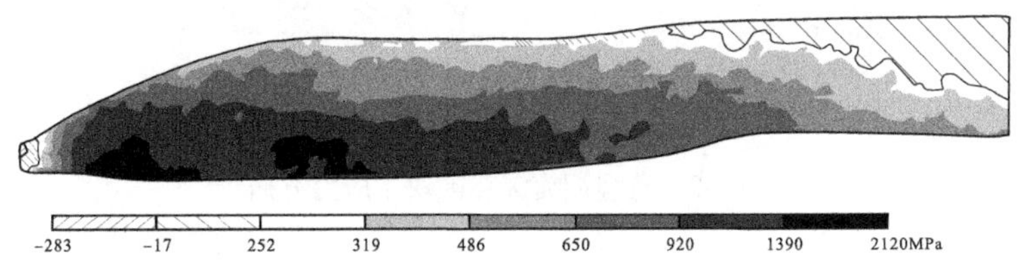

图 7-28　造缝期克深 2 区块巴 2 段最小主应力

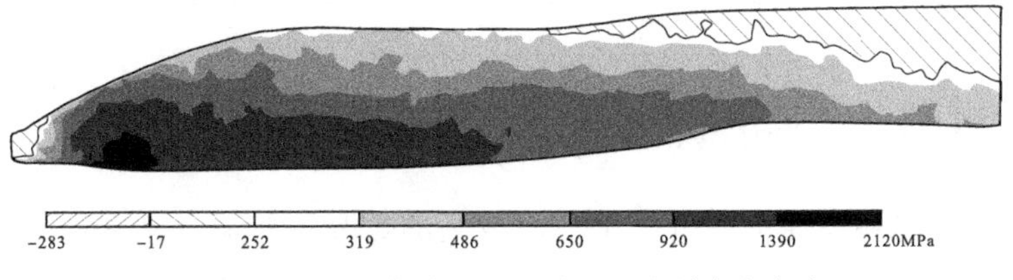

图 7-29　造缝期克深 2 区块巴 3 段最小主应力

古应力场模拟结果表明，应力强度高值区主要分布在构造高点和断裂带较集中的地区，断裂、裂缝最易发育；最大主应力在构造高部位为600～700MPa，向四周应力逐渐降低，西部受断层带影响，应力值明显要低，多在381MPa以下，断层多在280MPa以下；最小主应力在背斜西部出现高值区应力呈张性，背斜西部构造高点为应力高值点，断层带的值一般高于邻近地层的应力值，西部断裂汇集应力值较高；中间主应力高值区主要集中在西部，构造高点的应力值向构造低部位逐渐增大，断层带的低应力值特征更加明显。垂向上看，巴一段与巴二段应力分布相似，巴三段应力高值区缩小，应力强度低值区增大。

数值模拟得到的古应力场方向如图7-30所示，最小主应力方向为垂直方向，中间主应力方向为北东东—南西西方向，近于东西向，最大主应力方向为北北西—南南东方向，近于南北向。由于三个岩性段总厚度不足300m，因此应力方向在垂向上基本上没有变化。古应力场方向的这种分布特征符合断层形成的Anderson模式，表明古应力场的数值模拟结果是合理的。

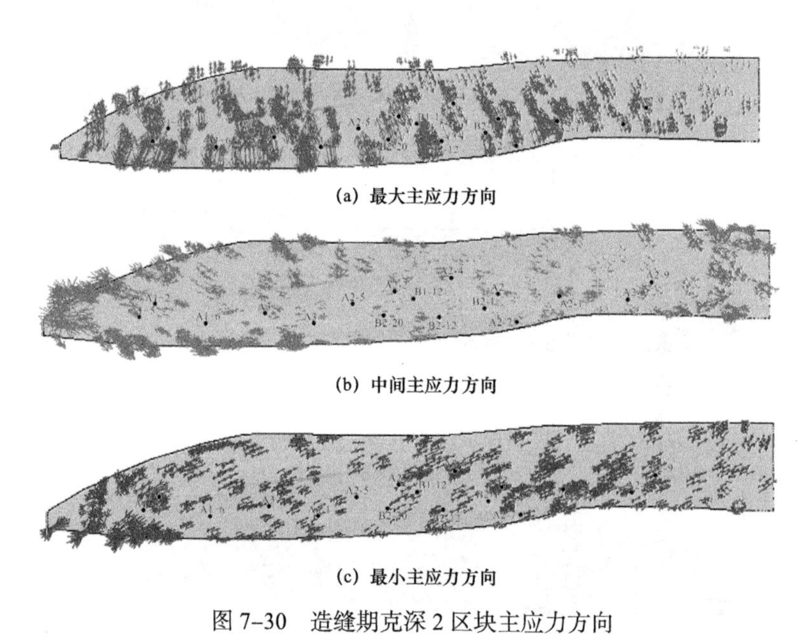

(a) 最大主应力方向

(b) 中间主应力方向

(c) 最小主应力方向

图7-30 造缝期克深2区块主应力方向

第五节 克深2区块现今应力场数值模拟

一、现今地应力方向的确定

在钻井过程中，会在井壁附近产生一定数量的钻井诱导缝。钻井诱导缝往往可以指示现今主应力的方向，其走向一般平行于现今最大主应力。另外，随着井筒岩心的不断取出，井壁应力发生释放，在井壁的应力集中或者脆弱处往往产生井壁坍塌，井壁坍塌的方位一般平行于现今最小主应力的方向。因此，现今主应力的方向可以通过钻井诱导缝的走向和井壁坍塌方位来确定。

克深气田的钻井诱导缝特征如图 7-31 所示，对其走向进行统计后可以发现克深 2 号构造的钻井诱导缝以北东走向为主，判断现今最大主应力为北北东 15° 左右（表 7-13）。

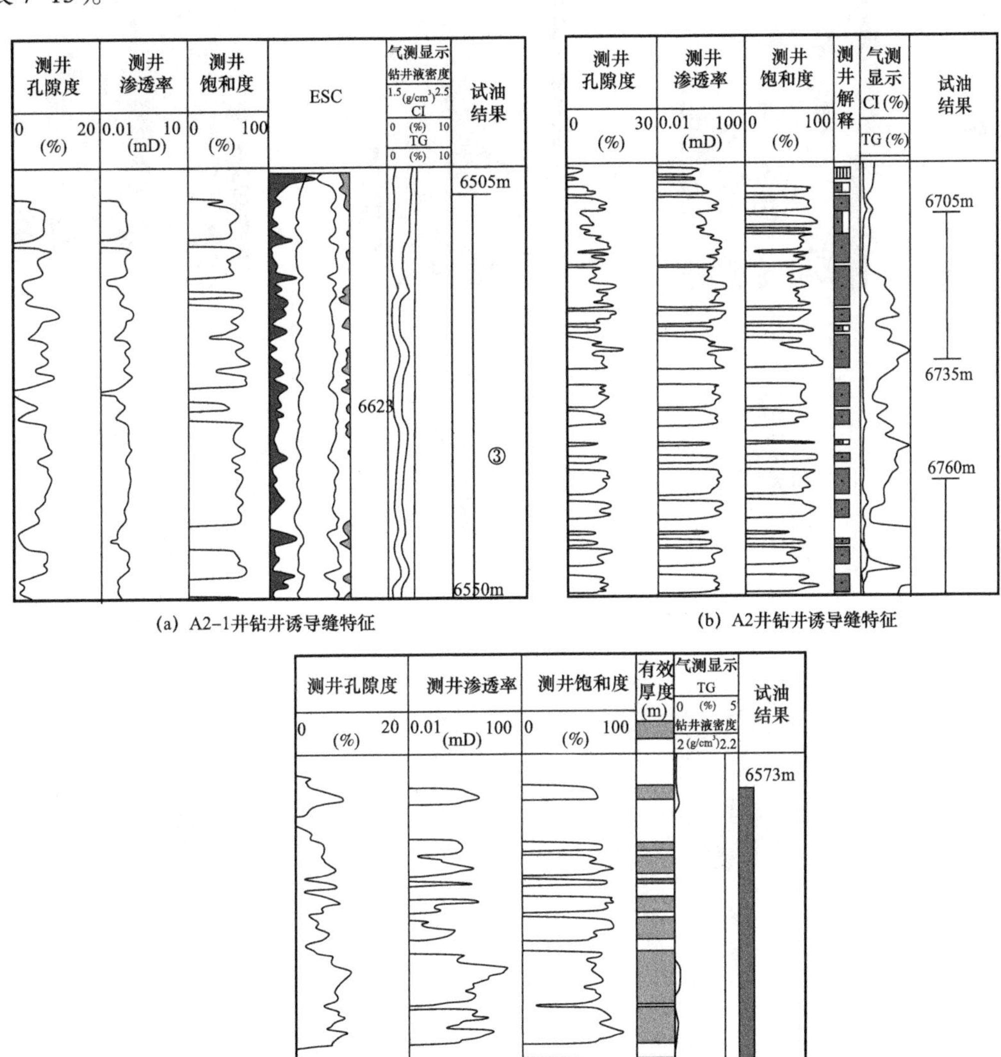

(a) A2-1井钻井诱导缝特征

(b) A2井钻井诱导缝特征

(c) A2-2井钻井诱导缝特征

图 7-31 克深气田钻井诱导缝特征

对于 A1-1 井（A1 号构造），利用井壁坍塌方位来确定现今地应力的方向，如图 7-32 所示，可以判断出 A1-1 井现今最大主应力方向大致为北西 30° 左右，且具有自上而下向东偏转的趋势，至巴三段应力方向变为北北东向。

表 7-13　克深气田测井裂缝走向统计

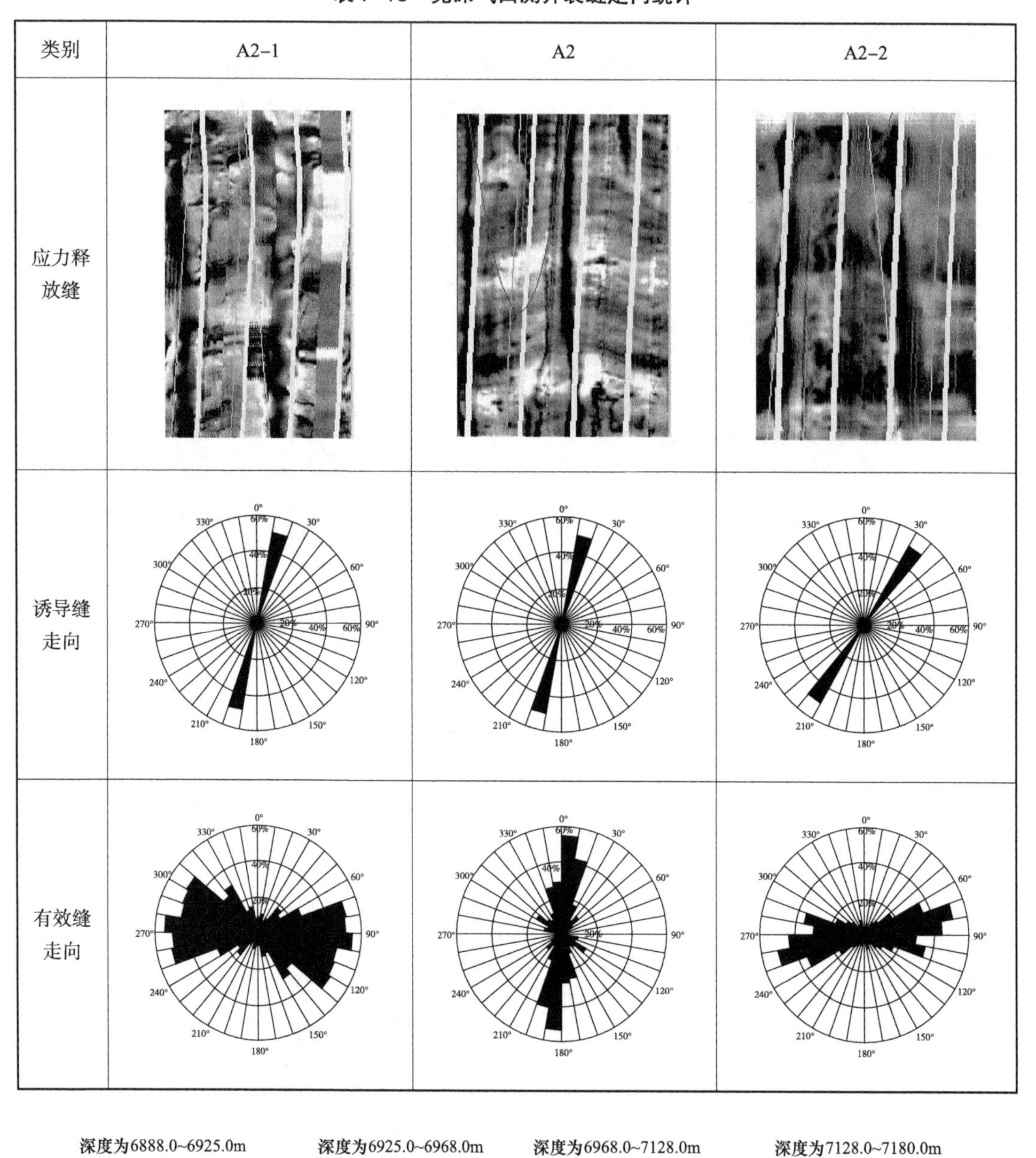

类别	A2-1	A2	A2-2
应力释放缝			
诱导缝走向			
有效缝走向			

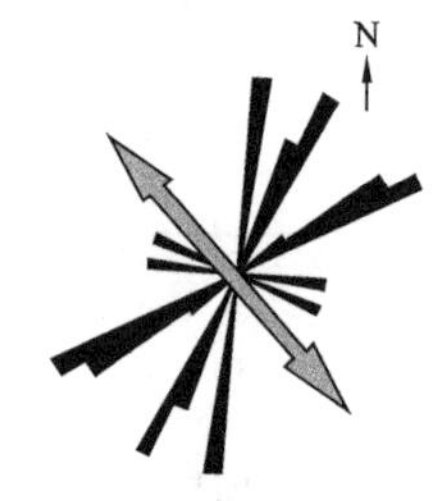

(a) 砂砾岩段　(b) 巴一段　(c) 巴二段　(d) 巴三段

图 7-32　A1-1 井井壁坍塌方位及现今应力方向

二、现今地应力大小的确定

现今地应力可以通过多种方法进行测量，如水力压裂法、差应变分析法、波速各向异性法、钻孔应力解除法和测井解释法。其中测井解释法能够得到连续的地应力剖面，且具有成本低、精度高的优点，因此本次研究主要利用测井资料解释法确定现今地应力。

测井解释出的现今地应力是单个井点的数值，还不能够完全代表整个区域的应力，因此需要通过数值模拟进行拟合。首先根据单井的地应力测井解释结果大致确定应力大小的范围，然后在此基础上改变应力值的大小，直到数值模拟的结果与井点实测值最为接近，将此时所施加的应力作为现今应力场数值模拟的应力值，同时还需要考虑应力方向与真实情况一致。

三、克深 2 区块现今应力场数值模拟

按照以上思路，对克深 2 井区的现今地应力场进行了数值模拟，应力场模拟结果如图 7-33—图 7-45 所示。

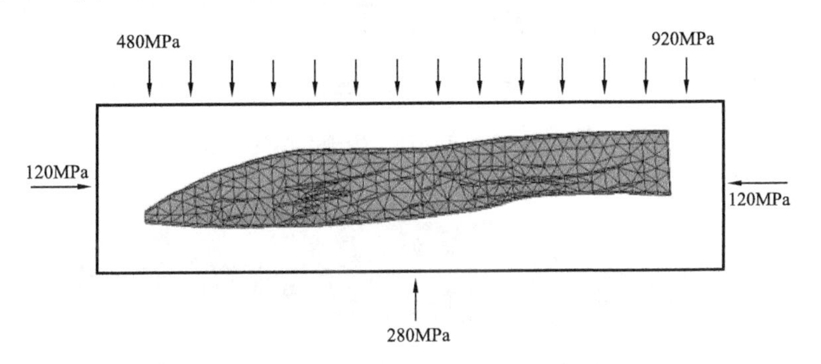

图 7-33　克深 2 区块现今应力场加载

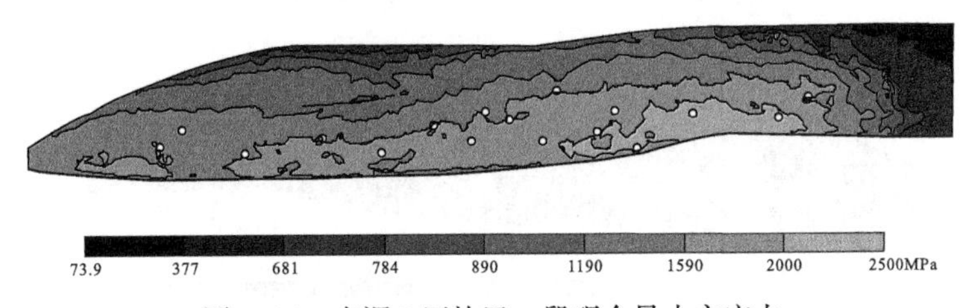

图 7-34　克深 2 区块巴一段现今最小主应力

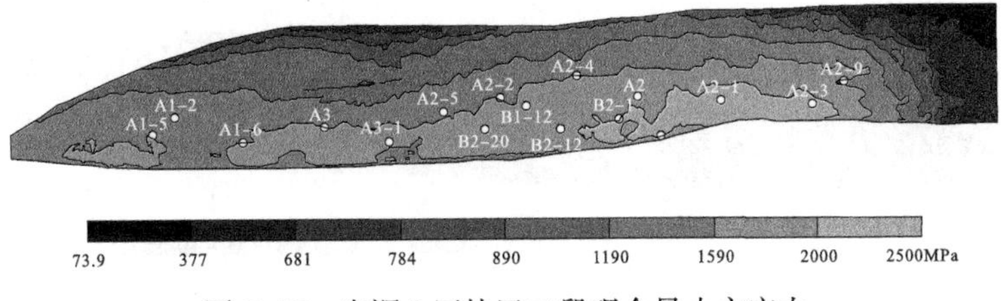

图 7-35　克深 2 区块巴二段现今最小主应力

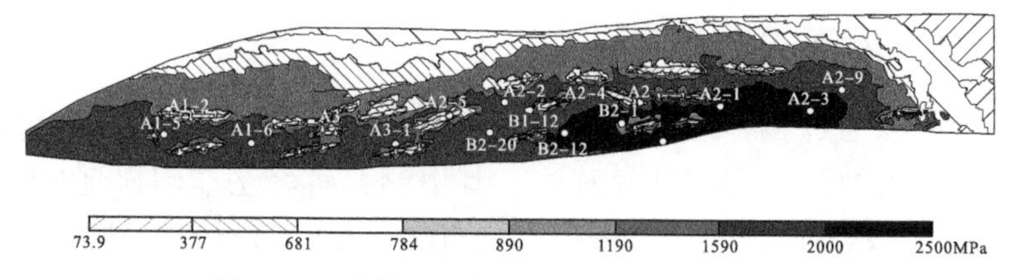

图 7-36　克深 2 区块巴三段现今最小主应力

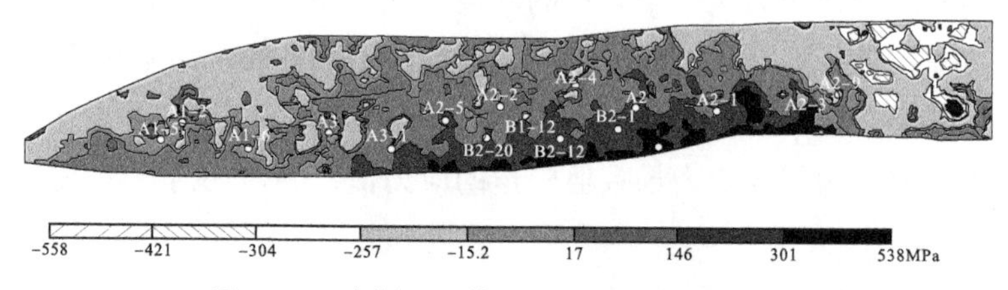

图 7-37　克深 2 区块巴一段现今中间主应力

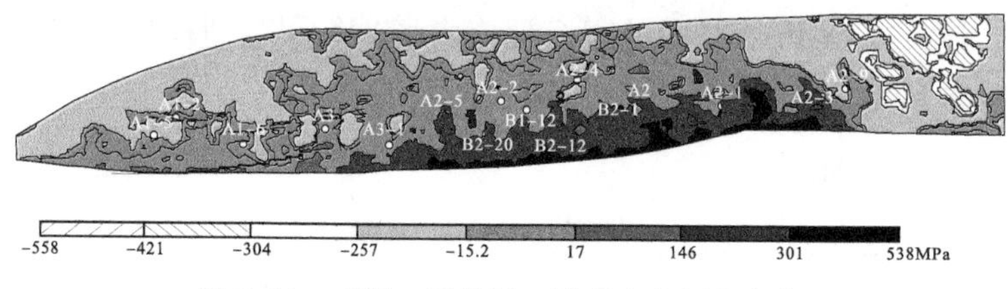

图 7-38　克深 2 区块巴二段现今中间主应力

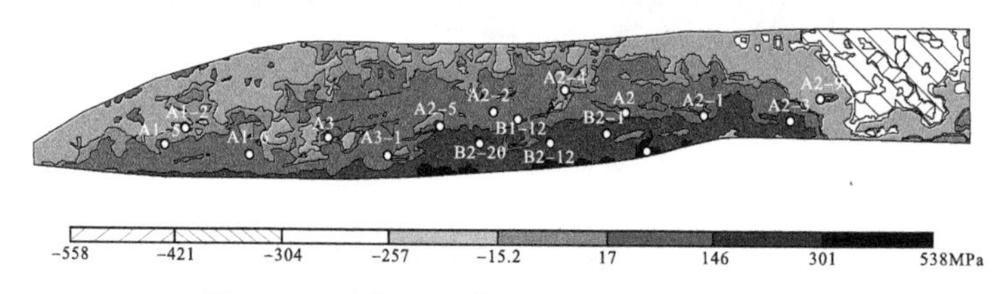

图 7-39　克深 2 区块巴三段现今中间主应力

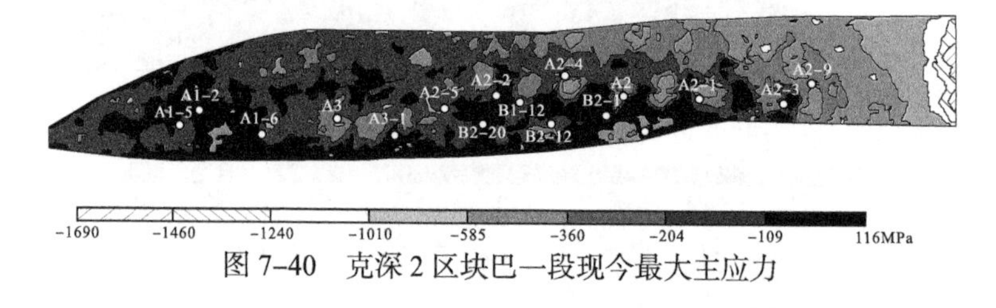

图 7-40　克深 2 区块巴一段现今最大主应力

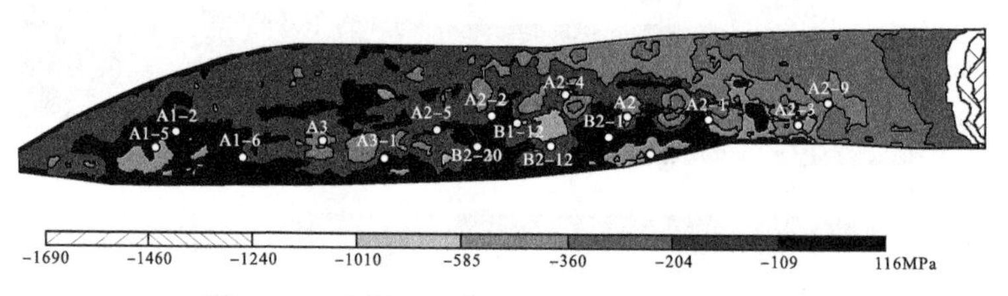

图 7-41　克深 2 区块巴二段现今最大主应力

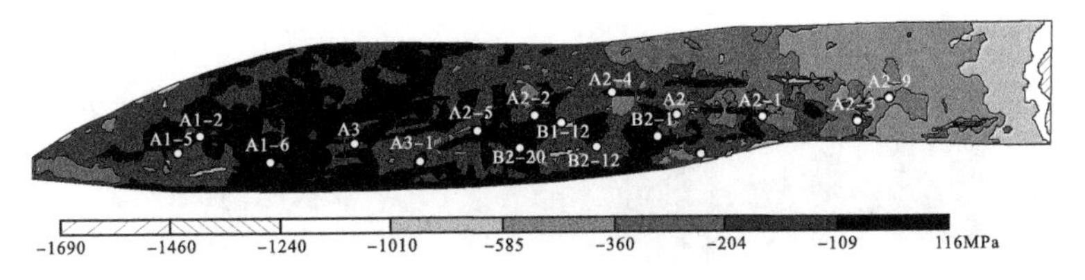

图 7-42　克深 2 区块巴三段现今最大主应力

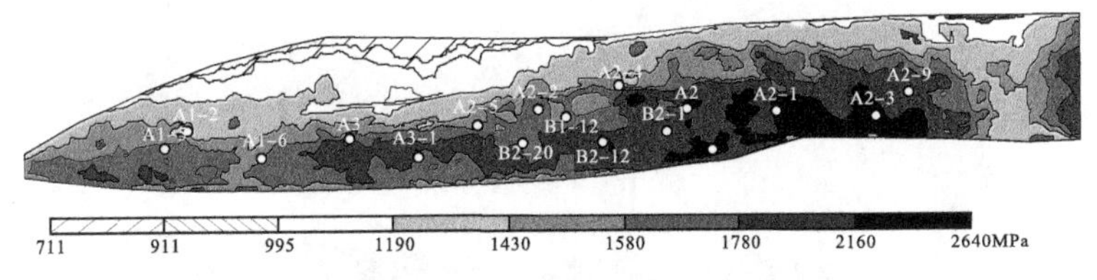

图 7-43　克深 2 区块巴一段现今应力强度

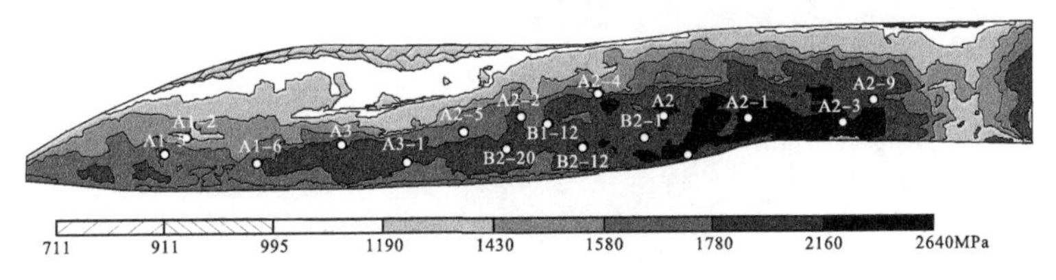

图 7-44　克深 2 区块巴二段现今应力强度

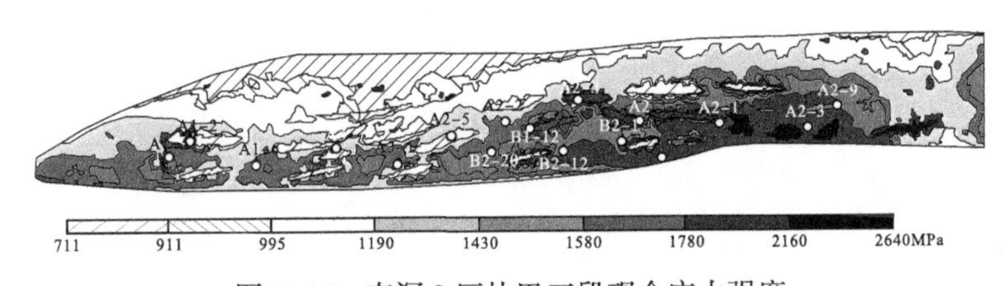

图 7-45　克深 2 区块巴三段现今应力强度

由模拟结果分析可知，应力强度在背斜轴线周围值最大，高值集中在背斜东南部，断层区应力强度值明显较小；最大主应力高值区分布在构造高点和背斜东部，总体上具有北高南低的特征，由南部的 109MPa 以下，向北部 204MPa 逐渐变化，断层为应力低值区并影响了周围地层应力值；最小主应力呈张性应力，应力值南高北低，高值主要集中在背斜高点及其南部，断层应力值明显小于周围地层；中间主应力与最小主应力分布特征相似，断层应力值大于周围地层。

由克深气田克深 2 井区巴什基奇克组现今应力场方向模拟结果（图 7-46），最小主应力方向在气田西侧为北东—南西方向，向中部过渡为东西向，至东侧变为北西西—南东东方向；中间主应力大部分为垂直方向，南侧断层附近应力方向转为近东西方向；最大主应力方向在气田西侧为北北西—南南东方向，与克深 101 井现今应力方向一致，中部南侧为近南北向，北侧由南北向向垂向发生偏转，气田东侧为北北东—南南西向，与克深 2 号构造现今应力方向一致。

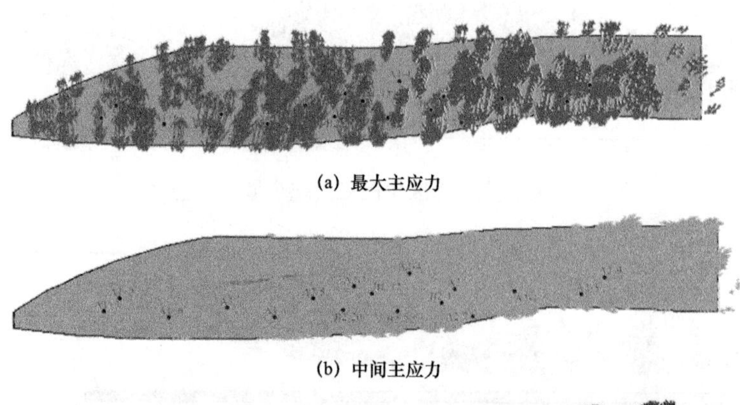

(a) 最大主应力

(b) 中间主应力

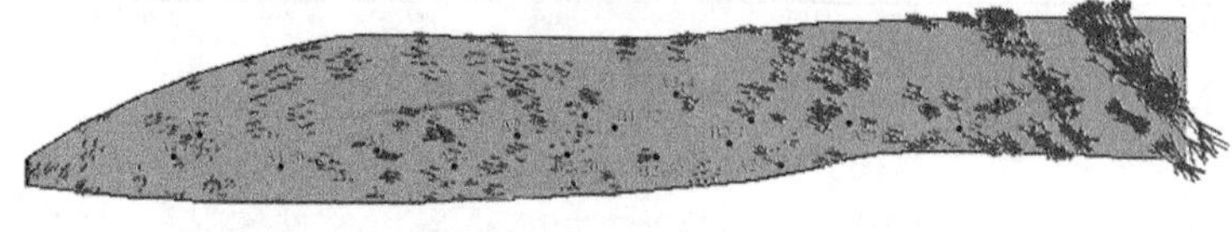

(c) 最小主应力

图 7-46　克深 2 区块现今主应力方向

第八章　克深气田裂缝参数预测应用

第一节　造缝期裂缝参数空间分布

综合断裂力学、应变能理论和能量守恒定律，推导了应力、应变与裂缝密度、开度、孔隙度和三向渗透率的关系模型，基于“古应力场产生裂缝，现今应力场仅改造裂缝”的思路，采用 APDL 和 Visual C++ 编程语言，开发了多期构造裂缝三维定量预测软件模块（ANSYS 平台）。按照该思路，编制古应力场与裂缝参数计算公式的计算程序，导入到古应力场的模拟结果中，得到古应力场下的裂缝参数空间分布（图 8-1—图 8-5）。

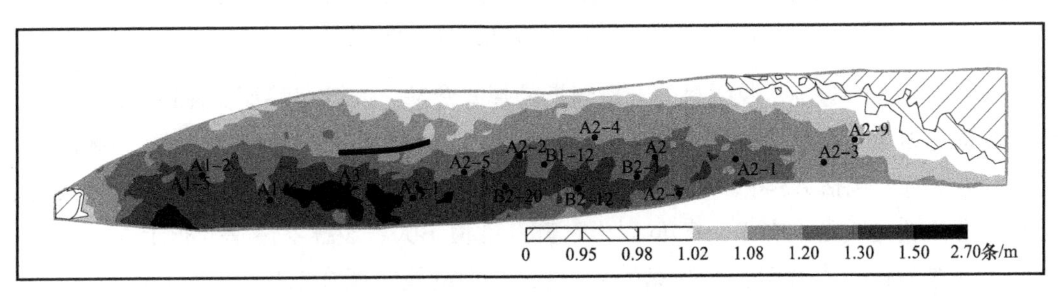

图 8-1　造缝期克深 2 区块巴一段裂缝密度分布

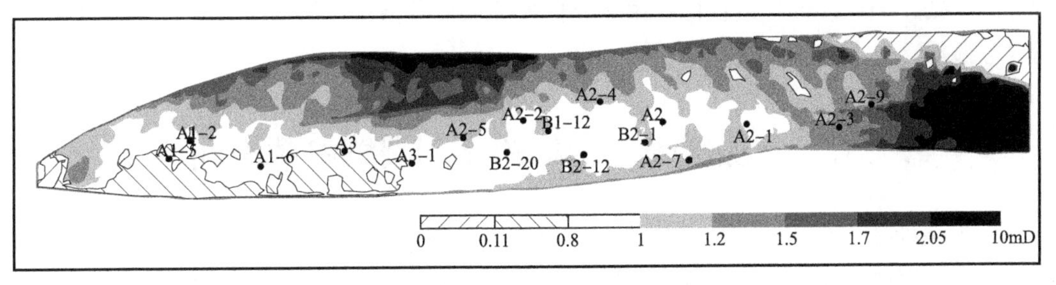

图 8-2　造缝期克深 2 区块巴一段渗透率分布

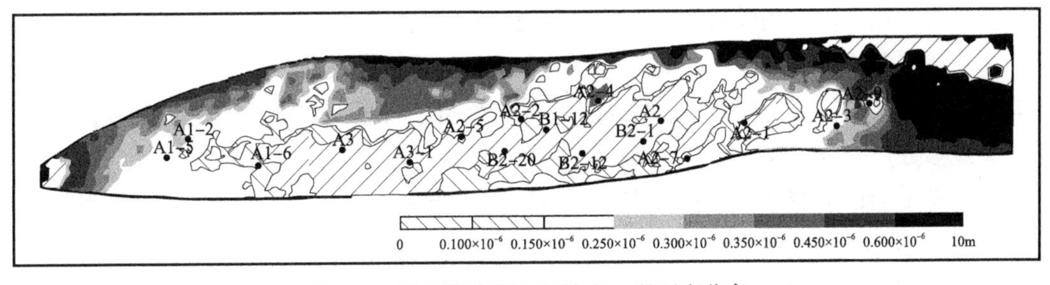

图 8-3　造缝期克深 2 区块巴一段开度分布

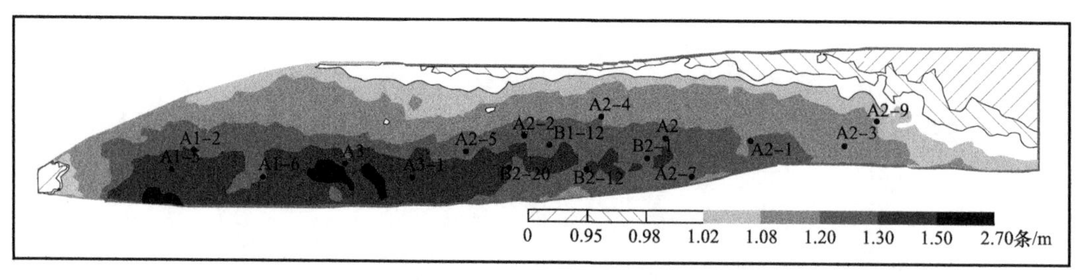

图 8-4　造缝期克深 2 区块巴二段裂缝密度分布

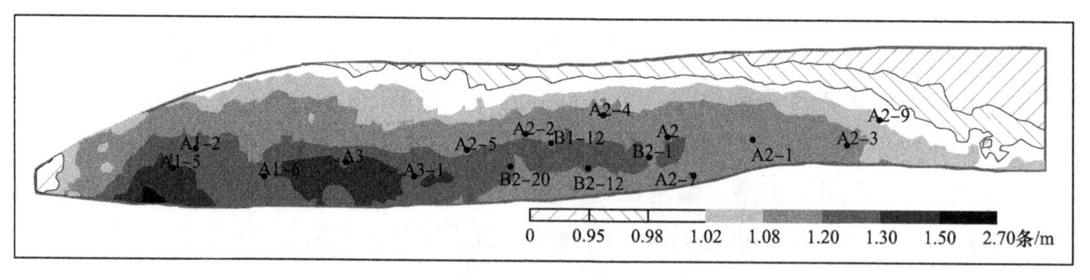

图 8-5　造缝期克深 2 区块巴三段裂缝密度分布

以第 1 岩性段为例，说明目的层造缝期的裂缝参数空间分布特征。在造缝期 A2 井区巴什基奇克组第 1 岩性段的裂缝集中分布在背斜顶部和西部断裂带附近。A3 井区附近构造裂缝最发育，包括 A3 井、A3–1 井和 A2–2 井，该区域位于西部构造高点且断裂发育裂缝易发育，裂缝线密度在 1.5 条 /m 以上，其开度值不大，裂缝渗透率分布于 60～160mD 之间；其次为位于大背斜构造高点的 A2 井区，裂缝线密度在 1.3～1.5 条 /m 之间，裂缝渗透率分布于 160～180mD 之间；总体上裂缝主要集中南部背斜顶部及断裂发育区块，在构造凹陷处，裂缝参数普遍较低。第 2 岩性段的裂缝参数低于第 1 岩性段，第 3 岩性段裂缝参数最低。

第二节　叠加现今应力场的多期裂缝参数空间分布

根据裂缝孔渗模型及充填模型，基于裂缝充填模式分析，利用克深 2 区块应力参数、裂缝参数及深层流体情况来计算造缝期裂缝充填程度参数，以裂缝充填情况完善多期裂缝叠加模型。

基于古今构造应力场模拟结果，采用以裂缝充填情况为约束的多期裂缝参数量化表征模型，在造缝期应力作用下产生的构造裂缝上叠加现今应力场作用，对两期应力场下产生的裂缝叠加结果进行了定量表征，完成了对裂缝密度、开度及渗透率的定量预测，分别建立了裂缝参数空间分布模型（图 8–6—图 8–12）。

现今叠加后的裂缝参数模拟如图 8–6 所示，在造缝期 A2 区块巴什基奇克组裂缝集中分布在背斜顶部的构造高点附近。A3、A2 井区附近构造裂缝最发育，主要集中在两个背斜高点上，该区域裂缝线密度在 1.5～2.7 条 /m 之间，由于裂缝密度较大其裂缝的开度值反而不大，裂缝渗透率分布于 160～180mD 之间。裂缝倾角在构造高点最大，裂缝近于直

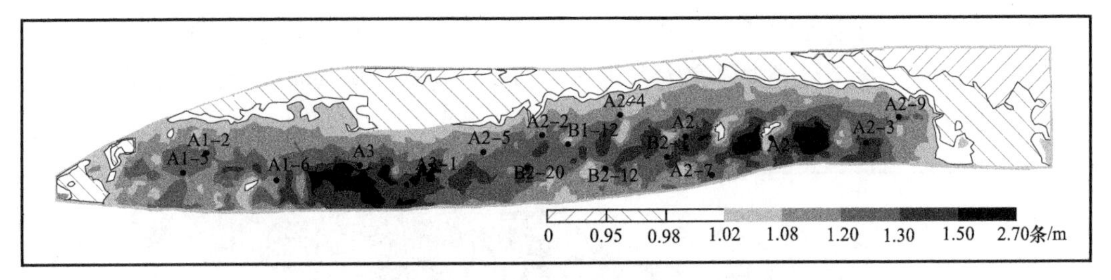

图 8-6　克深 2 区块巴一段裂缝密度分布

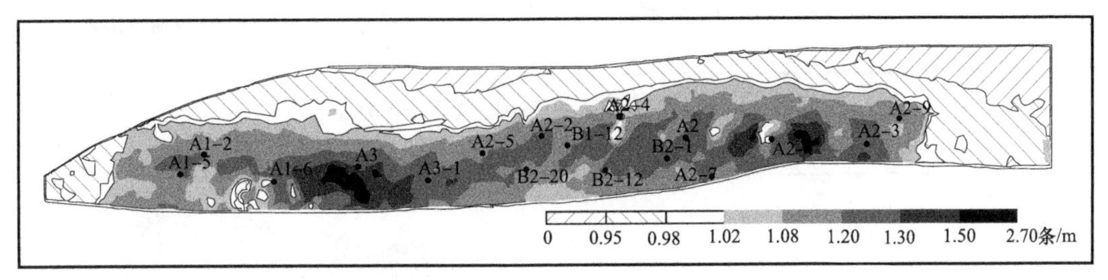

图 8-7　克深 2 区块巴二段裂缝密度分布

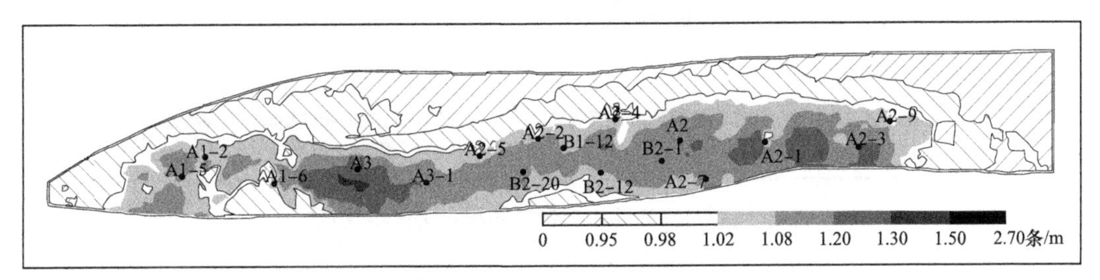

图 8-8　克深 2 区块巴三段裂缝密度分布

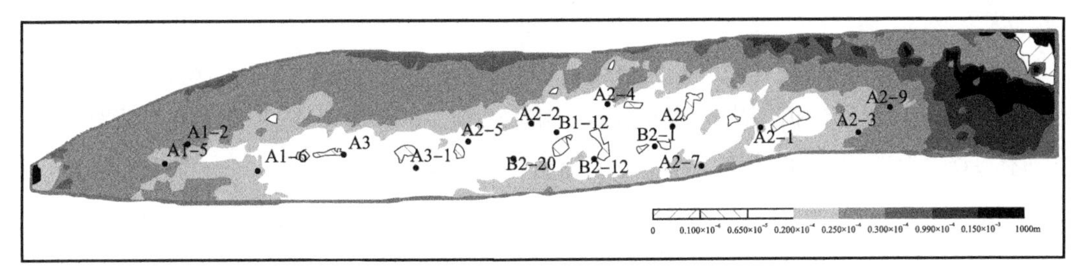

图 8-9　克深 2 区块巴一段裂缝开度分布

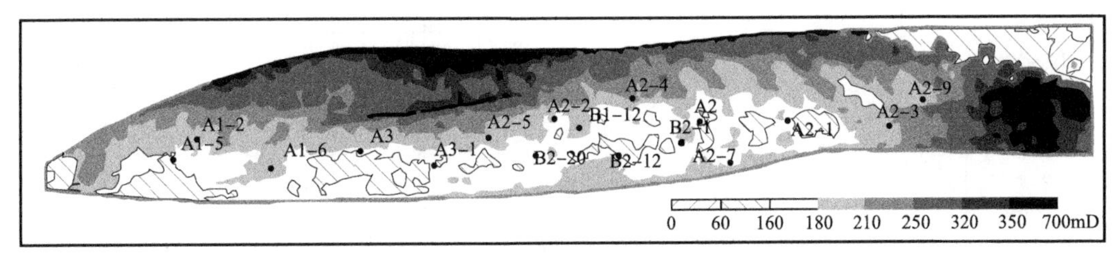

图 8-10　克深 2 区块巴一段裂缝渗透率分布

立，向构造低处倾角值逐渐减小。总体上背斜上发育的裂缝基本上都是高角度裂缝，构造低处发育低角度裂缝，裂缝主要集中在背斜顶部及其南部。从垂向上看，第 2 岩性段的裂缝参数低于第 1 岩性段，第 3 岩性段裂缝参数最低。

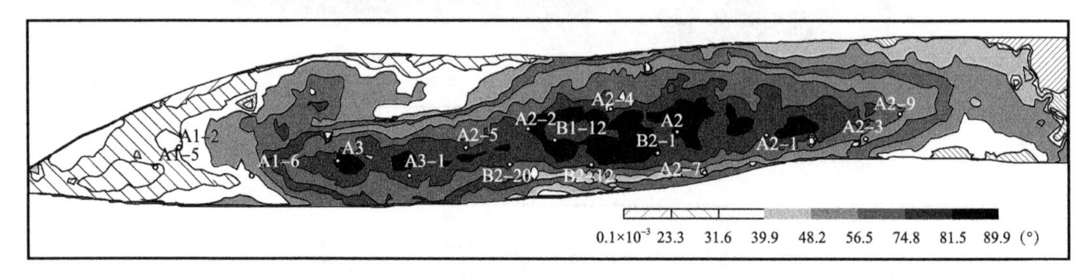

图 8-11　克深 2 区块巴一段裂缝倾角分布

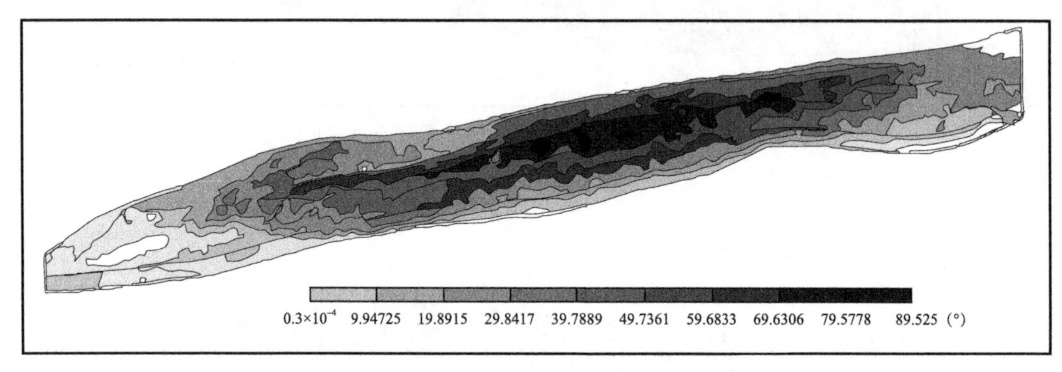

图 8-12　克深 2 区块裂缝倾角大小三维分布

第三节　模拟结果验证

通过测井资料解释裂缝结果和实际岩心观测结果与数值模拟结果对比，除 A2-1 井与结果略有差别，倾角模拟结果与测井资料基本吻合（图 8-13），裂缝线密度与实测岩心统计结果对比，结果基本相似，二者偏差率基本在 10% 以内（表 8-1）。

表 8-1　数值模拟结果对比

井号	岩心实测（条 /m）	模拟结果（条 /m）	偏差（绝对值）	偏差占比（%）
B2-4	1.80	1.61	0.19	10.6
B2-5	1.27	1.25	0.02	1.5
A2-6	1.39	1.26	0.13	9.4
A2-8	1.86	1.85	0.01	0.5
B1-5	1.36	1.30	0.06	4.4
A2-2	1.43	1.28	0.15	10.4

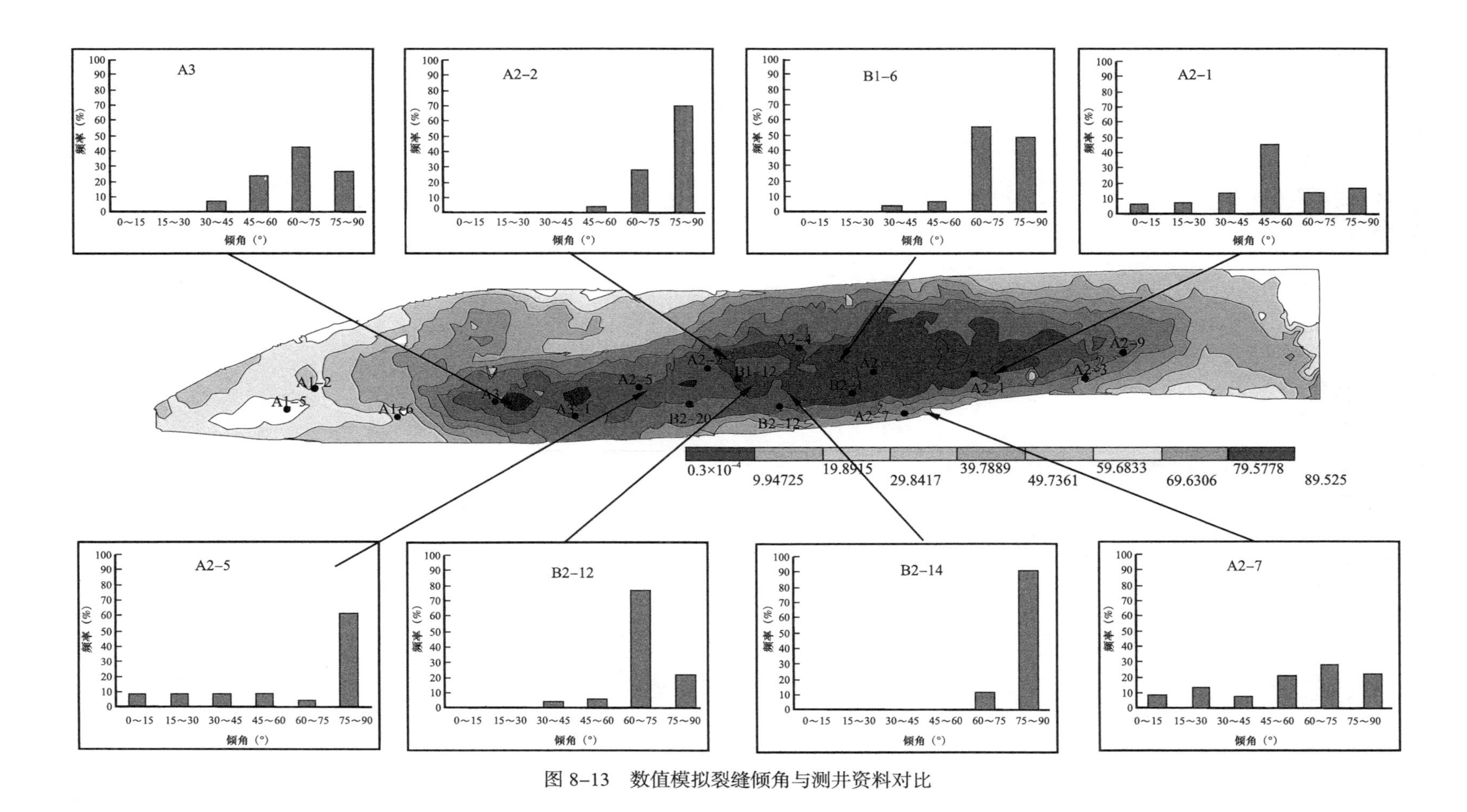

图 8-13　数值模拟裂缝倾角与测井资料对比

克深 2 区块多期裂缝模拟结果较单期裂缝模拟精度明显提高，预测结果与实际井点测量数据和生产动态数据吻合好，裂缝预测结果平均偏差低于 10%。该技术弥补了国内外复杂构造区多期裂缝量化预测设计及现场应用软件的空白，多个油田的应用表明，裂缝密度计算结果与井点实测结果相对误差小于 10.71%，孔隙度计算相对误差小于 11.59%。

第九章　储层裂缝发育的影响因素

正确认识储层裂缝发育的影响因素，对于预测无井点控制区储层裂缝的分布特征具有重要意义。本章针对克深气田的实际情况，对距断层距离、距背斜高点距离、地层深度、储层岩石钙质及泥质含量、沉积微相以及砂泥岩互层结构对储层裂缝发育的影响进行分析，从而更深刻地剖析克深气田储层裂缝的发育规律。

第一节　距断层距离

根据储层裂缝参数的数值模拟结果及岩心裂缝的统计结果，统计了断层控制区各井点的裂缝参数，并分析了其分布特征，如图 9–1 和图 9–2 所示。随着距断层距离的增加，断层控制区储层裂缝的各项参数均有所下降，表明断层发育带有利于储层裂缝的发育。从单井钻井液的平均漏失量与距断层距离之间的关系（图 9–3）也可以看出，距断层距离越小，钻井液漏失量越大，表明越靠近断层，裂缝发育程度越高。

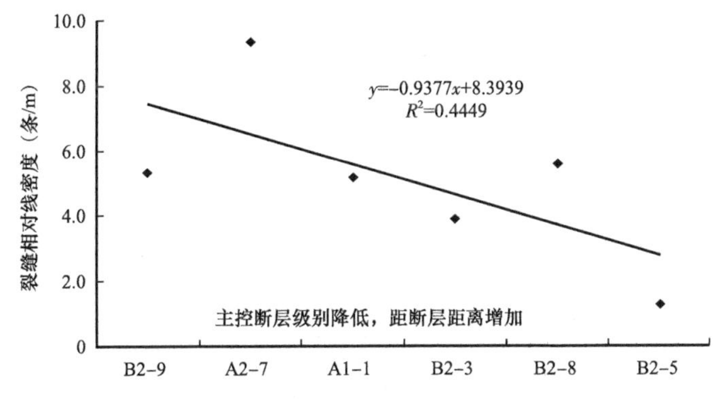

图 9–1　岩心统计裂缝线密度与距断层距离的关系

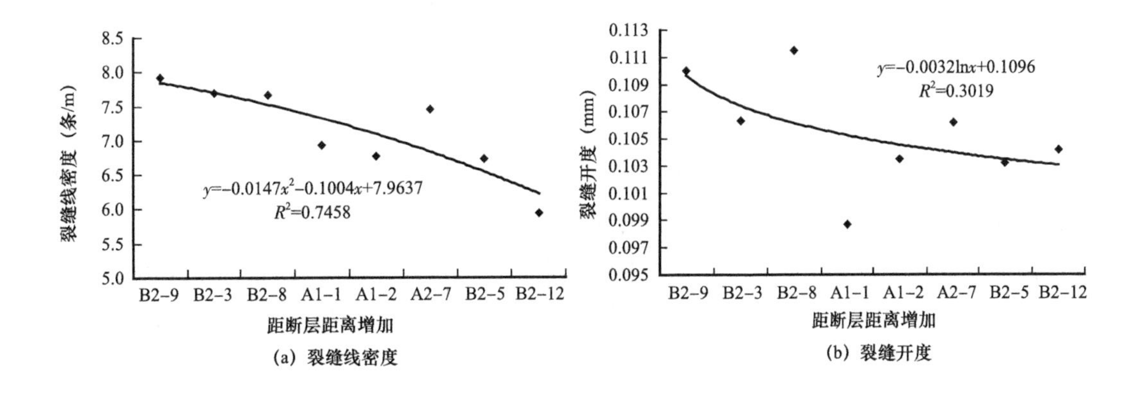

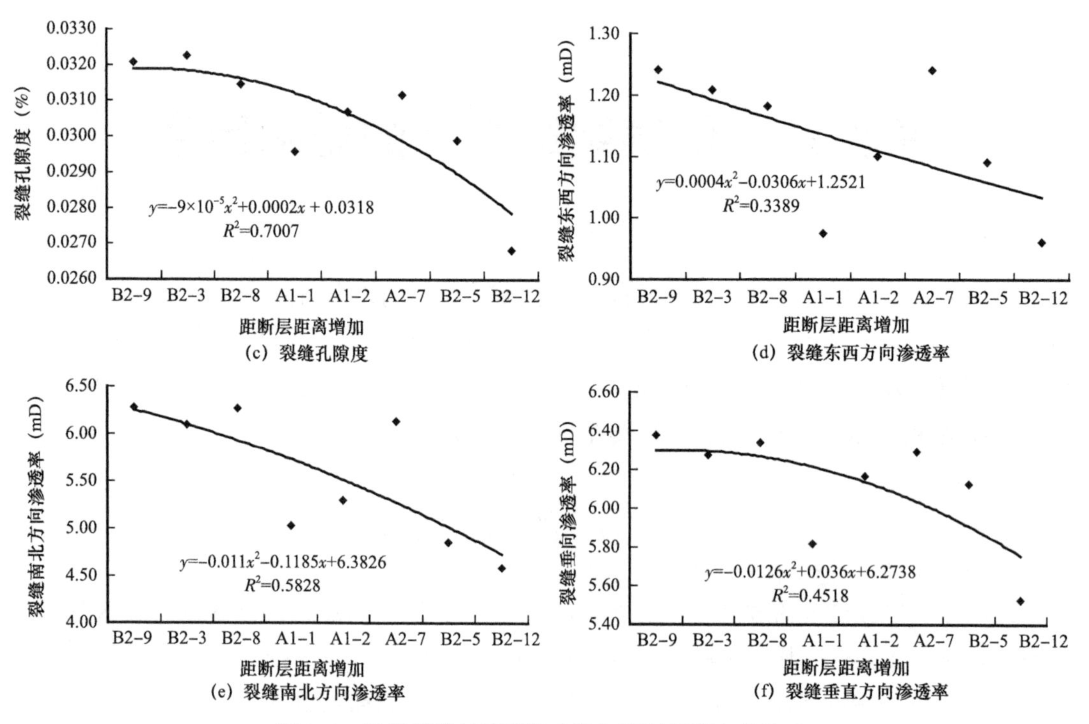

图 9–2　数值模拟储层裂缝参数与距断层距离的关系

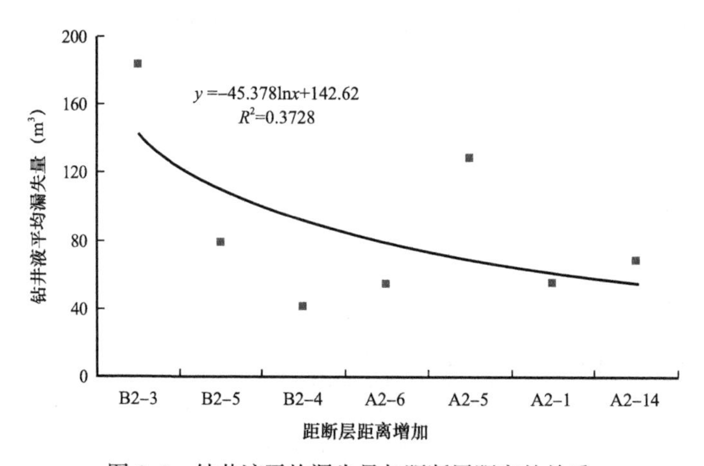

图 9–3　钻井液平均漏失量与距断层距离的关系

第二节　距背斜高点距离

根据储层裂缝参数的数值模拟结果及岩心裂缝的统计结果，统计了背斜控制区各井点的裂缝参数，并分析了其分布特征，如图 9–4 和图 9–5 所示。

根据图 9–4 和图 9–5 可知，随着距背斜高点距离的增加，储层裂缝线密度增大而其他参数减小，表明背斜高点以数量较少的大裂缝为主，向两翼逐渐变为以数量较多的小裂缝为主。

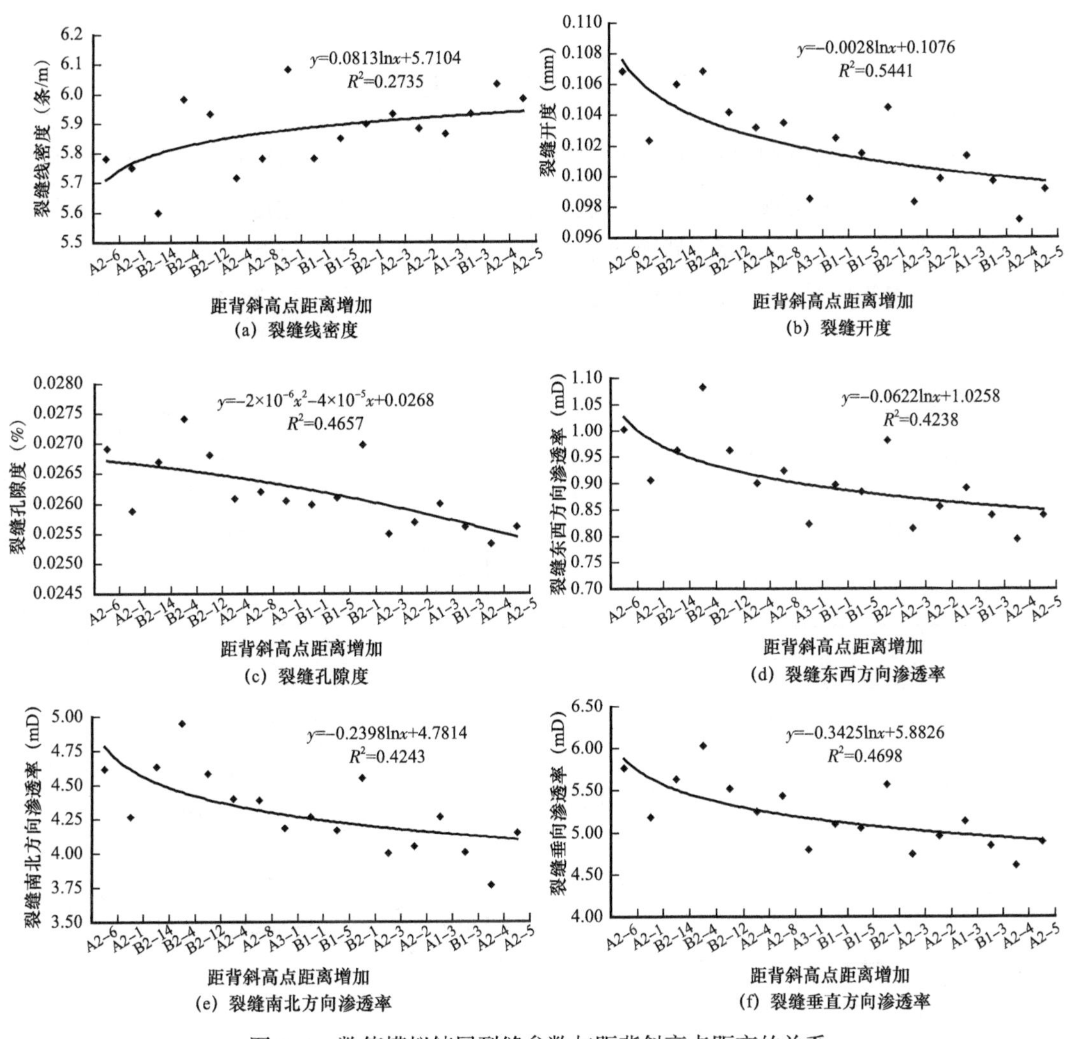

图 9-4 数值模拟储层裂缝参数与距背斜高点距离的关系

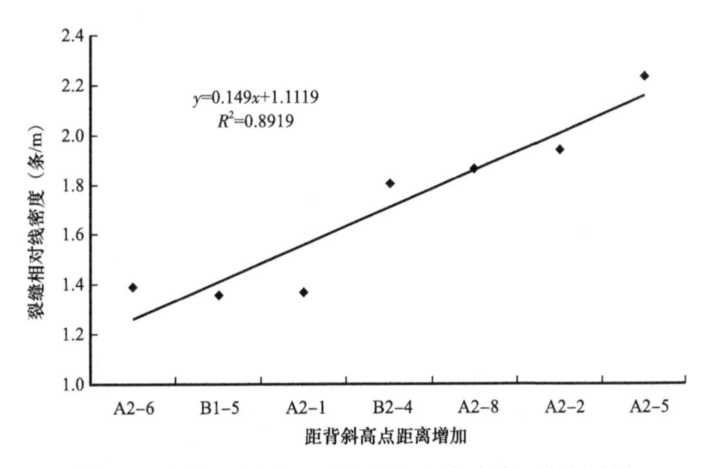

图 9-5 岩心统计裂缝线密度与距背斜高点距离的关系

第三节 地层深度

地层深度是控制储层裂缝纵向发育特征差异的重要因素。图 9–6 和图 9–7 分别是 A2–1 井和 A2–7 井成像测井解释裂缝线密度、长度、开度及孔隙度与地层深度的关系，从图中可以看出，随着地层深度的增加，裂缝线密度整体呈逐渐增大趋势，而孔隙度、渗透率整体呈逐渐下降趋势。从前面储层裂缝数值模拟结果来看，裂缝线密度也是随着地层

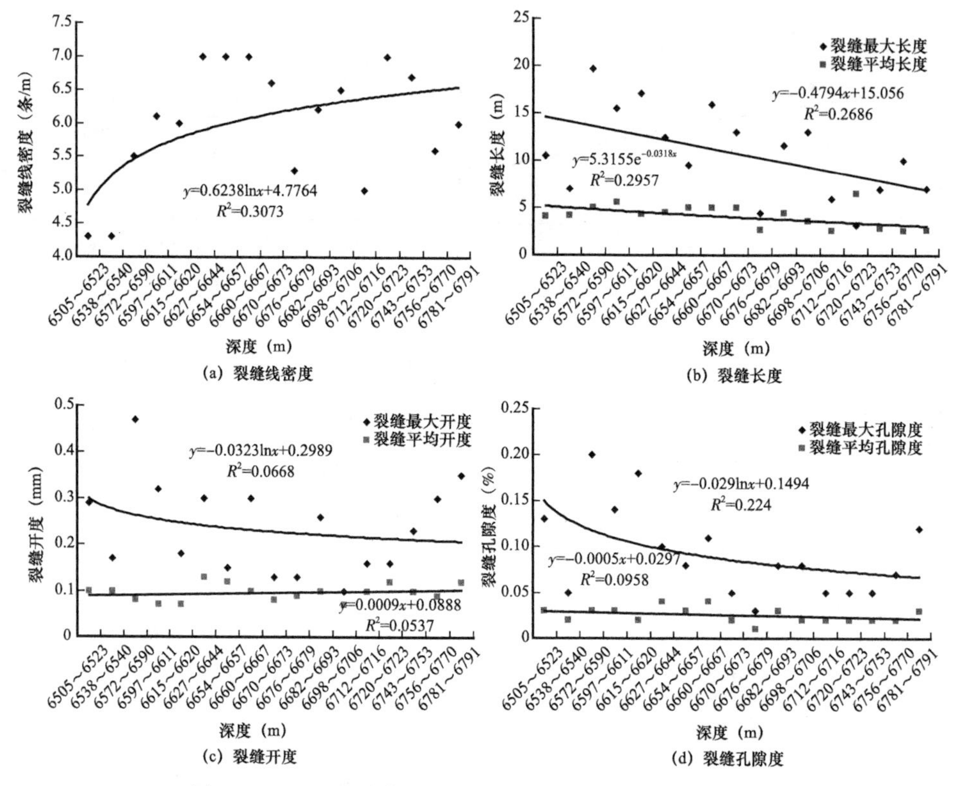

(a) 裂缝线密度　(b) 裂缝长度
(c) 裂缝开度　(d) 裂缝孔隙度

图 9–6　A2–1 井成像测井解释裂缝参数与地层深度的关系

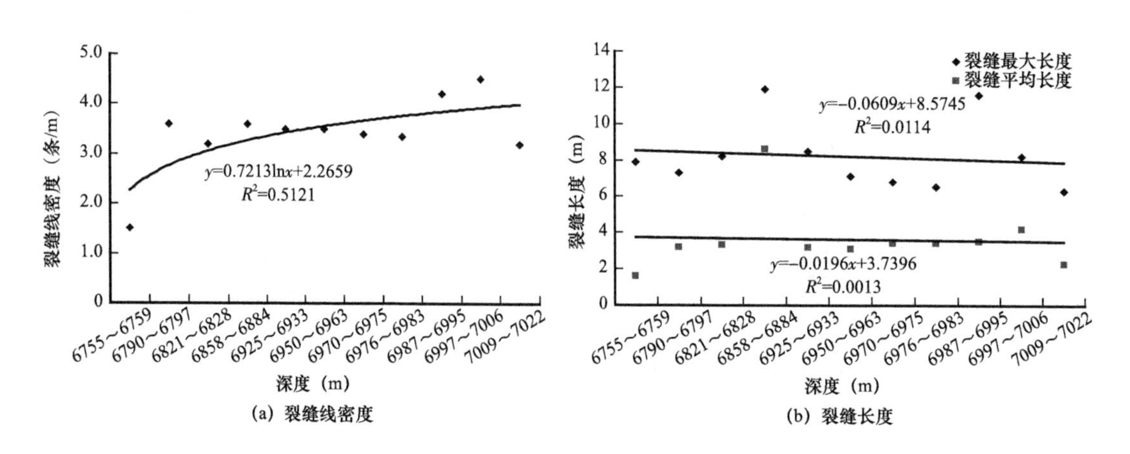

(a) 裂缝线密度　(b) 裂缝长度

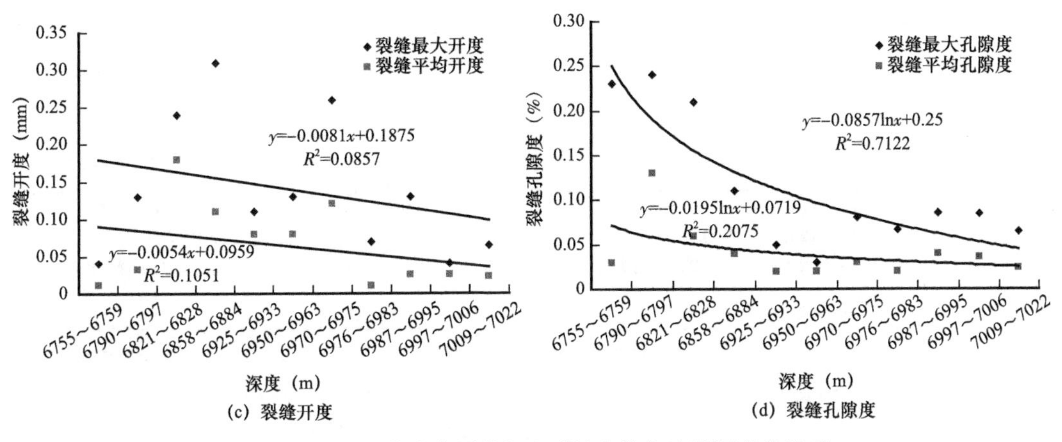

(c) 裂缝开度 (d) 裂缝孔隙度

图 9-7 A2-7 井成像测井解释裂缝参数与地层深度的关系

深度增加而逐渐增加，裂缝开度和裂缝孔隙度逐渐降低，与成像测井解释结果基本一致，这也反映了储层裂缝数值模拟结果的可靠性。另外，随着地层深度的不断增加，由于3个主应力增加速度不同，可能会出现构造应力场类型的改变，从而使裂缝组系特征发生改变，导致深层的裂缝渗流特征与中浅层的裂缝渗流特征有所差异，这在深层—超深层裂缝性油藏的油气勘探中需要特别加以注意。

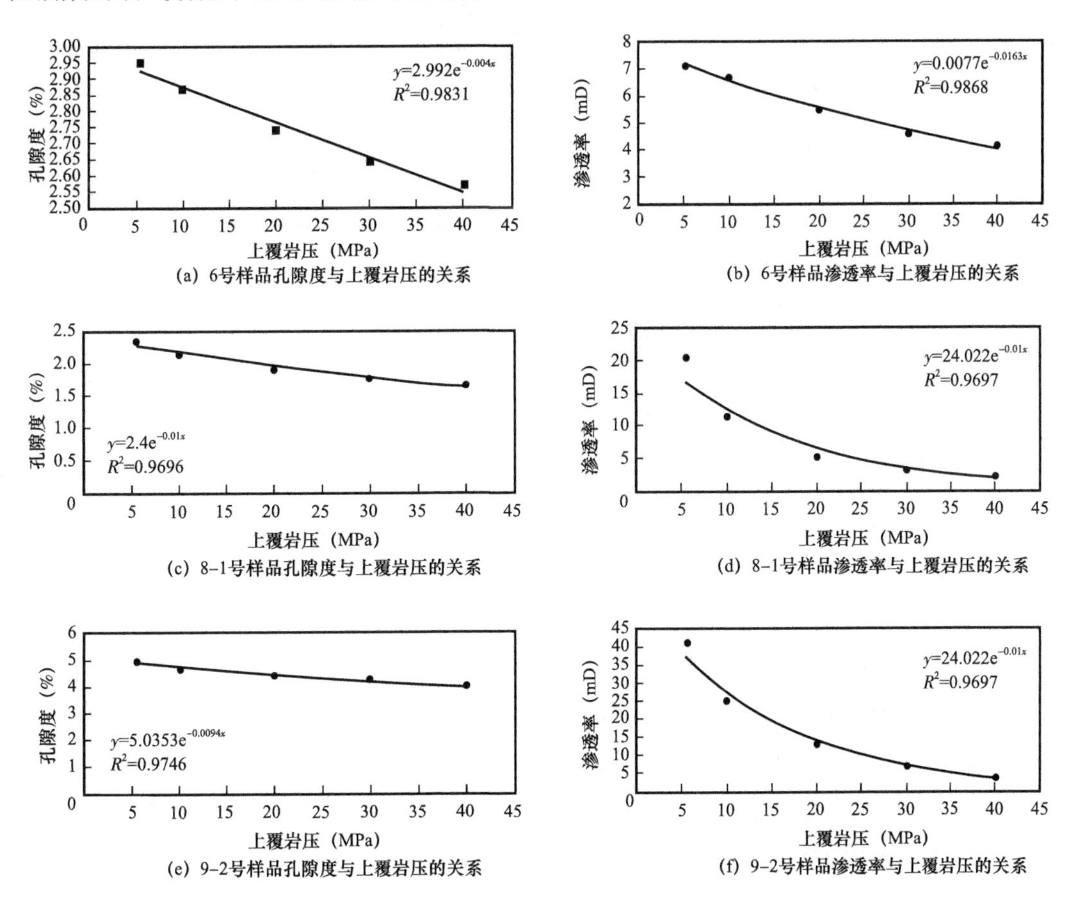

(a) 6号样品孔隙度与上覆岩压的关系 (b) 6号样品渗透率与上覆岩压的关系

(c) 8-1号样品孔隙度与上覆岩压的关系 (d) 8-1号样品渗透率与上覆岩压的关系

(e) 9-2号样品孔隙度与上覆岩压的关系 (f) 9-2号样品渗透率与上覆岩压的关系

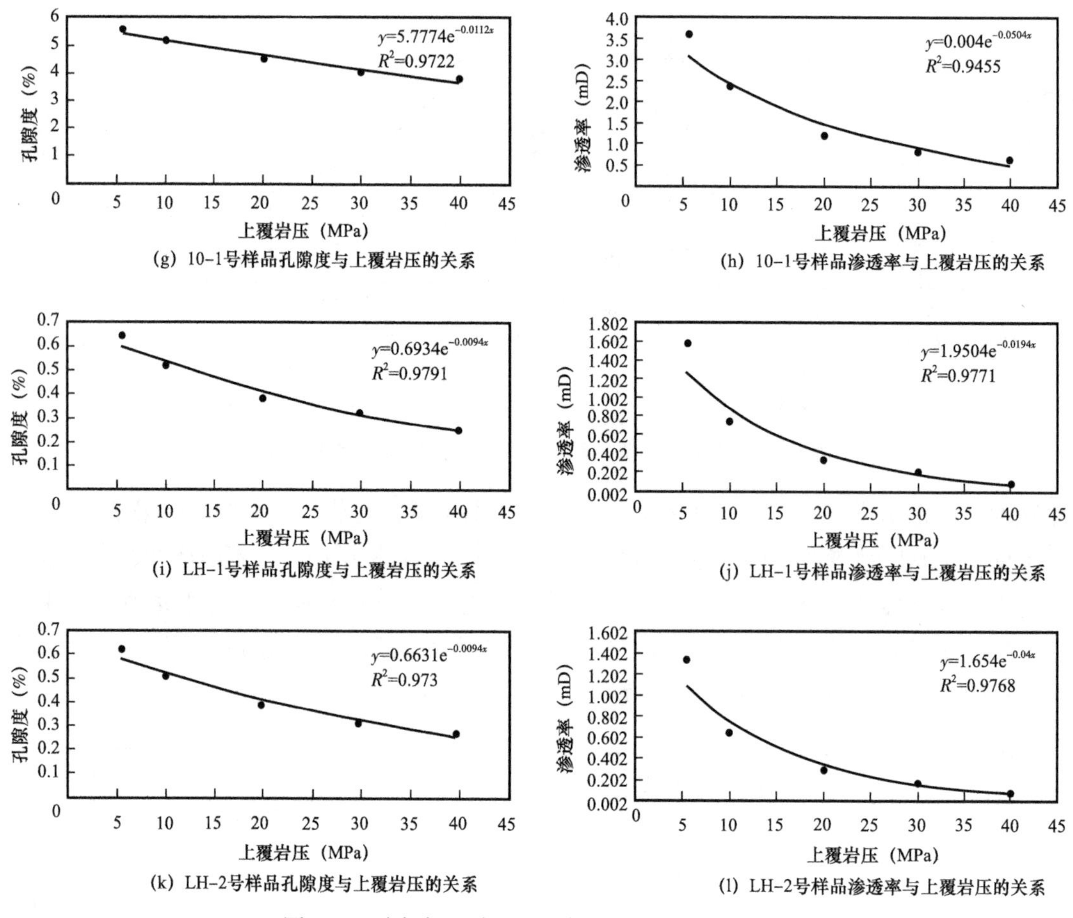

图 9-8　露头岩石覆压下孔隙度、渗透率测试结果

第四节　岩层厚度

从概率的角度分析，在岩性相同的前提下，岩层厚度越大，构造应力作用下岩石破裂点出现的位置就越分散。大量地表露头和岩心资料也表明，在一定厚度范围内，随着裂缝化岩层厚度的增大，储层裂缝间距也相应增大，相应地裂缝密度也就越小。图 9-9 是 A2-1 井成像测井解释裂缝参数与岩层厚度之间的关系曲线，从图中可以看出，随着岩层厚度的增加，裂缝线密度逐渐下降，与前述分析一致；裂缝的平均长度整体呈下降趋势，但裂缝最大长度逐渐增加，这是由于岩层厚度越大，裂缝可穿透的最大距离相应就越大；裂缝最大开度和裂缝最大孔隙度逐渐增加，其原因是岩层越厚，产生规模较大裂缝的可能性就越大，而裂缝平均开度变化较小，裂缝平均孔隙度则基本不变。裂缝的平均孔隙度往往反映了裂缝的整体发育程度，根据岩石断裂力学的相关理论，裂缝的整体发育程度与岩石内部弹性应变能的释放率成正比（季宗镇等，2010a、b；季宗镇，2010），这表明对于同一地区不同厚度的岩层，其弹性应变能的释放率应是大致相当的。

对于砂泥岩互层而言，当裂缝化岩层的厚度较大时，贯穿砂泥岩界面的裂缝数量会有所减少。其原因在于，随着岩层厚度的增加，裂缝间距增大，从而使靠近砂泥岩界面的裂缝数量明显降低，而距离砂泥岩界面较远的裂缝延伸至砂泥岩界面时能量已发生大幅衰减，无法穿过界面继续延伸，并终止于砂泥岩界面。特别是当泥岩层厚度较大时，需要更多的应变能用于发生塑性形变，用于产生裂缝的能量减少，进一步降低了泥岩中的裂缝密度。由此可见，单个砂岩层或泥岩层的厚度越小，对储层裂缝的发育越有利（王长发等，2003）。

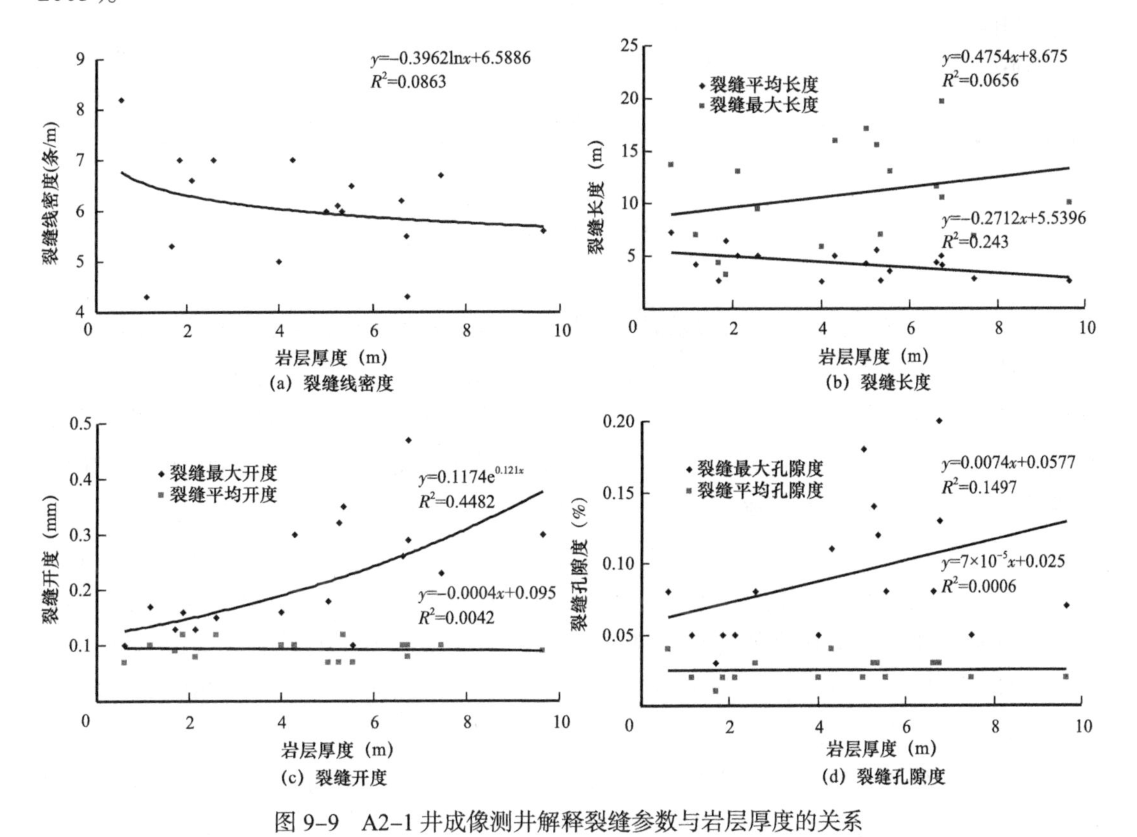

图 9–9　A2–1 井成像测井解释裂缝参数与岩层厚度的关系

第五节　沉积微相

不同沉积微相的岩石成分、粒度及岩层厚度不同，因而储层裂缝发育程度也具有明显差异。克深气田的裂缝主要发育在水下分流河道及河口坝微相（表 9–1），其岩性以粉砂岩、细砂岩为主。其中水下分流河道微相主要发育网状缝—高角度缝，裂缝密度较高，裂缝倾角也较大；河口坝微相主要发育低角度缝—斜交缝，裂缝密度和裂缝倾角与水下分流河道微相大致相当；水下分流河道间微相的砂岩往往夹在稳定的泥岩层之间，裂缝的发育程度较低，且主要为低角度缝，在砂泥岩薄互层段，可见裂缝穿过泥岩段。

表 9–1　不同沉积微相发育裂缝类型及相关参数（据塔里木油田，2012）

层位	亚相类型	微相类型	裂缝类型	裂缝发育密度（条 /m）	倾角范围
第 1 岩性段 + 第 2 岩性段（$K_1bs_1+K_1bs_2$）	辫状河三角洲前缘	水下分流河道	网状缝—高角度缝	4.8～12.8	20°～60°
		水下分流河道间	低角度缝	1.0～4.0	10°～30°
		河口坝	低角度缝—斜交缝	4.0～12.8	20°～70°
第 3 岩性段（K_1bs_3）	扇三角洲前缘	水下分流河道	网状缝—高角度缝	3.4～18.2	20°～80°
		水下分流河道间	低角度缝	1.0～3.0	20°～30°
		河口坝	低角度缝—斜交缝	3.0～16.0	20°～70°

第六节　储层岩性

在三向挤压应力状态下，岩层随时间的推移而逐渐发生形变，并在其内部逐渐积聚岩石应变能。对于砂岩而言，由于其脆性特征较强，因此在变形达到一定程度时，其内部积聚的应变能不像泥岩层那样以塑性形变的形式发生能量衰减，而是以岩体破裂的形式释放出去。同时，应力场数值模拟的结果表明，在砂泥岩互层发育的地层中，砂岩层的主应力普遍大于泥岩层的主应力（戴俊生等，2011）。因此，裂缝首先在砂岩层中应力超过岩石破裂极限处（可称为破裂点）形成，并向两侧逐渐延伸。岩石的破裂改变了应力的分布状态，使新的破裂点不断出现，进而产生新的裂缝。在应力条件达到泥岩的破裂极限时，裂缝开始在泥岩中产生。在此种机制作用下，新的裂缝不断产生，已形成的裂缝不断延伸，逐渐在储层中形成裂缝网络，直到岩石积聚的应变能不足以使岩石产生新的破裂或使裂缝继续延伸（王珂等，2013）。

砂岩的弹脆性特征决定了应变能的释放几乎完全用于裂缝的产生，而泥岩的脆塑性特征则导致一部分应变能用于泥岩的塑性变形；另一方面，如前所述，裂缝一般首先在砂岩中产生，在裂缝开始在泥岩中形成时，整个地质体所积聚的应变能已经消耗了相当一部分，用于产生泥岩构造裂缝的应变能已经很少。尽管砂岩层中的裂缝有一部分能够穿透至泥岩层，但由于上述两点原因，泥岩层中的储层裂缝密度一般仍会小于砂岩层，砂岩的脆性成分含量越高，这种特征表现得越明显。但在钙质或白云质等脆性组分含量较高的泥岩中，裂缝发育程度甚至有可能高于砂岩。据曾联波和周天伟（2014）在库车坳陷的研究发现，脆性较强的白云岩和石灰岩中裂缝最发育，线密度可达 31.5 条 /m；其次为粉砂质泥岩，裂缝线密度约为 6.6 条 /m；再次为细砂岩、粉砂岩和泥质粉砂岩，裂缝线密度在 2.8～3.5 条 /m 之间；泥岩中的裂缝发育程度更低，裂缝线密度仅 2.1 条 /m；中砂岩、粗砂岩和砾岩等粗粒岩的裂缝发育程度最低，裂缝线密度在 0.25～1.1 条 /m 之间。

从克深气田岩心裂缝的实际观察情况来看（图 9–10），混合岩性岩石中的裂缝线密度较高，如泥质粉砂岩和粉砂质泥岩，裂缝线密度在 22.0 条 /m 以上，最高可达 33.3 条 /m，泥质中砂岩和泥质细砂岩中的裂缝线密度略低，分别为 7.5 条 /m 和 5.9 条 /m ；细砂岩中的裂缝线密度约为 4.5 条 /m，中砂岩中的裂缝线密度最低，约为 2.0 条 /m。另外在岩性变化较大的界面（泥质粉砂岩和中砂岩的岩性界面）处裂缝也比较发育。

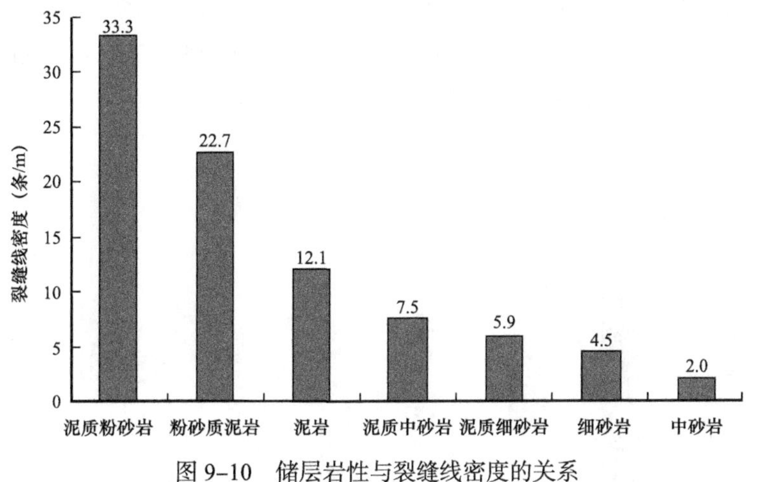

图 9-10　储层岩性与裂缝线密度的关系

泥岩中的裂缝线密度也相对较高，约为 12.1 条 /m，这表明泥岩中可能含有较多的脆性组分，但更可能是由于该区的泥岩层通常较薄且夹在上下两套砂岩层之间，使构造应力在泥岩层中产生集中或扰动而形成的。然而，尽管泥岩中的裂缝线密度较高，但裂缝的平均长度和平均开度都比较低。图 9-11 是储层岩性与裂缝平均长度之间的关系，可以看出，泥岩中裂缝的平均长度约为 6.7cm，而砂岩中的裂缝平均长度约为 8.2cm；储层岩性与裂缝平均开度之间的关系如图 9-12 所示，可见泥岩裂缝的平均开度仅约为 0.16mm，而砂岩中的裂缝平均开度约为 0.48mm，是前者的 3 倍左右。

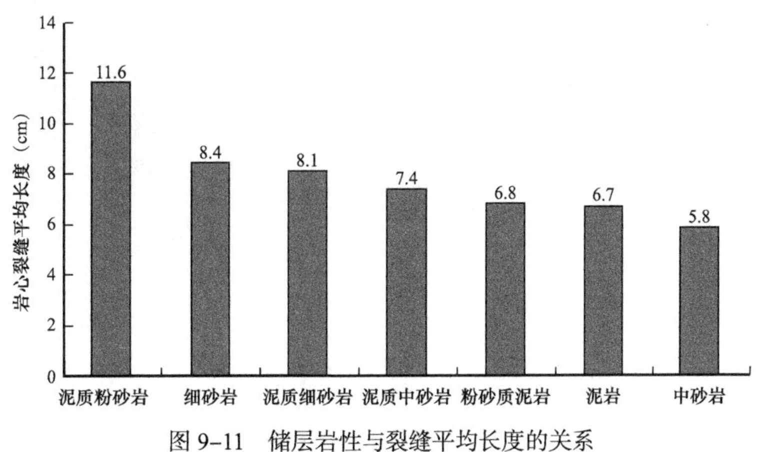

图 9-11　储层岩性与裂缝平均长度的关系

在这种情况下，泥岩中的裂缝要想达到与砂岩中裂缝同等的渗透率，其裂缝线密度就必须达到砂岩裂缝线密度的 3^3=27 倍（由裂缝渗透率与裂缝开度的 3 次方成正比可得），而从图 9-10 可见，泥岩中的裂缝线密度显然没有达到 27 倍于砂岩裂缝线密度的标准。若再同时考虑裂缝的长度，那么泥岩中的裂缝发育程度与砂岩相比会更低。因此尽管泥岩中的裂缝线密度较高，但就裂缝整体发育程度而言，仍然远远不及砂岩。

储层裂缝在不同岩性岩石中的产状也有所差异，主要表现在裂缝倾角上。裂缝倾角在一定程度上取决于岩石内摩擦角的大小。一般地讲，塑性岩石的内摩擦角小于脆性岩石的内摩擦角，因此脆性岩石中的平均裂缝倾角往往大于塑性岩石中的平均裂缝倾角。对克深气田目的层系不同岩性中的裂缝平均倾角进行了统计，如图 9–13 所示。从图中可以看出，整体上随着岩石由脆性向塑性过渡，裂缝平均倾角逐渐降低。

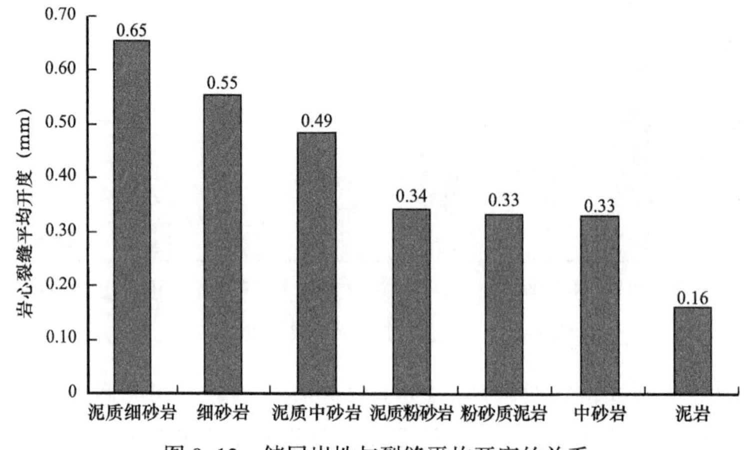

图 9–12　储层岩性与裂缝平均开度的关系

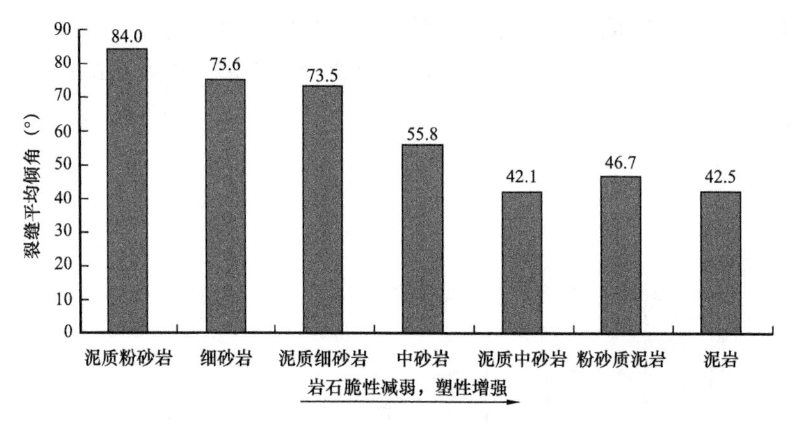

图 9–13　储层岩性与裂缝平均倾角的关系

第七节　储层岩石组分

脆性储层岩石（砂岩）中的泥质组分会在岩石颗粒之间形成微小的结构软弱面，使岩石在受到构造应力作用时，岩石颗粒之间更容易产生位移错动，有利于裂缝的形成；另一方面，泥质组分的增加会使岩石的塑性增强，受到构造应力作用时更容易产生较大的应变，使岩石的应力—应变达到最优配置，对裂缝的产生有一定的促进作用，因此在泥质组分增加时，裂缝的发育程度会有所提高（图 9–10）。但如果其中的泥质组分过多，使岩石主要呈脆塑性特征，则会使裂缝发育程度有所下降。

岩石中的钙质组分会增强岩石的脆性，使岩石的塑性变形阶段缩短，对裂缝的产生较为有利，裂缝的线密度、长度、开度、孔隙度等参数均会随着岩石中钙质组分的增加而增大（图 9-14）。

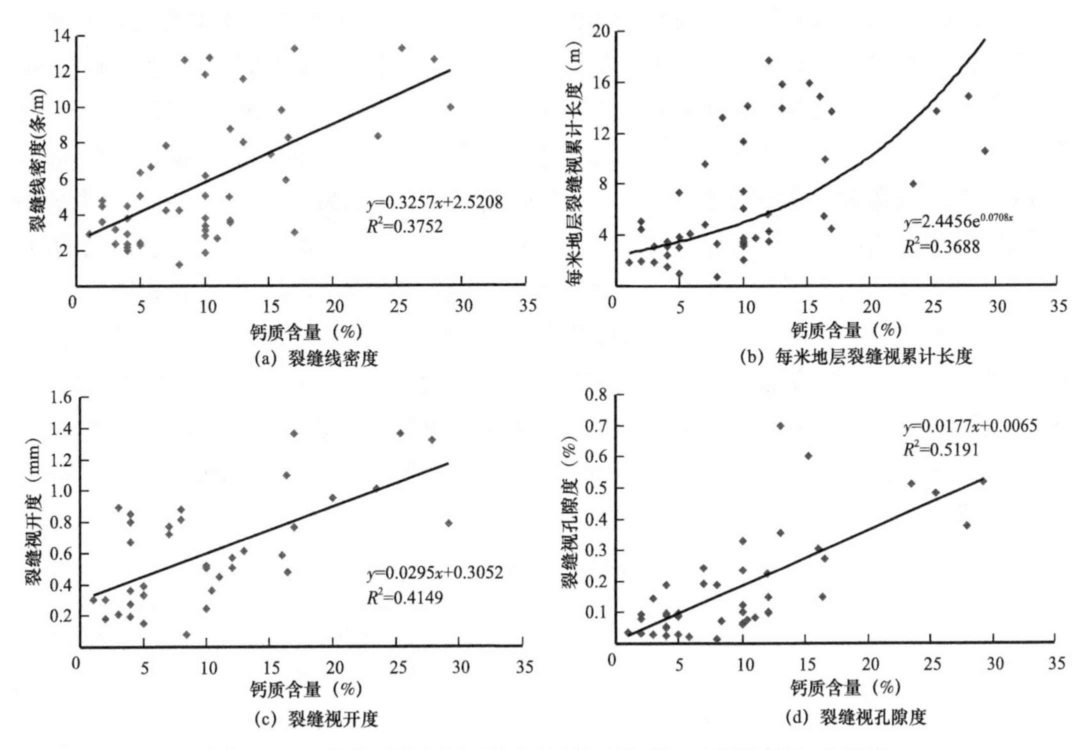

图 9-14　储层岩石钙质含量与裂缝参数的关系（据王贵文，2012）

第八节　砂泥岩互层结构

一、砂泥岩互层结构下的地层非均质性

通过大量实验发现，地层在纵向上和平面上均存在明显的岩石力学非均质性，这种非均质性特征控制了不同方向裂缝的发育程度，较强的岩石非均质性会抑制共轭剪切裂缝中的一组，只留下另一组主要的裂缝。特别是对于砂泥岩互层、非均质性较一般砂岩储层，裂缝的这种发育特征更加明显。由第五章的论述可知，克深气田在最主要的裂缝形成时期受到近南北向的构造挤压应力作用，那么在理论上应主要形成北北东—南南西走向和北北西—南南东走向的 2 组共轭剪破裂，且 2 个走向的裂缝数量应是大致相当的，但由于砂泥岩互层强非均质性的影响，使得裂缝以北北西—南南东走向居多，北北东—南南西走向的裂缝数量相对较少。

同时，地层的非均质性对裂缝密度起控制作用。地层的非均质性越强，构造应力分布便越不均匀，容易在岩层中的构造应力集中处出现破裂；而对于均质的地层，其中的构造应力分布较为均匀，达到岩石的破裂极限需要更为苛刻的构造应力条件。因此，在相同的构造应力作用条件下，非均质性较强的地层中裂缝更为发育。在对克深气田多个砂泥岩互层井段的砂泥岩厚度比值和裂缝平均密度、平均长度、平均开度和平均孔隙度进行统计后发现有如下规律（表 9-2，图 9-15）：随着砂泥岩厚度比值的增加，除 A2-4 井的裂缝参数呈近似线性增加外（可能与该井中发育的近南北向直劈裂缝有关），其余井段的裂缝参数均近似呈半圆弧状分布，并且在砂泥岩厚度比值约 6.5 处达到最大值。这表明随着地层非均质性的增强，裂缝参数会在砂泥岩厚度比值达到某一特定点时出现最大值，对于不同的层位或者不同的地区，由于岩性等诸多因素的差异，该特定点的数值可能会有所不同。目前对于这种现象的力学机理还有待于进一步研究，但本书认为，某段砂泥岩互层中的泥岩层相当于脆性岩石中的泥质组分，即具有自相似性。如第九章第六节和第九章第七节所述，当脆性岩石中的泥质组分增加时，裂缝的发育程度会有所提高，但若泥质组分过多，使岩石呈脆塑性特征，那么裂缝发育程度便会有所下降，因此必然存在一个泥质组分的临界值，当脆性岩石中的泥质组分达到此临界值时，裂缝的发育程度最高。根据这一原理，便可以解释当砂泥岩厚度比值达到一定值时，砂泥岩互层中的裂缝发育程度最高的现象。甚至可以由此大胆推测，在脆性砂岩中的泥质含量达到 1/（1+6.5）×100% =13.3%时，裂缝最为发育。

表 9-2　不同井段砂泥岩厚度比值与裂缝参数统计

井段	砂泥岩厚度比值	裂缝平均线密度（条 /m）	裂缝平均长度（m）	裂缝平均开度（mm）	裂缝平均孔隙度（%）
A2-1-1	7.34	5.6	5.2	0.090	0.030
A2-1-2	5.39	6.2	4.3	0.092	0.026
A2-1-3	8.33	6.3	3.7	0.108	0.023
A2-1	6.35	6.1	4.3	0.095	0.026
A2-2-1	8.75	5.4	4.7	0.072	0.015
A2-2-2	3.20	4.1	3.6	0.050	0.015
A2-2	3.54	4.9	4.3	0.063	0.015
A2-4-1	7.30	4.0	3.1	0.250	0.045
A2-4-2	5.05	3.7	2.9	0.190	0.031
A2-4	5.70	3.8	3.1	0.214	0.037

二、砂泥岩互层裂缝穿透性

裂缝能否穿透泥岩层，是决定砂泥岩互层储层质量好坏的关键。裂缝将泥岩层穿透，就会连通上下两套砂岩层，形成大段的油气储集体，便于油气的开采。否则泥岩层就会起

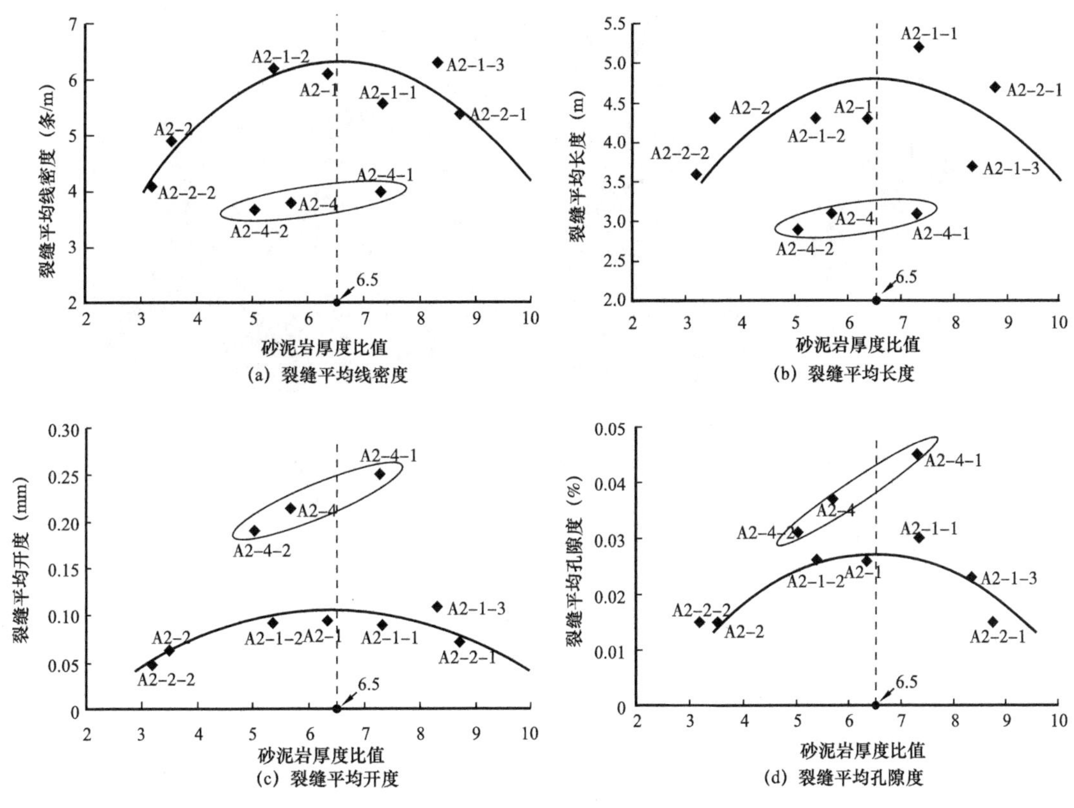

图 9–15　砂泥岩厚度比与裂缝参数的关系

到封堵作用，油气分散于各个砂岩层内，增加开采难度。但是能够穿透砂泥岩界面的裂缝本身来讲数量是有限的，在单井规模上无论是岩心观测或是成像测井，都难以观察到大量的穿透性裂缝，更无法对其发育规律进行研究，因此不能利用直接方法来评价砂泥岩互层中裂缝的穿透性。

戴俊生等（2011）、张宏国等（2011）和卢虎胜等（2012）利用有限元数值模拟方法，对砂泥岩互层中的裂缝穿透性进行了分析评价，认为裂缝穿透至泥岩后的最大延伸距离为 1.5～2.0m，当泥岩层厚度为 4.0m 时，裂缝恰好无法穿透泥岩层，泥岩层成为油气的有效封堵层，同时证明了岩层厚度对裂缝在泥岩层中的穿透性没有影响，即裂缝能够穿透的泥岩层极限厚度始终为 4.0m。克深气田砂泥岩互层中泥岩最大厚度为 3.6m，平均厚度仅 1.0m 左右，小于 4.0m 的理论极限值，因此有理由认为，克深气田砂泥岩互层中的裂缝能够穿透泥岩，使泥岩层失去封堵能力，将上下砂岩层相互连通，形成大段连续的油气储集空间。

依据上述分析，建立了砂泥岩互层构造裂缝发育模型，将砂泥岩互层中发育的构造裂缝划分为 10 种可能出现的类型（图 9–16）。需要说明的是，该模型没有考虑层内非均质性的影响，因此在砂岩层或泥岩层内部，剪裂缝的倾角没有变化。但对于真实地层来讲，绝对均质的情况是不存在的，因此实际的剪裂缝在同一岩层内也会有倾角的微小变化。

图 9-16　砂泥岩互层构造裂缝发育模型

①—砂岩层单条剪裂缝；②—砂岩层共轭剪裂缝；③—砂岩层裂缝中止于砂泥岩界面；④—裂缝贯穿砂泥岩界面；⑤—砂岩层张裂缝；⑥—泥岩层单条剪裂缝；⑦—泥岩层共轭剪裂缝；⑧—泥岩层裂缝中止于砂泥岩界面；⑨—穿层大裂缝；⑩—泥岩层张裂缝

参考文献

艾合买提江 · 阿不都热合曼，钟建华，Bucher K，等，2009. 塔河油田奥陶系碳酸盐岩裂缝成因研究［J］. 特种油气藏，16（4）: 21–24，27.

卞德智，赵伦，陈烨菲，等，2011. 异常高压碳酸盐岩储集层裂缝特征及形成机制［J］. 石油勘探与开发，38（4）: 394–399.

陈波，田崇鲁，1998. 储层构造裂缝数值模拟技术的应用实例［J］. 石油学报，19（4）: 50–54.

陈广坡，王天琦，刘应如，等，2008. 中国南海某盆地 A 凹陷灰岩潜山有效裂缝预测［J］. 石油勘探与开发，35（3）: 313–317.

陈金辉，康毅力，游利军，等，2011. 低渗透储层应力敏感性研究进展及展望［J］. 天然气地球科学，22（1）: 182–189.

陈勉，2004. 我国深层岩石力学研究及在石油工程中的应用［J］. 岩石力学与工程学报，23（14）: 2455–2462.

陈勉，2008. 石油工程岩石力学［M］. 北京：科学出版社.

陈颙，黄庭芳，刘恩儒，2009. 岩石物理学［M］. 合肥：中国科学技术大学出版社.

崔健，张军，王延民，等，2008. 储层裂缝预测方法研究［J］. 重庆科技学院学报：自然科学版，10（2）: 5–8.

戴俊生，冯建伟，李明，等，2011. 砂泥岩间互地层裂缝延伸规律探讨［J］. 地学前缘，18（2）: 277–283.

戴俊生，冯阵东，刘海磊，等，2011. 几种储层裂缝评价方法的适用条件分析［J］. 地球物理学进展，26（4）: 1234–1242.

戴俊生，汪必峰，马占荣，2007. 脆性低渗透砂岩破裂准则研究［J］. 新疆石油地质，28（4）: 393–395.

戴俊生，汪必峰，2003. 综合方法识别和预测储层裂缝［J］. 油气地质与采收率，10（1）: 1–2.

戴俊生，2006. 构造地质学及大地构造［M］. 北京：石油工业出版社.

邓虎成，周文，姜文利，等，2009. 鄂尔多斯盆地麻黄山西区块延长、延安组裂缝成因及期次［J］. 吉林大学学报：地球科学版，39（5）: 811–817.

邓攀，陈孟晋，杨泳，2006. 分形方法对裂缝性储集层的定量预测研究和评价［J］. 大庆石油地质与开发，25（2）: 18–20.

邓攀，魏国齐，杨泳，2006. 储层构造裂缝定量预测中地质数学模型的建立与应用研究［J］. 天然气地球科学，17（4）: 480–484.

邓玉珍，2010. 低渗透储层应力敏感性评价影响因素分析［J］. 油气地质与采收率，17（4）: 80–83.

丁文龙，樊太亮，黄晓波，等，2010. 塔中地区中—下奥陶统古构造应力场模拟与裂缝储层有利区预测［J］. 中国石油大学学报：自然科学版，34（5）: 1–6.

丁文龙，樊太亮，黄晓波，等，2011. 塔里木盆地塔中地区上奥陶统古构造应力场模拟与裂缝分布预测［J］. 地质通报，30（4）: 588–594.

丁文龙，许长春，久凯，等，2011. 泥页岩裂缝研究进展［J］. 地球科学进展，26（2）: 135–144.

丁中一，钱祥麟，霍红，等，1998. 构造裂缝定量预测的一种新方法——二元法［J］. 石油与天然气地质，

19（1）: 1–7.
董平川，江同文，唐明龙，2008. 异常高压气藏应力敏感性研究［J］. 岩石力学与工程学报，27（10）: 2087–2094.
窦宏恩，白喜俊，2009. 低渗透和高渗透储层都存在应力敏感性［J］. 石油钻采工艺，31（2）: 121–124.
杜新龙，康毅力，游利军，等,2010. 低渗透储层应力敏感性控制因素研究［J］. 天然气地球科学,21（2）: 295–299.
杜佐龙，杜子勤，2004. 运用X型构造节理数据求三维向古构造应力值［J］. 地学前缘，11（2）: 411–412.
冯建伟，戴俊生，刘美利，等，2011. 低渗透砂岩裂缝孔隙度、渗透率与应力场理论模型研究［J］. 地质力学学报，17（4）: 303–311.
冯建伟，戴俊生，马占荣，等,2011. 低渗透砂岩裂缝参数与应力场关系理论模型［J］. 石油学报,32（4）: 664–671.
冯阵东，戴俊生，邓航，等，2011. 利用分形几何定量评价克拉2气田裂缝［J］. 石油与天然气地质，32（54）: 928–933.
冯阵东，戴俊生，王霞田，等，2011. 不同坐标系中裂缝渗透率的定量计算［J］. 石油学报，32（1）: 135–139.
高艳霞，2008. 川西致密储层岩石力学特性及裂缝应力敏感性研究［D］. 成都：成都理工大学.
归榕，万永平，2012. 基于常规测井数据计算储层岩石力学参数——以鄂尔多斯盆地上古生界为例［J］. 地质力学学报，18（4）: 418–424.
郭晶晶，张烈辉，涂中，2010. 异常高压气藏应力敏感性及其对产能的影响［J］. 特种油气藏，17（2）: 79–81.
郭科，胥泽银，倪根生，1998. 用曲率法研究裂缝性油气藏［J］. 物探化探计算技术，20（4）: 335–337.
郭肖，伍勇，2007. 启动压力梯度和应力敏感效应对低渗透气藏水平井产能的影响［J］. 石油与天然气地质，28（4）: 539–543.
何光玉，卢华复，王良书，等，2003. 塔里木盆地库车地区早第三纪伸展盆地的证据［J］. 南京大学学报：自然科学，39（1）: 40–45.
侯贵廷，潘文庆，2013. 裂缝地质建模及力学机制［M］. 北京：科学出版社.
黄超，陈清华，刘磊,2008. 济阳坳陷西部馆陶组浅水辫状河三角洲沉积［J］. 油气地质与采收率,15（3）: 26–28.
黄辅琼，欧阳健，肖承文，1997. 储层岩心裂缝与试件裂缝定量描述方法研究［J］. 测井技术，21（5）: 356–360.
黄光玉，卢双舫，杨峰平，2003. 曲率法在松辽盆地徐家围子断陷营城组地层裂缝预测中的应用［J］. 大庆石油学院学报，27（4）: 9–11.
黄继新，彭仕宓，王小军，等,2006. 成像测井资料在裂缝和地应力研究中的应用［J］. 石油学报,27（6）: 65–69.
黄荣樽，庄锦江，1986. 一种新的地层破裂压力预测方法［J］. 石油钻采工艺，3（1）: 1–14.
黄荣樽，1984. 地层破裂压力预测模式的探讨［J］. 华东石油学院学报，4: 335–346.

黄思静，单钰铭，刘维国，等，1999. 储层砂岩岩石力学性质与地层条件的关系研究［J］. 岩石力学与工程学报，18（4）：454–459.
季宗镇，戴俊生，汪必峰，等，2010b. 构造裂缝多参数定量计算模型［J］. 中国石油大学学报：自然科学版，34（1）：24–28.
季宗镇，戴俊生，汪必峰，2010a. 地应力与构造裂缝参数间的定量关系［J］. 石油学报，33（1）：68–72.
季宗镇，2010. 卞闵杨地区阜宁组储层裂缝定量研究［D］. 青岛：中国石油大学（华东）.
蒋海军，鄢捷年，2000. 裂缝性储集层应力敏感性实验研究［J］. 特种油气藏，7（3）：39–41.
蒋艳芳，张烈辉，刘启国，等，2011. 应力敏感影响下低渗透气藏水平井产能分析［J］. 天然气工业，31（10）：54–56.
焦春艳，何顺利，谢全，等，2011. 超低渗透砂岩储层应力敏感性实验［J］. 石油学报，32（3）：489–494.
鞠玮，侯贵廷，黄少英，等，2013. 库车坳陷依南—吐孜地区下侏罗统阿合组砂岩构造裂缝分布预测［J］. 大地构造与成矿学，37（4）：592–602.
鞠玮，侯贵廷，潘文庆，等，2011. 塔中Ⅰ号断裂带北段构造裂缝面密度与分形统计［J］. 地学前缘，18（3）：317–323.
兰林，2005. 裂缝性砂岩油层应力敏感性及裂缝宽度研究［D］. 成都：西南石油学院.
李传亮，2005. 低渗透储层不存在强应力敏感［J］. 石油钻采工艺，27（4）：61–63.
李传亮，2008. 储层岩石应力敏感性认识上的误区［J］. 特种油气藏，15（3）：26–28.
李德同，文世鹏，1996. 储层构造裂缝的定量描述和预测方法［J］. 石油大学学报：自然科学版，20（4）：6–10.
李明，2008. 准噶尔盆地乌夏地区二叠系储层裂缝研究［D］. 青岛：中国石油大学（华东）.
李宁，张清秀，2000. 裂缝型碳酸盐岩应力敏感性评价室内实验方法研究［J］. 天然气工业，20（3）：30–33.
李世川，成荣红，王勇，等，2012. 库车坳陷大北 1 气藏白垩系储层裂缝发育规律［J］. 天然气工业，32（10）：24–27.
李世愚，和泰名，尹祥础，等，2010. 岩石断裂力学导论［M］. 合肥：中国科学技术大学出版社.
李志明，张金珠，1997. 地应力与油气勘探开发［M］. 北京：石油工业出版社.
李志勇，曾佐勋，罗文强，2004. 褶皱构造的曲率分析及其裂缝估算——以江汉盆地王场褶皱为例［J］. 吉林大学学报：地球科学版，34（4）：517–521.
李志勇，曾佐勋，罗文强，2003. 裂缝预测主曲率法的新探索［J］. 石油勘探与开发，30（6）：83–85.
梁积伟，李宗杰，刘昊伟，等，2010. 塔里木盆地塔河油田 S108 井区奥陶系一间房组裂缝性储层研究［J］. 石油实验地质，32（5）：447–452.
梁利喜，刘向君，许强，等，2006. 基于接触理论研究裂缝性储层应力敏感性［J］. 特种油气藏，13（4）：14–16.
廖新维，王小强，高旺来，2004. 塔里木深层气藏渗透率应力敏感性研究［J］. 天然气工业，24（6）：93–94.
刘才华，陈从新，付少兰，2003. 剪应力作用下岩体裂隙渗流特性研究［J］. 岩石力学与工程学报，22（10）：

1651–1655.
刘宏，蔡正旗，谭秀成，等，2008. 川东高陡构造薄层碳酸盐岩裂缝性储集层预测［J］. 石油勘探与开发，35（4）：431–436.
刘洪涛，曾联波,2004. 喜马拉雅运动在塔里木盆地库车坳陷的表现——来自岩石声发射实验的证据［J］. 地质通报，23（7）：676–679.
刘建中，孙庆友，徐国明，等，2008. 油气田储层裂缝研究［M］. 北京：石油工业出版社.
刘金华，杨少春，陈宁宁，等，2009. 火成岩油气储层中构造裂缝的微构造曲率预测法［J］. 中国矿业大学学报，38（6）：815–819.
卢虎胜，张俊峰，李世银，等，2012. 砂泥岩间互地层破裂准则选取及在裂缝穿透性评价中的应用［J］. 中国石油大学学报：自然科学版，36（3）：14–19.
路保平，鲍洪志，2005. 岩石力学参数求取方法进展［J］. 石油钻探技术，33（5）：44–47.
罗群,2010. 致密砂岩裂缝型油藏的岩心观察描述——以文明寨致密砂岩为例［J］. 新疆石油地质,31（3）：229–231.
罗瑞兰，冯金德，唐明龙，等，2008. 低渗储层应力敏感评价方法探讨［J］. 西南石油大学学报：自然科学版，30（5）：260–262.
罗瑞兰，2006. 对“低渗透储层不存在强应力敏感”观点的质疑［J］. 石油钻采工艺，28（2）：78–80.
罗瑞兰,2010. 关于低渗致密储层岩石的应力敏感问题——与李传亮教授探讨［J］. 石油钻采工艺,32（2）：126–130.
马寅生，1997. 地应力在油气地质研究中的作用、意义和研究现状［J］. 地质力学学报，3（2）：41–46.
穆龙新，赵国良，田中元，等，2009. 储层裂缝预测研究［M］. 北京：石油工业出版社.
能源，谢会文，孙太荣，等，2013. 克拉苏构造带克深段构造特征及其石油地质意义［J］. 中国石油勘探，18（2）：1–6.
彭红利，熊钰，孙良田，等，2005. 主曲率法在碳酸盐岩气藏储层构造裂缝预测中的应用研究［J］. 天然气地球科学，16（3）：343–346.
彭红利，熊钰，孙良田，2005. 主曲率法在麻柳场嘉陵江组裂缝预测中的应用研究［J］. 特种油气藏，12（4）：21–23，43.
蒲静，秦启荣，2008. 油气储层裂缝预测方法综述［J］. 特种油气藏，15（3）：9–13.
秦积舜，2002. 变围压条件下低渗砂岩储层渗透率变化规律研究［J］. 西安石油学院学报：自然科学版，17（4）：28–31.
申本科，胡永乐，田昌炳，等，2005. 陆相砂砾岩油藏裂缝发育特征分析——以克拉玛依油田八区乌尔禾组油藏为例［J］. 石油勘探与开发，32（3）：41–44.
宋惠珍，贾承造，欧阳健，等，2001. 裂缝性储集层研究理论与方法——塔里木盆地碳酸盐岩储集层裂缝预测［M］. 北京：石油工业出版社.
宋惠珍，曾海容，孙君秀，等，1999. 储层构造裂缝预测方法及其应用［J］. 地震地质，21（3）：205–213.
宋惠珍，1999. 脆性岩储层裂缝定量预测的尝试［J］. 地质力学学报，15（1）：76–84.
宋永东，戴俊生，2007. 储层构造裂缝预测研究［J］. 油气地质与采收率，14（6）：9–13.

孙贺东，韩永新，肖香姣，等，2008. 裂缝性应力敏感气藏的数值试井分析［J］. 石油学报，29（2）：270–273.
孙来喜，李成勇，李成，等，2009. 低渗透气藏应力敏感与气井产量分析［J］. 天然气工业，29（4）：74–76.
孙尚如，2003. 预测储层裂缝的两种曲率方法应用比较［J］. 地质科技情报，22（4）：71–74.
孙业恒，2009. 史南油田史深100块裂缝性砂岩油藏建模及数值模拟研究［D］. 北京：中国矿业大学.
孙贻铃，王秀娟，周永炳，2001. 三肇凹陷扶杨油层岩石力学参数特征［J］. 大庆石油地质与开发，20（4）：19–21.
孙永河，万军，付晓飞，等，2007. 贝尔凹陷断裂演化特征及其对潜山裂缝的控制［J］. 石油勘探与开发，34（3）：316–322.
孙宗颀，张国报，张景和，2000. 在地质断层构造中地应力状态演变研究［J］. 石油勘探与开发，27（1）：102–105.
孙宗颀，张景和，2004. 地应力在地质断层构造发生前后的变化［J］. 岩石力学与工程学报，23（23）：3964–3969.
塔里木油田公司，2006. 迪那气田储层裂缝研究［R］. 塔里木油田公司研究报告.
汤良杰，贾承造，2007. 塔里木叠合盆地构造解析和应力场分析［M］. 北京：科学出版社.
汤良杰，1997. 略论塔里木盆地主要构造运动［J］. 石油实验地质，19（2）：108–114.
唐湘蓉，李晶，2005. 构造应力场有限元数值模拟在裂缝预测中的应用［J］. 特种油气藏，12（2）：25–28.
唐永，梅廉夫，唐文军，等，2010. 裂缝性储层属性分析与随机模拟［J］. 西南石油大学学报：自然科学版，32（4）：56–66.
童亨茂，2006. 成像测井资料在构造裂缝预测和评价中的应用［J］. 天然气工业，26（9）：58–61.
童亨茂，2004. 储层裂缝描述与预测研究进展［J］. 新疆石油学院学报，16（2）：9–13.
万天丰，1988. 古构造应力场［M］. 北京：地质出版社.
汪必峰，戴俊生，2007. 牛35块沙河街组三段 $Es_3^{中}$ 现今地应力研究［J］. 西安石油大学学报：自然科学版，22（3）：24–27.
汪必峰，2007. 储集层构造裂缝描述与定量预测［D］. 青岛：中国石油大学（华东）.
汪彦，彭军，赵冉，2012. 准噶尔盆地西北缘辫状河沉积模式探讨——以七区下侏罗统八道湾组辫状河沉积为例［J］. 沉积学报，30（2）：264–273.
王发长，穆龙新，赵厚银，2003. 吐哈盆地巴喀油田特低渗砂岩油层裂缝分布特征［J］. 石油勘探与开发，30（2）：54–57.
王贵文，2012. 克深—大北地区白垩系高分辨率测井沉积储层描述［R］. 塔里木油田公司研究报告.
王军，崔红庄，戴俊生，等，2012. 接触变质带中冷凝收缩缝裂缝参数定量研究［J］. 吉林大学学报：地球科学版，42（1）：58–65.
王珂，戴俊生，贾开富，等，2013. 库车坳陷A气田砂泥岩互层构造裂缝发育规律［J］. 西南石油大学学报：自然科学版，35（2）：63–70.
王珂，戴俊生，商琳，等，2014. 曲率法在库车坳陷克深气田储层裂缝预测中的应用［J］. 西安石油大学学报：自然科学版，29（1）：34-39，45.
王珂，戴俊生，张宏国，等，2014. 裂缝性储层应力敏感性数值模拟——以库车坳陷克深气田为例［J］. 石油学报，35（1）：123-133.
王雷，陈海清，陈国文，等，2010. 应用曲率属性预测裂缝发育带及其产状［J］. 石油地球物理勘探，45（6）：885-889.
王厉强，刘慧卿，甄思广，等，2009. 低渗透储层应力敏感性定量解释研究［J］. 石油学报，30（1）：96-99.
王仁，丁中一，殷有泉，1979. 固体力学基础［M］. 北京：地质出版社.
王秀娟，赵永胜，文武，等，2003. 低渗透储层应力敏感性与产能物性下限［J］. 石油与天然气地质，24（2）：162-166.
王招明，2014. 塔里木盆地库车坳陷克拉苏盐下深层大气田形成机制与富集规律［J］. 天然气地球科学，25（2）：153-166.
王志刚，2003. 沾化凹陷裂缝性泥质岩油藏研究［J］. 石油勘探与开发，30（1）：41-43.
文世鹏，李德同，1996. 储层构造裂缝数值模拟技术［J］. 石油大学学报：自然科学版，20（5）：17-24.
邬光辉，李建军，杨栓荣，等，2002. 塔里木盆地中部地区奥陶纪碳酸盐岩裂缝与断裂的分形特征［J］. 地质科学，37（增刊）：51-56.
巫芙蓉，李亚林，王玉雪，等，2006. 储层裂缝发育带的地震综合预测［J］. 天然气工业，26（11）：49-51.
吴礼明，丁文龙，张金川，等，2011. 渝东南地区下志留统龙马溪组富有机质页岩储层裂缝分布预测［J］. 石油天然气学报，33（9）：43-46.
吴胜和，2010. 储层表征与建模［M］. 北京：石油工业出版社.
吴永平，朱忠谦，肖香姣，等，2011. 迪那 2 气田古近系储层裂缝特征及分布评价［J］. 天然气地球科学，22（6）：989-995.
向阳，向丹，黄大志，2003. 裂缝—孔隙型双重介质应力敏感模拟试验研究［J］. 石油实验地质，25（5）：498-500.
肖香姣，戴俊生，2010. 克拉 2 气田储层裂缝预测研究［R］. 塔里木油田公司研究报告.
谢刚，2005. 用测井资料计算最大和最小水平应力剖面的新方法［J］. 测井技术，29（1）：82-83.
谢润成，周文，陶莹，等，2008. 有限元分析方法在现今地应力场模拟中的应用［J］. 石油钻探技术，36（2）：60-63.
徐会永，冯建伟，葛玉荣，等，2013. 致密砂岩储层构造裂缝形成机制及定量预测研究进展［J］. 地质力学学报，19（4）：377-384.
闫萍，孙建孟，苏远大，等，2006. 利用测井资料计算新疆迪那气田地应力［J］. 新疆石油地质，27（5）：611-614.
闫相祯，王志刚，刘钦节，等，2009. 储集层裂缝预测分析的多参数判据法［J］. 石油勘探与开发，36（6）：749-755.
杨建政，2002. 裂缝性储层的应力敏感性研究［D］. 成都：西南石油学院.
杨胜来，王小强，汪德刚，等，2005. 异常高压气藏岩石应力敏感性实验与模型研究［J］. 天然气工业，

25（2）：107–109.

杨胜来，肖香娇，王小强，等，2005. 异常高压气藏岩石应力敏感性及其对产能的影响［J］. 天然气工业，25（5）：94–95.

杨学君，2011. 大北气田低孔低渗砂岩储层裂缝特征及形成机理研究［D］. 青岛：中国石油大学（华东）.

于红枫，王英民，周文，2006. 川西坳陷松华镇—白马庙地区须二段储层裂缝特征及控制因素［J］. 中国石油大学学报：自然科学版，30（3）：17–21.

于忠良，熊伟，高树生，等，2007. 致密储层应力敏感性及其对油田开发的影响［J］. 石油学报，28（4）：95–98.

袁士俊，夏宏泉，2011. 大北克深地区井筒稳定性与地层出砂分析测井研究［R］. 塔里木油田公司研究报告.

袁士义，宋新民，冉启全，2004. 裂缝性油藏开发技术［M］. 北京：石油工业出版社.

曾大乾，张世民，卢立泽，2003. 低渗透致密砂岩气藏裂缝类型及特征［J］. 石油学报，24（4）：36–39.

曾锦光，罗元华，陈太源，1982. 应用构造面主曲率研究油气藏裂缝问题［J］. 力学学报，18（2）：202–206.

曾联波，巩磊，祖克威，等，2012. 柴达木盆地西部古近系储层裂缝有效性的影响因素［J］. 地质学报，86（11）：1809–1814.

曾联波，柯式镇，刘洋，2010. 低渗透油气储层裂缝研究方法［M］. 北京：石油工业出版社.

曾联波，李跃纲，王正国，等，2007. 川西南部须二段低渗透砂岩储层裂缝类型及其形成序列［J］. 地球科学：中国地质大学学报，32（2）：194–200.

曾联波，李跃纲，王正国，等，2007. 邛西构造须二段特低渗透砂岩储层微观裂缝的分布特征［J］. 天然气工业，27（6）：1–3.

曾联波，李跃纲，张贵斌，等，2007. 川西南部上三叠统须二段低渗透砂岩储层裂缝分布的控制因素［J］. 中国地质，34（4）：622–627.

曾联波，漆家福，王成刚，等，2008. 构造应力对裂缝形成与流体流动的影响［J］. 地学前缘，15（3）：292–298.

曾联波，漆家福，王永秀，2007. 低渗透储层构造裂缝的成因类型及其形成地质条件［J］. 石油学报，28（4）：52–56.

曾联波，史成恩，王永康，等，2007. 鄂尔多斯盆地特低渗透砂岩储层裂缝压力敏感性及其开发意义［J］. 中国工程科学，9（11）：35–38.

曾联波，谭成轩，张明利，2004. 塔里木盆地库车坳陷中新生代构造应力场及其油气运聚效应［J］. 中国科学 D 辑：地球科学，34（增刊 I）：98–106.

曾联波，王正国，肖淑容，等，2009. 中国西部盆地挤压逆冲构造带低角度裂缝的成因及意义［J］. 石油学报，30（1）：56–60.

曾联波，肖淑蓉，罗安湘，1998. 陕甘宁盆地中部靖安地区现今应力场三维有限元数值模拟及其在油田开发中的意义［J］. 地质力学学报，4（3）：58–63.

曾联波，赵继勇，朱圣举，等，2008. 岩层非均质性对裂缝发育的影响研究［J］. 自然科学进展，18（2）：216–220.

曾联波，周天伟，2004. 塔里木盆地库车坳陷储层裂缝分布规律［J］. 天然气工业，24（9）：23–25.
曾联波，2004. 低渗透砂岩油气储层裂缝及其渗流特征［J］. 地质科学，39（1）：11–17.
曾联波，2008. 低渗透砂岩储层裂缝的形成与分布［M］. 北京：科学出版社.
张浩，康毅力，陈一健，等,2004. 岩石组分和裂缝对致密砂岩应力敏感性影响［J］. 天然气工业,24（7）：55–57.
张宏国，戴俊生，冯阵东，等，2011. 克拉 2 气田泥岩隔层封闭性研究［J］. 新疆石油地质，32（4）：363–365.
张惠良，张荣虎，杨海军，等，2013. 构造裂缝发育型砂岩储层定量评价方法及应用——以库车前陆盆地白垩系为例［J］. 岩石学报，28（3）：827–835.
张惠良，张荣虎，杨海军，等，2014. 超深层裂缝—孔隙型致密砂岩储集层表征与评价——以库车前陆盆地克拉苏构造带白垩系巴什基奇克组为例［J］. 石油勘探与开发，41（2）：158–167.
张明，姚逢昌，韩大匡，等，2007. 多分量地震裂缝预测技术进展［J］. 天然气地球科学，18（2）：293–297.
张明利，谭成轩，汤良杰，等，2004. 塔里木盆地库车坳陷中新生代构造应力场分析［J］. 地球学报，25（6）：615–619.
张荣虎，2013. 塔里木盆地库车坳陷深层白垩系致密砂岩储层形成机制与天然气勘探潜力［D］. 北京：中国石油勘探开发研究院.
张雨晴，王志章，2010. 致密碎屑岩裂缝性储层预测方法综述［J］. 科技导报，28（14）：109–112.
张震，鲍志东，2009. 松辽盆地朝阳沟油田储层裂缝发育特征及控制因素［J］. 地学前缘，16（4）：166–172.
张仲培，王清晨，2004. 库车坳陷节理和剪切破裂发育特征及其对区域应力场转换的指示［J］. 中国科学 D 辑：地球科学，34（增刊 I）：63–73.
赵靖舟，戴金星，2002. 库车油气系统油气成藏期与成藏史［J］. 沉积学报，20（2）：314–319.
赵军，付海成，张永忠，等，2005. 横波各向异性在碳酸盐岩裂缝性储集层评价中的应用［J］. 石油勘探与开发，32（5）：74–77.
赵力彬，黄建淞，郑广全，等，2012. 大北气田数字化岩心分析化验［R］. 塔里木油田公司研究报告.
赵力彬，袁静，程华，等，2012. 大北气田低孔低渗裂缝性砂岩储层描述及预测［R］. 塔里木油田公司研究报告.
赵伦，陈烨菲，宁正福，等，2013. 异常高压碳酸盐岩油藏应力敏感实验评价——以滨里海盆地肯基亚克裂缝—孔隙型低渗透碳酸盐岩油藏为例［J］. 石油勘探与开发，40（2）：194–200.
赵伦，李建新，李孔绸，等，2010. 复杂碳酸盐岩储集层裂缝发育特征及形成机制——以哈萨克斯坦让纳若尔油田为例［J］. 石油勘探与开发，37（3）：304–309.
赵文韬，侯贵廷，孙雄伟，等，2013. 库车东部碎屑岩层厚和岩性对裂缝发育的影响［J］. 大地构造与成矿学，37（4）：603–610.
赵勇昌，朱华银，李允，2008. 克拉 2 气田的储层应力敏感性［J］. 天然气工业，28（6）：102–104.
周文，高雅琴，单钰铭，等，2008. 川西新场气田沙二段致密砂岩储层岩石力学性质［J］. 天然气工业，28（2）：34–37.

周文，闫长辉，王世泽，等，2007. 油气藏现今地应力场评价方法及应用［M］. 北京：地质出版社 .

周文，张银德，闫长辉，等，2009. 泌阳凹陷安棚油田核三段储层裂缝成因、期次及分布研究［J］. 地学前缘，16（4）：157–165.

周新桂，操成杰，袁嘉音，2003. 储层构造裂缝定量预测与油气渗流规律研究现状和进展［J］. 地球科学进展，18（3）：398–404.

周新桂，邓宏文，操成杰，等，2003. 储层构造裂缝定量预测研究及评价方法［J］. 地球学报，24（2）：175–180.

周新桂，张林炎，范昆，2006. 油气盆地低渗透储层裂缝预测研究现状及进展［J］. 地质论评，52（6）：777–782.

周新桂，张林炎，范昆，2007. 含油气盆地低渗透储层构造裂缝定量预测方法和实例［J］. 天然气地球科学，18（3）：328–333.

周新桂，张林炎，屈雪峰，等，2009. 沿河湾探区低渗透储层构造裂缝特征及分布规律定量预测［J］. 石油学报，30（2）：195–200.

周新桂，张林炎，2005. 塔巴庙地区上古生界低渗透储层构造裂缝及其分布定量预测［J］. 天然气地球科学，16（5）：575–580.

朱贺，2012. 泥岩裂缝性储层闭合压力及应力敏感性研究［D］. 大庆：东北石油大学 .

朱平，2001. 刚性板体形变曲率法在研究岩石张性裂缝中的应用［J］. 油气地质与采收率，8（6）：59–61.

朱卫平，郭大立，曾晓慧，等，2010. 煤层应力敏感性对煤层气产量预测的影响［J］. 中国煤炭地质，22（4）：28–30.

Aguilera R，1980. Naturally fractured reservoirs［M］. Petroleum Publishing Company.

Aguilera R，1988. Determination of subsurface distance between vertical parallel natural fractures based on core data：Geologic Note［J］. AAPG Bulletin，72（7）：845–851.

Al–Dossary S，Marfurt K J，2006. 3D volumetric multi–spectral estimates of reflector curvature and rotation［J］. Geophysics，71（5）：41–51.

Casini G，Gillespie P A，Vergés J，et al，2011. Sub–seismic fractures in foreland fold and thrust belts：insight from the Lurestan Province，Zagros Mountains，Iran［J］. Petroleum Geoscience，17（3）：263–282.

Chen Z，Naryan S P，Yang Z，et al，2000. An experimental investigation of hydraulic behavior of fractures and joints in granitic rock［J］. International Journal of Rock Mechanics and Mining Science，37（7）：1061–1071.

Chopra S，Marfurt K，2007. Curvature attribute applications to 3D surface seismic data［J］. The Leading Edge，26（4）：404–414.

Смехов E M，1985. 裂缝性油气储集层勘探的基本理论与方法［M］. 陈定宝，曾志琼，吴丽芸，译 . 北京：石油工业出版社 .

Durham W B，Bonner B P，1994. Self–propping and fluid flow in slightly offset joints at high effective pressures［J］. Journal of Geophysical Research：Solid Earth（1978—2012），99（B5）：9391–9399.

Ellis M A，Laubach S E，Eichhubl P，et al，2012. Fracture development and diagenesis of Torridon Group Applecross Formation，near An Teallach，NW Scotland：millennia of brittle deformation resilience？［J］.

Journal of Geological Society, 169 (3) : 297–310.

Fatt I, Davis D H, 1952. Reduction in permeability with overburden pressure [J] . Journal of Petroleum Technology, 4 (12) : 16.

Gross M R, Eyal Y, 2007. Through going fractures in layered carbonate rocks [J] . GSA Bulletin, 119 (11–12): 1387–1404.

Helmore S, Plumley A, 2004. A 3D seismic volume curvature attribute aids structural and stratigraphic interpretation [C] // PETEX Conference, London.

Hunt L, Reynolds S, Hadley S, et al, 2011. Causal fracture prediction : Curvature, stress, and geomechanics [J] . The Leading Edge, 30 (11) : 1274–1286.

Jing Z, Willis–Richards J, Watanabe K, et al, 1998. A new 3D stochastic model for HDR geothermal reservoir in fractured crystalline rock [C] . Proceedings of the 4th International HDR Forum, Strasbourg.

Jing Z, Willis–Richards J, Watanabe K, et al, 2000. A three–dimensional stochastic rock mechanics model of engineered geothermal systems in fractured crystalline rock [J] . Journal of Geophysical Research : Solid Earth (1978—2012), 105 (B10) : 23663–23679.

Lacombe O, Bellahsen N, Mouthereau F, 2011. Fracture patterns in the Zagros Simply Folded Belt (Fars, Iran) : constraints on early collisional tectonic history and role of basement faults [J] . Geological Magzine, 148 (5–6) : 940–963.

Lisle R J, 1994. Detection of zones of abnormal strains in structures using Gaussian curvature analysis [J] . AAPG Bulletin, 78 (12) : 1811–1819.

Lorenz J C, Finley S J, 1991. Regional fractures II : fracturing of Mesaverde Reservoirs in the Piceance Basin, Colorado [J] . AAPG Bulletin, 75 (11) : 1738–1757.

Lorenz J C, Teufel L W, Warpinski N R, 1991. Regional fractures I : A mechanism for the formation of regional fractures at depth in Flat–Lying Reservoirs [J] . AAPG Bulletin, 75 (11) : 1714–1737.

Luthi S M, Souhaite P, 1990. Fracture apertures from electrical borehole scans [J] . Geophysics, 55 (7) : 821–833.

Murray Jr G H, 1968. Quantitative fracture study–Spanish Pool, Mckenzie County, North Dakota [J] . AAPG Bulletin, 52 (1) : 57–65.

Narr W, Lerche I, 1984. A method for estimating subsurface fracture density in core [J]. AAPG Bulletin, 68(5): 637–648.

Narr W, Suppe J, 1991. Joint spacing in sedimentary rocks [J] . Journal of Structural Geology, 13 (9) : 1037–1048.

Narr W, 1991. Fracture density in the deep subsurface : Techniques with application to Point Arguello Oil Field [J] . AAPG Bulletin, 75 (8) : 1300–1323.

Narr W, 1996. Estimating average fracture spacing in subsurface rock [J] . AAPG bulletin, 80 (10) : 1565–1585.

Nelson R A, 2001. Geologic analysis of naturally fractured reservoirs (second edition) [M] . Houston : Gulf Professional Publishing.

Olson J E, Lanbach S E, Lander R H, 2009. Natural fracture characterization in tight gas sandstones : Integrating mechanics and diagenesis [J] . AAPG Bulletin, 93 (11) : 1535–1549.

Pollard D D, Aydin A, 1988. Progress in understanding jointing over the past century [J] . Geological Society of America Bulletin, 100 (8) : 1181–1204.

Price N J, 1966. Fault and joint development in brittle and semi–brittle rock [M] . Oxford, England : Pergamon Press.

Prioul R, Jocker J, 2009. Fracture characterization at multiple scales using borehole images, sonic logs, and walkaround vertical seismic profile [J] . AAPG Bulletin, 93 (11) : 1503–1516.

Roberts A, 2001. Curvature attributes and their application to 3D interpreted horizons [J] . First Break, 19 (2): 85–100.

Shaban A, Sherkati S, Miri S A, 2011. Comparison between curvature and 3D strain analysis methods for fracture predicting in the Gachsaran oil field (Iran)[J] . Geology Magazine, 148 (5–6) : 868–878.

Sigismondi M E, Soldo J C, 2003. Curvature attributes and seismic interpretation : Case studies from Argentina basins [J] . The Leading Edge, 22 (11) : 1122–1126.

Titeux M, Janson X, Srinivasan S, et al, 2011. Facies distribution in collapsed carbonate karsts : a mechanical approach [C] . AAPG Annual Convention & Exhibition, Housto.

Van Golf–Racht T D, 1989. 裂缝性油藏工程基础 [M] . 陈钟祥, 金玲年, 秦同洛, 译 . 北京: 石油工业出版社 .

Vernooij M G C, Kunze K, den Brok B D, 2006. 'Brittle' shear zones in experimentally deformed quartz single crystals [J] . Journal of Structural Geology, 28 (7) : 1292–1306.

Warren J E, Root P J, 1963. The behavior of naturally fractured reservoirs [M] . SPE Journal.

Wennberg O P, Malm O, Needham T, et al, 2008. On the occurrence and formation of open fractures in the Jurassic reservoir sandstones of the Snohvit Field, SW Barent Sea [J] . Petroleum Geoscience, 14 (2) : 139–150.

Willis–Richards J, Watanabe K, Takahashi H, 1996. Progress toward a stochastic rock mechanics model of engineered geothermal systems [J]. Journal of Geophysical Research : Solid Earth(1978—2012), 101(B8): 17481–17496.

Witte J, Bonora M, Carbone C, et al, 2012. Fracture evolution in oil–producing sills of the Rio Grande Valley, northern Neuquén Basin, Argentina [J] . AAPG Bulletin, 96 (7) : 1253–1277.

Zeng L, Li X, 2009. Fractures in sandstone reservoirs with ultra–low permeability : A case study of the Upper Triassic Yanchang Formation in the Ordos Basin, China [J] . AAPG Bulletin, 93 (4) : 461–477.

Zeng L, Qi J, Li Y, 2007. The relationship between fractures and tectonic stress field in the extra low–permeability sandstone reservoir at the south of western Sichuan Depression [J] . Journal of China University of Geosciences, 18 (3) : 223–231.